제로 에너지 건축의 기본 패시브하우스 짓기

2021년도 대한민국학술원 선정
교육부 우수학술도서
패시브
제로 에너지 건축의 기본
하우스
짓기
설계부터 시공·유지관리까지
패시브하우스의 모든 것
지은이 채완종
씨아이알

추천의 글 1

첫 장의 글을 읽으면서 마지막 장을 덮을 때까지 건축가로서 또 건축물리 전문가로서 하나하나의 내용에 존경과 아울러 이 분야의 전문가로서 참으로 죄송하다는 생각이 머릿속을 떠나지 않았다. 내용 한 줄 한 줄에서 저자가 많은 시간을 들여 고민한 '이 어려운 내용을 어떻게 사람들에게 전할까' 하는 그런 귀한 마음이 느껴졌고, 살아 있는 정보이면서 반드시 필요한 내용으로, 부족한 이 분야에 대해 또 다른 접근으로 보완해주는 아주 귀한 책이었기 때문이다.

이 책은 단독주택을 짓고 있거나 지으려는 건축주에게 도움이 되는 소중한 정보가 많이 담겨 있다. 그러나 일부 내용은 건축가를 비롯한 전공자에게도 어려울 수 있다. 수십 년 동안 창호 시공을 하고 있는 전문가조차도 넘기 힘든 내용도 많이 수록하고 있다. 따라서 어찌 보면 가장 기본이 되는 사항임에도 우리가 그동안 속도를 중요시한 나머지 잃어버린 공학의 기본을 돌이켜볼 수 있는 귀한 자성의 기회를 줄 것이다.

단순히 보면 단독주택의 설계와 시공 그리고 준공 후의 상황을 기록한 보고서 형태의 글이다. 하지만 각 단원에 대한 내용의 깊이를 다룬다면 일 년을 정독하고 공부한다고 하더라도 시간이 부족한 책이다. 단순히 어려워서가 아니라 내용의 깊이가 다르기 때문이다.

'이런 책을 쓰는 추진력은 도대체 어디서 나오는 것일까?'라고 수없이 반문을 해본 결과 내가 내린 결론은 저자는 철두철미한 '장인정신'의 소유자라는 것이다. 자기 시간을 투자해 정리하고 분석하며 모르는 사람들에게 살아 있는 본인의 기록을 공유하는 것에 대충이라는 것은 없기에 장인정신 없이는 할 수 있는 일이 아니라고 필자는 결론내렸다. 그렇지 않고는 도저히 답이 나오질 않는다.

지난 25년간 독일에서 많은 건축 관련 전공서적을 읽어보았지만 이런 분야의 책은 거의 없었다. 있다고 할지라도 이 정도의 완성도를 보이지는 않았다.

저자는 건축주를 독자로 생각하고 이 책을 집필했겠지만 개인적으로는 건축에 종사하는 '건축 분야 전문가'들이 꼭 읽어야 한다고 생각한다. 개인의 수평선을 넓히는 것은 이차적인 목표라 치고, 건축전공자들이 이 책을 읽어야 하는 일차적인 이유는 우리 자신을 돌아보아 지난 시간을 반성하게 하기 때문이다.

이런 귀한 책을 세상에 나오기 전에 읽을 수 있는 기회를 얻은 것은 개인적으로 큰 영광이다.

2020년 8월

독일 Erbach에서 Dipl.-Ing

건축가 홍도영

추천의 글 2

'독일식 패시브건축'의 의미는 설계자로서 건축을 정량적으로 판단할 수 있는 근거이다.

그동안 많은 건축·주택 관련 서적들은 자신들의 개인적인 의견과 느낌의 소회이면서 자기만족에 그치는 내용이었다. 그러다 보니 이러한 지극히 개인적인 이야기는 대중들에게 공감을 얻는 데 한계가 있었다.

이 책의 저자는 플랜트 설계 전문가이자 건축주로서 건축을 계획하고 시공하는 전 과정을 직접 협의하고 지켜보면서 세세한 것 하나까지 모든 자료를 법적·기술적 근거를 바탕으로 정리하였다. 그리고 현재는 그 집에 거주하면서 직접 체험하여 정리한 객관적인 자료를 통해 자신의 집을 이해하고 있다. 자신의 집에 대해 본인만큼 세밀히 알지 못하는 남들의 생각 또는 다른 전문가들의 의견이 어떠한지보다는 본인이 직접 체험하고 확보한 객관적인 자료가 가장 중요해진 것이다.

저자(건축주)를 상대로 설계를 진행하면서 다양한 경험을 하게 되었는데, 그중 대표적인 것은 단독주택 설계에서 가장 긴 설계기간이 필요했으며, 그 설계과정에서 기술적 해결을 위한 업데이트가 주를 이루었다는 것이다. 보통 단독주택 설계가 건축주의 요구조건과 법규 사이에서 조정하는 과정이 주를 이룬다면, 도담패시브하우스는 패시브건축 성능을 위한 건축물리요소 검토, 자재 선정, 시공 방법·시공순서 결정, 현장오차 조정방안과 공정계획수립, 시공자 선정방법 결정 등을 치밀하게 검토하고 계획하는 데 대부분 시간을 집중했다. 사실 이러한 지난한 과정은 건축 설계에서는 반드시 필요하지만, 우리나라 소규모 건축 현장 여건에서 이 정도로 집중할 수 있는 프로젝트를 경험할지는 상상도 하지 못했다.

이 책의 장점은 설계·계획에 대한 부분뿐만 아니라, 이후 시공, 유지관리까지 설계자의 경험치를 뛰어넘어 설계자로서는 간접적으로 듣고, 현장을 잠시 둘러보는 것만으로 한계가 있는 지점을 정량화 또는 객관화하여 명확히 제시하였다는 점이다.

따라서 이 책 속에 있는 객관적인 정보와 자료는 설계자는 물론이고, 설계자와 다른 시각을 가질 수밖에 없는 건축주, 시공자, 거주자 모두에게 객관적인 정보가 될 수 있다는 데 큰 의미가 있을 것으로 판단한다. 그리고 건축주, 설계자, 시공자 모두에게 자신들을 둘러싸고 있는 현실이라 부르는 한계의 껍질을 벗어 던질 수 있는 계기가 될 것이라는 즐거운 상상을 해본다.

에이치제이피건축사사무소(HJP Architects)

소장 건축사 박현진

추천의 글 3

건강하고 쾌적한 주거 환경을 계획하고 있는 많은 예비 건축주뿐만 아니라 기술적인 이해와 근거를 바탕으로 설계하는 엔지니어들에게 큰 도움이 되는 책이다. 제시된 사진과 설계도면 및 기술적·법적 근거는 실제 건축현장에서 야기되는 많은 문제점에 대한 솔루션은 물론, 궁금증을 해결해주면서 패시브하우스의 완성도를 높이는 가이드라인을 제공해주리라 생각한다.

패시브하우스의 핵심인 공조설비를 계획할 때 콘크리트 벽체 속의 덕트 시공 시 열교차단 화스너에 의한 천공방지를 고려한 것뿐만 아니라, 고효율의 열회수 환기장치를 적용하면서 재해 시 환기장치의 전원이 자동 차단되도록 한 부분 및 추가적인 프리필터를 설치하는 등 유지관리를 고려한 세부적인 내용들이 담겨 있어 유익한 정보가 될 것이다.

이 책을 통해 에너지가 절감되며, 쾌적한 주거환경을 제공하는 패시브제로에너지건축물의 품질 향상뿐만 아니라, 패시브하우스에 대한 독자들의 관심이 한층 높아지길 기대해본다.

패시브제로에너지건축연구소

부소장 박성중

프롤로그(건축주를 위한 패시브하우스의 설계부터 시공·유지관리까지 모든 것)

'겨울철 따뜻하고, 여름철 시원하면서 공기는 쾌적하고, 유지비가 적게 드는, 그러면서 후대까지 물려줄 수 있는 품격 있는 집을 짓자!'라는 생각을 해오던 중 패시브하우스에 관심을 갖게 되었고, 2014년 중반부터 2015년 말까지 약 1년 반의 기간 동안 틈틈이 공부하면서 국내외 관련 자료를 모아 '세종시 우리집 패시브하우스로 짓기'란 요약서로 정리함으로써 패시브하우스를 짓기 위한 나만의 논리무장을 마쳤다.

때마침 독일에서 학위를 하고 실무를 겸한 박현진 건축사(HJP Architects 소장)와 건축물리 전문가이며 독일에서 활동 중인 홍도영 건축가를 2016년 초에 만나게 되었다. 우리는 즉시 의기투합해 2016년 3월 우리집을 패시브하우스('도담패시브하우스')로 짓는 설계에 들어갔고, 2017년 3월 공사 착공 때까지 약 1년에 걸쳐 설계가 진행되었다.

2016년 초, 드디어 '도담패시브하우스'를 짓는 여정이 시작된 것이다.

돌이켜볼 때 설계를 진행했던 약 1년이라는 기간은 플랜트 설계 전문가인 건축주(필자, 상하수도기술사)와 패시브하우스 전문가인 홍도영 건축가, 박현진 건축사가 '도담패시브하우스'를 설계하는 데 '혼신의 힘을 다한 한 해였다'라고 해도 과언이 아니다.

설계기간 동안 300회 이상의 협의와 검토가 이루어졌고, 구체적인 제품명 및 규격이 표기된 상세도면과 SPEC-BOOK 등 공사에 100% 적용할 성과품 작성은 물론, 공사 착공을 위한 준비까지 진행되었다.

집의 형태를 포함해서 기초 및 구조계획, 내외부 마감계획, 전기·통신계획, 기계·설비계획, 조경계획 등의 방안 설정은 물론, 집의 품격은 유지하되 비용은 줄이고, 튼튼하면서도 향후 유지관리에 신경 쓸 요소를 최소화하는 등 건축주 의견을 반영한 기본설계(계획설계)를 진행하는 데도 많은 시간이 필요했다.

중간설계와 실시설계 단계에서는 '도담패시브하우스'와 관련된 설계요소 검토, 수정, 신규 아이디어 도출, 디테일도 작성, 건축 물리요소 재검토, 검토결과 설계반영, 전문 업체별(공조설비, 창호, 외부차양, 단열재, 열교 차단 화스너, 중목구조, 지붕기와 및 외벽 마감, 태양광 등) 협의 및 협의결과 설계반영, SPEC-BOOK 작성, 공사비 산출, 공사비 절약 방안 모색, 전문 업체별 공사비(견적서) 조율, 공사비 확정, 수입자재 발주시기와 공사비 지출계획이 포함된 예정공정표 작성, 시공자 선정, 감리계약 체결, 공사계획 수립 등에도 바쁜 나날을 보냈다.

이와 같이 빡빡했던 1년 동안의 설계가 마무리된 후 2017년 3월 말부터 약 8개월에 걸친 공사가 진행되었다.

공사기간 중에는 골조, 창호, 단열, 기밀, 중목구조, 지붕(기와), 외벽사이딩, 기계·설비, 전기·통신공사 등의 해당 업체들과 공사 진행에 대해 수시로 협의·조율하였고, 해당 전문 업체 모두가 소신과 명예를 걸고 각자의 영역뿐만 아니라서 연관된 공종 간에도 상호 협력하여 최선을 다해 공사를 진행해주었다.

공사 현황에 대한 문제점은 일별로 파악하여 즉시 궤도 수정을 해주는 것이 바람직하기 때문에 특별한 일정이 있는 날을 제외하고는 퇴근 후 현장에 들러 추가 진행된 공사 현황을 꼼꼼히 체크한 후 문제점이 발견되면 다음 날 아침 출근시간 전에 당일 공사계획 확인과 함께 전날 공사의 문제점을 통보해줌으로써 설계에서 정한 목표대로 오차 없이 시공할 수 있게 유도하였다.

조경공사를 마치고 같은 해 11월 이사를 하였다. 이사 온 첫해 겨울, 세종시의 외부기온이 영하 19℃까지 곤두박질쳤지만 24시간 가동되는 열회수형 환기장치 덕분에 보일러도 거의 가동하지 않은 상태에서 실내온도 20~22℃를 유지하였고, 실내 공기질은 항상 쾌적했다.

그러나 실내온도가 균일하게 20~22℃로 유지되더라도 온돌문화에 익숙해진 가족들에게는 바닥난방을 통해 느껴왔던 **열적 쾌적함이 부족***했기 때문에 방바닥이 따뜻하도록(25℃ 내외) 보일러를 추가 가동해야 했다.

그 결과 맹추위가 지속된 2018년 1월 한 달간 사용된 난방비용이 당초 예상했던 5만 원(55평, 도시가스비용 기준)을 초과하여 7만 원 가까이 나왔는데, 물론 이 정도 비용이라 하더라도 일반 단독주택 동일 평형대에서의 혹한기 난방비용(약 50만 원)에 비하면 1/7

* 패시브하우스는 외부기온이 -15℃가 되는 혹한기에도 실내의 벽, 천장, 바닥 온도가 19~22℃를 유지하고 있고, 창호의 유리 표면온도까지 약 17℃를 유지하는 등 실내 전체의 온도 분포가 20℃ 내외로 균일한 상태임. 그러나 평소 실내화를 신지 않고 생활해온 우리 생활습관으로 20℃가 조금 넘는 패시브하우스의 방바닥 온도는 약간 서늘함을 느끼며, 결국 바닥난방으로부터 발바닥을 따뜻(25℃ 내외)하게 해야 편안해졌음.

수준에 불과하지만, 어찌됐던 많은 에너지를 사용하며 살아온 우리의 생활습관도 패시브하우스에 생활하면서부터는 새롭게 적응하여야 할 요소가 되었다.

이외에도 건축주 스스로 관리가 필요한 **시스템 창호 미세조정**, **공조설비와 관련된 필터 청소/교체**, **공조기 주요 메뉴 확인/조절**, **현관문 주요 설비 구성/조작**, **외부차양(EVB) 슬랫 조절**, **환기 및 청소** 등 패시브하우스 관련 요소에 대한 사용법에 대해서도 숙지하고 있어야 할 중요한 요소이다.

이와 같이 일반주택에 소요되는 냉난방에너지의 1/10밖에 안 들어가는 패시브하우스를 짓기 위해 설계 전부터 준비한 내용과 이후 1년에 걸쳐 진행된 설계와 8개월 간의 공사에 직접 관여하면서 정리한 여러 기술적인 요소와 시공 현황 그리고 이사하여 2년 여를 살면서 체득한 패시브하우스의 핵심 시설들에 대한 사용·관리법은 패시브하우스에 관심있는 예비 건축주뿐만 아니라 공사 중 또는 거주하고 있는 건축주에게 직접적인 도움이 되는 정보가 될 것으로 판단되어, 이를 플랜트 설계 전문가이면서 동시에 건축주의 시각으로 정리·분석·보완하여 책으로 출간하게 된 것이다.

책의 구성은 **패시브하우스의 기본 개념과 도담패시브하우스에 적용된 관련 기술 요약**, **설계 계약부터 마무리까지 설계 전반에서 고려한 내용 및 시공 현황**, **시공업체 선정과 효율적인 공사 관리방안**, **거주하면서 필요한 패시브하우스의 관리에 관한 사항** 등 총 4개 부문으로 나누어 작성하였으며, 각 부문별 이해를 돕기 위해 당시 진행되었던 해당문서(관련 법규 포함)와 함께 도면 및 시공 현황 등 실제 사례를 가능한 한 많이 수록하였다.

모든 단독주택을 동일한 조건에서 동일한 형태로 설계·시공할 수는 없다.

다만, 대부분의 건축주는 자기가 평소에 원했던 형태의 집을 짓되, 겨울철에 따뜻하고, 여름철에 시원하면서 유지관리 또한 용이하고, 공사비는 최대한 절감하면서 공사의 품질은 최상위 등급으로 유지하고 싶은 마음일 것이고, 시공자는 계약한 목적물에 대해 최대한 이윤을 챙기면서 공기를 최소화할 수 있는 방안을 찾으려 할 것이기 때문에 이 둘 사이에는 서로 상충되는 목표가 존재하게 된다.

따라서 건축주 입장에서는 설계단계에서부터 공사 마무리까지를 어떻게 계획하고 관리해나가느냐가 자신이 목적한 바를 이루는 관건이 될 것이며, 패시브하우스에서는 한걸음 더 나아가 어떻게 효율적으로 관리하여 제 기능을 십분 발휘시키느냐가 적은 에너지를 사용하면서 평생 쾌적한 생활을 영위할 수 있는 핵심 요소가 될 것이다.

그 해법을 찾기 위해 일반 단독주택을 계획하고 있거나, 패시브하우스에 관심 있는 건축주에게 이 책을 권해본다.

2020년 8월

도담패시브하우스에서 채완종

차 례

부 록

01

패시브하우스 요구조건과 도담패시브하우스

1
패시브하우스 요구조건과 도담패시브하우스

본 장은 패시브하우스를 짓기로 결심한 건축주가 알고 있어야 할 패시브하우스의 기본 개념과 요구조건 및 이를 바탕으로 설계된 도담패시브하우스에 대한 설계·공사 전반의 고려 사항을 한눈에 파악할 수 있게 요약·정리한 것이다.

패시브하우스의 개념과 요구조건에서는 패시브하우스는 어떤 집이며, 필요한 요구조건은 무엇이고, 패시브하우스의 역사, 패시브하우스와 우리나라 '제로에너지건축물 인증제도'의 연관성, 패시브하우스를 유지·구성하고 있는 단열과 기밀·열교·고성능 창호·외부차양(EVB)·열회수형 환기장치의 기능 등에 대해 기술하였다.

패시브하우스 관련 적용기술요소에서는 도담패시브하우스에 대한 설계 개요와 한국패시브건축협회 인증 시 계산된 에너지해석 결과 그리고 도담패시브하우스에 적용된 패시브하우스 관련 기술요소 및 설계·공사 전반에서 고려한 사항을 요약·정리하였다.

1.1 패시브하우스의 개념과 요구조건

패시브하우스를 짓기 위해서는 패시브하우스에 대한 기본 개념을 어느 정도 파악하고 있어야 건축주로서 설계·공사가 진행될 때 필요한 사항을 요구하거나 확인할 수 있고, 패시브하우스에서 생활할 때도 보다 효율적인 관리를 할 수 있다.

이를 위해서 패시브하우스는 어떠한 집이며, 패시브하우스가 되기 위해 필요한 요구조건은 무엇이고, 패시브하우스를 유지·구성하고 있는 단열·기밀·열교·고성능 창호·외부차양(EVB)·열회수형 환기장치는 어떠한 기능을 하는지 등 패시브하우스를 구성하는 요소에 대한 기본적인 내용과 이론을 이해하고 있어야 한다.

패시브하우스의 여러 요소에 대한 이론과 내용 및 제품에 대해 굳이 본 서에서 세부적으로 언급할 필요는 없지만, 독자의 이해를 돕기 위해 패시브하우스의 기본사항인 '패시브하우스의 개념과 요구조건'을 간략히 정리하였다.[2]

다만, 패시브하우스 구성요소 중 건축물리적으로 가장 중요한 '단열(斷熱)' 부분은 보다 더 심층적인 이해를 돕기 위해 '열전도율', '열관류율', '열저항'을 중심으로 '부록 I'에 수록하였으며, '기밀, 고성능 창호, 외부차양(EVB), 열회수형 환기장치' 등은 도담패시브하우스의 설계내용과 시공 현황을 예로 들어 설명하는 것이 이해가 쉬울 것 같아 '2.3 패시브하우스 관련 적용 기술요소'에서 항목별로 세부 기술하였다.

패시브하우스를 이해하는 데 필요한 기본사항은 다음과 같다.

(1) 패시브하우스의 정의 및 요구조건
(2) 패시브하우스의 역사와 우리나라 '제로에너지건축물 인증제도'
(3) 단열(斷熱)
(4) 기밀, 고성능 창호, 외부차양, 열회수형 환기장치

2 '한국 패시브건축협회(www.phiko.kr)' 자료실과 《패시브하우스 설계 & 시공 디테일》(홍도영 지음, 주택문화사)의 기술 자료를 바탕으로 함.

(1) 패시브하우스의 정의 및 요구조건

패시브하우스(passive house)란 에너지를 능동적으로 끌어 쓰는 액티브하우스(active house)에 대응하는 개념의 집으로 한국패시브건축협회(PHIKO)에서는 패시브하우스를 다음과 같이 정의하면서 설명하고 있다.

정성적 정의

'패시브건축물'이란 자연열의 재이용, 차양을 이용한 일사차단 등의 수단을 통해, 최소한의 설비에 의존하면서도 적정 실내온도를 유지하고, 생활에 필요한 최소한의 신선한 공기를 알맞은 온도로 공급함으로써 재실자가 열적, 공기 질적으로 만족할 수 있는 건물을 말한다. 즉, 패시브하우스는 집 안의 에너지를 밖으로 새어나가지 않게 최대한 차단함으로써 외부에너지를 최소로 사용하여(수동적으로 사용) 실내온도를 적정하게 유지하는 집을 말한다.

그동안 단독주택의 취약한 부분이었던 '단열'과 '기밀' 성능을 높이고 열이 이동하는 통로를 차단함으로써 에너지가 조금만 발생해도 그 에너지가 밖으로 빠져나가지 못해 오래 유지되는 것이다.

더불어 고성능 창호를 설치해 겨울에는 일사에너지를 최대한 끌어들여 내부를 데우면서 동시에 창을 통해 열이 새어나가지 못하게 하고, 여름에는 외부에 설치된 차양 장치를 이용해 일사에너지가 실내로 유입되는 것을 근본적으로 차단함으로써 냉방에 필요한 에너지를 최소화시킨다. 즉, 냉난방에 추가로 필요한 외부에너지를 최소화시키면서, 한번 발생한 에너지에 대해 열손실이 없도록 내부온도를 보호해주기 때문에 오랜 시간 동안 냉난방 효과를 지속시킬 수 있는 것이다.

여기에 패시브하우스에 추가되는 핵심 시설이 있는데, 바로 열교환기이다. 열교환기가 부착된 환기장치를 이용해 내부공기를 24시간 외부의 신선한 공기로 교체하면서 버려지는 에너지를 대부분 회수하는데, 이것이 열회수형 환기장치이다.

이렇게 함으로써 한겨울에 난방시설을 거의 사용하지 않고 약 20℃의 실내온도를 유지할 수 있으며, 한여름에는 냉방시설을 자주 사용하지 않아도 약 26℃의 실내온도를 유지하면서 쾌적한 실내 환경(별도의 제습 필요)을 조성할 수 있다. 따라서 패시브하우스는 고단열, 고기밀로 설계되고, 환기장치를 이용해 버려지는 에너지를 철저하게 회수하도록 계획되기 때문에 적은 에너지 사용만으로도 적정 실내온도를 유지할 수 있어 효율성이 높은 냉난방 효과를 느낄 수 있는 고효율 에너지 주택인 것이다.

그림 1은 이러한 내용을 알기 쉽게 표현한 것으로, 패시브하우스는 고단열·고기밀·고성능 창호·외부차양·열교환기(열회수형 환기장치)·열교 없는 계획 등이 핵심 구성요소이다. 추가적으로 겨울철 일사에너지 확보를 위해 큰 남향창의 설치와 태양광 등 신재생에너지의 사용을 권장하는 것 등이 주된 내용이다.

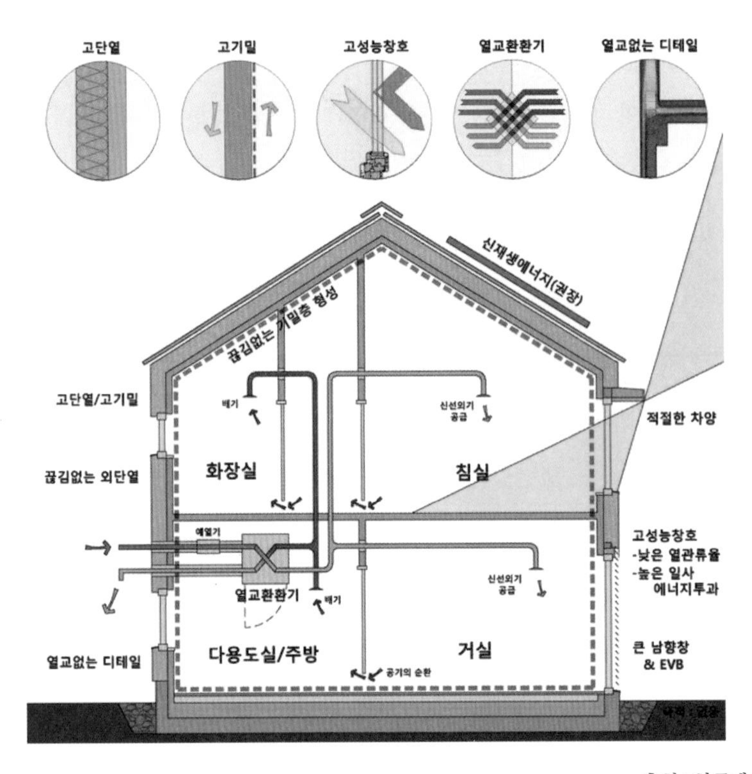

출처 : 한국패시브건축협회

그림 1 패시브하우스 개념도

정량적 정의

- 난방에너지요구량 : 15kWh/m^2·a 이하
- 1차에너지소요량 : 120kWh/m^2·a 이하(냉방, 난방, 조명, 급탕, 환기, 콘센트)
- 최대난방부하(중부/상부유럽) : 10W/m^2 이하
- 최대냉방부하(남부유럽) : 10W/m^2 이하

여기서 난방에너지요구량, 즉 난방을 위한 에너지의 상한선은 15kWh/m^2·실용면적이 되고, 이를 가스나 난방기름(등유)으로 환산하면 개략 가스는 1.5m^3/m^2, 기름은 1.5Liter/m^2으로 표현할 수 있다. 이는 겨울철 실내온도 20℃를 유지하기 위해 바닥면적 1m^2당 연간 1.5L의 등유를 때야 함을 의미한다.

1.5L, 100m^2(약 30평)의 단독주택패시브하우스에서 기름보일러의 효율을 85%라 가정할 때 1년 동안 필요한 전체 등유량을 계산하면 약 180L(=1.5L/m^2×100m^2/0.85)이며, 금액으로 환산하면 약 20만 원(=180L×1,100원/L; 2020년 6월 기준)으로 겨울 동안 한 달에 약 45,000원이 들어감을 알 수 있다(겨울철을 4.5개월이라고 가정).

여기서 <u>사용된 등유와 동일 열량의 도시가스 사용량으로 계산하면</u>[3] 약 160m^3(=180L×9,900kcal/L/10,500kcal/m^3×85%/90%)이며, 이를 비용으로 환산할 경우 약 105,000원(=160m^3×43.1MJ/m^3×15원/MJ)으로, 한 달 난방비에 약 25,000원이 들어가는 셈이다.

2001~2010년 지어진 국내 주택의 난방에너지 요구량이 평균 15L 이상인 점을 고려할 때 1.5L패시브하우스는 연간 난방비가 일반주택의 1/10에도 못미침을 알 수 있다.

흔히 패시브하우스에서 이야기하는 1.2L패시브하우스이니, 1.5L패시브하우스이니 하는 말은 이와 같이 연간·단위면적당 난방에너지요구량이 1.2L니, 1.5L니를 의미하는 것으로 숫자가 작을수록 적은 난방비용으로 실내온도 20℃를 유지할 수 있으며, 패시브하우스

---

3 등유→열량 : 9,900kal/L, 보일러 효율 : 85%, 가격 : 1,100원/m^3(2020년 6월 기준)
도시가스→열량 : 10,500kal/m^3, 보일러 효율 : 90%, 1m^3=43.1MJ, 가격 : 15원/MJ(2020년 6월 기준)

의 정량적 요구조건을 더욱 충족시킨 건물임을 알 수 있다.

패시브하우스는 열교환 환기장치를 통해 들어오는 공기를 조금 데우는 것만으로 적정 실내온도를 유지할 수 있도록 고안되었으며, 이때 필요한 최대열량을 계산하니 15kWh/m^2·a의 난방부하가 나온 것이다.

패시브하우스의 정의로 이야기하는 연간·단위면적당 난방에너지 요구량의 상한선인 15kWh/m^2·a가 나오게 된 배경으로 이 최대부하를 만족시키면서 실내의 온도를 균일하게 유지하고, 곰팡이 생성온도에서 벗어나기 위해 창호와 벽체에 대한 열관류율의 상한치가 결정되었으며, 그 외의 열교와 기밀성능 등 패시브하우스의 정량적 요구조건이 확정된 것이다.

정량적 요구조건

패시브하우스의 정량적인 요구조건은 표 1과 같다.

표 1 패시브하우스의 정량적 요구조건

구분	세부 구분	조건
외벽	외벽 열관류율	0.15 W/m^2·K 이하
	지붕 열관류율	0.15 W/m^2·K 이하(우리나라 0.12 W/m^2·K)
창호	유리 열관류율	0.8 W/m^2·K 이하
	창틀 열관류율	0.8 W/m^2·K 이하
	창호 설치 후 열관류율	0.85 W/m^2·K 이하
	유리 g값(SHGC)	0.5 이상(우리나라 0.4 이상)
열교환 환기장치	효율	75% 이상(난방, 전열)
	소비전력	0.45 Wm^2·h 이하
	Out Air 조건	0℃ 이상(예열기 또는 지중열교환 필요)
	급기/배기 비율 차이	10% 이하
열교	선형열교	0.01 W/m·K 이하(엄격히 적용하지 않음)
	점형열교	0.01 W/m^2·K 이하(엄격히 적용하지 않음)
건물 전체 성능	기밀성	0.6회/h @ 50Pa 이하
	가전기기의 효율	고효율 가전기기 사용
	조명부하	최소한의 조명기기 사용

출처 : 한국패시브건축협회

패시브하우스의 궁극적인 목표는 에너지 소비가 많은 직접적인 설비를 최대한 배제하고, 간접적 수단만으로 재실자에게 열적 쾌적감을 부여할 수 있도록 고안하고 직접적 설비는 반드시 필요한 곳에만 한정적으로 적용시키는 것이다.

(2) 패시브하우스의 역사와 우리나라 '제로에너지건축물 인증제도'

패시브하우스는 1988년 독일에서 보아 애덤슨 교수(Prof.bo Adamson)와 볼프강 파이스트 박사(Dr. Wolfgang Feist; 독일 파시브하우스 연구소(Passivhaus Institut, PHI) 소장)에 의해서 처음으로 계획되었고, 1991년 독일의 다름슈타트(Darmstadt)에 첫 패시브하우스가 들어선 뒤로 독일을 중심으로 빠르게 유럽에 확산되고 있다. 이후 지속적인 연구를 통해 높은 효율성을 인정받아 꾸준한 성장세에 있다.

국내에서는 정부정책으로 2017년 1월 20일부터 시행된 '제로에너지건축물 인증제'가 발표되면서 패시브하우스에 대한 관심이 높아졌다. 특히 국내의 제로에너지건축물 활성화 정책은 2020년 공공 부문을 시작으로 2025년 민간 부문까지 단계적으로 확산하기 위한 목표로 시행하고 있는데, 그 핵심에 패시브하우스의 원리가 근본을 이루고 있다. 즉, 제로에너지건축물은 **단열재, 고성능 창호 등을 적용하여 건물 외피를 통해 외부로 손실되는 에너지양을 최소화시켜 냉난방에너지 사용량을 최소화하면서(passive), 태양광, 지열과 같은 신재생에너지를 활용(active)하여 부족한 냉난방에너지를 충당**함으로써 전체 에너지 소비를 최소화한 건축물을 의미하는데, 다음 그림 2와 같이 설명할 수 있다.

'제로에너지건축물 인증제'가 시행된 배경을 살펴보면, 전 세계적으로 가장 많은 에너지를 소비하면서 지속적으로 증가 추세에 있는 것이 건축물 분야로써 2010년 기준으로 1971년과 비교하여 2010년은 2배가 증가되었는데, 이에 대한 대비 없이 사용할 경우 건축물 증가에 따른 지속적인 에너지 사용량 증가로 2050년까지 50% 증가가 예상되었다. 그래서 역으로 건축물을 제로에너지건축물로 전환하여 에너지 절감을 유도할 경우는 온실가스를 획기적으로 감축할 수 있기 때문이다.

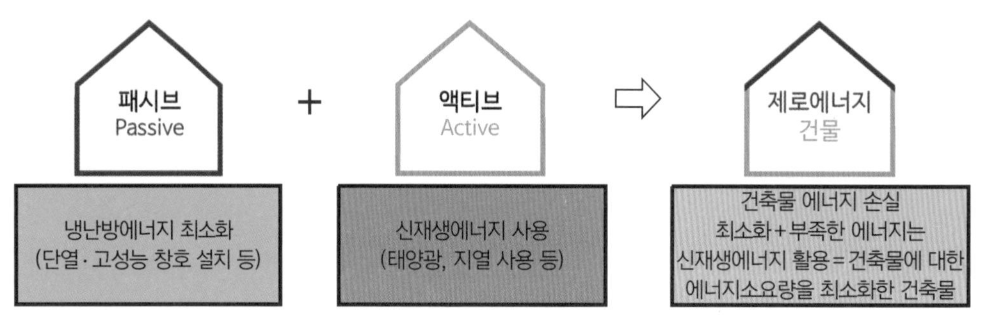

그림 2 제로에너지 건물 개념도

따라서 건축물의 수명이 30~40년 이상임을 고려할 때 건물을 지을 당시에 제로에너지 건축물로 유도해놓으면, 온실가스 절감량이 누적되어 온실가스 감축 효과가 커지기 때문에 미국, EU 등 선진국들도 제로에너지건축물에 대한 금융지원 및 기술개발을 서두르면서 제로에너지 건축시장 선점에 각축을 벌이고 있는 것이다.

우리나라도 국토교통부에서 「녹색건축물 조성 지원법」을 근거 법령으로 에너지성능이 높은 건축물의 확대 등을 위해 제로에너지건축물 인증제를 시행 중에 있다. 시장현황을 고려하여 2020년부터 전체 공공건축물 온실가스 배출량의 약 90%를 차지하는 연면적 500m^2 이상 공공건축물부터 우선적용하며, 2025년부터는 모든 공공건축물과 1,000m^2 이상 민간건축물 및 30세대 이상 공동주택을 제로에너지건축물로 의무화하고, 2030년부터는 소규모 건축물을 제외한 연면적 500m^2 이상의 모든 민간건축물 등으로 전면 확대 시행하는 것으로 제로에너지건축의 단계적 확산을 법으로 규정하여 유도하고 있다.

이와 같이 온실가스 절감을 위해 우리나라뿐만 아니라 세계적으로 노력하고 있는 제로에너지건축물이 사실상 패시브하우스에 보조적인 태양광, 지열 등을 추가 사용하는 정도(사실상 국내 패시브하우스 대부분이 태양광, 지열 등을 보조적으로 사용하고 있어 제로에너지건축물의 개념에 해당됨)이기 때문에 제로에너지건축물은 결국 패시브하우스의 기술요소가 핵심을 이루는 것이다.

어찌되었던 쾌적하게 살기 좋은 집을 짓기 위해서는 단열과 기밀이 잘되어야 하고, 고성능 창호와 외부차양(EVB), 열교환기(열회수형 환기장치)가 설치되어야 하며, 열교 없는 계획이 이루어져야 하는 등 패시브하우스의 요구조건을 충족해야 하는 것이 기본인데, 그러다 보니 부수적으로 냉난방비가 적게 소요되어 온실가스를 절감할 수 있는 것이다.

결국 패시브하우스의 요구조건을 충족시키는 것이 제로에너지건축물에서 추구하는 에너지 절감의 목표가 달성되면서 온실가스를 절감할 수 있게 되는 것이다.

(3) 단열(斷熱)

단(斷 : 끊을 단)열(熱 : 더울 열)은 문자 그대로 열을 끊는 것 또는 끊어지는 것, 즉 열이 이동하지 못하도록 차단하는 것이며, 여기서 열이라 함은 대류, 전도, 복사에 의한 모든 열을 의미한다.

단열을 하면 열의 이동이 차단되기 때문에 뜨거운 열이건, 차가운 열이건 온도가 변하지 않고, 일정하게 유지될 수 있는 일종의 보온병같이 된다. 보온병은 이중유리로 되어 있고, 유리 사이는 진공으로 이루어져 있어 열의 대류와 전도가 일어나지 않으며, 내부 표면을 은으로 도금하여 복사에 의한 열손실을 줄일 수 있게 만들어졌다. 패시브하우스도 마찬가지로 건물에서 빠져나가는 열을 차단하기 위해 건물의 벽과 바닥 및 지붕 등 건물 구조체 전체를 단열재로 둘러싼다. 단열재로 둘러싸는 방법은 크게 외벽을 기준으로 외벽 안쪽(실내 측)을 단열재로 둘러싸는 내단열과 외벽 바깥쪽(실외 측)을 둘러싸는 외단열로 구분되는데, 패시브하우스에서는 외단열을 원칙으로 한다. 그러나 외단열과 내단열을 이해하기 위해서는 단열과 연관되어 있는 열전도율, 열관류율, 열저항의 세 가지 용어를 알아야 하며 이 부분은 '부록 I'에 세부적으로 기술하였다.

(4) 기밀, 고성능 창호, 외부차양, 열회수형 환기장치

앞에서 언급했듯이 '기밀, 고성능 창, 외부차양, 열회수형 환기장치'에 대해서는 본 장에서 별도 언급하지 않고, '2.3 패시브하우스 관련 적용 기술요소'에서 도담패시브하우스의 설계에 적용된 내용과 시공사례를 바탕으로 해당 부분별로 수록하였다.

1.2 패시브하우스 관련 적용 기술요소

(1) 도담패시브하우스 개요 및 에너지해석 결과

도담패시브하우스의 개요와 한국패시브건축협회 인증 시 계산된 에너지해석 결과는 다음 표 7~8과 같다.

표 7 도담패시브하우스 개요

구분	개요
용도	단독주택(1.5L)
건축물 이름	도담패시브하우스
설계사	HJP Architects, 건축사 박현진
시공사	건축주 직영
에너지컨설팅	건축물리 및 패시브건축 자문 : Dipl.-Ing. 홍도영
설계기간	2016.4.7.~2017.3.6.
시공기간	2017.3.25.~2017.10.13.
대지면적	317m^2
건축면적	122.27m^2
연면적	182.64m^2
건폐율	38.57%
용적률	57.61%
규모	지상 2층
구조방식	철근 콘크리트(지붕 : 중목 구조)
난방설비	가스보일러(귀뚜라미 거꾸로콘덴싱, 상향식)
냉방설비	에어콘(입형 1, 2층 거실)
주요 내장재	시멘트 미장 후 합지 벽지(2층 천장 : 원목루버)
주요 외장재	세라믹 기와 및 세라믹 사이딩

표 7 도담패시브하우스 개요(계속)

구분	개요
외벽 구성	사이딩 16mm+통기층 79mm+열교 차단 화스너+단열재 220mm(EPS2종3호)+철근 콘크리트 200mm+내부미장 20mm+합지벽지(외부 마감 고정자재 점형열교 고려)
외벽 열관류율	0.159W/m²·K
지붕 구성	기와+기와각상(15×30)+통기층(38×38)+지붕용 투습방수지(Solitex 3000)+ESB 12T+단열재(isover 글라스울, 너비620, Thk 380mm)+중목+구조목(2′×6′, 2′×10′)+ESB 12T+가변형방습지(인텔로)+각상+목재루바(적삼목)
지붕 열관류율	0.112W/m²·K
바닥 구성	잡석 400mm+부직포·PE필름+무근 콘크리트 150mm+압출법단열재(특호) 110mm 2겹+분리층(PE필름 0.1mm)+철근 콘크리트 매트기초 500mm+아스팔트 방수시트 1겹+고름몰탈(필요시)+단열재(XPS) 50mm+분리층(PE필름 0.1mm)+와이어메쉬+측벽완충재 PE+방통층 50mm+원목마루 20mm(혹은 한지장판)
바닥 열관류율	0.092W/m²·K
창틀 제조사	Bechtold Fenster, Odenwald, 독일
창틀 열관류율	0.86W/m²·K
유리 제조사	glaströsch, 독일
유리 구성	4Loe1+14Ar+4CL+14Ar+4Loe1
유리 열관류율	0.6W/m²·K
창호 전체 열관류율(국내 기준)	0.75W/m²·K
유리 g값	0.53(53%)
현관문 제조사	Bechtold Fenster, Odenwald, 독일
현관문 열관류율	0.80W/m²·K
기밀성능(n50)	0.24회/h
환기장치 제조사	Zehnder(ComfoAir Q 350), 인에어(한국대리점)
환기장치효율(난방효율)	84%
난방면적/난방부하	152m²/12.3W/m²
난방에너지요구량	14.9kWh/m²·a
1차에너지소요량	77kWh/m²·a
계산프로그램	에너지샵(Energy#Ⓡ)2017v2.3beta
기타사항	가시광선투과율 : 74% 간봉 : Swisspacer Ultimate 냉방에너지요구량: 18.13kWh/m²·a(현열 11.72kWh/m²·a, 잠열 6.4kWh/m²·a) 냉방부하 : 10.1W/m²
인증번호	2019-P-010

표 8 도담패시브하우스 에너지해석 결과

▷ 에너지해석 결과(한국패시브건축협회)

Project Overview

The Optimal Solution of Passive House

ENERGY#®

1. 기본 정보

구분	항목	내용	항목	내용
기본 정보	건 물 명	세종 도담동 단독주택		
	국 가 명	대한민국	시/도	세종
	상세 주소	세종특별자치시 도담동 592		
	건 축 주	채완종		
건축 정보	대지면적(㎡)	317.00	건물 용도	단독주택
	건축면적(㎡)	122.27	건 폐 율	38.57%
	연면적(㎡)	182.64	용 적 률	57.62%
	규모/층수	지상2층		
	구조 방식	철근콘크리트조 (지붕:목구조)		
	내장 마감			
	외장 마감			

구분	항목	내용	항목	내용
설계 정보	설계시작월		설계종료월	
	설계사무소	HJP건축사사무소		
	설비설계	삼성종합설비		
	전기설계	명성전설		
	구조설계			
	에너지컨설팅	홍도영		

구분	항목	내용	항목	내용
시공 정보	시공시작월		시공종료월	
	시 공 사	콩속의산, 유니크컴퍼니, 베스트프리컷		
입력 검증	검증기관/번호	(사)한국패시브건축협회		
	검 증 자			(서명)
	검 증 일			
	Program 버전	에너지삽(Energy#®) 2017 v2.3 beta		

2. 입력 요약

구분	항목	값	항목	값
기후 정보	기후 조건	◇ 대전		
	평균기온(°C)	20.0	난방도시(kKh)	76.5
기본 설정	건물 유형	주거	축열(Wh/㎡K)	176
	난방온도(°C)	20	냉방온도(°C)	26
발열 정보	전체 거주자수	4	내부발열 입력유형	표준치 선택
	내부발열(W/㎡)	4.38		주거시설 표준치
면적 체적	유효실내면적(㎡)	152.2	환기용체적(㎥)	380.6
	A/V 비	0.73	(= 606.4㎡ / 830.8㎥)	

구분	항목	값	항목	값
열관류율 (W/㎡K)	지 붕	0.112	외벽 등	0.159
	바닥/지면	0.092	외기간접	0.000
	출 입 문	0.636	창호 전체	0.975
기본 유리	제 품	4Loe1+14Ar+4CL+14Ar+4Loe1		
	열관류율	0.6	일사획득계수	0.53
기본 창틀	제 품	Rehau_Geneo plus		
	창틀열관류율	0.860	간봉열관류율	0.03
환기 정보	제 품	Zehnder ComfoAir Q350(ERV)		
	난방효율	84%	냉방효율	69%
	습도회수율	73%	전력(Wh/㎥)	0.22
열교	선형전달계수(W/K)	-3.89	점형전달계수(W/K)	0.00

구분	항목	내용
재생 에너지	태양열	System 미설치
	지 열	System 미설치
	태양광	출력 : 2.4 kWdc, 전력생산 의존률 : 57%

3. 에너지계산 결과

구분	항목		값	에너지성능검토 (Level 1/2/3)
난방	난방성능 (리터/㎡)		1.5	↓ 15/30/50
	난방에너지 요구량(kWh/㎡)		14.90	Level 1
	난방 부하(W/㎡)		12.3	
냉방	냉방에너지 요구량(kWh/㎡)		18.13	Level 1
		현열에너지	11.72	↑ 19.7/34.7/49.7
		제습에너지	6.40	
	냉방 부하(W/㎡)		10.1	
		현열부하	7.0	
		제습부하	3.1	
총량	총에너지 소요량(kWh/㎡)		48	
	CO2 배출량(kg/㎡)		18.0	↓ 120/150/180
	1차에너지 소요량(kWh/㎡)		77	Level 1
기밀	기밀도 n50 (1/h)		0.24	Level 1
검토 결과	(Level 1) Passive House			↑ 0.6/1/1.5

연간 난방 비용

157,500 원

연간 총에너지 비용

596,400 원

(2) 적용 기술요소(요약)

도담패시브하우스에 적용된 패시브하우스 관련 기술요소를 포함한 설계·공사 전반에서 고려한 사항을 요약하면 다음 표 9와 같다.

표 9 도담패시브하우스에 적용된 기술요소와 설계·공사 전반의 고려사항(요약)

구분	세부 내용	기능
패시브하우스 관련 기술요소	1) **벽체 단열**(에어폴 투습공 220mm, EPS 2종 3호) ☞ p.88 ※ **벽체 구성** • **계획지반+0.3↑**: 사이딩(kemu) 16mm+통기층 79mm+열교차단 화스너+**단열재 220mm(EPS 2종 3호)**+철근 콘크리트 200mm+내부미장 15mm+합지벽지 • **계획지반+0.3↓**: 기초 무근 콘크리트~계획지반(GL+0.3) 위 30cm까지 아스팔트방수시트 부착+**압출법단열재(특호) 110mm 2겹**+보호매트+자갈 채움(폭·300) ※ **외벽 열관류율: 0.159 $W/m^2 \cdot K$**	• 외단열 구성 • 외벽 습기 외부 확산 배출 • 실내 결로·곰팡이 발생 차단 • 실내 위생과 쾌적성 유지 • 콘크리트 벽체 축열 활용
	2) **지붕 단열**(중목·경량목+글라스울 380mm+통기층+기와) ☞ p.91 ※ **지붕 구성**: 세라믹 기와+기와각상(15×30)+통기층(38×38)+지붕용 투습 방수지(Solitex3,000)+ESB12T+**단열재(isover글라스울, 너비 620, Thk380T)**+중목+구조목(2′×6′, 2′×10′)+ESB12T+가변형방습지(인텔로)+하지각상+목재루바(적삼목) ※ **지붕 열관류율: 0.112$W/m^2 \cdot K$**	• 방수+투습, 공기 차단(투습방수지) • 높은 단열 성능(isover글라스울 380mm) • 상대습도에 따른 투습량 조절(가변형방습지)
	3) **바닥 단열**(강한기초 지반 구성+기초지반 내 우천 시 수위 상승 차단+기초하부 단열) ☞ p.95 • 철저한 다짐 시행 • 큰 잡석(Ø70 내외) 부설 • 잡석층 두께 400mm 이상 유지 • 잡석층 상부로의 수위 상승 차단 • 무근 콘크리트층에 옥내 배수관 매립 • 무근 콘크리트 상부면에 장애물 없이 단열재 설치 • 기초저판 단열재의 완벽한 시공 ※ **기초 구성**: 큰 잡석(Ø70) 400mm+부직포·PE필름+무근 콘크리트 150mm(50+100mm)+프라이머+**압출법단열재(특호) 110mm 2겹**+분리층(PE필름0.1mm)+철근 콘크리트 매트기초 500mm+아스팔트방수시트1겹+고름몰탈(필요시)+단열재(XPS) 50mm+분리층(PE필름 0.1mm)+와이어메쉬+측벽완충재 PE+방통층 50mm+원목마루 20mm(혹은 한지장판) ※ **바닥 열관류율: 0.092$W/m^2 \cdot K$**	• 성토지반 안정성 확보(기초의 안정성 확보) • 하중 균등 분산 • 건물 부등침하 방지(장기 부등침하 대응) • 지하수 배제 용이 • 모세관현상 차단 • 높은 단열 성능 • 열교 차단

표 9 도담패시브하우스에 적용된 기술요소와 설계·공사 전반의 고려사항(요약)(계속)

구분	세부 내용	기능
패시브하우스 관련 기술요소	4) 기밀시공(n50=0.6회/h 이하) ☞ p.98 ※ <u>창호 주변 기밀성 확보</u> • 창틀 내부 : 가변형 테이프(방습+기밀) 붙임 • 창틀 : 팽창테이프, 연질우레탄폼 충진 • 창틀 외부 : 투습 + 방수테이프 붙임(검은색) ※ <u>벽체·천장·바닥 기밀성 확보</u> • 배관·배선·슬리브 : 기밀 캡 및 우레탄폼 충진 • 천장 내부 : ESB+가변형방수지(인텔로) 부착 • 천장 외부 : ESB+지붕용 투습방수지(Solitex3,000) • 배수구 : 기밀용 유가 설치	• 틈새바람 차단 • 에너지손실 최소화 • 소음 차단 • 실내에 결로, 곰팡이 발생 차단 • 실내 공기 쾌적성 유지
	5) 고성능 단열창호 설치 ☞ p.108 ※ 창호사양 • REHAU 창호 • 창틀 : Rehau AG + Co(GENEO) • 창틀 열관류율 Uf : 0.86W/m²K • 창틀 재질 : RAU-FIPRO(섬유강화플라스틱) • 유리 열관류율 Ug : 0.6W/m²K • 유리 제조사 : glaströsch • 유리 구성 : 4Loe1 + 14Ar + 4CL + 14Ar + 4Loe1 • Argon 가스 충진 • g-value : 53% • 외부 반사율 : 14%	• 틈새바람 차단 • 고성능 차음 유지 • 창 주위 냉기류 차단 • 결로 방지 • 냉난방 에너지 절약 • 일사에너지 축적(동절기) • 깨끗한 시야 확보
	6) 외부차양(EVB) 설치 ☞ p.114 ※ EVB(External Venetian Blind) • 독일 WAREMA社 제작 • 비드슬렛, 가이드레일 타입 • WMS 수신기, WMS 휴대용 송신기, 스위치 부착	• 하절기 직달광선 차단 • 복사에너지 차단 • 불쾌 현휘 방지 • 일사에너지 75% 차단 • 냉방부하 최대 50% 절감
	7) 최신 고효율 열회수형 환기장치 설치 ☞ p.119 ※ 환기장치 사양 • 모델명 : Zehnder社(ComfoAir Q 350) • 열회수율(thermal efficiency) : 94% • 습기회수율(moisture recovery enthalpy) : 73% • 급·배기 공기 희석율 : 0% • BY-PASS 기능 부착 • 소음 : 25db 이하 • 소비전력 : 34w(4인 가족, 200m³/h(30m³/h·인×4인×1.5) 기준) ※ 급·배기밸브 위치 • 급기 : 침실, 거실 • 배기 : 드레스룸, 주방, 화장실, 계단창고, 기계실	• 패시브하우스의 심장 • 최신형 공조기 설치 • 24시간 신선한 외기 공급 • 폐열회수 • 습기회수 • 열적·공기질적 쾌적함 동시 충족 • 건강한 실내 공간 유지

표 9 도담패시브하우스에 적용된 기술요소와 설계·공사 전반의 고려사항(요약)(계속)

구분		세부내용	기능
패시브하우스 관련 기술요소	열교 차단	**8) 열교 차단 화스너에 의한 외벽 마감재 고정** ☞ p.134	화스너 앵커의 열적 분리
		9) 베란다·기계실 파라펫에 ALC 블록 사용 ☞ p.138	베란다·기계실 파라펫 열적 분리
		10) 베란다 빨랫줄 기둥의 열적 분리 ☞ p.139	빨랫줄 기둥 기초의 열적 분리
		11) 베란다 배수구에 배수시스템 LORO 설치 ☞ p.143	• 2중 배수(완벽한 방수) • 열교 차단
		12) 오·하수관에 통기밸브 설치 ☞ p.146	• 오·하수관의 원활한 흐름 유도 • 지붕 통기관 설치 배제 • 열교·누수 차단
		13) 태양광 설치대가 있는 기와 설치 ☞ p.148	• 내하중, 내풍성, 배수성 고려 • 지붕 열교 차단 • 지붕 방수층 보호
	기타 패시브하우스 관련 적용요소	**14) 주방배기 DUCT 내 역풍 방지 댐퍼 설치** ☞ p.150	• 배기팬 정지 시 자동으로 댐퍼 닫힘 • 팬 가동 시를 제외하고 외기 유입 전면 차단
		15) 주방과 분리 가능한 보조주방 설치 ☞ p.150 • 다용도실에 별도의 보조주방 설치 • 다용도실 문을 밀폐용 타공도어(망유리)로 설치 • 평상시는 주방과 다용도실이 1개의 환기공간(RA)(다용도실 출입문을 열어놓음) • 갈비찜, 곰탕, 메주콩·시래기 삶기 등 열과 습기 및 냄새 발생이 많은 요리 시 다용도실을 별도의 공간으로 분리 → 다용도실 문을 닫고, 창을 Tilt로 개방한 상태에서 가스레인지 후드팬 가동	• 실내 전체에 냄새 및 습기 확산 차단 • 에너지 절감(열방출 최소화) • 실내 전체 쾌적성 유지
		16) 보일러 각방 온도제어기 설치 ☞ p.151	• 겨울철 거주자가 가장 많이 체류하는 공간의 방바닥 온도를 선별적으로 23~25°C 유지 • 발바닥이 느끼는 열적 쾌적감 충족 • 실내온도 20°C 유지에 효율적 • 난방에너지 최소화

표 9 도담패시브하우스에 적용된 기술요소와 설계·공사 전반의 고려사항(요약)(계속)

구분		세부내용	기능
건물의 구조적 안정성 고려	기초공사 시 고려한 사항	**17) 강한 기초 지반 구성+철근 콘트리트 매트기초** ☞ p.153, 157 • 철저한 다짐 시행 • 큰 잡석(Ø70 내외) 부설 • 잡석층 두께 400mm 이상 유지 • 재생골재 반입 금지 • 석분혼입 엄금 • 우천 시 지하침투수 신속 배제 • 잡석층 상부로의 수위상승 차단 ※ 기초 구성 : 큰 잡석(Ø70) 400mm+부직포·PE필름+무근 콘크리트 200mm(50+150mm)+프라이머+압출법단열재(특호) 110mm 2겹+분리층(PE필름 0.1mm)+철근 콘크리트 매트기초 500mm+아스팔트방수시트 1겹+고름몰탈(필요시)+단열재(XPS) 50mm+분리층(PE필름 0.1mm)+와이어메쉬+측벽완충재PE+방통층 50mm+원목마루 20mm(혹은 한지장판)	• 성토지반 안정성 확보(기초의 안정성 확보) • 하중 균등 분산 • 건물 부등침하 방지(장기 부등침하 대응) • 건물 내구성 확보 • 면진효과(지진 시 대응)
		18) 초벌 무근 콘크리트 위에 옥내 배수관 설치 ☞ p.155 • 초벌 무근 콘크리트(50mm)를 타설한 후 그 위에 옥내 배수관(Ø75, Ø100) 설치 • 위생배관층에 잔여 무근 콘크리트(100mm)를 타설한 후 그 위에 단열재(XPS, 220mm) 설치 ※ 잡석기초층(400mm) 위 초벌 무근 콘크리트(50mm) 타설 → 초벌 무근 콘크리트 면에 옥내 배수관(Ø75, Ø100) 설치 → 옥내 배관층을 무근 콘크리트(100mm)로 메움 → 깨끗한 무근 콘크리트 면 위에 단열재를 설치함으로써 위생배관의 정확한 위치 및 경사 유지는 물론, 정교한 단열재 설치로 기초부위에 대한 열교 발생요소를 근본적으로 차단하면서 작업의 안정성을 확보함	• 위생배관의 정확한 위치, 경사 확보 • 정교한 단열재 설치 • 기초부위 확실한 단열 • 기초부위 열교 발생 차단
		19) 외부 구조물(테라스, 진입램프, 주차장, 장독대벽) **기초를 건물 기초와 동일조건으로 계획** ☞ p.159 • 외부 구조물의 잡석기초층(GL-0.92, 400mm)과 무근 콘크리트층(GL-0.52, 150mm)을 건물기초 부분과 일치시켜 시공 • 외부 구조물이 들어설 부분의 기초를 미리 확장해 시공하고 삽입근(joint bar)이 필요한 부분은 선 배근 • 일부 구조물의 경우 철근 콘크리트층의 두께가 두꺼워지는 것을 방지하기 위해 XPS로 높이를 조절한 후 철근 배근 및 콘크리트 타설	• 지하 침투수의 원활한 배제 유도 • 외부 구조물의 내구성·안정성 확보 • 주 건물과 외부 구조물의 장기 침하량 일치 유도

표 9 도담패시브하우스에 적용된 기술요소와 설계·공사 전반의 고려사항(요약)(계속)

구분		세부내용	기능
건물의 구조적 안정성 고려	벽체·슬라브·지붕 공사 시 고려한 사항	**20) 콘크리트 벽체 하부의 재료분리 방지책 강구** ☞ p.164 • 벽체와 바닥이 연결되는 부위에 대한 철저한 청소와 chipping • 벽체콘크리트 타설 시 슈트를 최대한 내린 상태에서 타설 속도를 천천히 함 • 철저한 진동다짐 실시 • 창틀 등 개구부 하부의 거푸집 수평면에 두세 군데씩 드릴로 구멍을 뚫어 내부 공기가 빠질 수 있도록 유도	• 신·구 콘크리트 부착력 강화 • 벽체 하부 재료분리 방지 • 바닥 벽체 간 기밀성·수밀성 확보 • 개구부 하부 에어포켓에 의한 콘크리트 미채움 현상 방지 • 건물의 구조적 안정성 확보
		21) 내부공간 구획벽을 일체형 RC구조로 계획 ☞ p.166 • 건물 내 구획되는 벽 전체(침실, 거실, 화장실, 다용도실, 기계실 등)를 철근 콘크리트 일체형 구조로 시공 • 벽 관통 슬리브 설치 및 배관 주변 완전 밀폐	• 확실한 기밀 유지 • 공조기 SA 및 RA 효율 극대화 • 구조적 안정성 확보 • 소음 차단
		22) 보강근의 정교한 설계와 배근작업 치밀성 유도 ☞ p.167 • 구조계산을 바탕으로 벽체 및 슬라브에 대한 배근도(보강철근 포함) 작성 및 보강근의 정교한 배치 • 창틀 등 모든 개구부에 사인장 철근 보강 • 배근작업의 치밀성 유도	• 창틀 등 개구부 사인장 균열을 방지 • 건물 전체에 대한 구조적 안정성 확보 • 장수명 주택으로 유도
		23) 지붕재(기와) 공사 시 제작사 "설계·시공매뉴얼" 철저히 준수 ☞ p.170	• 내구성 확보 • 풍속 60m/sec 태풍에 안전하게 대응
유지관리의 용이성·안정성 고려		**24) 1층 옥외 부동수전 교체의 용이성 고려** ☞ p.173	옥외 부동수전 교체 시 콘크리트 훼손 없이 교체
		25) 2층 베란다 부동수전 교체의 용이성 고려 ☞ p.176	2층 베란다 부동수전 교체 시 벽체 손상 없이 교체
		26) 옥외 오·하수관 청소용 소제구 설치 및 트랩봉수형 오수받이 설치 ☞ p.178	• 땅속 오·하수관 청소의 용이성 고려 • 하수관을 통한 취기 및 해충 유입 차단
		27) 2층 하수관(간이세면대, 세면대, 욕실) 하부 90° 엘보에 P트랩 설치 및 천장에 점검구(소제구) 설치 ☞ p.180	• 2층 배수관(간이세면대, 세면대, 욕실)을 통해 유입될 수 있는 취기·해충 유입의 2단계 방지(1단계 방지 : 트랩봉수형 오수받이) • 필요시 점검구(소제구)를 통한 청소 실시
		28) 소방 안전에 만전을 기함 ☞ p.182 • 화재 발생 시 제일 먼저 발생되는 연기를 감지하여 집 안 중앙에 설치된 경종(警鐘)을 울리게 함 • 동시에 공조기 전원이 차단되도록 구성 • 수신기 연동형 광전식 연기 감지기, 단독형 연기 감지기, 자동 확산형 소화기, 축압식 분말(ABC)소화기를 필요한 개소에 설치	• 화재발생 시 대피 시간 확보 • 공조기 전원 차단으로 공기(산소) 공급 중단 • 자동 소화 유도와 화재 확산 차단

표 9 도담패시브하우스에 적용된 기술요소와 설계·공사 전반의 고려사항(요약)(계속)

구분	세부내용	기능
유지관리의 용이성·안정성 고려	**29) All around IoT를 대비한 인터넷망 구축** ☞ p.184 • '랜단자'에서 '단자함'에 1:1 UTP 케이블(cat.6) 설치 • 모든 '랜단자' 옆에 power line(콘센트) 설치 • 큰 규격의 단자함 설치(기계실 내) • 단자함에 전화, 인터넷, KT모뎀, 허브, 전기소켓 등 설치 • 데이터 저장장치 설치 공간 확보(기계실 내) **CCTV(8개소), 녹화기간 1:1 UTP 케이블(cat.6) 설치**	• 기기작동의 안정성, 사용성, 유지관리의 용이성 고려 • 급변하는 IT 기술의 발전과 실생활 자동화 시스템에 대비
	30) 베란다, 주차장 등 외부에 방우형 전기콘센트 설치 ☞ p.186	• 외부 전기 사용의 용이성 추구 • 전기차 시대에 대비
	31) 강력한 셀프 클리닝 기능이 있는 세라믹 기와, 세라믹 사이딩으로 외부마감 ☞ p.187	• 지진에 유리 • 비와 태풍에 강함(높은 방수기능, 고정못 시공) • 장기간 광택·색채 유지(무기계 도막+글라스코팅) • 충격에 강함 • 오염물 분해(셀프 클리닝) • 세라믹 코팅으로 고내후성 • 우천 시 오염물질 세정 • 장수명 주택 지향
	32) 옥외수도를 기능 구분(하수, 맑은 물)하여 배수구를 2개 설치 ☞ p.191	• 오수용은 공공하수관로에 연결(비가림시설 설치) • 다른 1개는 오염되지 않은 물 사용을 위해 우수관거에 연결
	33) 물 부족에 대비한 지붕의 빗물 모음시설 설치 ☞ p.192 • 선홈통 연결 전용 맨홀과 우수차집관 설치 • 모은 빗물을 필요시 효율적으로 저장하여 사용할 수 있도록 계획	• 물 부족에 대비 • 텃밭의 식물 재배 용수 조경 용수 및 발코니 청소 용수 등으로 사용 • 지하수 자원 확보 • 우수유출량 증가로 인한 침수구역 발생 해소

표 9 도담패시브하우스에 적용된 기술요소와 설계·공사 전반의 고려사항(요약)(계속)

구분	세부내용	기능
공간 활용의 극대화	**34) 계단 밑에 책상 및 소형 수납공간 설치** ☞ p.195 • 계단 하부에 책상, 책꽂이 및 인터넷과 컴퓨터 설치 • 일부 공간은 소형 수납창고 설치	• 계단하부 공간 활용 • 1층에 독서, 인터넷 사용, 문서 작업 등 문화공간 확보 • 곡물류, 식용유, 키친타월 등 식자재와 주방용품 보관·사용의 편의성 도모
	35) 계단참에서 진입 가능한 반층형 수납창고 설치 ☞ p.196 • 한실상부 여유 공간에 반층형 수납창고 설치 • 책꽂이 형태의 수납장 설치 • 계단참을 통해 진입	• 층고가 높은 2층 일부공간의 효율적인 활용 • 생활용품 등의 정리·보관 • 필요시 용이하게 사용 • 집 안 전체의 여유 공간 확보
	36) 세탁기 옆에 입식빨래판 설치 ☞ p.197	• 세탁 전 초벌빨래와 모든 손빨래를 서서함 • 무릎관절 보호 • 세탁 효과 상승 • 수돗물 절약
	37) 콤팩트하면서 실속 있는 화장실 구성 ☞ p.198 • 사용빈도가 많지 않은 욕실용품은 배제 • 필요한 위생도기 및 샤워시설과 수전금구만 설치	• 콤팩트하면서 실속과 여유가 있는 공간 확보 • 깨끗한 공간 구성
	38) 2층 화장실 옆에 간이세면대 설치 ☞ p.200	• 2층 세면공간 추가 확보 • 가족모임 시 효과적 사용
	39) 신발장 내 물걸레 청소기 전용 수납·충전 공간 설치 ☞ p.201 • 신발장 내에 물걸레 청소기 전용 수납 공간 설치 • 충전용 콘센트를 설치	• 집 안 전체의 여유 공간 확보 • 필요시 상시 사용 가능
	40) 테라스 내 2개의 화단 설치 ☞ p.202	• 다양한 화초류 식재로 집 안 분위기 변화 유도 • 실내에서 볼 때 운치 있는 바깥 풍경 조성
	41) 북측 여유 부지에 지하 저장고(대형 항아리 이용) 설치 ☞ p.203	• 채소류에 대한 저온 저장 공간 필요(패시브하우스 특성상 동절기 실내 전체 온도 20℃↑) • 텃밭에서 수확한 배추, 무, 감자, 생강 등의 효과적인 저장 • 겨우내 싱싱한 채소 사용

02

설계 전반에 대한 고려사항 및 시공 현황

2
설계 전반에 대한 고려사항 및 시공 현황

본 장은 약 1년 동안 진행된 도담패시브하우스의 설계 전반에서 고려한 사항을 7개 부문으로 나누어 정리한 것으로, 이해를 돕기 위해 해당 문서와 함께 도면 및 시공 현황을 수록하였다.

설계착수와 추진방향에서는 좋은 집이란 어떠한 집이며, 설계에 필요한 적정 설계기간과 설계비, 설계 계약서에 포함되어야 할 사항, 설계도서 작성 기본방향, 건축주·설계자의 의사소통방법 등 설계착수 시 건축주로서 유념해야 할 사항과 효과적인 설계추진을 위해 고려한 사항 등에 대해 설명하였다.

기초자료 검토와 적용에서는 지구단위계획 검토, 건축 관련 법령 검토, 공공시설 관련 계획 검토 등 설계 시 반드시 반영해야 할 관련 법규에 대한 검토와 이를 설계에 적용한 내용 및 시공 현황을 정리하였다.

패시브하우스 관련 적용 기술요소에서는 도담패시브하우스에 적용된 단열, 기밀시공, 고성능 단열창호·외부차양·고효율 열회수형 환기장치 설치, 열교 차단 등 10여 가지의 패시브하우스 관련 기술요소를 시공 현황과 함께 수록하였다.

건물의 구조적 안정성 고려에서는 근본적으로 건물의 침하, 균열 등의 원인을 제거하고, 더 나아가 건물 본체와 부속 시설물(테라스, 진입부, 주차장, 장독대벽, 장독대, 외부수도, 부지 경계용 옹벽 등) 간의 장기적인 침하를 동일하게 유도하기 위해 고려한 부분 등 주로 도담패시브하우스에서 독창적인 아이디어로 설계·시공한 부분을 기술하였다.

유지관리의 용이성·안정성 고려에서는 향후 살아가면서 교체가 필요한 옥외부동수전과 2층 베란다 부동수전을 콘크리트를 깨지 않고 교체할 수 있게 계획한 부분, 옥외 오·하수관이 슬러지 또는 오일볼

(Oil ball)에 의해 폐색되지 않도록 청소용 소제구를 설치해놓은 것, 외부마감재(기와, 지붕)가 변색되지 않으면서 오염되었을 때 셀프 클리닝 기능이 있는 소재로 선정한 점, All around IoT를 대비한 인터넷망을 구축한 점, 소방 안전을 최우선으로 고려한 점 등 유지관리의 용이성 및 안정성을 확보한 부분에 대해 정리하였다.

공간 활용의 극대화에서는 여유 공간을 최대한 활용하고 낭비되는 공간이 없도록 우리 집의 생활패턴에 맞게 꼭 필요한 요소만 설치한 몇 가지 대표적인 사례를 소개하였다.

공사 착공 준비에서는 설계도면 등 최종성과품 취합 정리, 업체 선정을 위한 세부 공사범위 정리 및 가격입찰서 작성, 건축허가 신청 및 착공신고서 제출, 경계복권측량 실시 등 공사 착공을 위한 사전 준비 사항에 대해 기술하였다.

2.1 설계착수와 추진방향

설계착수 시 건축주로서 유념해야 할 사항과 효과적인 설계추진을 위해 고려한 사항은 다음과 같다.

(1) 좋은 집이란?
(2) 좋은 건축가를 찾아서!
(2) 설계기간은 여유 있게, 설계비는 인색하지 않게!
(3) 설계계약서에 이것만은 포함!
(4) 건축주·설계자 전용 카페 만들기

(1) 좋은 집이란?

'좋은 집'이란 누가 뭐라 해도 건축주의 마음에 드는 집이다. 아무리 호화스럽고 멋있게 지었다한들 건축주가 평소 꿈꾸어왔던 집이 아니라면, 사는 내내 마음이 편할 리가 없고, 살아가면서 싫증나게 되어 있다.

건물 또한 집주인의 보살핌(?)에서 소외되면서(관리 소홀) 여러 가지 병(훼손)이 발생하고, 결국 제 수명을 다하지 못할테니 집주인이나 집이나 모두에게 바람직스럽지 못한 결과이다.

새 옷을 살 때 마음에 들지 않지만, 왠지 허전해서 샀다면 그 옷에 대한 애정이 떨어져 결국은 몇 번 입다 장롱 깊숙이 들어가는 것과 같다.

그래서 설계자(건축가)는 설계도면에 건축주의 마음을 담아야 한다.

건축주의 마음을 헤아리고 사용하기 편하면서 건축공학적으로 최상의 집을 완성해나가는 것이 설계자의 몫이고, 전문적인 건축사의 역할(기술)이며, 좋은 건축가이다.

이를 위해 건축주와 건축가는 설계기간 내내 끊임없이 소통하면서 완성된 집이라는 하나의 목표를 향해 집중해야 하는 것이다. 이 과정에서 때로는 건축주가 건축가의 마음을 달래기도 하고, 건축가가 건축주의 마음을 다스리기도 해야 한다.

하지만 그러기 위해서는 건축주가 자신이 계획하고 있는 집에 대한 콘셉트(concept)가

분명해야 하고, 이를 바탕으로 건축주 스스로 원하는 것이 무엇인지를 명확히 제시해야 한다. 더 나아가 자신이 짓는 집에 대한 각 공종별 기술적 요소를 미리 파악하고 있으면 금상첨화일 것이다.

건축주 스스로 이러한 개념이 없는 상태에서는 아무리 좋은 건축가를 만나도 자신이 원하는 집을 지을 수 없으며, 공사가 진행될수록 스스로 미궁에 빠지고, 그로 인해 '공사비가 초과되었다', '시공자가 사기쳤다'라는 등의 느낌을 받을 수밖에 없다.

결론적으로 건축주는 틈틈이 자신이 짓고 싶은 집에 대한 개념을 정리하고 공종을 파악하여 설계단계부터 적극적으로 의견을 제시해야 하며, 동시에 좋은 건축가를 만나 사용하기 편리하면서, 건축주 의견이 반영된 공사에 100% 적용할 설계성과품을 작성하는 것이 좋은 집을 지을 수 있는 길인 것이다.

다행히 필자는 좋은 건축가를 만나 2016년 약 1년간의 설계기간 동안 끊임없이 소통하면서 최상의 설계를 위해 집중했고, 그 결과 내가 바라던 좋은 집을 지을 수 있었다.

(2) 좋은 건축가를 찾아서!

건축주는 자신이 짖고 싶은 집에 대한 개념이 정리되었으면 설계를 의뢰할 건축사무소와 계약을 체결해야 하는데, 이 부분에서 좋은 건축사가 있는 건축사무소를 찾는 데 신중을 기해야 한다.

위에서 언급했듯이 좋은 건축가란 설계도면에 건축주의 마음을 담을 줄 알고, 사용하기 편리하면서 건축공학적으로 최상의 집을 완성해나갈 수 있는 자질과 품성을 갖춘 건축가이다.

이런 건축가를 만나기 위해서는 우선 자신의 집에 대한 콘셉트를 기준으로 주변 경험자와 필요한 정보를 교환하면서 원하는 건축가를 2~3명으로 압축할 수도 있고, 또는 집에 대한 콘셉트를 키워드로 인터넷 검색을 통해 해당되는 건축가의 홈페이지에 들어가 정리된 포토폴리오를 비교·분석하여 2~3명으로 압축할 수도 있다. 만일 주변에 경험자가 마땅치 않을 경우에는 인터넷 검색만으로도 가능하니 염려하지 않아도 된다.

그다음으로는 건축가가 설계한 집을 직접 방문하여 해당 건축주로부터 집에 대한 여러 의견부터 건축가에 대한 품성, 능력 등 세부적인 사항까지 확인해보면 내가 원하는 건축가인지 개략 파악할 수 있을 것이다. 혹은 어느 정도 마음속으로 정한 건축가가 있다면 그 건축가가 설계한 집을 해당 건축사와 함께 방문하여 건축주의 여러 의견을 들으면서 반응을 살펴보면 설계과정에서 두 사람 사이의 관계가 매끄러웠는지, 건축주의 만족도는 어떤지까지 동시에 파악할 수 있다.

여기서 반드시 피해야 할 건축가는 "내가 설계한 것이 최고이다!", "이 분야는 내가 최고 전문가이다!"라는 식의 자만에 빠져 마치 자신이 대단한 사람처럼 고집이 세고 합리적이지 못한 건축가이다. 이런 사람은 전문가로서의 자질도 문제이지만 설계기간 내내 건축주의 의견을 무시할 가능성이 크다. 또 설계비에 대해서도 정확한 근거 없이 대충 얼버무리는 건축가도 신뢰가 떨어지는 사람임을 기억해야 한다.

이런 과정을 거치면 나름대로 필터링된 좋은 건축가를 만날 수 있다.

(3) 설계기간은 여유 있게, 설계비는 인색하지 않게!

자신의 집을 설계할 건축가를 선정했으면 그다음 필요한 것은 설계기간을 몇 개월로 해야 할지, 설계비는 얼마로 해야 할지, 즉 적정 설계기간과 설계비의 문제인데, 이 부분은 "설계비는 인색하지 않게…!, 설계기간은 여유 있게…!"라고 주장하고 싶다.

필자는 지방자치단체에서 발주하는 공공하수처리장, 폐수처리장, 정수장 등 복합공종의 플랜트시설을 설계하는 전문엔지니어인데, 플랜트 설계 시 책정되는 용역비는 용역의 종류에 따라 정부에서 정해놓는 **공사비 요율에 의한 방식**[4] 또는 **실비정액 가산방식**[5]에 의

4 공사비에 일정요율을 곱해 산출한 금액에 추가 업무비용과 부가가치세를 합산한 대가 산출방식을 말함.

5 직접 인건비와 직접 경비, 제경비와 기술료 등을 포함한 엔지니어링 사업대가 산출방식을 말함.

해서 용역비가 산출·책정되고, 동시에 적정 설계기간이 부여되기 때문에 나름 책임 있는 용역수행이 가능하다.

그러나 개인을 상대로 한 단독주택 설계는 이러한 여건이 갖추어져 있지도 않을뿐더러, 설계를 의뢰하는 건축주도 설계에 들어가는 비용을 아까워 한 나머지 설계비를 마냥 깎으려 하고, 이를 설계하려는 건축가 또한 건축주의 입맛에 맞추어 저렴한 비용으로 설계를 해준다고 결론지으니 이렇게 계약된 설계가 제대로 될 리가 없다.

저렴한 비용으로 수주한 건축가는 계약한 설계비에서 나름대로의 이윤을 제한 후 그 돈에 맞추어 설계인력을 투입할 수밖에 없기 때문에 설계가 부실해질 수밖에 없다.

이렇게 진행된 설계는 건축주의 마음을 헤아리면서 건축주의 마음을 담아 건축공학적으로 최상의 집을 완성해나가는 것 자체가 불가능한 것은 물론, 세부적인 상세도가 작성될 수 없으며, 사용 자재에 대해서도 세부적인 스펙을 제시할 수 없다 보니 공사 중에 시공업자에 휘둘리다가 공사가 진행될수록 '공사비가 초과되었다', '시공자가 사기를 쳤다'라는 등의 느낌을 받을 수밖에 없다.

그래서 설계비는 제대로 지급하되, 대신 건축가에게는 **단계별 설계업무**[6] 중 계획설계 단계에서 원가는 최대한 줄이면서 집의 품격은 유지하되 유지비용은 절감할 수 있는 다양한 방법을 수립·제시토록 하고, 중간설계와 실시설계에서는 공사에 100% 적용할 상세도면 작성은 물론 모든 사용자재에 대해 반드시 규격과 품질을 표기하는 등의 내용이 포함된 **설계자가 준수해야 할 사항을 설계계약서에 명문화**(후술되는 '**설계계약서에 이것만은**

6 '공공발주사업에 대한 건축사의 업무범위와 대가기준' 제6조 제1항에서 "건축사는 건축법, 설계도서의 작성기준 등 관계법령에서 정하는 바에 따라 설계업무를 수행하여야 한다."라고 하면서 같은 조 제3항에서 설계업무를 다음과 같이 규정하고 있음.

- 계획설계 : 건축사가 발주자로부터 제공된 자료 등을 참작하여 건축물의 규모, 예산, 기능, 질, 미관적 측면에서 설계목표를 정하고 가능한 해법을 제시하는 단계
- 중간설계 : 계획설계 내용을 구체화하여 연관 분야의 시스템 확정에 따른 각종 자재, 장비의 규모, 용량이 구체화된 설계도서를 작성하여 발주자로부터 승인을 받는 단계
- 실시설계 : 중간설계를 바탕으로 공사의 범위, 양, 질, 치수, 위치, 재질, 질감, 색상 등을 결정하여 설계도서를 작성하며, 입찰, 계약 및 공사에 필요한 설계도서를 작성하는 단계

포함' 참조)하여 제대로 요구하라는 것이다.

이렇게 해야 건축주 마음에 드는 좋은 집을 지을 수 있고 공사 시에도 설계변경을 최소화할 수 있으며, 건축주가 원하는 자재를 100% 사용할 수 있는 등 공사의 품질뿐만 아니라 공사 원가도 최대로 절감할 수 있고, 집짓는 과정에서 마음고생도 최소화할 수 있다.

그러면 적정 설계비는 어느 정도가 합당할까?

정부에서는 민간 설계비 기준을 별도 제시하고 있지 않지만 '공공발주사업에 대한 건축사의 업무범위와 대가기준'의 별표 4에서 공공건축물에 대한 설계비 산출방법을 제시하고 있는데, 다음 표 1과 같다.

표 1 건축설계 대가요율(단위 %)

종별 / 공사비	제3종(복잡)			제2종(보통)			제1종(단순)		
도서의 양	상급	중급	기본	상급	중급	기본	상급	중급	기본
5000만 원	11.83	9.86	7.88	10.75	8.96	7.17	9.68	8.06	6.45
1억 원	11.11	9.26	7.41	10.10	8.42	6.74	9.09	7.58	6.06
2억 원	8.87	7.39	5.91	8.06	6.72	5.38	7.26	6.05	4.84
3억 원	8.09	6.74	5.39	7.36	6.13	4.90	6.62	5.52	4.41
5억 원	7.58	6.31	5.05	6.89	5.74	4.59	6.20	5.17	4.13
10억 원	6.48	5.40	4.32	5.89	4.91	3.93	5.30	4.42	3.54
20억 원	5.97	4.97	3.98	5.42	4.52	3.62	4.88	4.07	3.25

출처 : 공공발주사업에 대한 건축사의 업무범위와 대가기준[국토교통부고시 제2015-911호 일부 발췌]

이 대가기준에 따르면 '복잡'하면서 '상급'의 설계가 필요한 건축물을 기준으로 공사비[7]별 설계비요율은 공사비 1억 원은 11.11%, 2억 원은 8.87%, 3억 원은 8.09%, 5억 원은 7.58%로 되어 있고, 추가업무비용은 실비로 별도 계상하도록 되어 있다.

통상 단독주택의 공사비가 2~5억 원인 점을 고려하고, '상급'의 설계를 조건으로 계약

7 건축주의 총공사비 예정금액(자재비 포함) 중 용지비, 보상비, 법률수속비 및 부가가치세를 제외한 일체의 금액.

할 때 추가비용까지 감안한 적정 설계비는 개략 공사비의 10% 정도(부가가치세 별도)인 셈이다. 즉, 공사비 2억 원의 건축물은 설계비가 2천만 원(부가가치세 포함 2,200만 원), 공사비 5억 원의 건축물은 설계비가 5천만 원(부가가치세 포함 5,500만 원) 정도이다.

누가 뭐라 해도 줄 것은 제대로 주면서 시킬 것은 철저히 시키는 것이 가장 좋은 방법이다.

다음으로는 설계기간에 대한 부분이다.

생각할 시간이 많다는 것은 목표를 달성하는 데 더 좋은 기회를 많이 확보할 수 있다는 것을 의미하는데, 시간은 활용하면 할수록 더욱 정교하고 완벽해지며, 목표 달성의 시행착오가 줄어드는 것이다. 그렇기 때문에 설계기간은 여유 있게 계획해야 한다.

도담패시브하우스는 설계기간만 약 1년이 소요되었으며, 이 기간 동안 설계 내용에 대해 300회 이상의 협의와 검토가 이루어져, 공사 착공을 위한 만반의 준비가 완성된 상태였다.

계획설계 단계에서는 집의 형태를 포함하여 기초 및 구조계획, 내외부 마감계획, 전기·통신계획, 기계·설비계획, 조경계획 등의 방안 설정은 물론 집의 품격은 유지하되 비용은 줄이고, 튼튼하면서도 향후 유지관리에 신경 쓸 요소를 최소화하는 등 건축주 의견을 반영한 다양한 방안을 수립·결정하는 데 많은 시일이 소진되었으며, 중간설계와 실시설계 단계에서는 도담패시브하우스와 관련된 설계요소 검토, 수정, 신규 아이디어 도출, 상세도면 작성, 건축물리요소 재검토, 검토결과 설계반영, 전문 업체별(공조설비, 창호, 외부차양, 단열재, 열교 차단 화스너, 중목구조, 지붕기와 및 외벽 마감, 태양광…) 협의 및 협의결과 설계반영, SPEC-BOOK 작성, 공사비 산출, 공사비 절약방안 모색, 전문 업체별 공사비(견적서) 조율, 공사비 확정, 수입자재 발주시기와 공사비 지출계획을 포함한 예정 공정표 작성, 시공자 선정, 감리계약 체결, 공사계획 수립 등에도 바쁜 나날을 보냈다.

물론 모든 단독주택 설계에 이렇게 많은 설계기간이 필요한 것은 아니지만, (표준화된 설계라면 몰라도) 어찌되었던 2~3개월의 짧은 설계기간으로는 건축주 머릿속으로 구상하고 있는 신축건물에 대해 '상급'의 설계를 진행하기는 턱없이 부족한 시간이라는 것을 알고 있어야 한다.

또한 설계기간을 계획할 때 추가로 고려할 사항은 설계를 수행할 건축사사무소에 대한 설계인력의 여력이다.

이 부분은 건축사와 격의 없이, 현재 진행 중에 있는 다른 설계는 어느 정도 있고, 향후 수주를 위해 노력할 부분은 어느 정도이며, 따라서 이들 프로젝트를 제외하고 우리 집 설계에 투입할 수 있는 설계인력의 여력이 어느 정도인지를 함께 상의해서 결정해야 한다.

결론적으로 적정 설계기간은 건축사사무소의 전문성, 설계인력의 여력, 과업범위 등을 종합 검토하여 결정하되, '상급' 설계수행을 목표로 계획하기를 권하는 바이다.

(4) 설계계약서에 이것만은 포함!

설계비와 설계기간이 조율되었으면, 그다음은 계약을 체결해야 하는데, 건축설계계약은 당사자 간의 합의로 성립되고, 계약서 작성에 특별한 형식이 필요한 것은 아니기 때문에 **국토교통부에서 고시한 '건축물의 설계표준계약서[8]'**를 기초로 활용하면 된다.

건축주와 건축사 간에 설계비와 설계기간이 조율되었다는 것은 설계업무범위가 대부분 결정된 것이기 때문에 그동안 서로 상의된 내용을 바탕으로 건축사에게 계약서 초안을 작성해서 보내달라고 한 후 이를 바탕으로 건축주의 요구사항을 추가하면서 건축사와 최종 조율한 뒤 계약을 체결하는 것이 효과적이다.

여기서 중요한 것은 건축주의 요구사항을 계약서에 세부적으로 명시하여 건축사의 의무를 분명히 함으로써 상호 이견이나 분쟁이 발생되지 않도록 하는 것인데, 그러기 위해 다음 사항만큼은 계약서에 포함시켜야 한다.

이행보증증서를 받아라!

건축주는 건축사의 계약이행 보증을 위해 이행보증서를 반드시 받아야 하고, 이러한

8 국토해양부고시 제2009-1092호, 2009. 11. 23., 일부 개정.

내용이 계약서에 명기되어야 하는데, 이행보증서를 제출하는 것은 건축사의 법적 의무사항이니 거절하는 건축사에게는 <u>**「건축사법」 제19조의3 제1항 법제처 법령해석**</u>[9] 내용을 제시해주자.

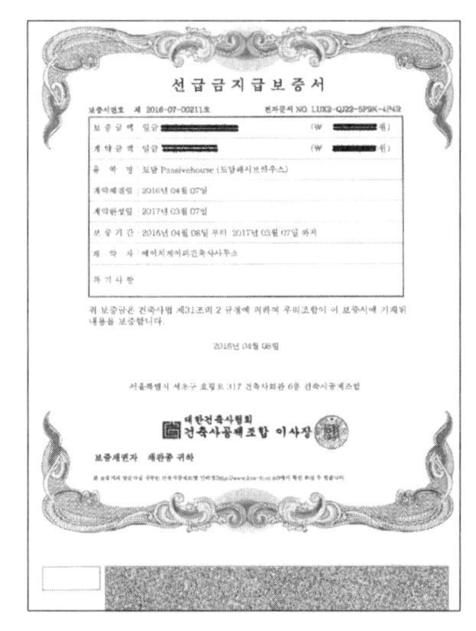

선급금지급보증서

보증서번호 제 2016-07-00211호 전자문서 NO. LUX2-QJ22-5P9K-4P4R

보증금액	일금 [illegible] (₩ [illegible] 원)
계약금액	일금 [illegible] (₩ [illegible] 원)
용역명	도담 Passivehouse (도담패시브하우스)
계약체결일	2016년 04월 07일
계약완성일	2017년 03월 07일
보증기간	2016년 04월 08일 부터 2017년 03월 07일 까지
계약자	[illegible]
특기사항	

위 보증금은 건축사법 제31조의 2 규정에 의하여 우리조합이 이 보증서에 기재된 내용을 보증합니다.

2016년 04월 08일

서울특별시 서초구 효령로 317 건축사회관 6층 건축사공제조합

대한건축사협회
건축사공제조합 이사장

보증채권자 [illegible] 귀하

사진 1 선급금 지급보증서

내용을 살펴보면, 일반인인 건축주와 건축사 간 설계 또는 감리계약을 체결하면서 보험 또는 공제 가입에 따른 비용을 용역비용에 포함하지 않은 경우에도 손해를 배상할 보험증서 또는 공제증서를 건축주에게 반드시 제출하도록 되어 있다(「건축사법」 제19조의3 제1항에 대한 법제처 법령해석). 그리고 건축사는 업무를 수행할 때 고의 또는 과실로 건축주에게 재산상의 손해를 입힌 경우에는 손해를 배상할 책임이 있다고 규정하고 있다(「건축사법」 제20조 제2항). 즉, 건축사는 업무를 수행할 때, 고의 또는 과실로 일반인인 건축주에게 재산상의 손해를 입힌 경우 손해를 배상하기 위해 「건축사법」 제19조의3 제1항에 따라 보험 또는 공제 가입에 따른 비용을 용역비용에 포함하지 않은 경우에도 손해를 배상할 보험증서 또는 공제증서를 건축주에게도 반드시 제출할 의무가 있는 것이다.

따라서 건축설계 계약서의 '<u>이행보증보험증서의 제출</u>' 조항에 <u>"'을"은 설계계약 시에는 계약을 성실히 이행하기 위한 '계약이행보증증권'을 제출하여야 하고, 착수 시에는 착수 시 지급하는 선급금을 담보할 '선급금 보증증권'을 제출하여야 하며, 준공 시에는 준공 후 설계부실로 인한 손해에 대처하기 위한 '하자이행보증증권'을 제출하여야 한다.</u>'라고 명시하면 된다. 이렇게 해야 혹시 모를 건축사의 설계업무에 대한 고의 또는 과실로 건축주가

---

9 「건축사법」 제19조의3 제1항 각 호의 어느 하나에 해당하지 않는 건축주가 건축사와 설계 또는 공사감리 계약을 체결하면서 보험 또는 공제 가입에 따른 비용을 용역비용에 포함하지 않은 경우에도 건축사는 그 계약을 체결할 때 같은 법 시행령 제21조 제2항에 따라 보험증서 또는 공제증서를 건축주에게 제출해야 한다(**법제처 법령해석, 법제처-17-0174**). '<u>부록 II</u>' 참조.

재산상 손해를 본 경우에 그 피해를 최소화할 수 있다.

설계비 지급방법 및 시기를 명확히 하라

설계비는 건축가가 노력한 대가를 받는 것이므로 건축주는 반드시 제때 지급하여야 한다. '공공발주사업에 대한 건축사의 업무범위와 대가기준'에서 건축사의 건축설계업무를 크게 '계획설계', '중간설계', '실시설계'로 구분하고 있으며, '건축물의 설계표준계약서' 제4조(대가의 산출 및 지불방법)에서 설계업무의 대가는 일시불 또는 분할하여 지불할 수 있고, 대가를 분할하여 지불하는 경우에 대한 지불시기 및 기준비율에 대한 원칙을 표로써 예시하면서 지급시기와 지급비율은 '갑'과 '을'이 협의하여 조정할 수 있다고 제시하고 있는데, 이에 따른 대가의 지불시기 및 기준비율은 다음 표 2와 같다.

표 2 설계업무에 대한 대가의 지불시기 및 기준비율

지불시기 및 기준비율(%)	조정비율(%)	지불금액	비고
계약 시(20)		일금 원 ( )	
계획설계도서 제출 시(20)		일금 원 ( )	건축심의 해당 시 심의도서 포함
중간설계도서 제출 시(30)		일금 원 ( )	건축허가도서 포함
실시설계도서 제출 시(30)		일금 원 ( )	
계(100)		일금 원 ( )	부가가치세 별도

출처 : 건축물의 설계표준계약서[국토해양부고시 제2009-1092호, 2009. 11. 23.]

다만 단계별로 지급하는 대가 중에서 계약 시 지불하는 선급금과 최종성과품 납품 후 지급하는 준공금(잔금)은 반드시 앞에서 언급한 이행보증보험증서의 제출을 요하는 문구를 계약서에 명시하여야 한다. 간혹 대금지급 시기가 불명확하거나 대금지급 지체 시 제재 수단이 없을 경우 법적분쟁 소지가 있을 수 있으나 성과품 작성진도(기성율)에 따른 대가지급 비율을 명문화하여 계약할 경우에는 '갑'과 '을' 양자가 이에 따를 수밖에 없다. 즉, 기성율에

따른 대금지불 조건으로 계약했을 경우, 건축주가 계약을 이행하지 않으면 건축사는 성과품을 넘겨주지 않으면 되고, 거꾸로 건축사 측이 계획대로 설계를 진행하지 않거나, 계약이행을 제대로 하지 않으면 대금지불 시기를 뒤로 미루거나 계약이행보증증권을 집행하면 된다.

필자의 경우는 설계기간이 길다 보니 계약에서 정한 지불 시기와 관계없이 중간 중간 대금을 지불하였는데, 결과적으로 건축사는 설계품질로서 보답해주었다.

계약범위와 설계자 의무사항을 명확히 하라!

계약범위와 설계자 의무사항은 건축주와 건축사 간 협의된 설계범위와 용역비에 따라 달라질 수 있으나, 설계 진행 중 이견이 발생하지 않고, 할 일을 명확히 하기 위해서라도 최종 협의 내용을 빠짐없이 구체적으로 문서화해야 한다.

참고로 도담패시브하우스의 설계계약서('복잡'+'상급' 설계)에 언급된 '계약범위와 설계자 의무사항'에 대한 내용을 발췌하여 소개하면 다음 표 3과 같다.

표 3 도담패시브하우스 설계계약서(일부 발췌)

[도담Passive house **설계계약서**]

제1조~제2조 생략
제3조 (계약의 범위 등)
① 계약의 범위
1. 건축물리 : 디테일 제안, 협의, 수정, 생산업체와 조율, 디테일도 작성
2. 건축설계 : 법규해석, 기본설계, 인·허가, 실시설계, 디테일 제안 및 협의, 디테일도 작성
3. 토목/구조/전기/기계설비/소방 : 설계 제안 및 협의, 디테일도 작성
4. 인테리어 : 콘셉트 제안 및 협의, 디테일도 작성, 시공 협의
5. 조경 : 디자인 제안 및 협의, 디테일도 작성, 시공 협의
6. 패시브 설계 적용 관련 협의·자문·인증업무(단, 인증비용은 "갑"이 부담)
7. 분야별 시공사 선정 협의 및 도서보완
8. 시방서 작성, 공사계획표 작성, 세부재료계산서 및 내역서 작성
9. 기타 제6조~제8조에 해당하는 업무

② 생략

제4조~제5조 생략

제6조 (자료의 제공 및 성실의무)
①~② 생략

③ "을"은 설계업무를 수행함에 있어 다음 각 호의 사항을 수행하는 데 최선을 다하여야 한다.
1. 패시브하우스로서 최적의 기능을 구현할 다양한 대안과 근거를 제시하고 설계에 반영하여야 한다.
2. 완성도 높은 공간 활용을 위해 공간 활용의 치밀성을 기하여야 한다.
3. 원가는 최대 절감하되, 집의 품격은 유지할 수 있는 다양한 방안을 제시하고 설계에 반영하여야 한다.
4. 수입산 자재 선택 시 전체 공정에 맞는 주문 대행 및 검수를 함으로써 패시브하우스로서의 최적기능이 유지될 수 있도록 하여야 한다.

④ 생략

제7조~제23조 생략

설계도서 작성·제출기준을 명확히 제시하라!

설계가 종료되면 설계도서, 즉 도면, 내역서, 시방서 및 각종 계산서 등의 성과품이 인쇄되는데, 이 성과품이 중요한 이유는 시공사를 선정할 때 제시되는 문서가 됨은 물론이고, 시공사가 공사기간 동안 기준으로 삼는 유일한 문서가 되기 때문이다.

공사 중 시공자에게 설계변경 여지를 주지 않기 위해 설계는 디테일하게 해야 하는데, 그 디테일한 것이 성과품에 반영되어 있지 않으면 시공업자에게 끌려다닐 수밖에 없고, 공사가 진행될수록 미궁에 빠질 수밖에 없다. 그래서 설계비를 아까워하지 말고 제대로 지급하면서 '상급'의 설계를 하라는 이유이다.

이를 위해 설계도서 작성 및 제출기준을 명확히 제시하여야 하는데, 특히 공사에 100% 적용할 상세도면과 시방서(스펙북) 작성은 기본이고, 필요할 경우 제품명과 규격이 표기된 수량산출서와 내역서가 작성되어야 한다.

상세도면과 시방서(스펙북)는 향후 시공업체 선정 시 시공견적을 받을 때 반드시 필요한 서류이나, 수량산출서와 내역서는 도면과 시방서를 기준으로 업체를 선정할 경우에는 굳이 필요 없다.

즉, 공사에 100% 적용될 상세도면과 이를 보완할 시방서만 있으면, 이 두 가지 서류를 계약조건으로 업체에 제시하여 시공견적을 받을 수 있기 때문이다.

단독주택공사에 대한 업체 선정은 정부나 지방자치단체가 발주하는 공사입찰과는 규모나 성격이 다르기 때문에 사실상 공사에 100% 적용할 상세도면과 스펙북(시방서)만 있으면 무리가 없다.

공사 진행 시에도 도면과 스펙북대로만 하면 되므로 설계변경이 필요 없으며, 시공자와의 관계에서도 이견이 있을 수 없기 때문에 상세도면과 스펙북 작성이 무엇보다 중요하다.

도담패시브하우스 설계 시에는 '설계도서의 작성·제출'에 대해 설계계약서 제8조에 다음 표 4와 같이 명시하였다.

표 4 도담패시브하우스 설계계약서 중 제8조(설계도서의 작성·제출)

제8조 (설계도서의 작성·제출)
① "을"이 설계도서를 작성함에 있어서는「건축법」제23조 제2항에 따라 국토해양부장관이 고시하는 설계도서 작성기준에 따른다.
② "을"은 공사에 100% 적용할 상세도면 및 시방서(자재 스펙 제시 포함)를 작성하되, 사용되는 모든 자재에 대해서는 구체적인 제품명과 규격이 표기되어야 한다.
③ "을"은 완성된 설계도서 3부와 PDF파일 1부를 "갑"에게 제출한다. 다만, "갑"이 결과물을 추가로 요청할 경우 "을"은 해당 비용을 "갑"에게 청구할 수 있다.
④ 제3항에 의한 설계도서의 제출형식에 대해서는 "갑"과 "을"이 협의하여 정하도록 하며, 수록 내용을 임의로 수정할 수 없도록 작성한다.
⑤ "갑"은 "을"이 제출한 결과물을 검토하여 설계오류 등의 명확한 사유가 있는 경우에는 "을"에게 그 보완을 요구할 수 있다.

참고로 상세도면과 시방서를 기준으로 한 시공자 선정에 대해서는 '**2.7 공사 착공 준비/시공업체 선정을 위한 세부 공사범위 정리와 공사설명서 작성**'에 구체적으로 서술하였다.

(5) 건축주 · 설계자 전용 카페 만들기

본 장 서두의 '좋은 집이란?'에서 언급했듯이 건축주 마음에 드는 좋은 집을 짓기 위해서는 건축가는 설계도면에 건축주의 마음을 담아야 하고, 건축주는 자신이 원하는 집에 대한 생각을 설계단계부터 적극적으로 제시하여 건축주 의견이 반영된, 공사에 100% 적용할 수 있는 성과품이 작성되어야 한다.

그러기 위해 건축주와 건축가는 설계기간 내내 끊임없이 소통하면서 완성된 집이라는 하나의 목표를 향해 집중해야 하는데, 소통을 위한 대화방법은 취향에 맞게 각자 찾아야 한다.

건축주와 건축가가 소통하면서 설계도면에 담아야 하는 '건축주의 마음'이란 건축주가 원하는 집에 대한 외형뿐만 아니라, 부지 내에서 건물배치는 어떻게 하는 것이 좋으며, 주변 지형을 고려한 건물 바닥고에 대한 생각은 어떠한지, 내부공간은 어떻게 나눌 것인지, 창문 위치와 크기는 어떻게 할 것인지, 내외부 마감재는 어느 재질로 할 것인지 등 계획설계 단계부터 실시설계가 마무리되어 최종성과품이 인쇄되기까지 설계에 반영되는 모든 사항에 대한 건축주의 의견을 전문가인 건축가와 조율한 뒤 그 결과를 성과품에 반영한 것을 의미하는데, 건축주와 몇 번 이야기 나누었다고 해서 설계도면에 건축주의 마음을 모두 담을 수는 없다.

설계기간 내내 소통하라는 이유는 바로 여기에 있다. 소통을 위해서는 현재 진행 중인 설계도면을 펴놓고 보면서 조율하는 것이 최선인데, 건축주·건축가가 시간적, 공간적인 여건상 필요시마다 도면을 펴놓고 조율하는 것은 도저히 불가능하기 때문에 정확한 소통을 위해서는 용량이 큰 도면 파일(검토의견 포함)을 전송하고, 필요한 부분은 추가통화를 하면서 검토하되, 검토결과는 가능한 한 신속히 보내줄 수 있는 수단이 필요하다.

도담패시브하우스는 설계착수와 동시에 건축가의 제안으로 건축주, 건축가(담당 설계팀장 포함) 및 독일의 홍도영 건축가를 포함한 4인 전용 인터넷 카페를 개설해 공사 착공 때까지 실시간으로 설계 진행 상황을 공유하면서 조율했다.

카페 이용의 장점은 우선 대용량의 도면파일을 쉽게 전송할 수 있고, 도면을 보면서 검토한 후 검토결과도 도면에 직접 표기한 상태로 보낼 수 있어 신속·정확한 검토와 검토결과 반영이 가능하다는 점이다. 여기에 설계사의 man power 손실도 줄일 수 있을 뿐만 아니라 설계완성도 등 전반적인 업무효율이 높아진다는 장점도 있다.

또한 건축주의 마음까지 100% 도면에 반영할 수 있고, 도면에 표기된 모든 내용의 결정 과정이 고스란히 카페에 남기 때문에, 향후 건축주와 건축가 간 이견이 발생하더라도 원인을 즉시 규명할 수 있는 근거가 되며, 시공 시 설계 내용에 대해 시공자의 다른 견해가 있을 경우에도 해당 부분에 대한 설계 취지와 과정을 파악하여 효과적으로 결론을 내려줄 수 있기 때문에 여러 면에서 효과적이다.

다음 사진 2는 도담패시브하우스 설계 전용 카페 게시판에 올라와 있는 내용 일부를 캡처한 것이다.

사진 2 도담패시브하우스 설계 전용 카페 게시판 내용(일부 캡처)

위의 카페 내용에서 볼 수 있듯이 모든 설계 내용에 대해 즉시즉시 자료를 전달하면서 의견을 교환하였고, 각각의 내용에 대한 생각을 댓글로 교환함으로써 합리적인 결론을 도출하거나, 각자 알고 있는 중요한 정보나 기준을 제공함으로써 설계방향을 쉽게 설정할 수 있어 신속·완벽한 설계수행을 하는 데 아주 효과적이었다.

어찌되었던 내 집 짓는 설계가 착수되면 건축주는 평소 자기가 구상했던 내용이 설계에 100% 반영될 수 있도록 관심을 가져야 하고, 건축가 역시 설계도면에 건축주의 마음을 담기 위해 끊임없이 소통하는 등 서로에 맞는 대화방법을 모색해야 한다.

2.2 기초자료 검토와 적용

1. 지구단위계획 검토

단독주택 설계를 착수하기 전에 반드시 확인해야 할 사항은 대상 부지의 위치가 「국토의 계획 및 이용에 관한 법률」에 따른 도시지역인지, 그중에서도 지구단위계획구역인지, 아니면 지방자치단체의 조례로 정하는 관리지역인지 등을 파악해야 한다.

해당 지역이 도시지역인지 지구단위계획구역인지 등은 국토교통부 **토지이용규제정보서비스**[10]를 이용하거나 해당 시·군·구청 또는 **대한민국 정부24 홈페이지**[11]에서 토지이용계획 확인원을 발급받아 확인할 수 있다. 이를 확인해야 하는 이유는 어느 지역인지에 따라 건축물 설계에 적용되는 각종 기준이 달라지기 때문이다.

세종특별자치시의 경우는 「신행정수도 후속대책을 위한 연기·공주지역 행정중심복합도시 건설을 위한 특별법」과 「도시개발법」에 따라 중심지역 전체를 지구단위계획구역으로 설정하였고, 창의적이고 개성 있는 도시설계를 위해 총 6개의 생활권별로 나누어 지구단위계획이 수립되어 있다.

지구단위계획이란 도시·군 계획 수립 대상지역의 일부에 대하여 토지 이용을 합리화하고 그 기능을 증진시키며, 미관을 개선하고 양호한 환경을 확보하며, 그 지역을 체계적·계획적으로 관리하기 위하여 수립하는 도시·군 관리계획을 말한다(「국토의 계획 및 이용에 관한 법률」 제2조 제5항). 즉, 지구단위계획은 도시 내 일정구역을 대상으로 인간과 자연이 공존하는 환경친화적 도시환경을 조성하면서 지속가능한 도시개발 또는 도시 관리가 가능한 세부적인 계획으로, 우리가 살고 있는 도시와 마을에 대하여 입체적인 건축물 계획과 평면적인 토지이용계획을 모두 고려하여 수립하는 계획이다.

---

10 http://luris.mltm.go.kr

11 http://www.gov.kr

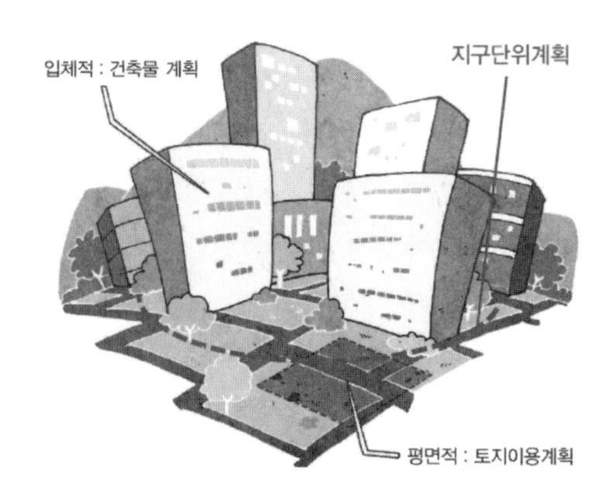

출처 : 행정중심복합도시 지구단위계획 해설서, 단독주택용지(2014.12.)

그림 1 지구단위계획 개념도

다음은 지구단위계획에서 수립되는 주요 내용이다.

1) 가구 및 획지의 규모와 조성계획

합리적인 토지이용을 위하여 도로로 둘러싸인 일단의 지역인 가구(블록), 개별 건축물이 입지할 획지의 규모에 대한 세부적인 계획을 수립

2) 건축물 용도, 건폐율, 용적률, 건축물 높이 등

토지이용의 합리화와 바람직한 도시의 미관 증진을 위하여 건축물의 용도, 건폐율, 높이 등의 계획을 수립

3) 기타 계획 내용

- 용도지역, 용도지구 계획
- 건축물의 배치·형태·색채, 건축선에 관한 계획
- 환경관리계획, 경관계획, 교통처리계획
- 지하 또는 공중 공간에 설치할 시설물의 높이·깊이·배치 또는 규모

• 대문·담 또는 울타리의 형태또는 색채

• 장애인·노약자 등을 위한 편의시설 계획

• 에너지 및 자원의 절약과 재활용에 관한 계획

• 생물서식공간의 보호·조성·연결 및 물과 공기의 순환 등에 관한 계획

세종특별자치시의 생활권별 지구단위계획시행지침은 생활권 내의 모든 건축행위(건축물 및 구조물의 신축, 증축, 개축, 재축, 대수선, 이전, 용도변경 및 건축물의 건축에 준하는 각종 시설물의 축조 등을 포함)와 지구단위계획 결정도 및 지침에 표시되는 모든 관련 행위에 대하여 적용하도록 되어 있다.

필자는 설계착수 1년 전에 '행정중심복합도시건설청'과 'LH 한국토지주택공사'를 통해 도담패시브하우스의 신축 대상지역인 1-4생활권(D2)에 대한 '**지구단위계획 결정도면**', '**지구단위계획 결정조서**', '**지구단위계획시행지침**', 택지조성용 '**공사계획평면도**', 주변 '**교통계획도**', 성토층에 대한 '**토지이용장애표시도**', 택지의 마감 정시선을 확인할 수 있는 '**정지계획평면도**'는 물론 인접 맨홀의 위치와 관저고 및 관경이 표기된 '**우·오수관거 계획도(평면도, 종단면도)**'와 '**상수도계획평면도**', 지하층의 지질 상태를 가늠하기 위해 택지에서 가장 인접한 지점의 토질조사 자료인 '**시추위치도**'와 '**토질주상도**'를 입수하여 설계에 적용할 만반의 준비를 끝낸 상태였다.

이들 자료 중 '**지구단위계획시행지침**' 및 '**지구단위계획 결정도**'에서 건축물 신축과 관련된 '건축물의 규모 등에 관한 사항', '건축물의 배치·건축선에 관한 사항'과 '대지 내 차량 진·출입에 관한 사항', '부설 주차장 설치에 관한 사항', '건축물의 외관 및 형태에 관한 사항' 등 5개 항목에 대한 기준을 정리하면 다음과 같다.

단, 이러한 내용 및 기준은 모든 지역이 동일하지가 않기 때문에 반드시 해당 지역에 대한 관련 계획상의 기준을 확인한 후 설계에 들어가야 된다.

세종특별자치시 1-4생활권(D2) 단독주택용지의 지구단위계획에서 건축물 신축과 관련된 5개 항목에 대한 기준을 정리하면 다음과 같다.

(1) 건축물의 규모 등에 관한 사항
(2) 건축물의 배치 건축선에 관한 사항
(3) 대지 내 차량 진·출입에 관한 사항
(4) 부설 주차장 설치에 관한 사항
(5) 건축물의 외관 및 형태에 관한 사항

(1) 건축물의 규모 등에 관한 사항

'지구단위계획 시행지침'과 '지구단위계획 결정도면'에서 1-4생활권(D2) 단독주택용지에 대해 제시하고 있는 '건축물의 규모 등에 관한 사항'과 이를 기준으로 계획한 도담패시브하우스의 설계 개요는 다음 표 5와 같다.

표 5 건축물의 규모 등에 관한 사항 및 설계 개요

지구단위계획 시행지침

2-1-2 건축물의 규모 등에 관한 사항

2-1-2-1 건축물 용도·건폐율·용적률·높이의 최고한도·가구수는 표 2-1-1에 의하며, 필지별 세부기준은 지구단위계획 결정도에 따른다.

2-1-2-2 건축물 용도 표시는 RD로 한다.

표 2-1-1 획지형 단독주택용지 건축물 허용용도 · 건폐율 · 용적률 · 높이

구분		획지형 단독주택용지
건축물용도	도면표시	RD(Residential)
	허용용도	•「건축법 시행령」 별표 1에 의한 다음의 용도 1. 단독주택(다중주택, 다가구주택 제외) • 건축물 지하층은 주거용도 불허
	불허용도	허용용도 외의 용도
건폐율		40% 이하
용적률		80% 이하

표 5 건축물의 규모 등에 관한 사항 및 설계 개요(계속)

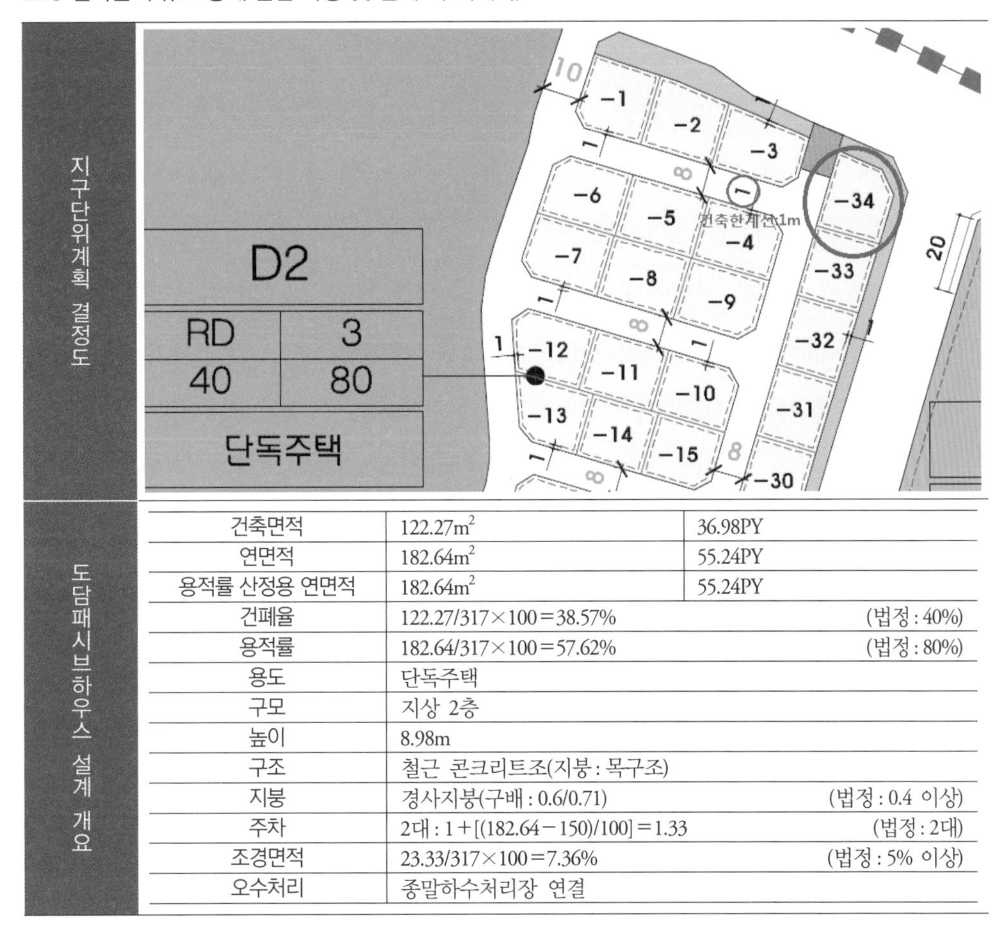

도담패시브하우스 설계 개요			
건축면적	$122.27m^2$	36.98PY	
연면적	$182.64m^2$	55.24PY	
용적률 산정용 연면적	$182.64m^2$	55.24PY	
건폐율	122.27/317×100=38.57%		(법정 : 40%)
용적률	182.64/317×100=57.62%		(법정 : 80%)
용도	단독주택		
구모	지상 2층		
높이	8.98m		
구조	철근 콘크리트조(지붕 : 목구조)		
지붕	경사지붕(구배 : 0.6/0.71)		(법정 : 0.4 이상)
주차	2대 : 1+[(182.64−150)/100]=1.33		(법정 : 2대)
조경면적	23.33/317×100=7.36%		(법정 : 5% 이상)
오수처리	종말하수처리장 연결		

위의 표에서와 같이 세종특별자치시 1-4생활권(D2) 단독주택용지에 대한 건축물의 규모 등에 관한 기준은 건축물 용도를 단독주택(다중주택, 다가구주택 제외)으로만 제한하고 있으며, 지하층은 주거용으로 불허하고, 건폐율은 40%, 용적률은 80% 이하, 층수는 3층까지만 허용되는 것이 주된 내용이다.

이에 따라 도담패시브하우스는 건폐율 38.75%, 용적률 57.62%, 층수는 2층으로 계획하였는데, 계획과정에서 고민했던 부분은 건폐율을 법적 최대기준인 40% 가까이 확보한다고 하더라도, 지붕이 있는 주차장을 설치할 경우, 주차장 면적이 건축면적에 포함(연면적에는 포함되지 않음)되기 때문에 주차장에서만 약 8평 정도(2대 주차 기준)를 차지하는 점이었다.

그래서 고려한 것은 본 장 '**2. 건축 관련 법령 검토/ 벽·기둥의 구획이 없는 건축물에 대한 바닥면적 산정**'에서 언급했듯이 주차장을 주유소 지붕처럼 캐노피형으로 계획한 것이다.

주차장을 캐노피형으로 계획할 경우에는 벽·기둥의 구획이 없는 건축물에 해당되고, 이 경우에는 '벽·기둥의 구획이 없는 건축물은 그 지붕 끝부분으로부터 수평거리 1m를 후퇴한 선으로 둘러싸인 수평투영면적을 바닥면적으로 산정'할 수 있기 때문에(**「건축법 시행령」 제119조 제1항 제3호 가목**[12]) 건축면적에 포함되는 주차장 바닥면적이 약 8평에서 3평으로 줄어들어 5평 정도의 건축면적을 추가로 확보할 수 있다.

이처럼 지구단위계획에서 제시하고 있는 건축물의 골격에 관한 각종 기준을 적용할 때 해당 기준을 만족시키면서, 동시에 각자 구상하고 있는 집의 특성에 맞게 효율적으로 적용할 수 있는 아이디어를 찾는 것 또한 건축주와 건축가가 합심해서 노력해야 할 몫인 것이다.

(2) 건축물의 배치 건축선에 관한 사항

'건축물의 배치 및 건축선에 관한 사항'에서 제시하고 있는 주요 기준은 건축한계선을 대지경계로부터 1m 후퇴한 선으로 해야 한다는 점과 건축물의 주 출입구는 진입도로변으로 해야 한다는 점이다.

다음 표 6은 1-4생활권(D2) 단독주택용지에 대해서 지구단위계획 시행지침과 지구단위계획 결정도면에서 제시하고 있는 '건축물의 배치 및 건축선에 관한 사항'과 이를 기준으로 계획한 도담패시브하우스의 설계·시공 개요이다.

---

12 바닥면적 산정 : 벽·기둥의 구획이 없는 건축물은 그 지붕 끝부분으로부터 수평거리 1m를 후퇴한 선으로 둘러싸인 수평투영면적으로 한다<건축법 시행령 제119조 제1항 제3호 가목>.

표 6 건축물의 배치 및 건축선에 관한 사항과 설계·시공 개요

지구단위계획 시행지침	2-1-3 건축물의 배치 및 건축선에 관한 사항 2-1-3-1 건축한계선은 지구단위계획 결정도에서 지정된 곳에 지정한다. 2-1-3-2 각 획지는 아래의 기준에 따라 건축물을 배치하여야 한다. ① 안전을 고려하여 건축물의 주출입구는 진입도로변으로 한다. ② 일조 등의 확보를 위한 건축물의 높이 제한은 「건축법」 및 같은법 시행령, 「행정중심복합도시 건축고시」에 따른다. <2013.12.12. 제19차 실시계획 변경> 2-1-4 대지 내 공지 2-1-4-1 전면공지의 조성은 시행지침 [1-2-13]에 따른다. <2013.12.23. 제24차 실시계획 변경>
지구단위계획 결정도	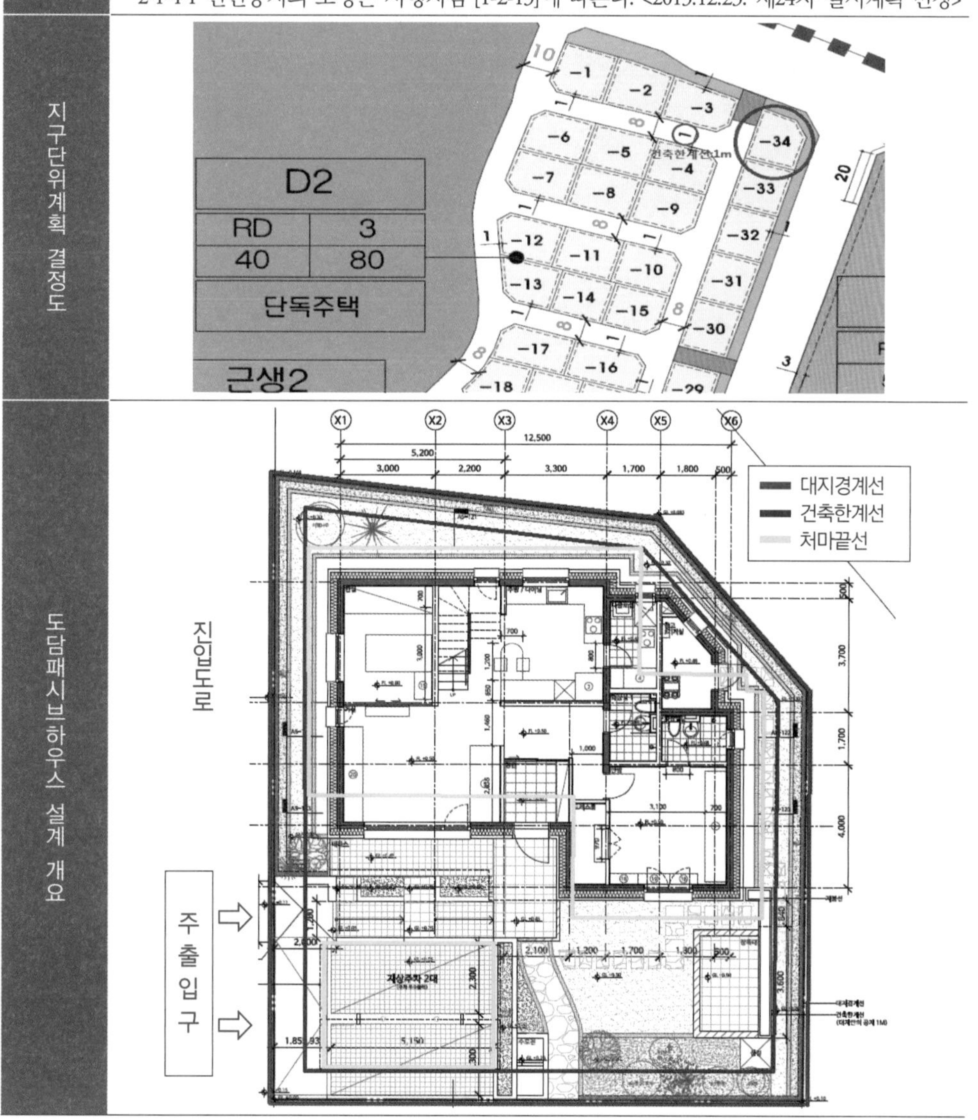
도담패시브하우스 설계 개요	

표 6 건축물의 배치 및 건축선에 관한 사항과 설계·시공 개요(계속)

현황사진	

(3) 대지 내 차량 진·출입에 관한 사항

'대지 내 차량 진·출입에 관한 사항'에서 제시하고 있는 주요 기준은 차량 출입구는 필지에 접한 도로 중 위계가 가장 낮은 도로 또는 가구의 장변구간에 설치하는 것을 원칙으로 하되, 도로의 가각구간에는 설치하지 못하게 한 점과 차량의 출입구는 대지당 1개소만으로 하고 그 폭원을 6.5m 이하로 한 점이다. 이에 대한 기준과 설계 개요 및 현황사진은 다음 표 7과 같다.

표 7 대지 내 차량 진·출입에 관한 사항 및 설계·시공 개요

지구단위계획 시행지침	2-1-3 대지 내 차량 진 · 출입에 관한 사항 2-1-3-1 차량의 출입구는 필지에 접한 도로 중 위계가 가장 낮은 도로 또는 가구의 장변구간에 설치하는 것을 원칙으로 하며, 도로의 가각구간에는 설치할 수 없다. 2-1-3-2 차량의 출입구는 대지당 1개소만 하며, 그 폭원은 6.5m를 초과할 수 없다.

표 7 대지 내 차량 진·출입에 관한 사항 및 설계·시공 개요(계속)

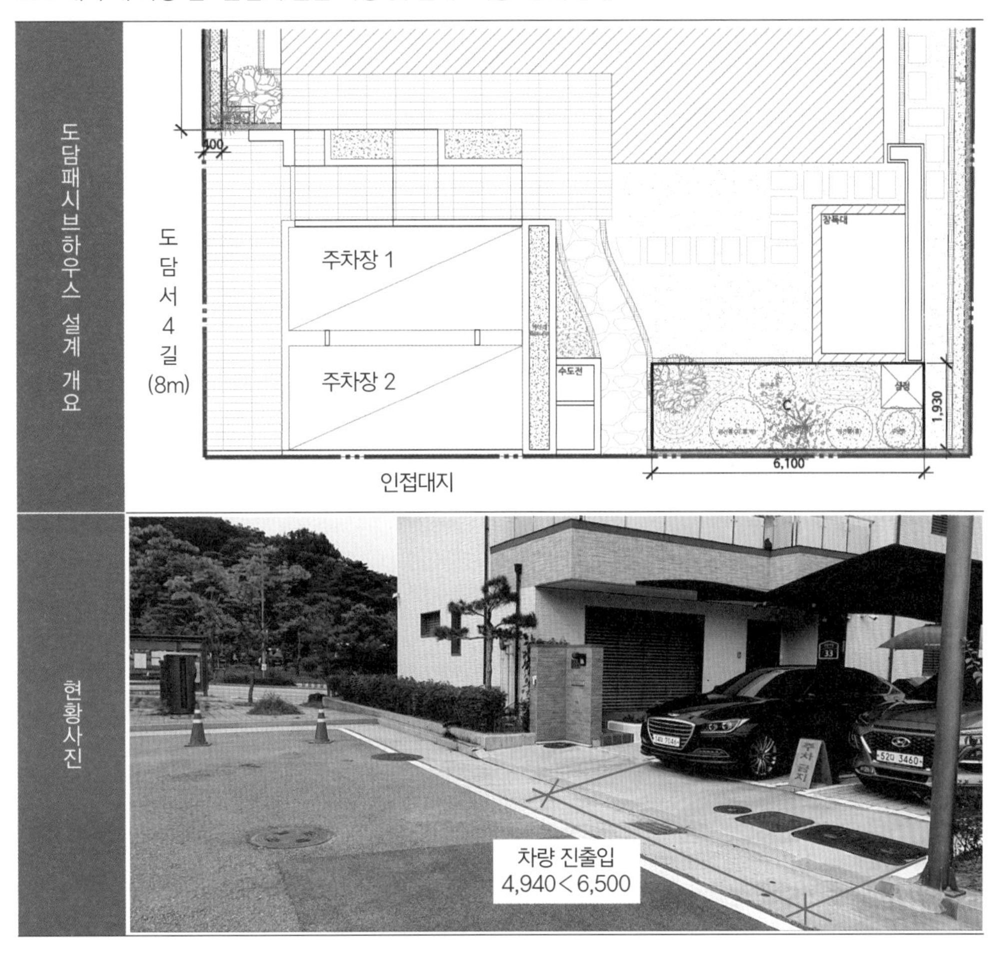

(4) 부설 주차장 설치에 관한 사항

부설 주차장 설치에 관한 주요 기준은 2m 이상의 가각전제를 두어야 한다는 점과 주차장의 위치는 인접필지의 경계부에 위치하는 것을 권장하고, 대신 경계부에는 담장 설치를 불허한다는 부분 등이며, 이에 대한 기준과 설계 개요 및 현황사진은 다음 표 8과 같다.

표 8 부설 주차장 설치에 관한 사항 및 설계·시공 개요

지구단위계획 시행지침

2-1-6 부설 주차장 설치에 관한 사항

2-1-6-1 부설 주차장의 설치대수는 [1-2-22]를 따른다.

2-1-6-2 부설 주차장은 아래의 설치기준에 적합하여야 한다.

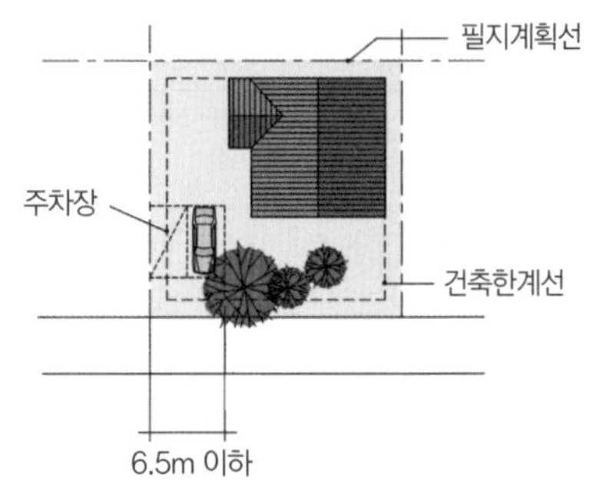

그림 2-1-1 부설 주차장 예시도

① 주차장을 설치할 경우 자동차의 회전이 용이하도록 주차 출입구와 도로가 접하는 부분에 2m 이상의 가각전제를 한 곳 이상 두어야 한다.

② 주차장의 위치는 주차의 효율성을 도모하기 위해 인접필지 경계부에 위치하는 것을 권장하며, 이 경우 주차장 사이의 인접 필지 경계부에 담장 설치를 불허한다. 다만, 필지의 구분을 위한 경계석 표시는 가능하다.

③ 주차장의 포장은 '투수성 포장'을 원칙으로 한다(단, 필로티 등 상부가 가려진 주차장 제외).

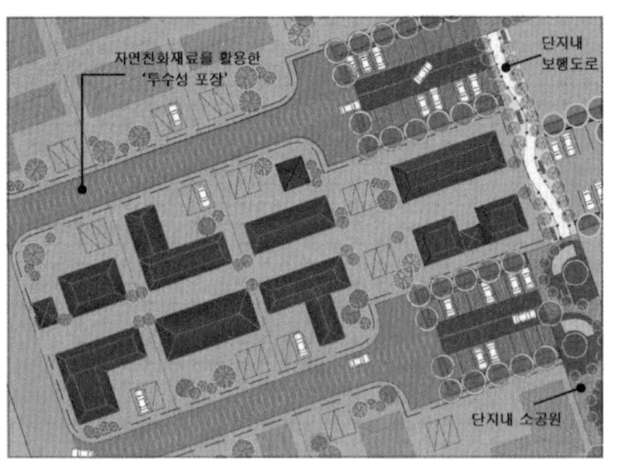

그림 2-1-2 획지형 단독주택 조성 예시도

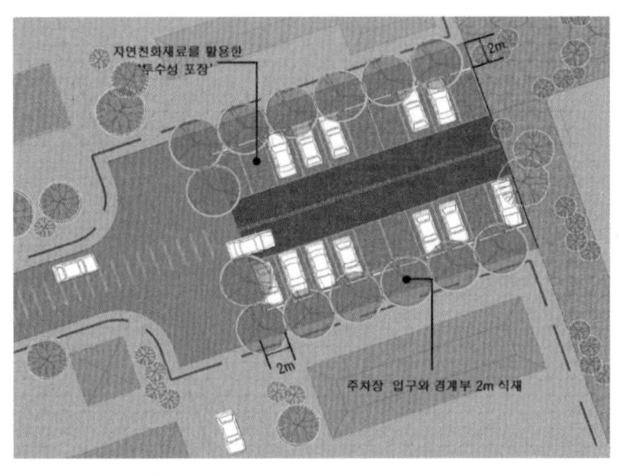

그림 2-1-3 공용 주차 공간 조성 예시도

표 8 부설 주차장 설치에 관한 사항 및 설계·시공 개요(계속)

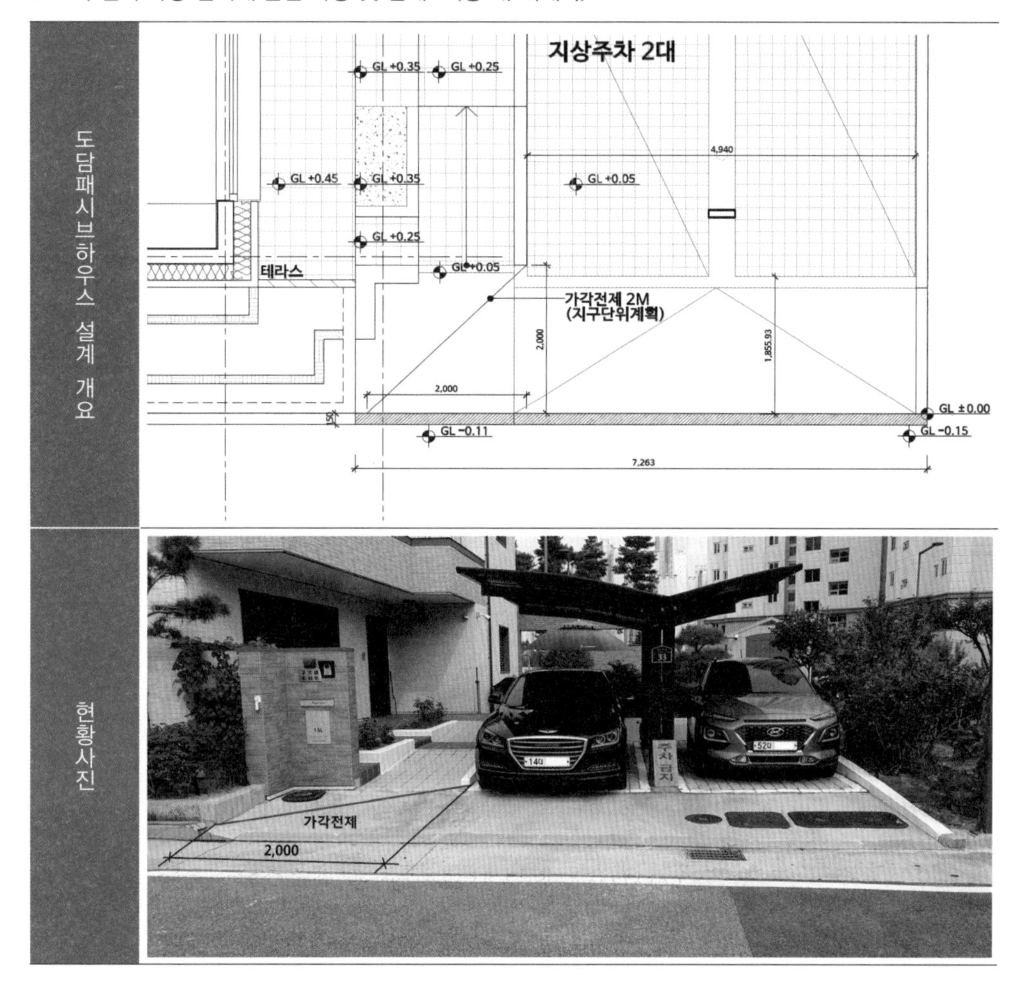

(5) 건축물의 외관 및 형태에 관한 사항

건축물의 외관 및 형태에 관한 사항에서 제시하는 주요 기준에 따르면 경사지붕을 조성하는 경우 물매는 4/10 이상으로 할 것을 권장하고 있고, 건축물의 담장과 대문의 높이는 0.8m 이하가 되도록 하여야 하며, 담장의 재료는 생울타리나 자연재료를 사용하도록 하고 있다.

세종특별자치시의 경우에는 계획된 신도시이기 때문에 이와 같이 울타리뿐만 아니라 건물의 색채 등에 대해서도 엄격히 규제하고 있는데, 그러다 보니 건축주가 원하는 형태의 집을 짓는 데는 몇 가지 제한되는 부분이 있다.

다음 표 9는 지구단위계획 시행지침에서 제시하고 있는 '건축물의 외관 및 형태에 관한 사항'과 이를 기준으로 계획한 도담패시브하우스의 시공 현황이다.

표 9 건축물의 외관 및 형태에 관한 사항과 시공 현황

지구단위계획 시행지침

2-1-7 건축물의 외관 및 형태에 관한 사항

2-1-7-1 지붕 및 옥탑에 관한 사항은 아래와 같다.

① 경사지붕을 조성하는 경우, 수평투영면적의 50% 이상에 해당하는 범위에 물매는 4/10 이상으로 할 것을 권장한다.

② 옥상층의 부대시설(옥탑, 철탑 등)의 높이는 2m를 초과할 수 없으며 각종 설비(물탱크·에어컨실외기 등)은 차폐시설을 하여야 한다.

2-1-7-2 건축물의 담장, 대문에 관한 사항은 아래와 같다.

① 담장과 대문의 높이는 0.8m 이하가 되도록 한다.

② 담장의 재료는 생울타리, 자연재료 등을 사용한다.

그림 2-1-4 울타리 설치 예시도

그림 2-1-5 생울타리 설치 예시

표 9 건축물의 외관 및 형태에 관한 사항과 시공 현황(계속)

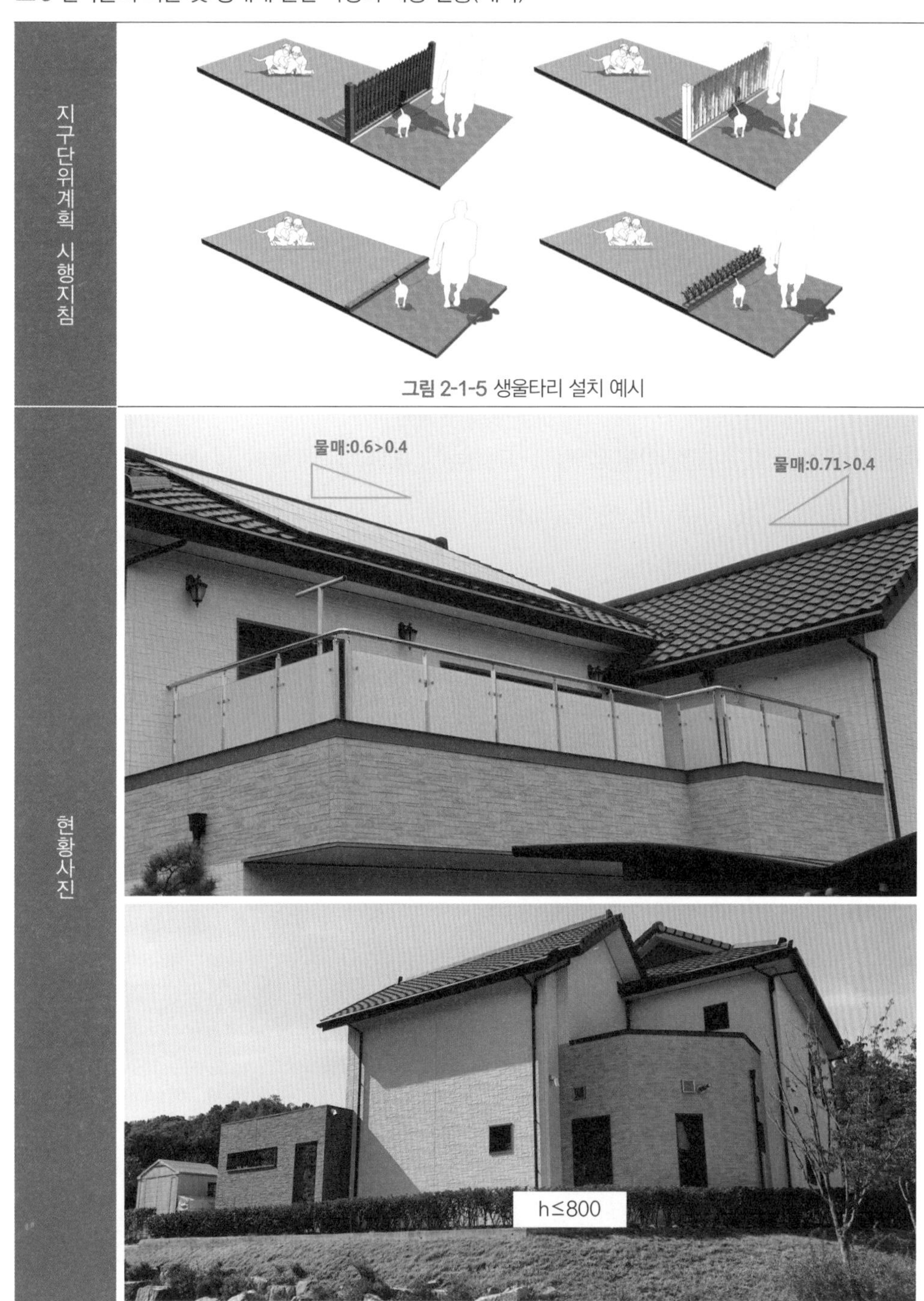

그림 2-1-5 생울타리 설치 예시

2. 건축 관련 법령 검토

지구단위계획 또는 도시지역/관리지역 등에서 제시하고 있는 건축물의 용도, 건폐율, 용적률, 건축물 높이 등 건축물의 규모에 관한 사항과 건축물의 배치·형태, 건축선에 관한 사항 및 대지 내 차량 진·출입에 관한 사항, 부설 주차장 설치에 관한 사항, 대문·담 또는 울타리의 형태 또는 색채에 관한 사항 등 입체적인 건축물 계획과 평면적인 토지이용계획이 설정되었으면, 다음으로 이를 기준으로 한 건축설계를 진행할 차례이다.

건축설계 시에는 지구단위계획(또는 도시지역/관리지역 등)에서 제시하는 건폐율·용적률, 건축물 높이 등에 대해 「건축법」 제84조(면적·높이 및 층수의 산정)에서 규정하고 있는 건축물의 대지면적, 연면적, 바닥면적, 높이, 처마, 천장, 바닥 및 층수의 산정기준을 따라야 하고, 이를 기준으로 계획설계를 하여야 하는데, 특히 패시브하우스 설계 시 몇 가지 유의할 사항이 있다.

패시브하우스 설계에서 건축면적 산정 시 유의할 사항과 면적·높이·층수 산정에 대한 「건축법」을 정리하면 다음과 같다.

(1) 패시브하우스에서의 건축면적 산정
(2) 외단열공법으로 건축되는 건축물에서의 처마·차양·부연 등의 건축면적 산정
(3) 벽·기둥의 구획이 없는 건축물에 대한 바닥면적 산정
(4) 면적·높이·층수 산정에 대한 건축법령 요약

(1) 패시브하우스에서의 건축면적 산정

일반 단독주택을 설계할 때 「건축법」에서 규정하고 있는 건축면적·연면적 등의 산정 방법은 건축사라면 기본적으로 아는 내용이겠지만, 패시브하우스에서와 같이 단열재를 구조체의 외기측에 설치하는 외단열공법으로 건축되는 건축물에서의 건축면적 산정기준은 일반단독주택의 기준(벽체 중심선)과는 달리 '내측 내력벽의 중심선'을 기준으로 하기 때문에 주의를 요한다. 즉, 패시브하우스에서 건축면적 산정 시 일반단독주택과 동일하게

벽체 중심선을 기준으로 산정하면 약 6% 이상의 건축면적을 손해 보는 것이다.

패시브하우스의 경우는 외단열이 설치된 건축물이고, 벽체의 단열재 두께만 200mm가 넘으며, 여기에 내측 내력벽과 외부마감재까지를 포함하면 벽체 전체 두께가 통상 500mm를 초과하기 때문에, 이 상태에서 일반주택에서와 같이 벽체 중심선을 기준으로 건축면적을 산정하면 실제 사용면적이 6% 정도 줄어드는 것이다.

거꾸로 이야기해서 동일한 대지에서 동일한 건폐율(건축면적/대지면적×100)의 주택을 지을 경우 법적 산정기준에 따라 일반주택과 패시브하우스의 건축면적을 비교할 때 다음 그림 2에서와 같이 패시브하우스는 '내측 내력벽의 중심선'을 기준으로 건축면적을 산정하기 때문에 일반주택보다 실면적을 약 6% 넓게 확보할 수 있고, 더 나아가 건축물 준공 후 부과되는 취·등록세 및 매년 납부하는 재산세에서도 유리하다.

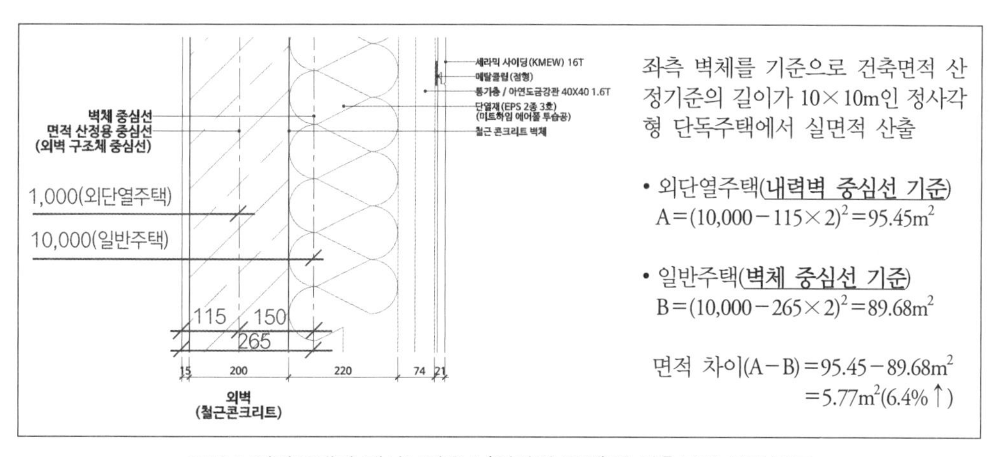

그림 2 일반주택과 패시브하우스(외단열 주택)의 건축면적 산정 비교

이는 정부가 정책적으로 에너지 효율이 높은 외단열공법을 권장하면서, 일반주택 산정기준으로 했을 때의 문제점을 해결하기 위해 「건축법 시행령」 제119조 제1항 제2호 나목에서 건축면적 및 바닥면적 산정의 특례를 규정하였기 때문이다. 따라서 패시브하우스처럼 단열재를 구조체의 외기측에 설치하는 외단열공법으로 건축된 건축물에서의 건축면적

산정은 내측 내력벽의 중심선을 기준으로 면적을 산출해야 한다. 패시브하우스에 대한 설계가 보편화될 경우에는 굳이 이러한 부분의 설명도 필요 없겠지만, 아직은 우리나라 단독주택 설계가 일반주택 위주로 진행되고 있기 때문에 자칫 오류를 범할 수 있어 주의가 필요하다.

(2) 외단열공법으로 건축되는 건축물에서의 처마 · 차양 · 부연 등의 건축면적 산정

외단열공법으로 건축되는 건축물에서의 처마·차양·부연 등의 건축면적 산정 역시 패시브하우스에서 건축면적 산정과 동일하게 내측 내력벽의 중심선을 기준으로 해야 하는지의 문제 역시 간과하기 쉬운 사항이다.

결론부터 말하자면, 그렇지 않다. 이 부분에 대해서는 다음 사진 3의 국토교통부 '민원처리 공개'(접수번호 1AA-1308-054327)에서 언급하고 있는 바와 같이 '**외단열이 설치된 벽으로서 돌출차양이 있는 경우 돌출차양의 건축면적 산정은 내력벽의 중심선이 아닌, 외단열 등 마감재를 포함한 외벽 전체의 중심선을 기준으로 바닥면적을 산정하여야 하는 것**'이기 때문이다.

이 이유는 「건축법 시행령」 제119조(면적 등의 산정방법) 제1항 제2호 나목(단열재를 구조체의 외기측에 설치하는 단열공법으로 건축된 건축물)의 경우에는 국토교통부령에 따라 건축면적을 산정하도록 예외규정을 두고 있고, 이에 따라 「건축법 시행규칙」 제43조(태양열을 이용하는 주택 등의 건축면적 산정방법 등)에서 "단열재를 구조체의 외기측에 설치하는 단열공법으로 건축된 건축물의 건축면적은 건축물의 외벽 중 내측 내력벽의 중심선을 기준으로 한다."라고 규정짓고 있지만, 「건축법 시행령」 제119조(면적 등의 산정방법) 제1항 제2호 가목의 경우에는 별도의 예외규정을 두고 있지 않기 때문이다.

민원마당 | 민원안내 | 민원신청 | 민원정보 | 나의민원 | 전체메뉴

민원신청

전자민원
- 민원신청
- 자주하는질문(FAQ)
- 전자민원처리공개

서면민원
- 서면민원
- 서면민원처리공개

방문상담
- 방문상담
- 방문상담 예약신청

전화상담

110채팅·화상(수화)상담

국토교통부 민원 콜센터 1599-0001
평일 9:00~18:00 (점심시간 12~13시 및 주말/공휴일 미 운영)

민원신청 > 전자민원 > 전자민원처리공개

전자민원처리공개

전자민원(국민신문고)으로 제출하신 처리내역입니다.

고객님의 궁금증과 문제점을 신속하고 경확하게 해결하기 위해 노력하겠습니다.

01.민원내용

민원요지: 외단열 공법으로 건축되는 건축물에서의 처마,차양, 부안 등의 건축면적 산정기준

접수번호: 1AA-1308-054327 　접수일자: 2013.08.13

질의내용

건축법 시행규칙 제43조(태양열을 이용하는주택 등의 건축면적 산정방법 등) 에서 정하기를 ' 구조체의 외기측에 설치하는 단열공법으로 건축된 건축물의 건축면적은 외벽 중 내측 내력벽의 중심선을 기준으로 한다' 리고 되어 있습니다. 한편,시행령 제119조[면적 등의 산정방법] 2항 가호에 따르면 '가. 처마, 차양, 부연, 그밖에 이와 비슷한 것으로서 그 외벽의 중심선으로부터 수평거리 1미터 이상 돌출된 부분이 있는 건축물의 건축면적은 그 돌출된 끝부분으로부터 다음의 구분에 따른 수평거리를 후퇴한 선으로 둘러싸인 부분의 수평투영면적으로 한다'(그 밖의 건축물 : 1 미터) 이 두가지의 경우를 본다면, 외단열 건축물의 경우에는 시행규칙 제 43조 규정에 따라 내력벽의 중심선을 기준으로 건축 면적을 산정하고, 처마 등의 돌출물은 시행령 제 119조의 규정에 따라 내력벽의 중심선이 아닌 외벽의 중심선을 기준으로 건축면적을 산정하는 것이 맞다고 보여집니다. 왜냐하면, 제119조에 규정된 면적 산정 기준에 별도의 예외 규정을 두고 있지 안기 때문입니다. 이와관련하여, 어떤 기준으로 면적 산정을 하는 것이 맞는지를 질의 합니다. 부연) 외단열 공법의 건축물은 기본적으로 에너지 절감을 목표로 하는 건축물로써, 따로 명확히 제한을 두지 안는 한은 법 규정이 유리하게 해석되기를 희망합니다. 고에너지 주택에서는 일반 주택과는 달리 한여름의 냉방 전력을 줄이기 위해서는 뜨거운 복사열을 차단하기위한 차양이 상당한 규모로 설치되는 것이 필수적인데, 이에 대한 유리한 해석이 있다면 이 같은 주택의 건축을 장려하는 효과도 있을 것으로 사료됩니다.

02.민원처리 내용

담당부서: 국토교통부 > 국토도시실 > 건축정책관 > 건축정책과

담당자: 강민석

전화번호: 044-201-4535

회신내용

유선통화한 내용과 같이 건축법 시행령 제119조제1항제3호 아목에 따라 외단열이 설치된 건축물의 경우에는 단열재가 설치된 외벽 중 내측 내력벽의 중심선을 기준으로 산정한 면적을 바닥면적으로 하도록 하고 있고, 같은 호 가목에 따르면 벽·기둥의 구획이 없는 건축물은 그 지붕 끝부분으로부터 수평거리 1미터를 후퇴한 선으로 둘러싸인 수평투영면적으로 하도록 하고 있는 바,
외단열이 설치된 벽으로서 돌출 차양이 있는 경우 돌출차양 면적산정은 내력벽 중심선이 아닌 외단열 등 마감재를 포함한 외벽 전체의 중심선을 기준으로 하여 바닥면적(차양 끝부분으로부터 수평거리 1미터까지는 제외)을 산정하여야 하는 것임을 알려드리니, 보다 구체적인 사항에 대해서는 자세한 자료를 구비하시어 당해 허가권자에게 문의하시면 상세한 설명 들으실 수 있을 것입니다.

출처 : 국토교통부/민원마당/전자민원처리공개, 민원처리 내용

사진 3 외단열공법으로 건축되는 건축물에서의 처마·차양·부연 등의 건축면적 산정기준

즉, 「건축법 시행령」 제119조 제1항 제2호 가목에서 규정하고 있는 “처마, 차양, 부연(附椽), 그 밖에 이와 비슷한 것으로서 그 외벽의 중심선으로부터 수평거리 1m 이상 돌출된 부분이 있는 건축물의 건축면적은 그 돌출된 끝부분으로부터 다음의 구분에 따른 수평거리를 후퇴한 선으로 둘러싸인 부분의 수평투영면적으로 한다.”라고만 제시되어 있지 「건축법 시행령」 제119조(면적 등의 산정방법) 제1항 제2호 나목에서와 같이 건축면적 산정에 대한 예외규정을 두고 있지 않는 것이다. 따라서 외단열이 설치된 벽으로서 돌출차양이 있는 경우 돌출차양의 건축면적 산정은 내력벽의 중심선이 아닌, 외단열 등 마감재를 포함한 외벽 전체의 중심선을 기준으로 바닥면적을 산정해야 한다.

(3) 벽·기둥의 구획이 없는 건축물에 대한 바닥면적 산정

벽·기둥의 구획이 없는 건축물(예 : 캐노피형 주차장)에 대한 바닥면적 산정에도 유념할 필요가 있다. 왜냐하면 계획설계 과정에서 법정 최대한의 건폐율을 확보하기 위해 노력한다고 하더라도, 지붕이 있는 주차장을 설치할 경우에는 주차장 면적이 건축면적에 포함(연면적에는 포함되지 않음)되어 주차장에서만 약 8평 정도(2대 주차 기준)의 면적을 내어 주어야 하기 때문이다.

그러나 주차장을 주유소 지붕처럼 캐노피형으로 계획할 경우에는 벽·기둥의 구획이 없는 건축물에 해당되고, 이 경우에는 「건축법 시행령」 제119조 제1항 제3호 가목에서 제시하고 있는 바와 같이 벽·기둥의 구획이 없는 건축물은 그 지붕 끝부분으로부터 수평거리 1m를 후퇴한 선으로 둘러싸인 수평투영면적을 바닥면적으로 산정할 수 있어 그림 3과 같이 지붕 주변 4방 1m의 면적이 건축면적 산정에서 제외되기 때문에 주차장에서 적용되는 건축면적이 3평 정도로 줄어듦으로써 약 5평 정도의 건축면적을 추가로 확보할 수 있다.

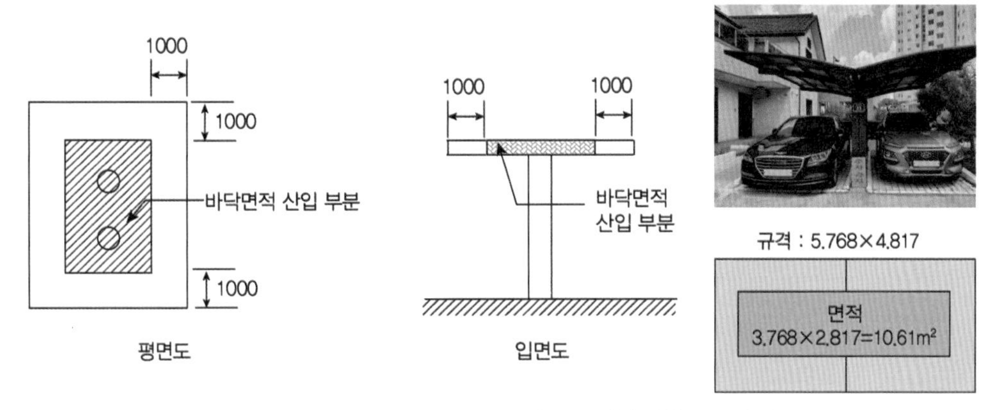

그림 3 벽·기둥의 구획이 없는 건축물에 대한 건축면적 산정

(4) 면적·높이 및 층수 산정에 대한 건축법령 요약

건축물 설계 시 적용되는 면적·높이 및 층수 산정기준 등 건축법령에서 규정하고 있는 관련 조항을 요약하면 다음 표 10과 같다.

표 10 건축물의 면적·높이 및 층수 산정과 관련된 건축법령(관련 조항 발췌)

구분	내용
건축법	**제84조(면적·높이 및 층수의 산정)** 건축물의 대지면적, 연면적, 바닥면적, 높이, 처마, 천장, 바닥 및 층수의 산정방법은 대통령령으로 정한다.
건축법 시행령	**제119조(면적 등의 산정방법)** ① 법 제84조에 따라 건축물의 면적·높이 및 층수 등은 다음 각 호의 방법에 따라 산정한다. <개정년도 '생략'> 1. 대지면적: 대지의 수평투영면적으로 한다. 다만, 다음 각 목의 어느 하나에 해당하는 면적은 제외한다. 가. 법 제46조 제1항 단서에 따라 대지에 건축선이 정하여진 경우: 그 건축선과 도로 사이의 대지면적 나. 대지에 도시·군계획시설인 도로·공원 등이 있는 경우: 그 도시·군계획시설에 포함되는 대지(「국토의 계획 및 이용에 관한 법률」 제47조 제7항에 따라 건축물 또는 공작물을 설치하는 도시·군계획시설의 부지는 제외한다)면적 2. 건축면적: 건축물의 외벽(외벽이 없는 경우에는 외곽 부분의 기둥을 말한다. 이하 이 호에서 같다)의 중심선으로 둘러싸인 부분의 수평투영면적으로 한다. 다만, 다음 각 목의 어느 하나에 해당하는 경우에는 해당 각 목에서 정하는 기준에 따라 산정한다. 가. **처마, 차양, 부연(附椽), 그 밖에 이와 비슷한 것으로서 그 외벽의 중심선으로부터 수평거리 1미터 이상 돌출된 부분이 있는 건축물의 건축면적은 그 돌출된 끝부분으로부터 다음의 구분에 따른 수평거리를 후퇴한 선으로 둘러싸인 부분의 수평투영면적으로 한다.**

표 10 건축물의 면적 · 높이 및 층수 산정과 관련된 건축법령(관련 조항 발췌)(계속)

구분	내용
건축법 시행령	1)「전통사찰의 보존 및 지원에 관한 법률」 제2조 제1호에 따른 전통사찰 : 4미터 이하의 범위에서 외벽의 중심선까지의 거리 2) 사료 투여, 가축 이동 및 가축 분뇨 유출 방지 등을 위하여 상부에 한쪽 끝은 고정되고 다른 쪽 끝은 지지되지 아니한 구조로 된 돌출차양이 설치된 축사 : 3미터 이하의 범위에서 외벽의 중심선까지의 거리(두 동의 축사가 하나의 차양으로 연결된 경우에는 6미터 이하의 범위에서 축사 양 외벽의 중심선까지의 거리를 말한다) 3) 한옥 : 2미터 이하의 범위에서 외벽의 중심선까지의 거리 4)「환경친화적자동차의 개발 및 보급 촉진에 관한 법률 시행령」 제18조의5에 따른 충전시설(그에 딸린 충전 전용 주차구획을 포함한다)의 설치를 목적으로 처마, 차양, 부연, 그 밖에 이와 비슷한 것이 설치된 공동주택(「주택법」 제15조에 따른 사업계획 승인 대상으로 한정한다) : 2미터 이하의 범위에서 외벽의 중심선까지의 거리 5) 그 밖의 건축물 : 1미터 나. **다음의 건축물의 건축면적은 국토교통부령으로 정하는 바에 따라 산정**한다. 1) 태양열을 주된 에너지원으로 이용하는 주택 2) 창고 중 물품을 입출고하는 부위의 상부에 한쪽 끝은 고정되고 다른 쪽 끝은 지지되지 아니한 구조로 설치된 돌출차양 3) **단열재를 구조체의 외기측에 설치하는 단열공법으로 건축된 건축물** 다. 다음의 경우에는 건축면적에 산입하지 아니한다. 1) 지표면으로부터 1미터 이하에 있는 부분(창고 중 물품을 입출고하기 위하여 차량을 접안시키는 부분의 경우에는 지표면으로부터 1.5미터 이하에 있는 부분) 2) '생략' 3) 건축물 지상층에 일반인이나 차량이 통행할 수 있도록 설치한 보행통로나 차량통로 4) 지하주차장의 경사로 5) 건축물 지하층의 출입구 상부(출입구 너비에 상당하는 규모의 부분을 말한다) 6) 생활폐기물 보관함(음식물쓰레기, 의류 등의 수거함을 말한다. 이하 같다) 7)~12) '생략' 3. 바닥면적 : 건축물의 각 층 또는 그 일부로서 벽, 기둥, 그 밖에 이와 비슷한 구획의 중심선으로 둘러싸인 부분의 수평투영면적으로 한다. 다만, 다음 각 목의 어느 하나에 해당하는 경우에는 각 목에서 정하는 바에 따른다. 가. **벽·기둥의 구획이 없는 건축물은 그 지붕 끝부분으로부터 수평거리 1미터를 후퇴한 선으로 둘러싸인 수평투영면적으로 한다.** 나. 건축물의 노대 등의 바닥은 난간 등의 설치 여부에 관계없이 노대 등의 면적(외벽의 중심선으로부터 노대 등의 끝부분까지의 면적을 말한다)에서 노대 등이 접한 가장 긴 외벽에 접한 길이에 1.5미터를 곱한 값을 뺀 면적을 바닥면적에 산입한다. 다. 필로티나 그 밖에 이와 비슷한 구조(벽면적의 2분의 1 이상이 그 층의 바닥면에서 위층 바닥 아래면까지 공간으로 된 것만 해당한다)의 부분은 그 부분이 공중의 통행이나 차량의 통행 또는 주차에 전용되는 경우와 공동주택의 경우에는 바닥면적에 산입하지 아니한다. 라. 승강기탑(옥상 출입용 승강장을 포함한다), 계단탑, 장식탑, 다락[층고(層高)가 1.5미터(경사진 형태의 지붕인 경우에는 1.8미터) 이하인 것만 해당한다], 건축물의 외부 또는 내부에 설치하는 굴뚝, 더스트슈트, 설비덕트, 그 밖에 이와 비슷한 것과 옥상·옥외 또는 지하에 설치하는 물탱크, 기름탱크, 냉각탑, 정화조, 도시가스 정압기, 그 밖에 이와 비슷한 것을 설치하기 위한 구조물과 건축물 간에 화물의 이동에 이용되는 컨베이어벨트만을 설치하기 위한 구조물은 바닥면적에 산입하지 아니한다.

표 10 건축물의 면적 · 높이 및 층수 산정과 관련된 건축법령(관련 조항 발췌)(계속)

구분	내용
건축법 시행령	마. 공동주택으로서 지상층에 설치한 기계실, 전기실, 어린이놀이터, 조경시설 및 생활폐기물 보관함의 면적은 바닥면적에 산입하지 아니한다. 바. 「다중이용업소의 안전관리에 관한 특별법 시행령」 제9조에 따라 기존의 다중이용업소(2004년 5월 29일 이전의 것만 해당한다)의 비상구에 연결하여 설치하는 폭 1.5미터 이하의 옥외 피난계단(기존 건축물에 옥외 피난계단을 설치함으로써 법 제56조에 따른 용적률에 적합하지 아니하게 된 경우만 해당한다)은 바닥면적에 산입하지 아니한다. 사. **제6조 제1항 제6호에 따른 건축물을 리모델링하는 경우로서 미관 향상, 열의 손실 방지 등을 위하여 외벽에 부가하여 마감재 등을 설치하는 부분은 바닥면적에 산입하지 아니한다.** 아. **제1항 제2호 나목 3)의 건축물의 경우에는 단열재가 설치된 외벽 중 내측 내력벽의 중심선을 기준으로 산정한 면적을 바닥면적으로 한다.** 자.~파. '생략' 4. 연면적 : 하나의 건축물 각 층의 바닥면적의 합계로 하되, 용적률을 산정할 때에는 다음 각 목에 해당하는 면적은 제외한다. 가. 지하층의 면적 나. 지상층의 주차용(해당 건축물의 부속용도인 경우만 해당한다)으로 쓰는 면적 다. 삭제 <2012. 12. 12.> 라. 삭제 <2012. 12. 12.> 마. 제34조 제3항 및 제4항에 따라 초고층 건축물과 준초고층 건축물에 설치하는 피난안전구역의 면적 바. 제40조 제3항 제2호에 따라 건축물의 경사지붕 아래에 설치하는 대피공간의 면적 5. 건축물의 높이 : 지표면으로부터 그 건축물의 상단까지의 높이[건축물의 1층 전체에 필로티(건축물을 사용하기 위한 경비실, 계단실, 승강기실, 그 밖에 이와 비슷한 것을 포함한다)가 설치되어 있는 경우에는 법 제60조 및 법 제61조 제2항을 적용할 때 필로티의 층고를 제외한 높이]로 한다. 다만, 다음 각 목의 어느 하나에 해당하는 경우에는 각 목에서 정하는 바에 따른다. 가. 법 제60조에 따른 건축물의 높이는 전면도로의 중심선으로부터의 높이로 산정한다. 다만, 전면도로가 다음의 어느 하나에 해당하는 경우에는 그에 따라 산정한다. 1) 건축물의 대지에 접하는 전면도로의 노면에 고저차가 있는 경우에는 그 건축물이 접하는 범위의 전면도로 부분의 수평거리에 따라 가중평균한 높이의 수평면을 전면도로면으로 본다. 2) 건축물의 대지의 지표면이 전면도로보다 높은 경우에는 그 고저차의 2분의 1의 높이만큼 올라온 위치에 그 전면도로의 면이 있는 것으로 본다. 나. 법 제61조에 따른 건축물 높이를 산정할 때 건축물 대지의 지표면과 인접 대지의 지표면 간에 고저차가 있는 경우에는 그 지표면의 평균 수평면을 지표면으로 본다. 다만, 법 제61조 제2항에 따른 높이를 산정할 때 해당 대지가 인접 대지의 높이보다 낮은 경우에는 해당 대지의 지표면을 지표면으로 보고, 공동주택을 다른 용도와 복합하여 건축하는 경우에는 공동주택의 가장 낮은 부분을 그 건축물의 지표면으로 본다.

표 10 건축물의 면적 · 높이 및 층수 산정과 관련된 건축법령(관련 조항 발췌)(계속)

구분	내용
건축법 시행령	다. 건축물의 옥상에 설치되는 승강기탑·계단탑·망루·장식탑·옥탑 등으로서 그 수평투영면적의 합계가 해당 건축물 건축면적의 8분의 1(「주택법」 제15조 제1항에 따른 사업계획승인 대상인 공동주택 중 세대별 전용면적이 85제곱미터 이하인 경우에는 6분의 1) 이하인 경우로서 그 부분의 높이가 12미터를 넘는 경우에는 그 넘는 부분만 해당 건축물의 높이에 산입한다. 라. 지붕마루장식·굴뚝·방화벽의 옥상돌출부나 그 밖에 이와 비슷한 옥상돌출물과 난간벽(그 벽면적의 2분의 1 이상이 공간으로 되어 있는 것만 해당한다)은 그 건축물의 높이에 산입하지 아니한다. 6. 처마높이 : 지표면으로부터 건축물의 지붕틀 또는 이와 비슷한 수평재를 지지하는 벽 · 깔도리 또는 기둥의 상단까지의 높이로 한다. 7. 반자높이 : 방의 바닥면으로부터 반자까지의 높이로 한다. 다만, 한 방에서 반자높이가 다른 부분이 있는 경우에는 그 각 부분의 반자면적에 따라 가중평균한 높이로 한다. 8. 층고 : 방의 바닥구조체 윗면으로부터 위층 바닥구조체의 윗면까지의 높이로 한다. 다만, 한 방에서 층의 높이가 다른 부분이 있는 경우에는 그 각 부분 높이에 따른 면적에 따라 가중평균한 높이로 한다. 9. 층수 : 승강기탑(옥상 출입용 승강장을 포함한다), 계단탑, 망루, 장식탑, 옥탑, 그 밖에 이와 비슷한 건축물의 옥상 부분으로서 그 수평투영면적의 합계가 해당 건축물 건축면적의 8분의 1(「주택법」 제15조 제1항에 따른 사업계획승인 대상인 공동주택 중 세대별 전용면적이 85제곱미터 이하인 경우에는 6분의 1) 이하인 것과 지하층은 건축물의 층수에 산입하지 아니하고, 층의 구분이 명확하지 아니한 건축물은 그 건축물의 높이 4미터마다 하나의 층으로 보고 그 층수를 산정하며, 건축물이 부분에 따라 그 층수가 다른 경우에는 그중 가장 많은 층수를 그 건축물의 층수로 본다. 10. 지하층의 지표면 : 법 제2조 제1항 제5호에 따른 지하층의 지표면은 각 층의 주위가 접하는 각 지표면 부분의 높이를 그 지표면 부분의 수평거리에 따라 가중평균한 높이의 수평면을 지표면으로 산정한다. ② 제1항 각 호(제10호는 제외한다)에 따른 기준에 따라 건축물의 면적·높이 및 층수 등을 산정할 때 지표면에 고저차가 있는 경우에는 건축물의 주위가 접하는 각 지표면 부분의 높이를 그 지표면 부분의 수평거리에 따라 가중평균한 높이의 수평면을 지표면으로 본다. 이 경우 그 고저차가 3미터를 넘는 경우에는 그 고저차 3미터 이내의 부분마다 그 지표면을 정한다. ③ '생략' ④ 제1항 제5호 다목 또는 제1항 제9호에 따른 수평투영면적의 산정은 제1항 제2호에 따른 건축면적의 산정방법에 따른다.
건축법 시행규칙	**제43조(태양열을 이용하는 주택 등의 건축면적 산정방법 등)** ① 영 제119조제1항제2호나목에 따라 태양열을 주된 에너지원으로 이용하는 주택의 건축면적과 단열재를 구조체의 외기측에 설치하는 단열공법으로 건축된 건축물의 건축면적은 건축물의 외벽중 내측 내력벽의 중심선을 기준으로 한다. 이 경우 태양열을 주된 에너지원으로 이용하는 주택의 범위는 국토교통부장관이 정하여 고시하는 바에 의한다. <개정 1996. 1. 18., 2008. 3. 14., 2011. 6. 29., 2013. 3. 23.> ② 영 제119조 제1항 제2호 나목에 따라 창고 중 물품을 입출고하는 부위의 상부에 설치하는 한쪽 끝은 고정되고 다른 끝은 지지되지 아니한 구조로 된 돌출차양의 면적 중 건축면적에 산입하는 면적은 다음 각 호에 따라 산정한 면적 중 작은 값으로 한다. <신설 2005. 10. 20., 2008. 12. 11., 2011. 6. 29., 2017. 1. 19.> 1. 해당 돌출차양을 제외한 창고의 건축면적의 10퍼센트를 초과하는 면적 2. 해당 돌출차양의 끝부분으로부터 수평거리 6미터를 후퇴한 선으로 둘러싸인 부분의 수평투영면적[제목개정 2005. 10. 20.]

3. 공공시설 관련 계획 검토

'**지구단위계획**'과 '**건축 관련 법령**'에 대한 검토는 짓고자 하는 단독주택에 대한 배치·형태 및 건폐율, 용적률, 높이 등 주로 부지 내에서의 건축물에 대한 입체적·평면적인 계획을 수립하는 기준이 되는 반면, '**공공시설 관련 계획 검토**'는 신축할 단독주택을 이미 정해져 있는 외부조건(공공시설 관련 계획)과의 원활한 연결을 위해 검토되어야 할 항목이면서 집의 기능 발휘와 생활의 편리성에 관련된 중요한 요소이다.

즉, 부지에 대한 주변현황을 고려할 때 우리집은 어떠한 형태로 배치하는 것이 효과적이며, 부지 내 우수와 건물에서 발생되는 오·하수는 공공하수도의 어느 지점에 연결할 것이고, 상수도와 전기·통신, 가스를 연결할 위치는 어디에 있는지 등 신축하는 단독주택(부지 포함)과 공공시설물과의 효과적이면서 규정에 맞는 연결을 검토하는 부분이다.

앞의 '**지구단위계획 검토**'에서 언급했듯이 필자는 설계착수 1년 전부터 '행정중심복합도시건설청'과 'LH 한국토지주택공사'를 통해 해당 지역에 대한 택지조성용 '**공사계획평면도**', 주변 '**교통계획도**', 성토층에 대한 '**토지이용장애표시도**', 택지마감 정시선을 확인할 수 있는 '**정지계획평면도**'와 인접 우·오수맨홀의 위치와 Inv.EL 및 관경이 표기된 '**우·오수관거 계획도(평면도, 종단면도)**', '**상수도계획평면도**', 지하층의 토질상태를 가늠하기 위한 인접지점의 '**시추위치도**'와 '**토질주상도**' 등 공공시설 관련 계획과 현황을 입수하여 세부적인 분석 후 기본적인 설계윤곽을 설정한 상태였다.

세종특별자치시는 계획된 신도시이기 때문에 상기의 자료를 입수하는 데 어려움이 없었지만, 기존 시가지에 신축하고자 할 때에는 반드시 토지이용계획의 확인과 더불어 공공하수도(우·오수관거)에 대한 현황 등 부지를 중심으로 한 주변 공공시설에 대한 계획과 현황을 확인한 후 기술적·법리적으로 합당한 설계를 해야 한다. 이러한 부분들은 설계를 의뢰한 건축사사무소에서 책임지고 수행할 업무이기 때문에 건축주가 크게 염려할 필요는 없지만, 그래도 참고할 필요가 있다.

다음은 도담패시브하우스 설계 시 공공시설 관련 자료를 입수하거나, 현장조사 등을 거쳐 확인·분석한 후 설계에 반영한 6개 항목에 대해 정리한 내용이다.

(1) 부지 현황에 대한 확인
(2) 대지경계에 설치되어 있는 경계석에 대한 위치·높이 등의 조사·확인과 건물기준점 설치
(3) 기초지반 토질상태의 확인·조사
(4) 해당 지역 우·오수 배제계획 확인
(5) 인접 우·오수관로 부설 현황 조사 및 옥내 배수관의 적정 관경·경사 결정
(6) 옥외수도는 비가림 시설 설치 후 공공오수관로에 연결

(1) 부지 현황에 대한 확인

부지 여건에 맞는 최적의 건축물을 짓기 위해서는 부지를 중심으로 한 주변의 도로 현황, 건물배치 현황, 차량통행 현황, 계절별·시간별 일사량 변화뿐만 아니라 부지 내 경계석을 포함한 부지 전반의 경사 정도, 주변 지장물에 대한 조사 등 부지 주변과 부지 내 현황에 대한 조사·분석이 철저히 이루어지고 그 결과가 설계에 반영되어야 한다.

즉, 부지의 경사 정도와 부지 주변에 대한 도로 현황, 건축물 현황, 일사량 등을 고려할 때 해당 부지에 대한 계획지반고를 어느 높이로 하면서 건물을 어떻게 배치하는 것이 효과적인지, 대지 내 사람과 차량 진·출입에 대한 노선계획과 종단면계획은 어떻게 하는 것이 적정한지, 공공하수도 연결 맨홀에 대한 Inv·EL을 기준점으로 옥내 배수시설의 종단면계획을 수립하면서 이를 고려한 건물 바닥 EL을 얼마로 계획하는 것이 효과적인지 등의 요소를 부지 현황 조사를 바탕으로 결정해야 하기 때문이다.

세종특별자치시는 계획된 신도시로서 아직도 주변에 많은 신축 건축물들이 들어서는 등 도시화가 진행 중에 있지만, 필자의 경우에는 설계착수 전에 '행정중심복합도시건설청'과 'LH 한국토지주택공사'를 통해 입수한 관련 자료를 바탕으로 부지 주변 현황을 다양하게 파악하였다.

인접 아파트로 인한 일사량의 감소가 계절별·시간대별로 어떻게 변화하는지, 프라이버시 보호를 위해 건물배치 시 고려할 점은 무엇인지, 현관을 어느 쪽에 배치하면서 주차

장을 어디에 위치시키는 것이 효율적인지, 부지에 접한 도로에 설치되어 있는 L형 측구의 균열상태를 보아가면서 성토지반의 장기침하 발생 우려는 없는지 등을 장기간 조사·분석하였고, 설계착수와 동시에 이들을 종합 정리한 '**<u>건축주 의견</u>**'을 건축사에게 전달하여 설계에 반영하였으며, 그 결과 이사 온 지 약 2년이 지난 현시점에서 설계·공사상의 미진사항이나 문제점은 발견되지 않고 있다.

다음 그림 4는 도담패시브하우스 부지위치에 대한 종평면도와 정지계획평면도이고 이를 통해 부지에 대한 몇 가지 사항을 확인할 수 있다.

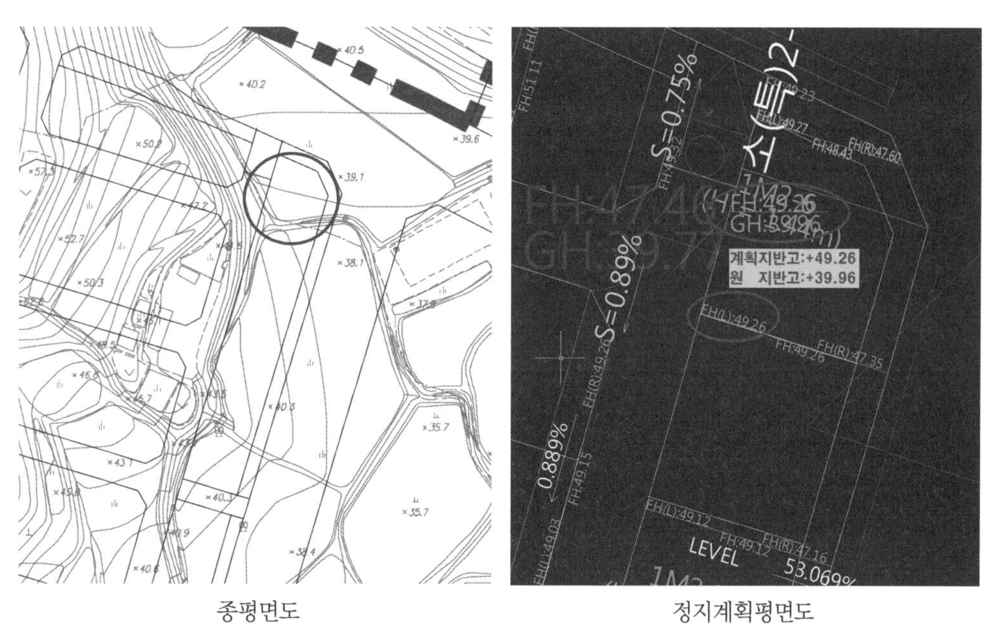

종평면도 정지계획평면도

그림 4 도담패시브하우스 부지에 대한 종평면도 및 정지계획 평면도

- 부지의 원지반고가 EL+39.96이다.
- 성토 후 조성된 계획부지고가 EL+49.26이다.
- 성토층의 높이가 9.3m(=계획부지고-원지반고=49.26-39.96)이다.
- 계획부지(EL+49.26)와 우측 경사면 밑 보도(EL+47.35)와의 높이 차는 1.91m이다.

• 남측에 접한 부지(EL+49.12)보다는 14cm(=49.26−49.12) 높다.

• 원지반은 평평한 밭이었다.

• 택지 내 부지전면의 도로가 남측방향으로 경사(S=0.89%)를 이루고 있다.

• 오토 클리넷이 있는 소로는 북측방향으로 경사(S=0.75%)져 있다.

(2) 대지경계에 설치되어 있는 경계석에 대한 위치 · 높이 등의 조사 · 확인과 건물기준점 설정

부지 현황에 대한 조사결과와 종평면도 및 정지계획평면도를 분석한 결과 부지 전면에 설치되어 있는 경계석에 대한 높이 확인과 건물기준점 설치 그리고 성토 전(前) 원지반의 지하층 토질상태를 가늠하기 위한 인접지점 토질주상도 검토가 필요했다.

경계석(境界石)은 문자 그대로 용지경계를 명확하게 할 목적으로 매설해놓은 돌(자연석 또는 콘크리트 재질 사용)을 말하는데, 공사 중에도 이를 옮기거나 파손해서는 안 되기 때문에 설계·공사의 기준점(건물기준점)으로 설정하는 데 아주 효과적이다.

경계석의 높이는 <u>주간선도로</u>[13]는 20~25cm, <u>보조간선도로</u>[14] 및 <u>집산도로</u>[15]는 10~15cm, <u>국지도로</u>[16]는 10cm 이하로, 사유지를 침범하지 않도록 설치하며, 용지 경계를 나타내는 경계석은 사진 4에서와 같이 사유지와 닿은 경계석 선이 사유지의 시작선이 되는 것이다.

대지경계석은 부지경계 외에도, 이를 기준으로 건축한계선을 확인하는 기준선이 되며, 경계석의 높이와 경계석의 경사 정도에 따라 사람과 차량 진·출입에 대한 폭과 경사 그리고 건물의 1층 바닥고를 결정하는 중요 요소가 되기 때문에 설계시작과 동시에 경계석에 대한 현황조사가 정확히 이루어져야 한다.

---

13 시·군내 주요 시설을 연결하거나 시·군 상호 간을 연결하여 대량 교통을 처리하는 도로.

14 주간선도로를 집산도로 또는 주요 교통 발생원과 연결해 시·군 교통의 집산기능을 하는 도로로 근린주거구역외곽으로 형성되는 도로.

15 근린주거구역의 교통을 보조간선도로에 연결해 근린주거구역 내의 교통의 집산기능을 하는 도로로서 근린주거구역의 내부를 구획하는 도로.

16 가구(주택) 도로로 둘러싸인 일단의 지역을 구획하는 도로.

경계석에 대한 현황조사에서는 경계석의 재질 및 폭과 높이를 확인하고, 설계·공사 시 기준이 될 **건물기준점**[17]의 위치와 레벨값(GL±0.00)을 설정한 후 건물기준점을 기준으로 부지 내 주요 지점에 대한 레벨, 경사(slope 정도) 등에 대해 파악하면 된다.

사진 4 택지 내 경계석과 경계선

고정시설인 경계석은 공사 중에도 위치가 변동되면 안 되기 때문에 경계석상에 건물 배치계획의 기준이 되는 건물기준점을 설정하는 것이 효과적이다.

건물기준점의 위치는 공사 중에도 시야 확보에 유리하면서 공사 적치물 등에 대한 간섭으로부터 자유로운 곳을 선정하고, 건물기준점의 높이를 기준으로 계획부지고와 1층 바닥고 및 주차장 바닥고 등 그림 5와 같이 주요 지점에 대한 레벨 표기를 한다.

경계석상의 건물기준점은 설계도면에 표기된 레벨값대로 공사하는 기준점이 되므로

---

17 택지 주변의 어느 영구시설에 설계·공사 시 기준이 될 지점(기준점)을 선정하여, 그 기준점의 레벨값(예: GL±0.00)을 기준으로 신축 건물과 관련된 주요 지점에 대한 레벨 표기를 하고, 공사 시 이를 기준으로 레벨값을 측량함.

파손되거나 위치가 변동되지 않도록 잘 관리하여야 한다.

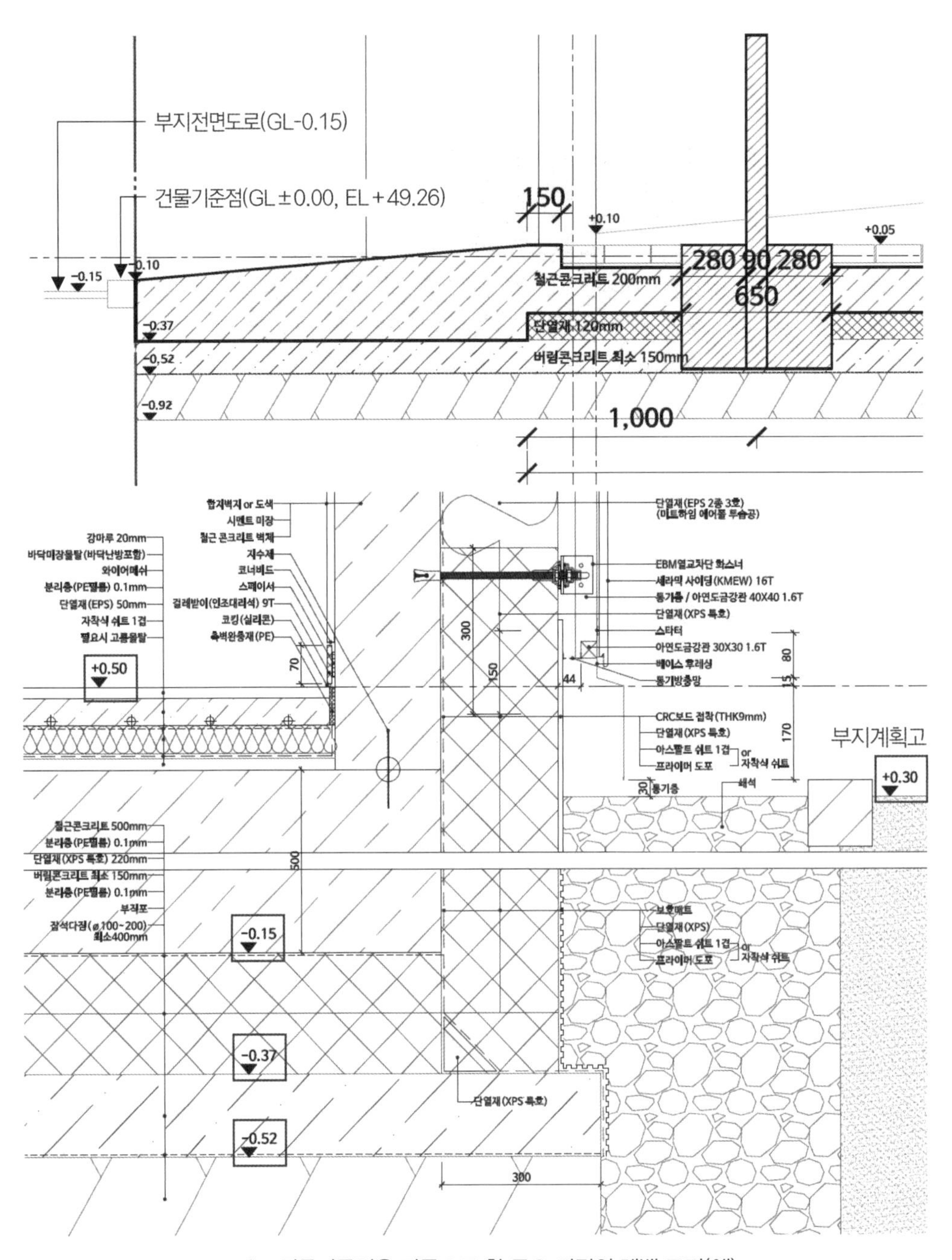

그림 5 건물기준점을 기준으로 한 주요 지점의 레벨 표기(예)

도담패시브하우스는 테라스, 화단, 진입램프, 주차장, 장독대벽 등의 외부 구조물이 주 건물과 구조적·열적으로는 분리되어 있지만, 건물외벽의 단열재와 마감재 부분에서는 붙어 있다.

그렇기 때문에 이들 구조물과 주 건물의 잡석층 및 무근 콘크리트층을 같은 레벨로 일치시키면서 다짐을 철저히 하여 시공함으로써 지하 침투수의 원활한 배제를 유도하고, 주 건물과 외부 구조물에 대한 장기침하량이 일치되도록 유도하는 등 외부 구조물의 내구성·안정성을 확보('**2.4 건물의 구조적 안정성 고려/기초공사 시 고려한 사항/외부 구조물과 주 건물 기초조건을 동일하게 하여 장기침하량 일치 유도**' 참조)하는 것이 필요했다.

그러는 과정에서 사진 5와 같이 다양한 레벨로 시공된 외부 구조물들에 대한 정확한 레벨 표기가 필요했고, 공사 시에도 오차 없는 시공을 위해 수시로 레벨 확인이 필요했는데, 경계석에 설정해놓은 건물기준점(GL±0.00)이 중요한 역할을 하였다.

사진 5 서로 다른 레벨로 시공된 주차장, 진입램프, 테라스, 화단, 외부수도 등

사진 5 서로 다른 레벨로 시공된 주차장, 진입램프, 테라스, 화단, 외부수도 등(계속)

다음 그림 6은 위의 사진 5에서와 같이 서로 다른 레벨로 계획된 테라스, 화단, 진입램프, 주차장, 장독대 등의 외부 구조물과 본 건물에 대해 레벨 표기를 한 것으로 레벨값은 건물기준점(GL±0.00)을 기준으로 한 것이다.

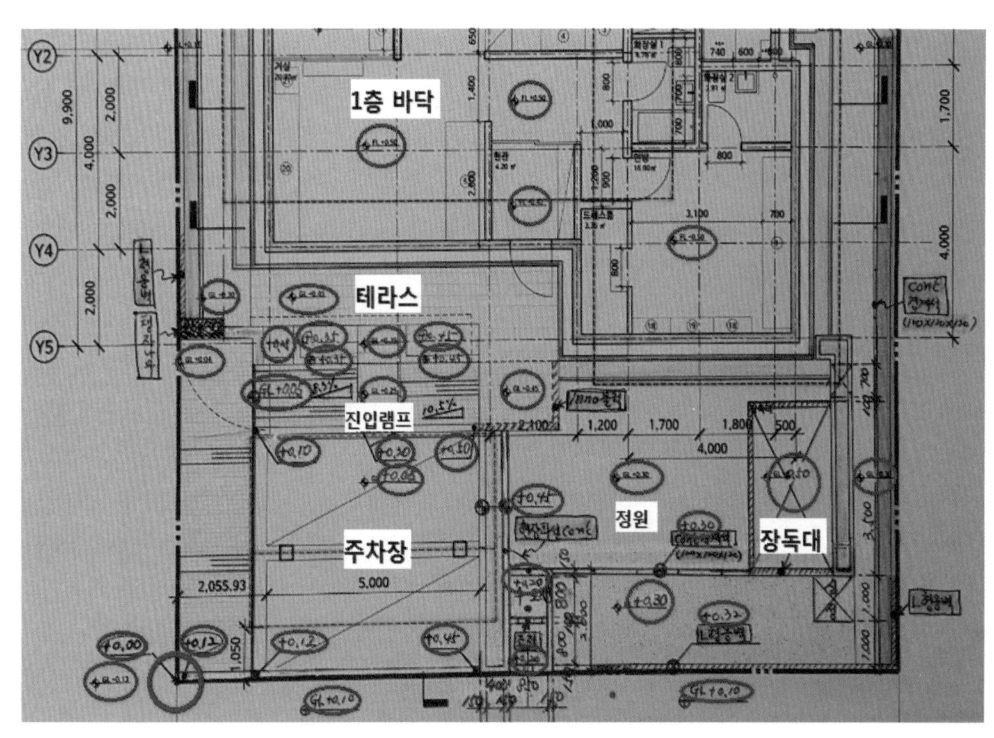

※ 도담패시브하우스는 건축주(필자)의 의견을 반영한 테라스, 진입램프, 화단, 주차장, 외부수도, 장독대, 장독대벽 등의 외부 구조물이 설계되었고, 그래서 외부 구조물에 대한 크기 높이 등을 필자가 직접 표기했다.

그림 6 1층 바닥, 테라스 주차장 등 각 부분에 대한 규격과 레벨 표기(예)

(3) 기초지반 토질상태의 확인 · 조사

다음으로 부지가 성토되기 전 원지반에 대한 지하층의 토질상태를 추정하기 위한 인접지점 '**토질주상도**' 검토 부분이다.

인접지점이라고 해서 지하층의 토질상태가 동일한 것은 아니지만, 세종시 중심지역 대부분이 지표면으로부터 불과 1~2m 혹은 10여 m 정도 내려가도 암반으로 구성된 지역적인 특성을 고려할 때, 도담패시브하우스 부지도 비록 원지반(EL+39.96)이 밭농사를 짓던 땅이었지만, 인접지점과 유사한 깊이에서 연암층이 나올 것으로 예상되어 인접지점에 대한 지하층의 토질상태가 궁금했다.

다행히도 다음 그림 7과 같이 부지로부터 100여 m 떨어진 지점의 토질조사 결과가

'LH 한국토지주택공사'에 있었고, 이 자료를 확보하여 분석한 결과 이 지점에 대한 표고는+55.4로 우리 집터의 원지반(EL+39.96)보다 약 15m 높은 지대였다.

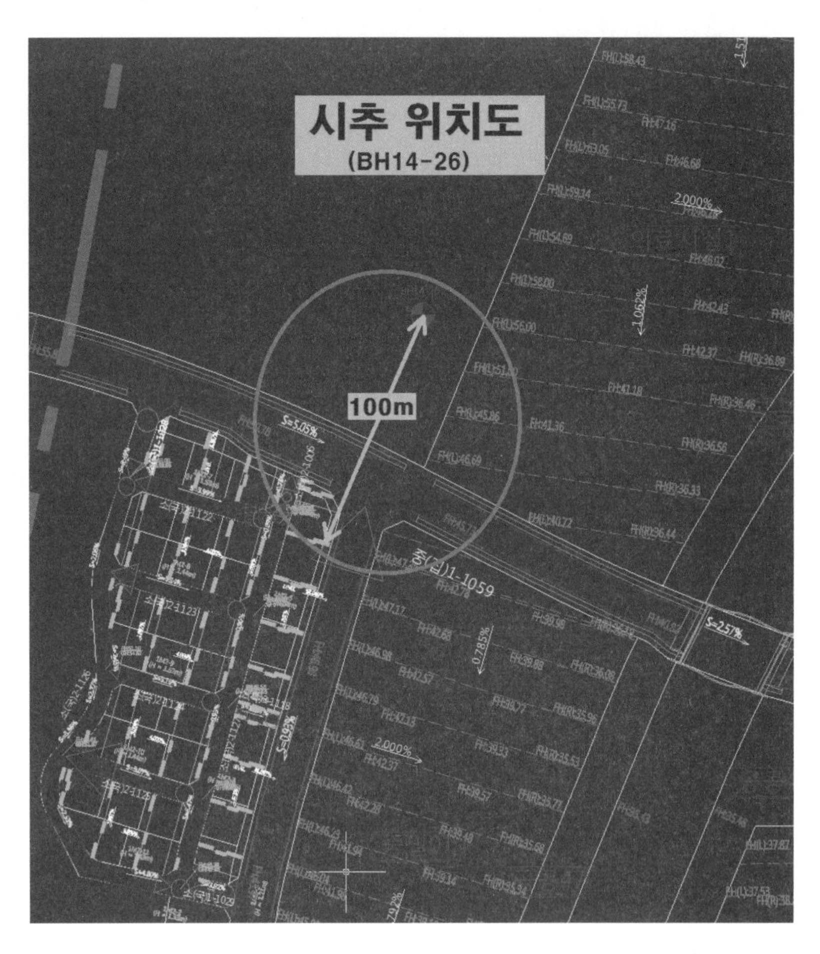

출처 : LH 한국토지주택공사

그림 7 계획부지로부터 약 100m 떨어진 지점의 시추위치도

이 지점에 대한 토질주상도는 그림 8과 같은데, 토질주상도에 나타난 토질상태는 원지반(EL+55.40)에서 7m만 내려가면 풍화암층이 나오고, 0.3~7m까지의 층도 풍화토층으로 구성되어 있어 아주 단단한 지층을 형성하고 있음을 알 수 있었다.

토 질 주 상 도

2 매중 1

사 업 명	행정중심복합도시건설사업 실시계획수립용역지반조사	시 추 공 번	CB14-26	시료채취종류	◎ SPT 시료 ● 코어시료
위 치	충남 연기군 일원	현장조사기간	2007년 4월 3일	보 링 규 격	NX
작 성 자	최지영	지 하 수 위	GL(-) 15.70 m	케이싱 심도	15.30 m
시 추 자	김덕수	시추공 좌표	X: 335394.036 Y: 222933.392	표 고(m)	55.40 m

표고 (m)	심도 (m)	지층층후도	관 찰	N치 (회/cm)	굴진속도 (분/30cm)	TCR (%)	RQD (%)	D<풍화정도>	S<hardness>	일축강도 (kgf/㎠)	최대	최소	평균	비 고
55.10	0.3	0.3	▣ 표토층(0.0~0.3m) -실트질 모래 -황갈색, 습함 -느슨함	28/30	0.2'									◎
48.40	7.0	6.7	▣ 풍화토층(0.3~7.0m) -실트질 모래 -담회색~황갈색 -습함 -보통조밀~매우조밀함	41/30 50/24 50/23	0.5'									◎ ◎ ◎
40.10	15.3	8.3	▣ 풍화암층(7.0~15.3m) -화강암의 풍화암 -굴진시 실트질 모래로 분해됨 -담갈색~황갈색 -매우조밀함	50/9 50/10 50/8 50/6 50/7 50/5	0.9'									◎ ◎ ◎ ◎ ◎ ◎
38.40	17.0	1.7	▣ 연암층(15.3~17.0m) -화강암의 연암 -담회색 -부분적으로 파쇄대 발달		2.8'	100	40	3	3		30	N/A	11	●
35.40	20.0	3.0	◎절리상태 *심도:15.3~17.0m -2조의 절리군 -파동형, 완만~거침 -절리면거칠기지수:8~10		3.0'	100	36	2~3	2~3		20	N/A	10	●

출처 : LH 한국토지주택공사

그림 8 시추공번 CB14-26에 대한 토질주상도

이를 좀 더 세부적으로 살펴보면 표토층(EL+55.10)부터 N값[18]이 28/30인 단단한 상태이고, 지하 7m(EL+48.4)부터는 풍화암층이면서 N값이 50/8, 지하 15m(EL+40.1)부터 연암층으로 바뀌면서 N값이 50/6으로 지반 전체가 더할 나위 없이 아주 단단한 상태이다.

앞에서 언급했듯이 인접지점이라고 해서 지하층의 토질상태가 동일한 것은 아니지만, 이 지점도 세종시 중심지역의 여느 지점과 마찬가지로 지하층이 아주 단단함을 확인할 수 있었고, 따라서 도담패시브하우스 부지도 인접지점과 유사한 지층상태를 보일 것으로 예측되었다.

실제 공사 착공 1개월 전, 도담패시브하우스 부지에 지하수 사용을 위한 관정을 뚫는 과정에서 원지반(EL+39.96)으로부터 약 15m, 계획부지(EL+49.26)로부터 약 25m 굴착했을 때 화강암층이 나타나 예측이 빗나가지 않았음을 확인할 수 있었다.

다만, 계획부지가 원지반(EL+39.96)으로부터 9.3m 성토된 것에 대한 침하의 우려가 있었으나, 성토된 지 10년 가까이 경과된 점, 표토층 바로 아래부터 아주 단단한 풍화토층으로 구성되어 있는 지역에 풍화토를 이용해 성토된 점을 고려하여 직접기초로 계획하였다.

직접기초 시에는 혹시 모를 장기침하에 대응하기 위해 큰 잡석(∅70 내외, Thk. 400)을 부설하면서 철저한 다짐을 실시하였고, 그 위에 철근 콘크리트 매트기초(Thk. 500)를 함으로써 강한 기초지반 구성 및 건물의 구조적 안정성을 확보하였다('**2.4 건물의 구조적 안정성 고려/기초공사 시 고려한 사항/철근 콘크리트 매트기초 설치로 건물기초의 내구성 및 구조적 안정성 확보**' 참조).

일반적인 단독주택의 경우에는 필요지내력(건물 총하중/바닥면적)이 5t/m^2 내외에 해

18 표준관입시험은 KSF 2307 규정에 따른 시험방법으로 실시함.
표준관입시험에 의한 타격횟수(N치)는 중량 63.5kg의 해머를 76cm 높이에서 자유낙하시켜 표준외경 50.8mm의 Sampler가 30cm 관입하는 데 소요되는 타격횟수를 말하는데, 초기 15cm 관입에 소요된 타격횟수는 예비 타격으로 간주하여 제외하고, 나머지 30cm 관입에 소요된 타격횟수를 관입저항치인 N치로 표기한다. 지층이 매우 조밀하여 50회 이상 타격을 가하여도 30cm 관입이 불가능한 지층에서는 50회 타격에 의한 관입깊이를 측정하여 토질주상도에 기록함. 시험횟수는 지층이 변할 때마다 또는 동일 층이라도 1.5m 깊이마다 1회씩 실시하여야 하며, N치가 50회에 도달하더라도 관입깊이가 10cm 미만일 때는 타격을 중지하고 그때의 관입깊이와 타격횟수를 기록함. 약산 및 경험치에 따른 표준관입시험 N치에 의한 허용지내력은 사질 지반에서는 0.8N(t/m^2), 점토지반에서는 1.0N(t/m^2)으로 추정함.

당되기 때문에 해당 부지의 토질상태가 연약지반이 아닌 한 직접기초로 가능하지만, 부등침하 및 장기침하에 대응하기 위해서는 철저한 다짐이 중요하며, 기초형태는 전면기초(매트기초)로 계획하는 것이 유리하다(동결심도 확보가 어려울 경우에는 줄기초 등으로 함).

(4) 해당 지역 우·오수 배제계획 확인

하수배제방식에는 분류식과 합류식이 있는데, 분류식은 오수와 우수를 별개의 관(管)으로 배제하는 방식이고, 합류식은 동일 관(管)으로 배제하는 방식이다.

「하수도법」 제2조(정의)에서 정의하는 '하수'와 '합류식 하수관로', '분류식 하수관로'에 대한 내용을 살펴보면 다음과 같다.

「하수도법」 제2조(정의)

1. "하수"라 함은 사람의 생활이나 경제활동으로 인하여 액체성 또는 고체성의 물질이 섞이어 오염된 물(이하 "오수"라 한다)과 건물·도로 그 밖의 시설물의 부지로부터 하수도로 유입되는 빗물·지하수를 말한다. 다만, 농작물의 경작으로 인한 것은 제외한다.
6. "하수관로"란 하수를 공공하수처리시설·간이공공하수처리시설·하수저류시설로 이송하거나 하천·바다 그 밖의 공유수면으로 유출시키기 위하여 지방자치단체가 설치 또는 관리하는 관로와 그 부속시설을 말한다.
7. "합류식 하수관로"란 오수와 하수도로 유입되는 빗물·지하수가 함께 흐르도록 하기 위한 하수관로를 말한다.
8. "분류식 하수관로"란 오수와 하수도로 유입되는 빗물·지하수가 각각 구분되어 흐르도록 하기 위한 하수관로를 말한다.

이를 알기 쉽게 요약하면 '하수'란 하수도로 유입되는 오수와 우수 및 지하수를 포함해서 일컫는 말로써, 오수는 건물 내에서 발생되는 분뇨나 생활하수를 말하고, 우수와 지하수는 부지 내외에서 발생되는 빗물이나 지하수를 말한다. '하수관로'는 위의 '하수'에서 정의 했듯이 오수나 우수 또는 오·우수가 함께 흐르는 관로를 모두 일컫는 말로, 지방자치단체가 설치 또는 관리하는 관로와 그 부속시설을 말한다.

'합류식 하수관로'는 하나의 관거에 오수와 우수를 같이 흘려보내는 방식으로 하나의 하수관만 매설하면 되고, '분류식 하수관로'는 오수와 우수를 따로 흘려보내는 방식이어서 오수관과 우수관을 각각 별도 매설해야 한다.

그렇기 때문에 공사비 면에서는 합류식이 저렴하나, 유지관리 면과 수질보호 측면에서는 분류식이 유리하다. 즉, 분류식에서는 우천 시 우수를 하수처리장이 아닌 하천으로 흘려보내다 보니, 하수처리장에는 우천 시나 청천 시에 관계없이 항상 일정 농도의 하수만 유입되어 미생물들이 안정적인 활동을 하게 되고, 그 결과 처리효율이 높아져 깨끗한 방류수질을 확보할 수 있다. 그러나 합류식 지역의 경우는 맑은 날은 오수만 유입되다가 비가 오면 오수보다 많은 양의 우수가 섞여 유입되기 때문에 하수처리장 유입수의 오염물질 농도가 낮아지고, 이로 인한 미생물의 먹이 부족으로 하수처리효율이 저하됨으로써 방류수질이 불량해지는 것은 물론, 우수가 섞인 엄청난 양의 하수가 하수처리장으로 전량 유입될 경우에는 하수처리장이 넘칠 수 있기 때문에 이를 방지하기 위해 우천 시에는 오수와 우수가 섞인 물의 일부가 미처리상태로 **우수토실**[19]을 통해 하천으로 유입되도록 구조적으로 되어 있어 하천 수질에 악영향을 초래한다.

그렇다 보니 신도시에서는 계획단계부터 분류식 하수관로로 설계하여 오·우수관이 분리 설치된 상태이며, 소규모 기존 도시의 경우도 대부분 분류식으로 전환된 상태이지만, 과거부터 존재했던 기존의 중·대규모 일부 도시에서는 불가피하게 합류식을 채택하고 있거나, 합류식과 분류식이 혼재된 지역도 있다.

여기서 단독주택 신축과 관련해서 하수배제방식의 확인(합류식 지역인지 분류식 지역인지)이 중요한 이유가 있는데, 바로 **정화조**[20] 설치 때문이다.

분류식 지역에 단독주택을 신축할 때는 정화조 설치 없이 곧바로 건물 내에서 발생되

---

19 합류식 하수도에서 우천 시 계획된 하수량만을 차집하여 하수처리장에 보내고, 이를 초과하는 하수(우수+오수)는 하천 등의 공공수역으로 방류하기 위해 설치되는 웨어 등의 시설.

20 개인하수처리시설로서 건물 등에 설치한 수세식 변기에서 발생하는 오수를 처리하기 위한 처리시설.

는 분뇨나 생활하수는 오수관에 연결하고, 부지 내에서 발생하는 빗물이나 지하수 등의 우수는 인접 우수맨홀에 연결하면 된다. 그러나 하수처리구역 안의 합류식 지역에 신축하면서 수세식 변기를 설치할 때에는 정화조를 설치해서 이를 거친 후 공공하수관로에 연결해야 하고, 건물에서 발생된 생활오수와 부지 내에서 발생되는 빗물이나 지하수 등의 우수는 이를 거치지 않고 곧바로 공공하수도에 연결[21]하도록 설계되어야 하기 때문이다.

따라서 설계착수와 동시에 해당 자치단체의 하수도 관련 업무부서에 확인하여 신축하고자 하는 집의 위치에 대한 하수배제방식이 분류식 지역인지, 합류식 지역인지를 반드시 확인한 후 해당되는 배제방식에 맞게 설계를 진행해야 한다.

도담패시브하우스 신축부지 구역의 하수배제방식은 분류식으로 되어 있고, 사진 6과 같이 택지 내에 오수, 상수, 전기/통신시설을 연결할 수 있는 맨홀이 설치되어 있으며, 우수의 경우는 택지별 1개씩 우수연결용 맨홀(우수받이)이 부지경계에 설치되어 있기 때문에 다음 그림 11에서와 같이 부지 내 우수용 관을 우수받이의 유출관 저고보다 3cm 이상 낙차를 두어 적정 경사로 연결만 하면 되었다.

사진 6 오수, 상수, 전기/통신시설 및 우수 연결용 맨홀

---

21 '하수처리구역 밖'의 경우는 1일 오수 발생량이 2세제곱미터를 초과하는 건물· 시설 등(이하 '건물 등'이라 함)을 설치할 때에는 오수처리시설(개인하수처리시설로서 건물 등에서 발생하는 오수를 처리하기 위한 시설)을 설치하고, 1일 오수 발생량 2세제곱미터 이하인 건물 등을 설치할 경우에는 정화조를 설치하여야 함<하수도법 시행령 제24조 제2항 제1호>.

사진 6 오수, 상수, 전기/통신시설 및 우수 연결용 맨홀(계속)

(5) 인접 오·우수관로 부설 현황 조사 및 옥내 배수관의 적정 관경·경사 결정

하수배제방식의 확인과 함께 인접 오·우수관로 부설 현황에 대한 조사, 특히 오수와 우수관을 연결할 맨홀에 대한 조사가 필요하고, 이어 건물 내 오·하수관의 적정 관경·경사에 대한 결정을 해야 한다.

맨홀 내에는 그림 9와 같이 **인버트**[22]가 설치되어 있는데, 맨홀의 인버트EL에 대한 확인이 필요한 이유는 건물과 부지에서 배출되는 오수와 우수가 원활히 흐를 수 있도록 오·우수관을 접속시키는 중요한 기준점(Control point)이 될 뿐만 아니라, 이를 기준으로 부지 내 오·우수관로의 종단계획(적정관경과 경사)을 결정해야 하기 때문이다.

---

22 맨홀 내에 퇴적물이 쌓이면 하수가 원활히 흐르지 못하고, 부패 시 악취를 발생시키는데, 이를 방지하기 위해 설치하는 것이 인버트(invert)임. 인버트는 하수의 흐름을 원활히 하고 유지관리가 편리하도록 하류관거의 관경 및 경사와 동일한 형태로 맨홀바닥에 둥근 반원형으로 설치하고, 이 반원형관의 저고(바닥고)를 '인버트EL·'라 함.
인버트에 접속되는 상류관거의 저부와 인버트 저부사이에는 인버트의 재질변화에 따른 조도계수의 증가와 하수의 수위가 인버트 높이 위로 흐를 때 발생하는 수두손실을 감안하여 3cm 정도의 낙차를 두어야 함.

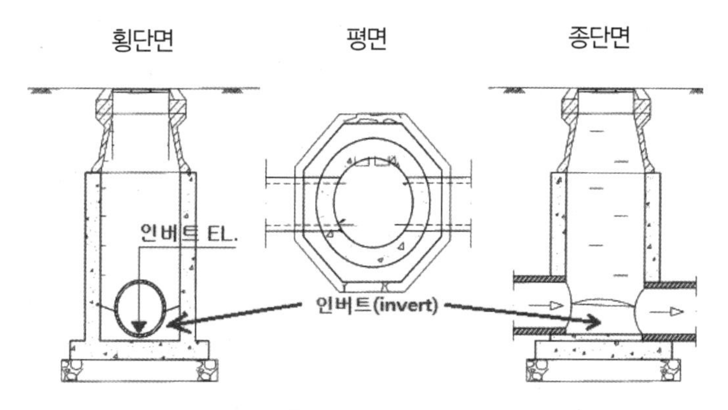

그림 9 맨홀 내 인버트와 인버트 EL

도담패시브하우스의 옥내 배수관을 연결할 공공하수관로에 대한 현황조사는 'LH 한국토지주택공사'를 통해 입수한 '**오·우수관거 계획도(평면도, 종단면도)**'를 바탕으로 현장과의 일치 여부를 확인하는 방식으로 진행하였다.

현장에 레벨측량기를 설치해놓고 경계석상에 정해놓은 건물기준점의 레벨값(GL±0.00)을 기준으로 맨홀 뚜껑을 열어가면서, 맨홀로 접속되는 관거(유입관, 유출관)의 관저고를 하나하나 측량하여 계획도면과의 일치를 확인하였는데, 그림 10과 같이 계획도면과 실제 맨홀 내 관저고가 센티미터 단위까지 일치하였다.

즉, 계획지반고를 기준으로 한 관저고의 차이를 계산함에 있어서 계획도면을 기준으로 한 차이와 실제 측량결과와의 차이가 일치했는데, 예를 들어 다음 그림 10에서와 같이 관로번호 '1A-106'의 관저고에 대해 계획지반고와의 차이를 계획도면상 수치로 계산하면 1.45m(=49.26−47.81)이고, 건물기준점으로 측량한 수치로 계산해도 1.45m(=0.00−1.45)가 되어 계획도면과 실제 측량결과와의 차이가 정확히 일치하고 있어 관로공사가 설계도면대로 시공되었음을 알 수 있었다.

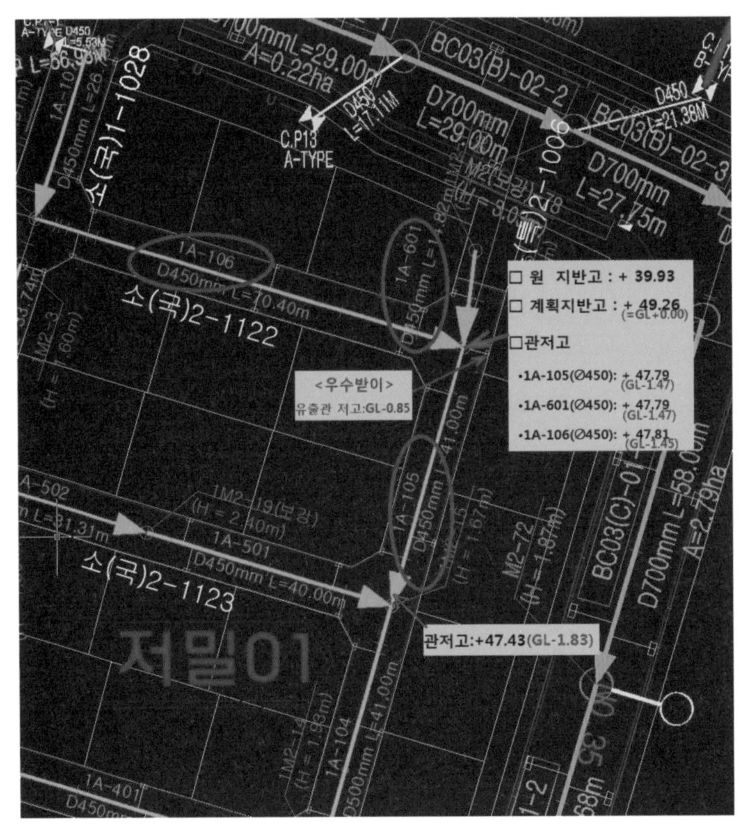

※ 검정색 글씨의 관저고는 해당 '관로명'별로 'LH 한국토지주택공사'를 통해 입수한 오수관거계획 종단면도상의 관저고이며, 괄호 안의 글씨는 경계석상에 설치한 건물기준점의 레벨값(GL±0.00)을 기준으로 수준측량한 관저고임.

그림 10 인접 맨홀의 관거계획도면상 관저고와 실제 측량결과의 관저고

건물과 부지 내 관거 계획을 수립할 때에는 관거가 배치될 평면계획을 수립하고, 인접 맨홀에 대한 조사결과를 바탕으로 건물과 부지에서 배출되는 오수와 우수가 원활히 흐를 수 있도록 옥내·외 배수관에 대한 적정 관경 및 경사를 결정해야 한다.

단독주택에 설치되는 오·우수관로는 발생량이 그리 많지 않고, 사용관경도 ∅50~200의 소구경 위주이기 때문에 공공하수관로에서와 같이 정확한 수리계산을 해서 적정 유속을 확보할 수 있는 관경과 구배(slope)를 결정할 수는 없지만, 그래도 오수와 우수가 원활히 흐를 수 있도록 다음 사항들을 고려하는 것이 바람직하다.

🏠 부지 내 오·우수가 완전월류될 수 있도록 접속되는 맨홀 내 인버트 EL보다 3cm 이상의 낙차를 둠

다음 그림 11에서와 같이 우수받이(오수받이도 동일)와 접속되는 부지 내 우수관거의 관저고(−0.80)를 우수받이 유출관거의 관저고(−0.85)보다 3cm 이상(5cm) 높게(−0.80) 낙

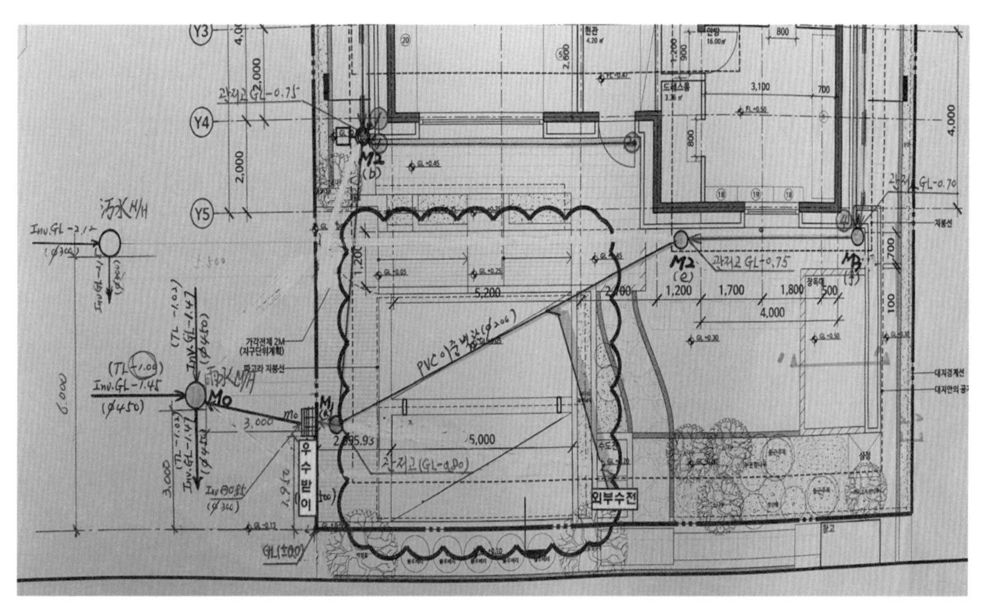

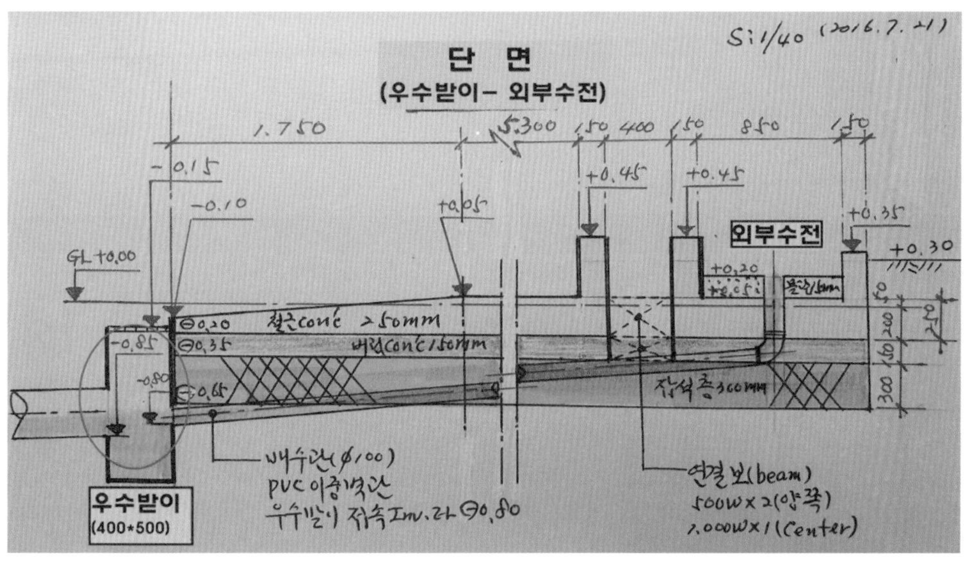

그림 11 우수받이 내 유출관저고(GL-0.85)에서 5cm(> 3cm) 낙차(GL-0.80)를 둠

차를 둠으로써 접속되는 공공하수도(우수·오수) 맨홀 내의 인버트 재질 변화에 따른 조도계수의 증가와 하수 수위가 인버트 높이 위로 흐를 때 발생하는 수두손실을 감안하여 부지 내 오·우수가 완전월류될 수 있게 하여야 한다.

옥내 배수관은 자연유하방식을 원칙으로 하되, 적정 관경과 경사를 확보해야 함

옥내 배수관은 원칙적으로 자연유하방식으로 하며, 하수를 지장 없이 유하시키기 위해 적정한 관경과 경사가 필요한데, 경사를 완만하게 하면 유속이 작고 큰 관경이 필요하며, 경사를 급하게 하면 관경이 작아도 유속이 커져서 필요한 하수량을 유하시킬 수 있다.

하수관로에서 유속이 작으면 관거의 저부에 오물이 침적하여 준설작업이 필요하고, 반대로 유속이 너무 크면 관거를 손상시켜 내용년수를 줄어들게 하기 때문에 "하수도시설기준"에서 제시하고 있는 적정 유속은 오수관거의 경우는 계획시간 최대오수량에 대하여 최소 0.6m/s, 최대 3.0m/s, 우수관거 및 합류관거는 계획우수량에 대하여 최소 0.8m/s, 최대 3.0m/s이다.

일반적으로 옥내 배수설비는 옥외 배수설비와 마찬가지로 각각 유량계산을 하여 배수관의 관경 및 경사를 결정하지 않고 다음 표 11과 같이 미리 기준을 설정해두고 이에 따라 정한다.

표 11 옥내 배수관의 관경별 적정 구배(경사)

구분	구배	비고
∅50	1/50(2.0%)	
∅75	1.5/75(2.0%)	
∅100	2/100(2.0%)*	
∅150	1.5/150(1.0%)*	
∅200	1.2/200(0.6%)*	

* "하수도시설기준" 환경부

다만, 현장 여건(지표면 경사 등)에 따라 적당한 경사를 확보하면 되지만, 수세식 변기에서 발생하는 오수관의 경우 경사가 너무 급하면 고형 물질이 배출되기 전에 수분만 빠져나와 자칫 고형물이 굳어짐으로써 오수관이 폐색될 수 있으니 생활오수관보다는 경사를 완만하게 하여야 한다.

그리고 생활하수관의 경우도 음식물 찌꺼기 등이 곧장 유입될 경우 장기적인 퇴적이 발생되어 곡관 부위를 시작으로 관로 전체가 폐색될 수 있기 때문에 사진 7에서와 같이 곡관부의 경우에는 90°엘보보다 45°엘보를 두 번 사용하고, 이형관 사용 시는 T형관보다 YT관을 사용함으로써 관로 내 손실수두를 최소화하여 찌꺼기 등이 원활히 흐를 수 있도록 하여야 한다.

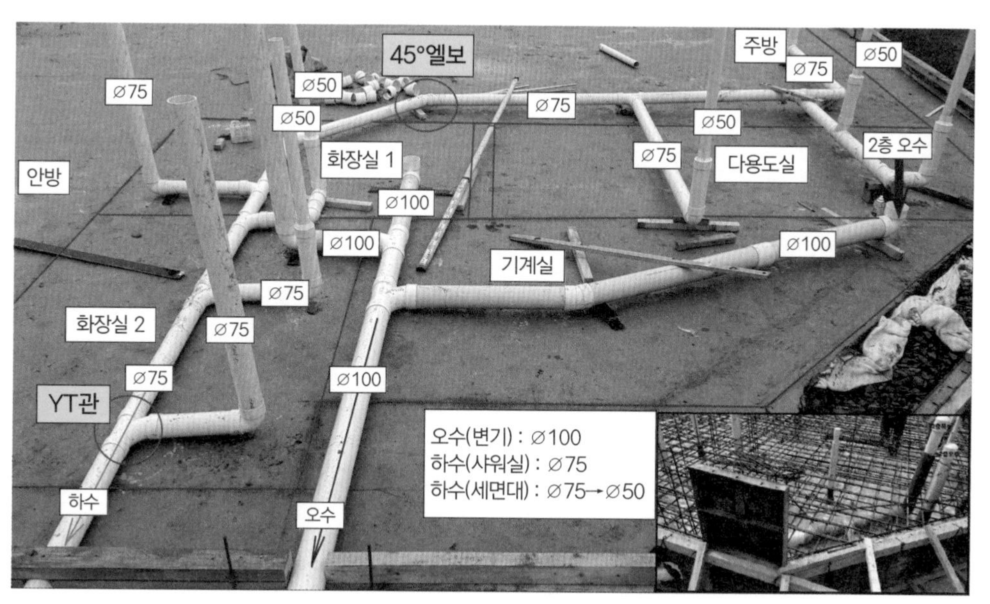

사진 7 하수의 원활한 흐름을 위해 45°엘보와 YT관을 사용한 예

하류로 갈수록 유속은 점차 증가시키되 경사는 감소시켜야 함

하수 중의 오물이 차례로 관로에 침적되는 것을 방지하기 위해 하류로 갈수록 유속은 점차 증가시키되 경사는 감소시켜야 하는데, 하류로 갈수록 오수량이 증가되어 관경이 커지므로 경사가 감소되어도 유속을 크게 할 수 있다.

물론 단독주택에 사용되는 오수관의 관경은 통상, 수세식 변기에서 배출되는 오수관의 경우 ∅100을 사용하고, 생활하수관은 ∅75, 대지 내 최종맨홀(오수받이)에서 공공하수도까지는 ∅150을 사용하는 것이 일반적이다. 또한 관로연장이 길지 않기 때문에 관경의 변화가 그다지 많은 것이 아니라서 오수받이를 기준으로 오수받이 하류부의 경사만 좀 더 완만하게 하면 될 것이다.

(6) 옥외수도는 비가림 시설 설치 후 공공오수관로에 연결

공공하수처리시설에는 하수관로를 통해 들어오는 침입수·유입수 이외에도 합류식관거 시점부에서의 계곡수 유입, 우수토실로 유입되는 하천수, 취락지역에서 하수관거 오접으로 유입되는 농업용수, 우천 시 옥외수도에서 유입되는 우수 등 여러 형태의 불명수로 인한 저농도 다량의 하수 유입으로 미생물의 먹이 균형이 깨지는 것은 물론이고, 여러 단위처리시설의 체류시간을 단축시키는 등의 영향으로 처리효율을 저하시키면서 불필요한 유지비용을 증가시키는 등의 많은 문제를 야기하고 있다.

이러한 문제점을 해결하기 위해 공공하수처리시설을 운영하고 있는 지방자치단체에서는 불명수 유입에 대한 원인을 조사·분석하여 개선방안을 최우선적으로 수립·조치하는 등 불명수 차단에 많은 노력을 기울이면서 비용을 투자하고 있다.

따라서 단독주택을 설치하는 건축주도 불명수가 하수처리과정에 미치는 이러한 문제점을 인식하여 택지 내에서 발생되는 맑은 물(하수처리의 필요성이 없는 물)은 오수관로에 유입시키지 말아야 하며, 특히 부지 내에 외부 수도를 설치할 때에는 반드시 비가림 시설을 설치해서 우천 시 외부수도로 떨어지는 빗물이나 오염되지 않은 맑은 물이 오수관로를 통해 하수처리시설로 유입되지 않도록 하여야 한다.

도담패시브하우스는 사진 8과 같이 대지와 붙어 있는 텃밭이 있어, 다목적으로 사용하기 위해 옥외수도를 설치하였는데, 우천 시 빗물을 포함한 오염되지 않은 맑은 물(불명수)이 오수관로로 유입되지 않도록 배수구를 2개 설치하여 기능을 구분해 사용하고 있다.

사진 8 대지에 접한 텃밭과 외부수도

배수구 2개 중 1개는 비누로 손을 씻는 등 오염된 오수를 유입시키기 위한 오수용으로 사용하고 있고, 다른 한 개는 텃밭의 과일과 토마토, 상추 등의 채소를 씻는 등 오염되지 않은 맑은 물을 배수시키는 데 사용하고 있다.

오수용 배수구는 사진 9와 같이 공공하수관로에 연결하여 하수처리시설로 유입되도록 하면서 우천 시에는 빗물이 처리장으로 유입되지 않게 비가림 시설(덮개)을 설치하였고, 다른 1개는 오염되지 않은 물이기 때문에 비가림 시설 없이 우수관로에 연결하였다.

하수관과 우수관 연결용으로 분리 설치

배수관 각각의 위치

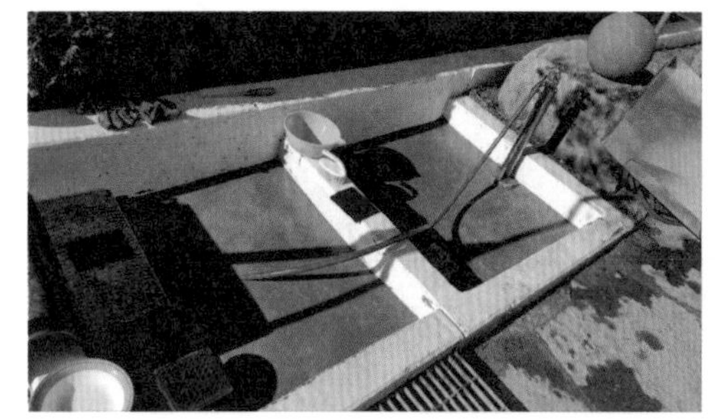

외부수도가 완성된 모습

오수용의 경우 비가림(덮개)을 설치

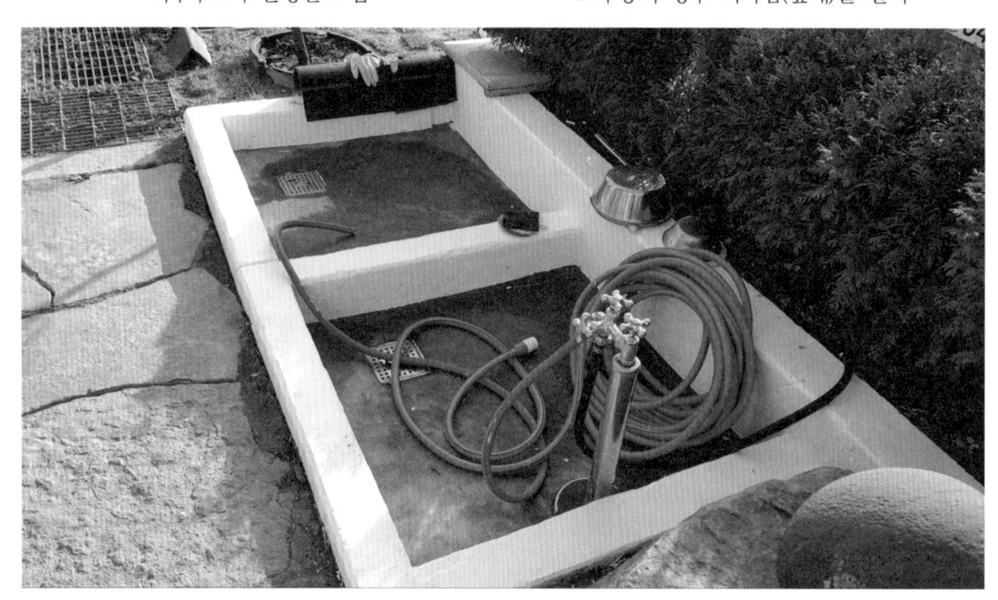

사진 9 도담패시브하우스의 외부수도

2.3 패시브하우스 관련 적용 기술요소

1. 적용 기술요소(요약)

도담패시브하우스에 적용된 패시브하우스 관련 주된 기술요소는 그림 12와 같으며, 요소별 세부사항과 이외의 추가적인 요소는 관련 항목에 세부적으로 언급하였다.

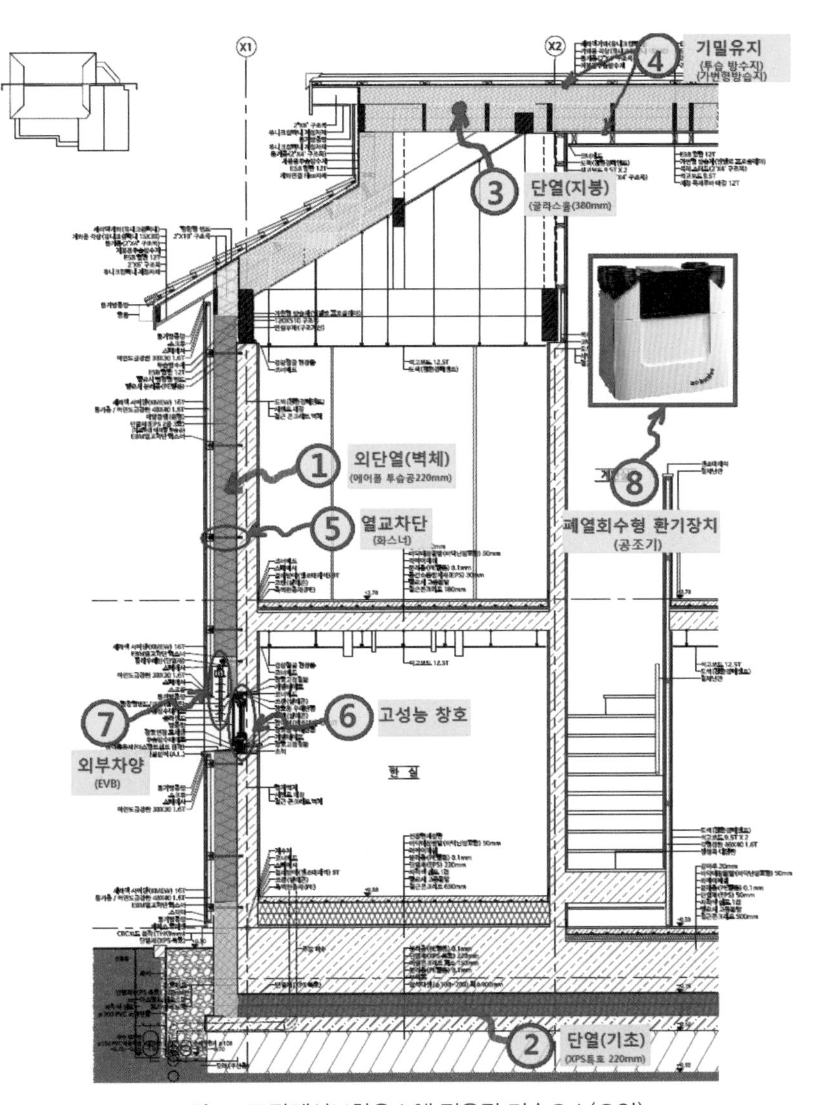

그림 12 도담패시브하우스에 적용된 기술요소(요약)

2. 단열(斷熱)

벽체·지붕·바닥에 대한 단열계획에서 고려한 사항은 각각 다음과 같다.

(1) 벽체의 단열은 투습성능이 좋은 EPS 2종 3호(에어폴 투습공220mm)를 사용하면서 열 관류율 0.15W/m^2·K 달성을 목표로 하였다.
(2) 지붕의 단열은 무기질이며 투습성능이 좋은 글라스울(isover, 너비620, Thk380T)을 사용하여 열 관류율 0.12W/m^2·K를 달성하였다.
(3) 바닥의 단열은 압축강도가 크고, 수분흡수율이 거의 없으며, 열전도율이 낮은 압출법단열재(XPS 특호, 110×2)를 사용하였다.

(1) 벽체의 단열

'<u>부록 I 열전도율, 열관류율, 열저항</u>'에서 언급한 바와 같이 동일한 두께(12cm)의 단열재라 하더라도 에너지 소요비용 면에서는 내단열(35)이 외단열(18)보다 두 배 많이 소요되고, 단열재 뒷부분의 온도저하로 인한 결로의 위험과 온도저하에 따른 상대습도의 증가 때문에 곰팡이 발생 위험까지 커진다. 따라서 패시브하우스에서의 단열은 외단열을 기본으로 하며, 도담패시브하우스에서는 단열재를 포함한 외벽을 다음과 같이 구성하였다.

벽체 구성

사이딩 16mm+통기층 79mm+열교 차단 화스너+단열재 220mm(EPS 2종 3호 또는 XPS 특호)+철근 콘크리트 200mm+내부미장 15mm+합지벽지

외벽 열관류율

0.159W/m^2·K(화스너 점형열교 고려)

외벽에 대한 단열재를 배치함에 있어서는 흙(쇄석)과 접촉되지 않는 지상 부분과 쇄석과 접촉되는 지하 부분으로 나누어 서로 다른 재질로 배치하였는데, 그림 13 및 사진 10에

서와 같이 지상 부분(계획지반 상부 30cm부터)은 EPS 2종 3호(220mm)의 단열재를 사용하였고, 쇄석과 접촉되는 지하 부분(무근 콘크리트 기초부터 상부의 EPS 단열재까지)은 수분이 침투하지 않는 XPS 특호를 사용하여 수분침투로 인한 단열효과의 저하를 방지하였다. 지상 부분에 사용한 EPS 2종 3호의 단열재는 내부습기를 외부로 확산 배출할 수 있는 ∅3~4mm의 공기구멍(투습공)이 1,111개/m^2가 뚫려 있다.

이 공기구멍으로는 입자가 작은 습기는 통과해도 입자가 큰 물방울은 통과되지 않기 때문에 내부에 있는 습기를 외부로 확산 배출시킬 수 있다.

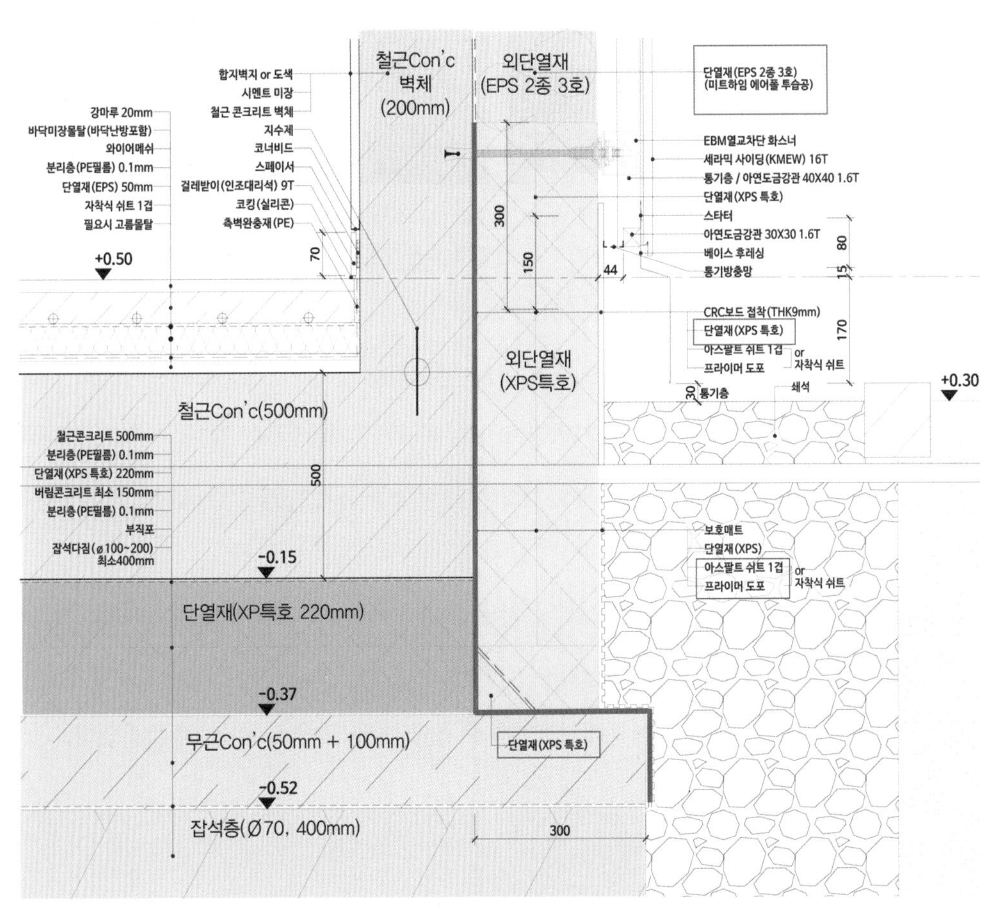

그림 13 바닥 및 외벽 단열재 구성도

흙(쇄석)과 접하는 부위는 XPS(110×2)
설치 후 보호매트 부착

지상 부위는 투습공이 있는
EPS 2종 3호(220mm) 부착

지상 부위에 설치된 투습공 단열재

외벽 전체에 부착된 단열재 현황

사진 10 벽체 단열재 시공 현황

투습공이 있는 단열재를 사용함으로써 구체 콘크리트가 장기간 양생되면서 발생하는 습기뿐만 아니라, 혹시 모를 내부습기까지도 원활히 확산 배출할 수 있게 하였고, 실내의 결로와 곰팡이 발생을 차단하여 실내 공기질의 쾌적성을 유지하면서 콘크리트 벽체의 축열을 최대한 활용할 수 있게 하였다.

다음 사진 11은 도담패시브하우스에 설치된 투습공이 있는 단열재를 가까이에서 촬영한 것인데, 보이는 작은 구멍들로 습기가 배출될 수 있는 구조로 되어 있으며, 설치하기 전 7주간의 숙성이 필요하기 때문에 단열재 설치 공정에 맞추어 사전 주문하였다.

사진 11 ∅3~4mm의 공기구멍(투습공)이 있는 EPS 2종 3호 단열재

(2) 지붕의 단열

지붕은 겨울철 데워진 공기가 대류현상에 의해 천장 아래에 모이고, 여름철에는 태양광을 직접적으로 가장 많이 받는 부위이기 때문에 가장 고단열·고기밀로 시공되어야 한다. 그래서 겨울철 추우면서 여름철에 더운 우리나라의 기후 특성상 패시브하우스 지붕의 열관류율이 0.12W/m^2·K 이하(독일은 0.15 W/m^2·K 이하)로 되어 있다.

도담패시브하우스는 이러한 점을 고려하여 지붕의 단열재로 무기질이며 투습성능이 좋은 글라스울을 사용하였으며, 다음과 같이 지붕을 구성하였다.

지붕 구성

사이딩 기와(kemu-ROOGA)+기와각상(15×30)+통기층(38 × 38)+지붕용 투습방수지(Solitex3,000)+ESB12T+단열재(isover 글라스울, 너비 620, Thk 380T)+중목+구조목(2′×6′, 2′×10′)+ESB12T+가변형 방습지(인텔로)+각상+목재루바(적삼목)

지붕 열관류율

$0.112W/m^2 \cdot K$

지붕은 빗물 등의 침투로 인한 습기에도 취약한 부분이기 때문에 유입된 습기를 신속히 배출할 수 있으면서 동시에 방수기능이 있는 구조를 갖추어야 하므로 단열·고기밀과 더불어 방수와 습기에 대한 부분에도 완벽하게 대처해야 한다.

도담패시브하우스에서는 다음 그림 14에서와 같이 단열재(글라스울) 하부의 실내측에는 상대습도에 따라 투습 성능이 변하는 기능이 있어, 겨울철에는 방습 기능으로 결로를 방지하고, 여름철에는 투습 기능으로 건조를 촉진시키는 가변형방습지를 설치하였고, 글라스울 상부의 외부 측에는 고어텍스와 같이 투습과 방수 기능이 있는 지붕용 투습방수지

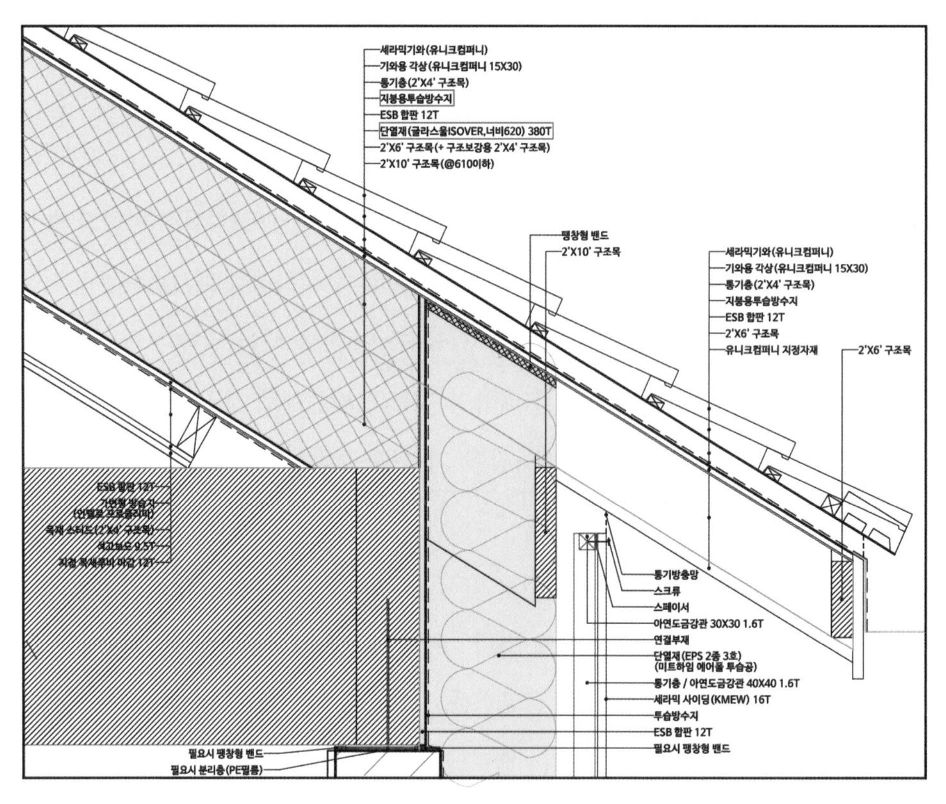

그림 14 지붕상세도

를 설치하여 습기는 통과시키되 공기는 투과시키지 않음으로써 하부의 단열재(글라스울)를 습기로부터 보호할 뿐만 아니라, 겨울철 따뜻한 열기의 유출을 방지하면서 혹시 모를 우천 시 빗물침투에도 완벽히 방수되게 하였다.

또한 여름철 폭염 시에는 지붕의 표면온도가 70℃ 이상 올라가는데, 이 과열된 온도가 단열재 면에 도달하기 전에 배출될 수 있도록 투습방수지와 기와 사이에 통기층을 형성하여 처마에서 들어간 공기가 열기를 몰아 용마루의 환기구로 빠져나갈 수 있도록 하였으며, 이 통기층을 통해 혹시 모를 지붕 내부의 습기까지도 확산 배출할 수 있게 하였다.

지붕층에 대한 시공과정 및 단열, 기밀, 통기층 등 시공 현황은 다음 사진 12와 같다.

① 2층 벽체 상단에 중목보 설치

② 중목보에 구조목(2′×10′) 설치(@610, 글라스울 폭)

③ 글라스울 설치를 위해 구조목 하부에 ESB 합판(12T) 설치

④ 구조목 사이(ESB합판 상부)에 제1단 글라스 울(R37, 열전도율 0.034W/mK, 두께 22cm) 충진

사진 12 지붕 시공과정 및 단열, 기밀, 통기층 등 시공 현황

⑤ 제2단 구조목(2′×6′) 설치(@610)

⑥ 제2단 구조목 설치완료

⑦ 제2단 글라스울(R15, 열전도율 0.045W/mK, 두께 9cm)충진 후 상부에 ESB합판(12T) 설치

⑧ ESB합판 설치완료

⑨ 내부 ESB합판에 가변형방습지 설치

⑩ 가변형방습지에 목재스타드(2′×4′) 설치 후 목재루바 설치

⑪ 외부 ESB합판 위에 투습방수지 및 통기층 구조목(2′×4′)과 기와각상(15×30) 설치

⑫ 통기층 하부에 방충망(STS)설치

사진 12 지붕 시공과정 및 단열, 기밀, 통기층 등 시공 현황(계속)

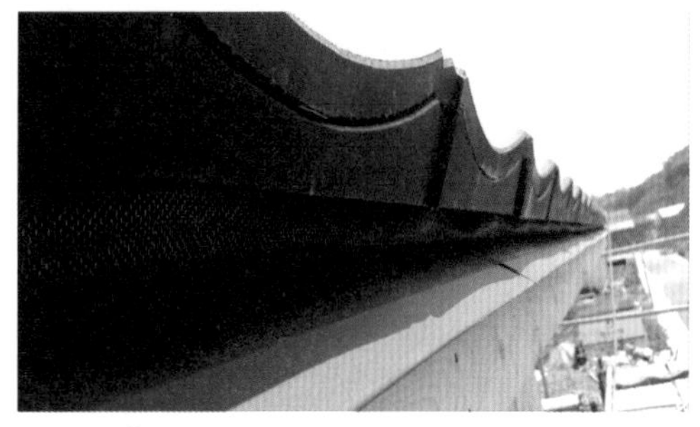

⑬ 처마 측 공기유입부(방충망 설치) ⑭ 용마루상의 환기구(공기 배출구)

사진 12 지붕 시공과정 및 단열, 기밀, 통기층 등 시공 현황(계속)

(3) 바닥의 단열

도담패시브하우스의 바닥단열은 무근 콘크리트층(50+100mm)과 철근 콘크리트 매트 기초(500mm)층 사이에 압축강도가 크고, 수분흡수율이 거의 없으며, 열전도율이 낮은 압출법단열재(XPS 특호, 110×2)를 설치하였으며, 단열재를 포함한 기초층의 구성은 다음과 같다('<u>그림 13 바닥 및 외벽 단열재 구성도</u>' 참조).

기초 구성

큰 잡석(∅70) 400mm+부직포·PE필름+무근 콘크리트 150mm(50+100)+프라이머+압출법단열재(특호) 110mm 2겹+분리층(PE필름 0.1mm)+철근 콘크리트 매트기초 500mm+아스팔트방수시트 1겹+고름몰탈(필요시)+단열재(XPS) 50mm+분리층(PE필름 0.1mm)+와이어메쉬+측벽완충재PE+방통층 50mm+원목마루 20mm(혹은 한지장판)

바닥 열관류율

0.092W/m^2·K

도담패시브하우스는 건물에서 배출되는 오·하수를 배제하기 위한 옥내 배수관을 '<u>2.4 건물의 구조적 안정성 고려/기초공사 시 고려한 사항/초벌 무근 콘크리트층 위에 옥내 배</u>

수관(오·하수) 설치'에서 언급하는 바와 같이 무근 콘크리트층 속에 설치하였다.

그 이유는 무근 콘크리트 상부 면에 바닥단열재(XPS 특호, 110×2)를 설치하기 위해 지장물이 없게 하면서 옥내 배수관(오·하수관)의 위치 및 경사를 정확히 유지·고정시키기 위해서이다.

이를 위해 무근 콘크리트층(Thk. 150)을 두 번(초벌 50+잔여 100) 나누어 타설한 것인데, 먼저 초벌 무근 콘크리트(Thk. 50)를 타설한 후 그 위에 옥내 배수관(오·하수관)의 위치 및 경사를 정확히 유지·고정시켰다.

다음으로 잔여 무근 콘크리트(Thk. 100)를 타설함으로써 옥내 배수관에 대한 위치 경사 등의 정교한 시공뿐만 아니라 최종 무근 콘크리트층(Thk. 150) 상부면에 설치되는 단열재의 완벽한 시공과 공사의 용이성·효율성을 확보하였다.

바닥 단열재(XPS 특호, 110×2) 설치 시에는 사진 13과 같이 상하 단열재 간 이음 부분이 서로 교차되게 배치하였고, 모든 이음 부분에는 연질우레탄폼을 이용해 충진시키는 등의 기본원칙을 준수하였다. 또한 돌출되는 배수관에 대해서는 바닥재 마감선 직전까지 배관보온재로 감싸서 배관을 통해 전달될 수 있는 외부냉기류와의 온도 차이로 인한 바닥층의 결로 발생을 차단하였다.

무근 콘크리트와 단열재, 단열재와 단열재 간의 이음 부분은 연질우레탄폼을 이용해 접착

상하 단열재 간 이음 부분을 교차시킴

사진 13 바닥단열재 설치 장면

연질우레탄폼을 이용해 접착

열선을 이용한 단열재 재단

배수관 주변의 단열재 마감

단열재 설치 마무리 단계

사진 13 바닥단열재 설치 장면(계속)

3. 기밀시공

에너지 절감을 목표로 짓는 건물의 설계와 시공에서 가장 중요한 것은 단열과 함께 기밀층의 올바른 형성이다. 아무리 성능 좋은 단열재를 사용했다 하더라도 창틀과 벽체 사이 또는 골조의 일부를 통해 하루종일 외부의 찬 공기가 안으로 들어오고 있으면 아무 소용이 없다. 건물에서는 아주 작은 틈새만 있어도 많은 양의 에너지가 손실된다. 실내 냉난방으로 인한 외부와의 압력 차이가 공기흐름을 가속화시켜 지속적으로 에너지 손실을 유발시키기 때문이다. 그래서 기밀층이 잘못 시공되어 있으면 실내난방을 최대로 해도 따뜻해지지가 않고, 실내 구석구석에 온도 차이가 생기면서 웃풍이 있기 마련이다.

따라서 난방이 되는 곳에서 되지 않는 곳으로 이어지는 부분들에 틈이 없도록 기밀층을 형성해 침기와 누기를 원천적으로 차단해야 냉난방에너지를 절감할 수 있으며, 내부 공기질을 향상시킬 수 있고, 소음을 차단하면서 패시브하우스의 경우 환기장치의 성능을 극대화할 수 있는 것이다.

패시브하우스는 기밀시공이 어느 정도로 되었느냐에 따라 성능이 좌우된다고 해도 과언이 아니다. 기밀층이 제대로 형성되지 않은 상태에서는 성능 좋은 환기장치를 설치했다 하더라도 내부 공기를 회수하는 양보다 틈새로 들어오는 찬 공기를 회수하는 양이 많아지기 때문에 열회수장치의 성능이 제대로 발휘될 수가 없다.

열회수장치의 성능이 떨어진다는 것은 결국 보조에너지의 소비가 많아짐을 의미하므로 비경제적인 것이 되며, 실내 공기질도 떨어질 수밖에 없다.

기밀시공에 사용되는 자재는 여러 가지가 있는데, 습도에 따라 투습과 방습기능이 있는 가변형방습지, 습기는 통과되고 공기는 통과하지 못하는 일명 고어텍스와 같은 투습방수지도 있고, 각종 기밀테이프와 팽창 테이프 등이 있다. 이들은 공사비 측면에서도 수십만 원에서 몇백 만 원에 불과지만 그 중요성이 크기 때문에 설계단계부터 기밀층을 완벽히 고려하는 것이 최선이면서 공사 시 마감도 깔끔하게 할 수 있다.

기밀층 형성 시 주의를 기울여야 할 부분을 그림으로 나타내면 그림 15와 같으며, 내부의 빨간색을 따라가면 기밀층의 의미를 쉽게 이해할 수 있다. 기밀층이 제대로 시공되었는지는 미장이나 창호 설치가 끝난 후 기밀테스트(Bloor Door Test)를 통해 확인할 수 있고, 이때 문제가 있는 부분은 보완할 수 있다.

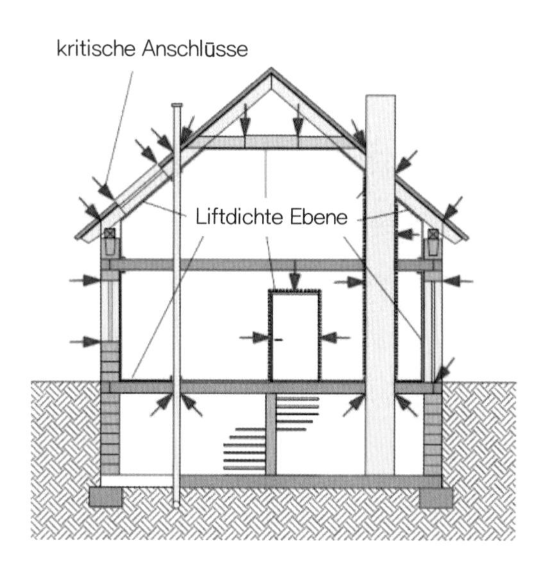

출처 : RWE-Bauhandbuch 13.Ausgabe, germany[23]

그림 15 기밀층 형성 시 주의해야 할 부분

기밀테스트 값은 n50값이라고도 표현하는데, 이는 저압과 고압의 경우 그 압력차가 50Pa의 차이가 날 때의 공기의 볼륨을 측정한 것으로 대략 환산해서 약 5kg 힘이 $1m^2$에 미치는 정도로 보면 된다.

독일의 에너지 절약법(EnEV 2017)에 따르면 다음과 같다.

- 창문으로 자연환기를 할 경우 n_{50}=3회/h

23 https://blog.naver.com/bauhaushong

- 공기조화기가 설치되어 있는 경우 n_{50}=1.5회/h
- 법적제약을 떠나 에너지 절감 효과를 높이기 위해서는 n_{50}=1.0회/h
- 패시브하우스의 경우 n_{50}=0.6회/h가 되어야만 다른 모든 시스템이 제성능 발휘 가능

참고로 독일의 패시브하우스에서는 n_{50}=0.3회/h가 사실상의 목표치이며, 그 이하는 투자대비 효과가 크지 않기 때문에 시행하지 않는다. 여기서 n_{50}=0.3회/h라고 하면 50Pa의 압력 차이에서 시간당 실내 공기량(해당 공간 공기량)의 30%가 교체됨을 의미한다.

도담패시브하우스에서는 완벽한 기밀유지를 위해 설계상의 기밀시공 이외에도 기밀에 취약할 것으로 예측되는 모든 부위를 철저히 차단하도록 노력하였으며, 독일 패시브하우스에서 이상 목표치인 n_{50}=0.3회/h 달성을 목표로 다음과 같이 기밀시공을 마무리하였다(최종 기밀성 테스트 결과 : n_{50}=0.24회/h).

(1) 기밀에 가장 취약한 부분인 창호, 창호 주변, 천장, 천장과 중목기둥 연결부위, 콘크리트 벽체와 중목보 연결부위 등에 대해서는 설계단계부터 각각의 위치별로 목적과 기능에 맞는 기밀자재의 사용을 도면에 명기함으로써 완벽한 기밀 시공을 유도하였다.
(2) 시공단계에서 자칫 소홀히 할 수 있는 부위(외등·EVB에 연결된 콘센트 및 스위치, 가스·에어컨실외기·보일러 연돌·공조기 외부 급/배기 DUCT 등이 통과되는 배관슬리브, 욕실·다용도실·기계실 내의 배수구, 주방 배기 DUCT, 오수관 내 통기관 등)에 대해서는 건축주가 직접 현장에서 기밀시공을 확인하였다.
(3) 추가로 외기가 침범하는 부위를 찾아내기 위해 이사 온 첫해 겨울, 열화상카메라를 이용해 누기 부분을 찾아낸 후 보완하였다.

(1) 창호 주변·천장·중목보와 벽체 연결부위 등의 기밀시공

창호와 창호 주변에 대한 기밀시공은 뒤에서 언급되는 '**고성능 단열창호 설치**'에 세부적으로 기술되어 있다. 천장과 중목기둥 연결부위, 콘크리트 벽체와 중목보 연결부위에 대한 기밀시공은 설계에서 정한 가변형 방습지를 바탕으로 사진 14의 두 가지 테이프를

사용해 부착시켰는데, 특히 중목보와 콘크리트 벽체 사이의 미세한 틈은 팽창형 테이프와 우레탄폼을 이용해 충진하였으며, 중목보와 콘크리트 벽체가 연결되는 옆면은 가변형방습지로 덮은 후 미장이 가능한 테이프(사진 우측)를 이용해 콘크리트 벽에 부착시켜 기밀을 유지했고, 이에 대한 일련의 시공과정은 사진 15와 같다.

목조, 스틸, 조적 등의 모든 면에 접착이 가능한 테이프로, 습기와 결로에도 떨어지지 않으며, 투습방수지 및 가변형 방습지에 적합한 투습성능을 갖춘 견고한 기밀테이프

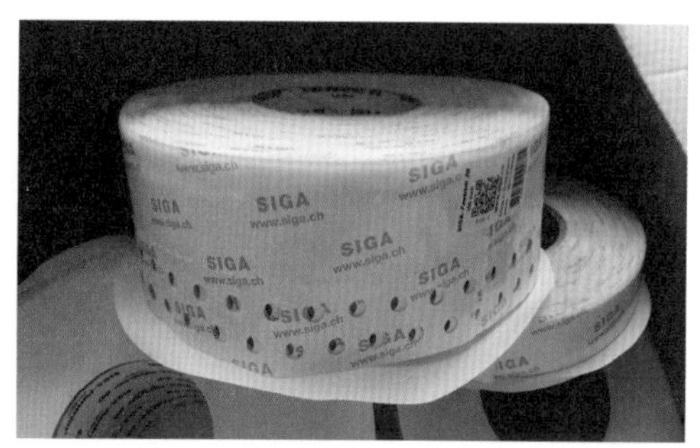

목조, 스틸, 조적 등의 모든 면에 접착이 가능한 테이프로, 한냉지역과 콘크리트 면에도 접착력이 우수하고, 테이프 접착 후 그 위에 시멘트 미장이 가능한 것이 특징

사진 14 천장과 중목기둥, 콘크리트 벽체와 중목보의 기밀에 사용된 테이프

대들보와 중목기둥 연결

가변형 방습지 설치와 보·기둥 부위 테이프 부착

천장·중목 기둥 부분 기밀시공

사진 15 천장 주변의 기밀시공 과정

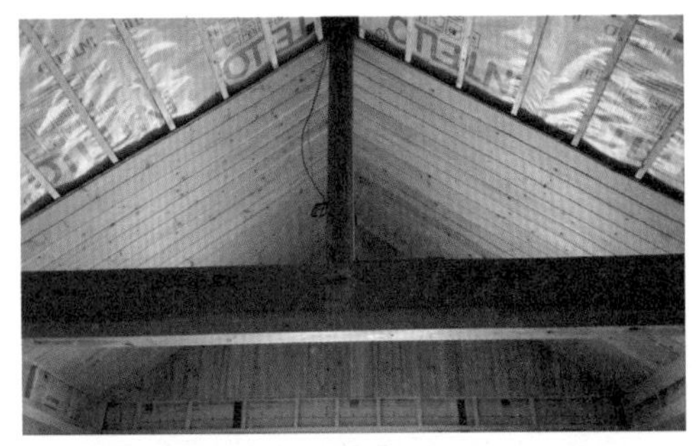

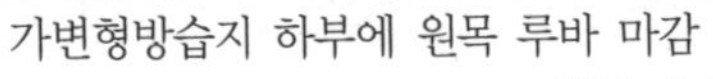

가변형방습지 하부에 원목 루바 마감

천장 부분 최종 마감현황

천장·중목 기둥 부분 기밀시공

중목보, 콘크리트 면 사이 팽창형 테이프 선 시공

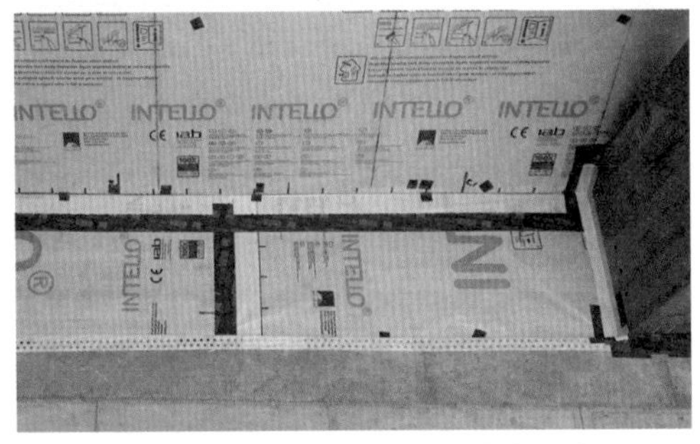

가변형 방습지로 중목보를 덧씌운 후
콘크리트 벽면에 테이프로 부착

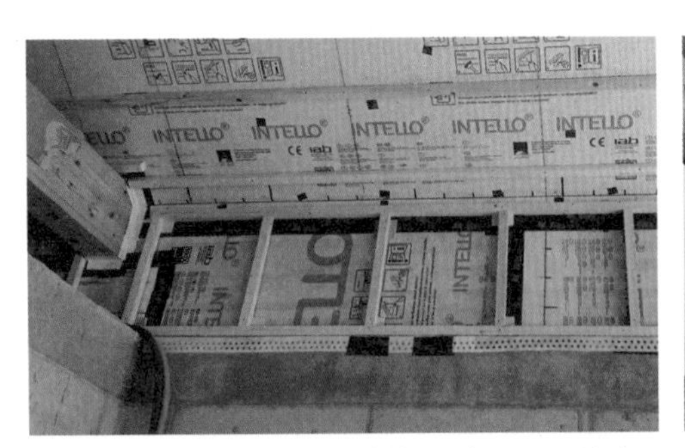

중목보 부분 : 목재스타드 설치 → 석고보드 설치 → 도배마감
하부 벽면 : 테이프 면을 포함 시멘트 미장 → 도배마감

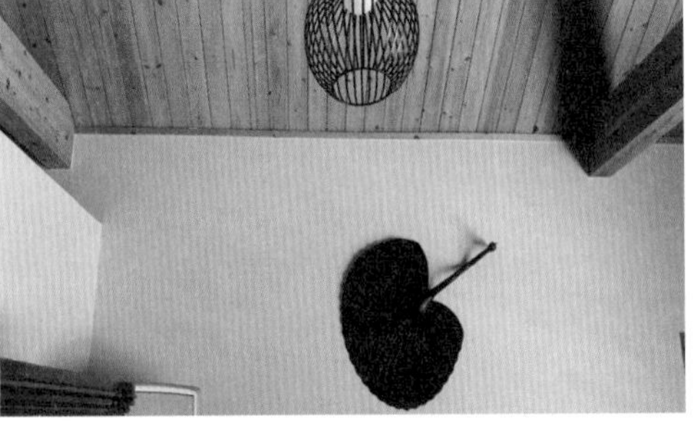

중목보를 포함한 벽면 최종 마감 현황

콘크리트 벽체와 중목보 기밀시공

사진 15 천장 주변의 기밀시공 과정(계속)

(2) 콘센트 · 스위치 · 배관슬리브 · 배수구 등의 기밀시공

외등과 EVB에 연결된 콘센트 및 스위치, 배관슬리브(가스· 에어컨실외기· 보일러 연돌· 공조기 외부 급/배기 DUCT 등이 통과되는 슬리브), 배수구(욕실· 다용도실· 기계실 내의 배수구)와 주방 배기 DUCT, 오수관 내 통기관에 대해서는 건축주가 현장에서 직접 기밀시공 상태를 확인하면서 마무리하였으며, 대표적인 시공 현황은 사진 16과 같다.

외등과 연결된 스위치(EVB스위치도 동일)
기밀시공(우레탄폼 충진)

분전반 인· 출입선 기밀시공
(기밀 캡 및 우레탄폼 충진)

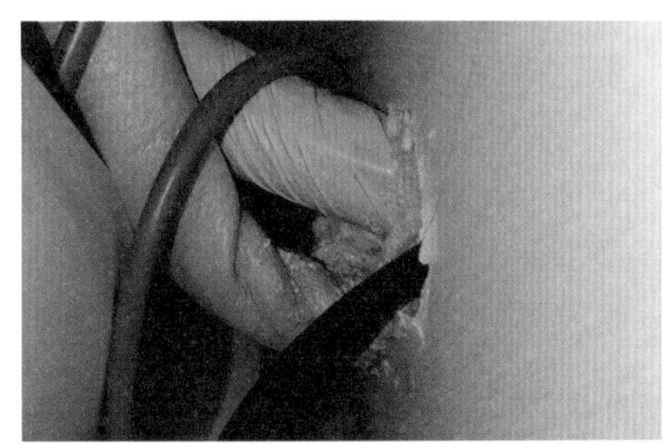

에어컨 실외기 연결 슬리브 기밀시공
(우레탄폼 충진)

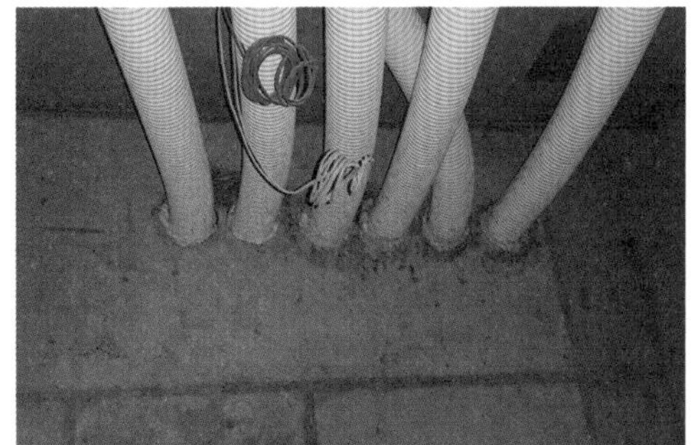

공조기 급· 배기 DUCT 슬리브 기밀시공
(우레탄폼 충진)

사진 16 콘센트 · 스위치 · 슬리브 등의 기밀시공 현황

여기서 배수구의 기밀에 대해서는 추가 설명이 필요한데, 패시브하우스에 설치되는 배수구 트랩(유가)은 가능한 한 수봉식이 아닌 체크밸브형으로 하는 것이 좋다.

배수구에는 악취와 해충의 유입을 차단하고, 이물질을 거를 목적으로 트랩(유가)을 설치하는데, 가정에서는 대부분 욕실, 세탁실, 베란다의 배수구에 설치를 하며, 사진 17에서 와 같이 크게 두 가지 유형이 있다.

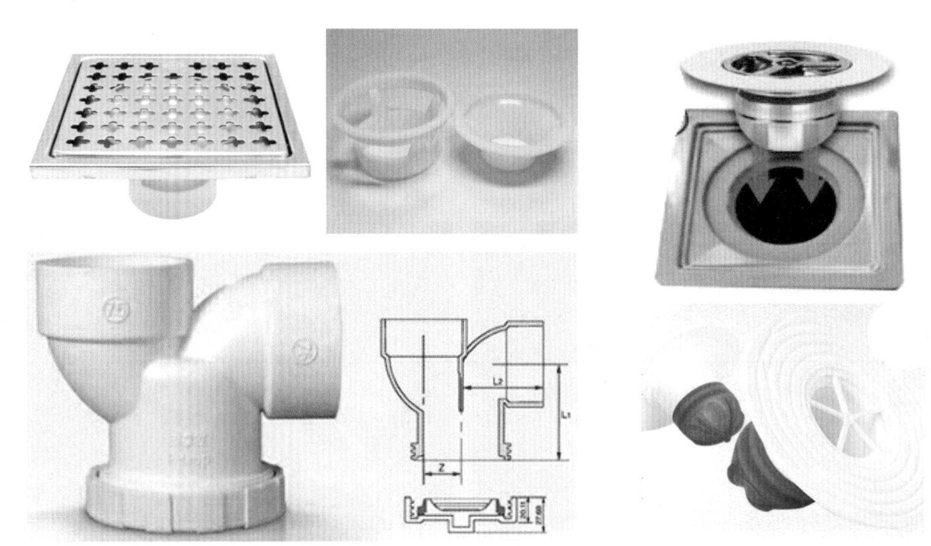

수봉식 트랩
(위) 일반유가
(아래) P트랩 – 배수구, 하부 배수관에 90° 엘보용으로 사용

체크밸브형 트랩
(위) 스프링 사용
(아래) 실리콘 재질 사용

사진 17 배수구에 설치되는 트랩의 유형별 종류

하나는 P자 트랩 혹은 일반 유가와 같이 물을 고이게 해서 냄새나 해충이 올라오지 못하게 차단하는 수봉식이고, 다른 하나는 스프링이나 실리콘 재질을 사용해 물을 사용하지 않을 때에는 닫혀 있다가 물이 배수될 때에는 물의 무게에 의해 자동으로 열리는 체크밸브형 방식이다.

그런데 이 두 가지 방식 중 수봉식의 경우에는 물을 수시로 사용하여 지속적으로 수봉이 이루어지는 경우에는 사용에 문제가 없지만, 간헐적으로 물을 사용하는 장소 또는 며칠씩 집을 비우는 경우가 생길 때에는 수봉이 해체되어 하수구의 취기 및 해충이 곧장 유입되는 문제가 발생한다.

특히 패시브하우스에서는 트랩(유가)이 설치되는 욕실, 세탁실 등의 장소에 통상적으로 배기밸브가 설치되는데, 이때 실내 공기를 빼나가는 과정에서 수봉 내의 물이 빠른 속도로 증발되어 수봉이 해체되기 때문에, 기밀에 대한 문제뿐만 아니라, 하수구의 취기와 해충이 곧장 실내로 유입되는 것이다.

따라서 패시브하우스에서는 일반단독주택에서와 달리 배수구에 대한 기밀유지와 하수구의 취기 유입방지를 위해 배수구에 설치되는 트랩(유가)을 체크밸브형으로 선택하는 것이 바람직하다.

다만 체크밸브형의 경우 이물질이 끼면 기능이 저하되므로 주기적인 청소가 필요하다(오수관 내 통기관에 대한 기밀시공은 '**열교 차단/오·하수관에 통기밸브 설치**' 부분에, 주방 배기 DUCT에 대한 기밀시공은 '**기타 패시브하우스 관련 적용요소/주방배기 DUCT 내 역풍 방지댐퍼 설치**'에서 언급함).

(3) 열화상 카메라를 이용한 누기부위 탐색

이상에서와 같이 공사 시 철저한 기밀시공을 했다 하더라도, 자칫 누락되거나 부실한 부분이 있을 수 있어, 이사 온 첫해 겨울 열화상카메라를 이용한 누기 부위 탐색을 실시하였으며, 그 결과 가스배관 유입슬리브와 거실창, 현관문, 기계실 출입문에서 기밀불량을 찾아냈다.

가스배관 유입슬리브는 사진 18과 같이 배관과 슬리브 사이에 기밀처리가 미흡하여 외기가 침범하고 있는 상태였는데, 즉시 우레탄폼으로 충진 보완하였으며, 거실 창문 하부와 현관문 및 기계실 출입문 상부에서는 전반적인 조정 미흡으로 누기가 되고 있는 상태라서 캠과 스트라이커 조정뿐만 아니라 힌지에 대한 횡방향과 압밀조정('**4.4 시스템 창호와 문의 구성 및 조작**' 참조)까지 한 후에야 정상적인 기밀 유지가 될 수 있었다.

거실창과 기계실 문에 대한 기밀상태 보완 전후의 상황은 사진 19와 같다.

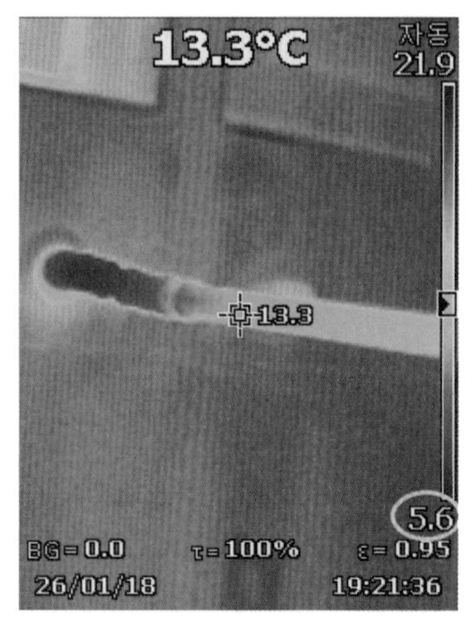

가스배관 인입슬리브의 기밀시공 불량으로 외기와 접한 벽 부근의 배관 온도가 5.6℃까지 내려와 있었고, 결로가 다량 발생되고 있는 상태였음

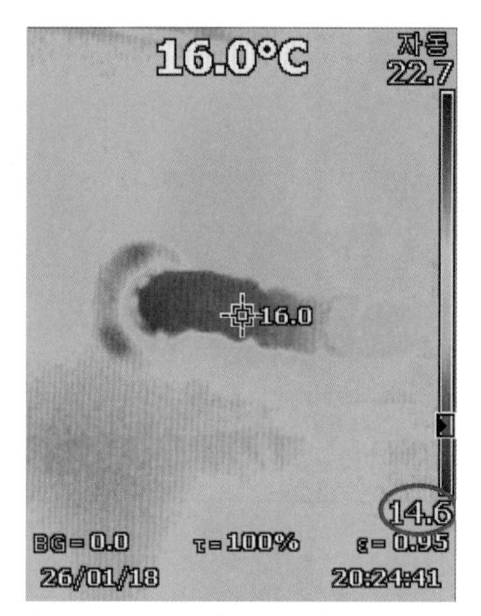

가스배관 인입슬리브에 우레탄폼을 충진한 후 약 1시간 경과 후의 상황으로 벽부근 배관온도가 14.6℃까지 상승하였음

사진 18 가스배관 슬리브의 기밀상태 보완 전후 상황

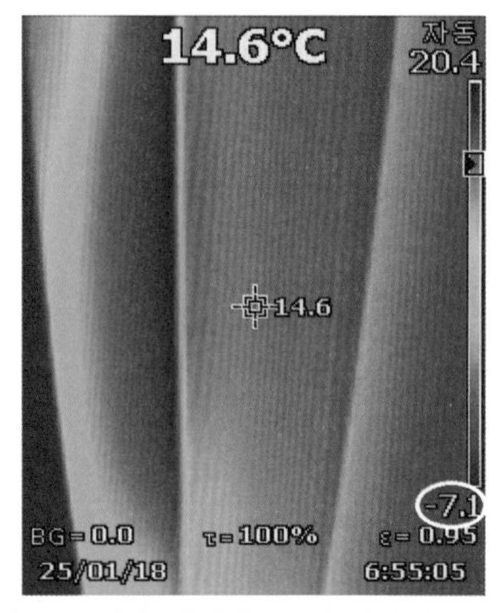

외기 -14℃에서 거실창(T/T)의 힌지(좌측) 하부 실내온도가 프레임은 14.6℃를 유지하고 있으나, 프레임 뒷부분이 누기되고 있는 상태임(-7.1℃)

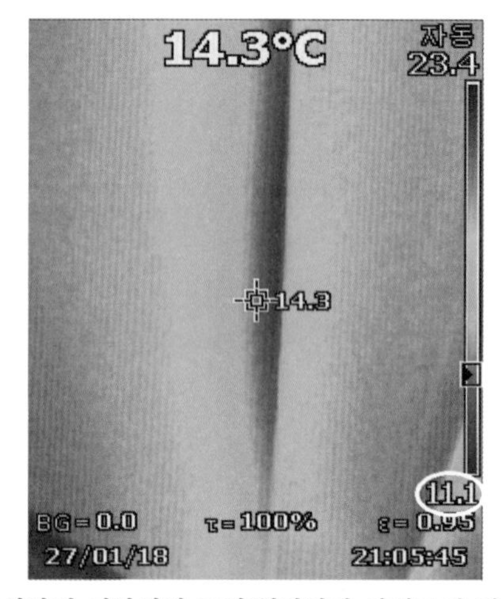

거실창의 전반적인 조정(횡방향과 압밀조정 및 캠과 스트라이커 조정)후 외기 -15℃에서 내부 최저 온도가 11.1℃로 회복됨

거실 창문의 경우

사진 19 거실 창문과 기계실 출입문의 기밀상태 보완 전후 상황

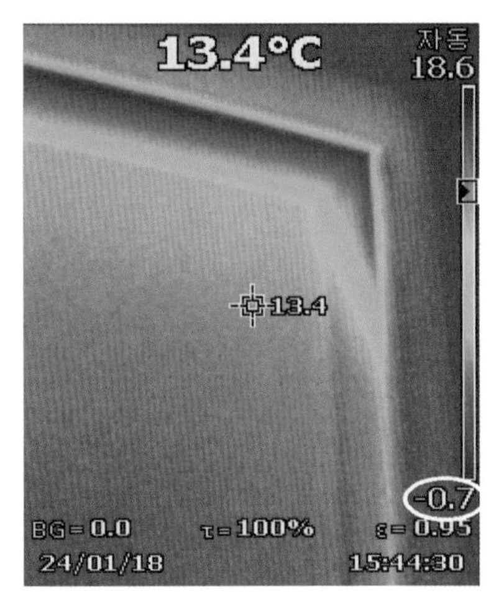

기계실 내부에서 출입문 우측상단을 촬영한 것으로 상부의 문틀과 문 사이에 외기가 침입(-0.7℃)되고 있음. 전반적인 문의 재조정이 필요한 상황이었음

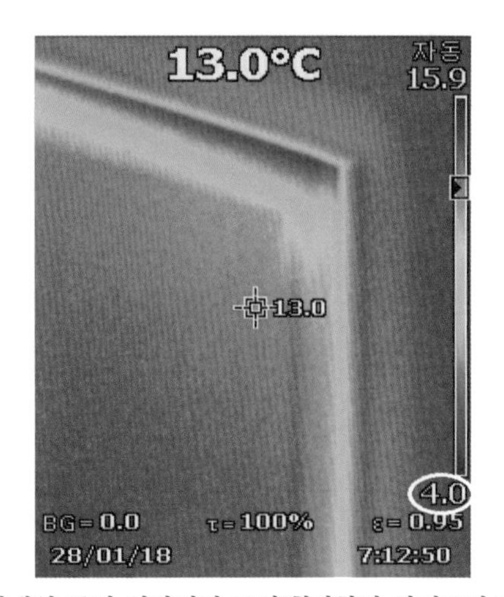

기계실 문의 전반적인 조정(횡방향과 압밀조정 및 캠과 스트라이커 조정)을 마친 후 외기 -14℃ (2018.1.28. 07 :12)인 상태에서 내부 최저온도가 4℃로 회복됨

기계실 출입문의 경우

사진 19 거실 창문과 기계실 출입문의 기밀상태 보완 전후 상황(계속)

4. 고성능 단열창호 설치

창호 설치 시 패시브하우스의 주된 요구조건인 기밀과 단열 성능을 충족시키기 위해 다음 사항을 고려하였다.

(1) PHI(Passivhaus Institut)에서 요구하는 열관류율인 0.8W/m^{2}k 이하를 만족시키면서 틈새바람의 차단과 차음유지를 위해 고성능 단열창호를 설치하였다.

(2) 창호설치 시 벽체와 프레임 연결부위에 대해 완벽한 기밀시공을 하였다.

(1) 패시브하우스에서 고성능 단열창호의 중요성

PHI(Passivhaus Institut, 독일)에서 제시하고 있는 창과 문의 단열 성능은 다음 표 12와 같으며, 열관류율 기준으로는 0.8W/m^{2}k 이하이다.

표 12 PHI에서 요구하는 창과 문의 단열 성능

구분	항목	조건	비고
창호	유리 열관류율	0.8W/m^2·K 이하	
	창틀 열관류율	0.8W/m^2·K 이하	
	창호 설치 후 열관류율	0.85W/m^2·K 이하	
	유리 g값(SHGC)	0.5 이상(우리나라 0.4 이상)	
문	문 열관류율	0.8W/m^2·K 이하	
	문 기밀성능	0.45m^3/m^2·h이하	

출처 : 한국패시브건축협회

창호에서는 유리와 창틀 모두 열관류율이 0.8W/m^2·K 이하로 동일하게 적용되는데, 열관류율이 0.8W/m^2·K보다 높아 성능이 떨어질 경우에는 창 주위에 냉기류가 생길 수 있고, 결로를 포함하여 외벽에서 느끼는 열적 불쾌감의 원인이 된다.

따라서 창호의 성능은 이 기준보다 낮을수록 좋은데, 참고로 도담패시브하우스에 설치된 창호 사양은 다음과 같다.

• REHAU 창호

• 창틀 : Rehau AG+Co(GENEO)

• 창틀 열관류율 U_f : 0.86W/m²K

• 창틀 재질 : RAU-FIPRO(섬유강화플라스틱)

• 유리 열관류율 Ug : 0.6W/m²K

• 유리 제조사 : glaströsch

• 유리 구성 : 4Loe1+14Ar+4CL+14Ar+4Loe1

• Argon 가스 충진

• g-value : 53%

• 외부 반사율 : 14%

• 가시광선 투과율(VLT) : 74%

• 방음성능 : 32dB

• 간봉 : Swisspacer(열전도율 : 0.03W/m.K)

• 창호 전체 열관류율 : 0.73W/m².K

다음 사진 20은 한파가 몰아쳤던 2017년 12월~2018년 1월 사이의 기간 중 2018년 1월 1일 아침(09 : 12)과 1월 25일 저녁(21 : 07) 시간대에 도담패시브하우스에 설치된 창호의 표면과 벽, 창틀에 대한 온도분포를 실내에서 열화상카메라를 이용해 촬영한 결과이다.

외부 최저기온이 영하 15℃를 오르내리는 시기였음에도 실내벽의 온도는 21.8℃(1/1)와 21.5℃(1/25)를 유지하고 있고, 유리표면의 온도는 18.7℃(1/1), 19.4℃(1/25)를 유지하고 있으며, 가장 낮은 온도를 유지하고 있는 부위가 창틀 하부인데, 이는 바닥난방으로 데워진 공기가 대류현상에 의해 창틀 하부를 거치지 않고 위로 올라가기 때문이다. 그렇지만 창틀 하부의 최저기온이 13.7℃를 유지하고 있어 실내온도 20℃, 상대습도 50%에서 곰팡이 발생이 시작되는 온도(상대습도 80%)인 12.6℃(결로 발생온도는 상대습도가 100% 되는 온도인 9.3℃)를 상회하고 있음을 알 수 있다.

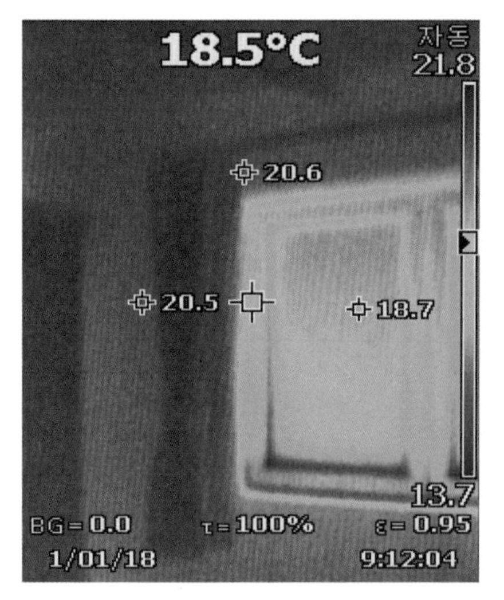

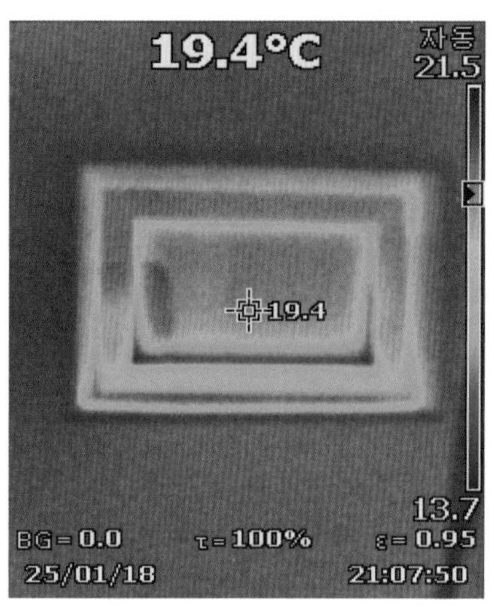

사진 20 혹한기 창호 주변의 실내 측 온도분포

패시브인증을 위한 현장 기밀테스트에서 n_{50}=0.24/h(50pa압력에서 0.24회/h)일 정도로 기밀도가 우수하였고, 실제로 약 2년간 생활하면서 확인할 수 있었던 점은 단열, 기밀, 소음 등에 취약한 부분이 창호와 문 부분인데도 창호를 통한 틈새바람은 전혀 없으며, 천둥소리조차도 들리지 않을 정도로 차음이 완벽하고, 창 주위의 냉기류가 없다 보니 아무리 혹한기라 하더라도 결로 자체가 발생하지 않았다.

또한 일사에너지 투과율(g-value : 53%)이 높아 동절기 태양에너지를 많이 유입시킬 수 있어 난방비를 크게 절약할 수 있으며, 가시광선 투과율(VLT : 74%)이 높아 깨끗한 시야를 확보할 수 있는 등의 큰 이점을 갖고 있다.

따라서 건물에서 에너지 손실이 가장 많은 문과 창호의 경우, 특히 패시브하우스에서는 가능한 한 단열과 기밀이 우수한 제품을 사용할 필요가 있다.

(2) 창호 설치 시 고려한 사항

최고의 단열 성능이 있는 창호를 설치했다 하더라도 창틀 부위에서 틈새바람이 들어오면 소용없다. 틈새바람이 들어오면 내부의 열을 빼앗아갈 뿐만 아니라 틈새바람이 들어오는 주위의 온도가 내려가고, 그 온도가 이슬점온도(상대습도 100%)가 되는 순간, 결로가 발생되는 것은 물론이고, 그 이전(상대습도 80%)에 곰팡이가 생성되기 때문이다.

물론 주어진 상황과 마감재질에 따라 곰팡이가 발아하는 정도와 성장속도가 다르기 때문에 상대습도 80%에서 곰팡이 생성이 바로 시작되는 것은 아니지만, 결로가 지속적으로 발생될 경우에는 곰팡이 포자가 발아할 수밖에 없다.

따라서 기밀에 가장 취약한 창호 설치 시에는 철저한 기밀유지 방안을 강구하여야 하며, 도담패시브하우스에서는 창호 주변의 기밀유지를 위해 다음 사항을 고려하였다.

- 창틀 내부 : 가변형 테이프(방수+기밀)
- 창틀 : 팽창테이프, 연질우레탄폼 충진
- 창틀 외부 : 투습+방수테이프(검은색)

벽체와 프레임 연결부위에 대한 완벽한 기밀유지를 위해 그림 16에서와 같이 창틀 내부에는 방수와 기밀이 유지되는 가변형 테이프를 부착하였으며, 창틀과 벽체 사이에는 연질우레탄폼으로 충진하였고, 창틀 외부는 투습이 되면서 방수기능이 있는 테이프(검은색)를 이용해 정교한 시공을 하였는데, 시공 현황은 다음 사진 21과 같다.

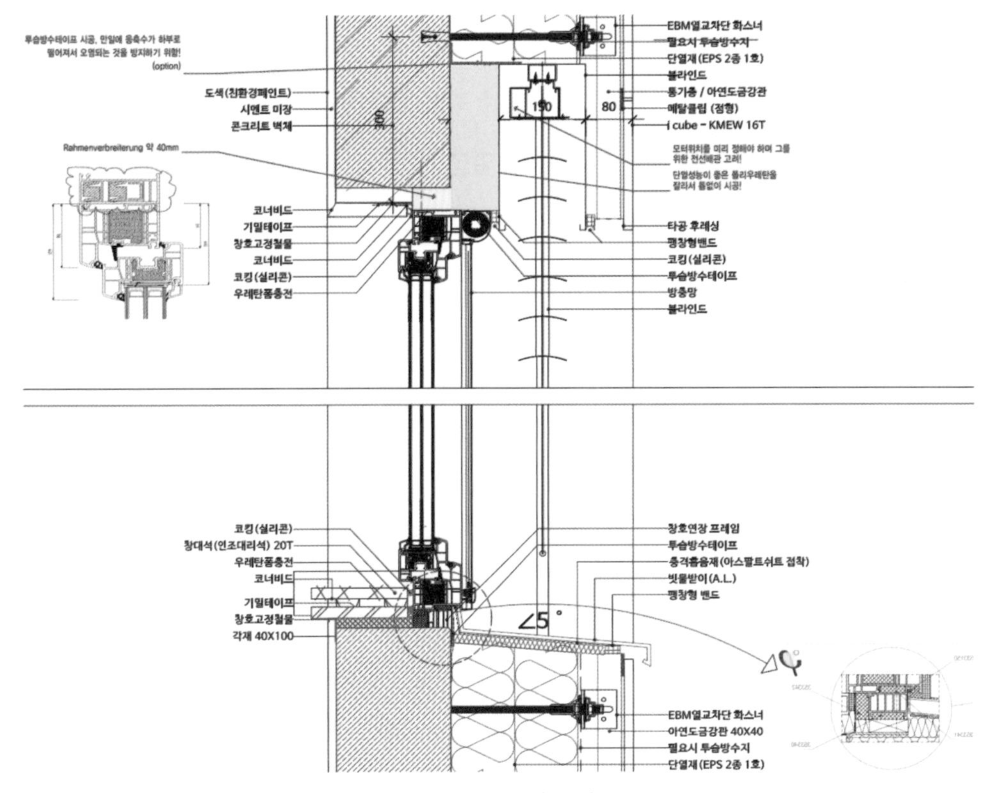

그림 16 창호 주변 상세도

창호 주변 기밀테이프 부착(외부)

EVB 커버패널 부위에 설치된 폴리우레탄 단열재

사진 21 창호 주변 기밀시공 현황

창틀 외부 투습방수테이프 부착 현황

창틀 주변 연질우레탄폼 충진+기밀테이프 부착

양개창호가 설치된 모습→가시광선 투과율(VLT : 74%)이 높아 시야가 깨끗함

사진 21 창호 주변 기밀시공 현황(계속)

5. 외부차양(EVB) 설치

여름철 냉방 시 외부 열의 약 70%가 창문을 통해 실내로 유입되기 때문에 외부에서 태양열을 원천적으로 차단하기 위해 다음 사항을 고려하였다.

(1) 외부차양을 설치하여 태양열이 실내로 들어오기 전에 차단하였다.

(2) 외부차양 설치 시 커버패널을 외부마감재 안으로 설치하여 외관을 깔끔하게 하였다. 단, 커버패널 부위의 벽체단열재 두께가 얇아지는 문제를 해결하기 위해 해당부위의 단열재를 폴리우레탄 재질로 설치하여 필요한 열관류율을 충족시켰다.

(1) 패시브하우스에서 외부차양의 중요성

실내 블라인드나 커튼으로는 여름철의 강한 햇빛을 가릴 수는 있지만, 유리를 통해 실내로 들어온 태양열은 커튼으로 가려졌다 하더라도 이미 열에너지로 바뀐 상태가 되기 때문에 밖으로 빠져나가지 못하고 온실과 같이 되어, 실내온도를 지속적으로 상승시킴으로써 냉방을 위한 에어컨을 장시간 켤 수밖에 없게 한다.

일사에너지는 단파인데, 유리는 단파는 쉽게 통과시키고 장파는 잘 통과시키지 못하는 성질이 있다.

즉, 단파인 태양열이 유리를 통과하여 실내로 들어와 물체에 닿으면서 장파인 열에너지로 바뀌는데, 이 열에너지가 다시 밖으로 빠져나가기는 어렵기 때문에 태양열은 실내로 들어오기 전에 차단해야 하는 것이다.

따라서 여름철 냉방에너지를 줄이기 위해서는 반드시 외부에 처마나 차양장치(EVB, External Venetian Blind)를 설치해야 한다.

외부차양은 태양열을 외부에서 원천적으로 차단하기 때문에 냉방에너지를 줄이기 위한 가장 합리적인 방법으로 유럽의 경우 이미 외부차양이 거의 모든 건물에 필수적으로 사용되고 있다.

여름철 냉방 시 외부 열의 약 70%가 창문을 통해 실내로 유입(나머지 30%는 지붕, 외벽, 바닥 그리고 환기 시 유입됨)되기 때문에 외부차양을 통해 창문에서 태양에너지를 차단할 경우에는 실내 블라인드를 사용할 때보다 에어컨의 사용을 약 1/3로 크게 감소시킬 수 있다.

여름철 외부차양을 통해 일사에너지를 효과적으로 차단하기 위해서는 실내가 좀 답답해지더라도 슬랫의 각도를 가능한 한 수직으로 세워 지면을 통해 유입되는 복사에너지까지 차단하면서 동시에 불쾌 현휘도 방지하는 것이 효과적이다('**4.5 외부차양 슬랫 조절 및 청소/외부차양 슬랫 조절**' 참조).

다음 사진 22는 겨울철 일사에너지를 많이 받기 위해 외부차양 장치의 슬랫각도를 태양고도에 맞추어놓은 상태이고, 사진 23은 여름철 일사에너지를 최대한으로 차단하기 위해 슬랫의 각도를 수직방향으로 완전히 내려놓은 것이다.

사진 22 겨울철 슬랫의 각도를 태양고도에 맞추어놓은 상태

사진 23 여름철 일사에너지의 차단을 위해 슬랫 각도를 수직으로 내려놓은 상태

(2) 외부차양 설치 시 고려한 사항

외부차양은 슬랫을 외부로부터 보호하는 동시에 구동모터 등의 전기적인 연결 장치가 노출되지 않도록 상부에 커버패널이 설치되는데, 일반적으로는 커버패널을 사진 24와 같이 밖에 설치하지만, 도담패시브하우스는 사진 22, 사진 23과 같이 외장재 안에 넣어 외부에서는 보이지 않게 설치하였다.

그림 24 일반적인 외부차양의 커버패널

커버패널을 외장재 안에 설치할 경우에는 슬랫이 오르내리는 가이드레일까지 보이지 않게 설치할 수 있어 깔끔한 외관을 유지할 수 있는 장점이 있으나, 커버패널이 설치되는 부위의 단열재 두께가 얇아지는 문제가 생기게 된다.

이러한 문제를 해결하기 위해 단열재 두께가 얇아지는 커버패널 부위를 그림 17과 같이 단열효과가 우수한 폴리우레탄 단열재(노란색)를 설계에 반영하여 필요한 열관류율을 충족시켰으며, 시공 현황은 사진 25와 같다.

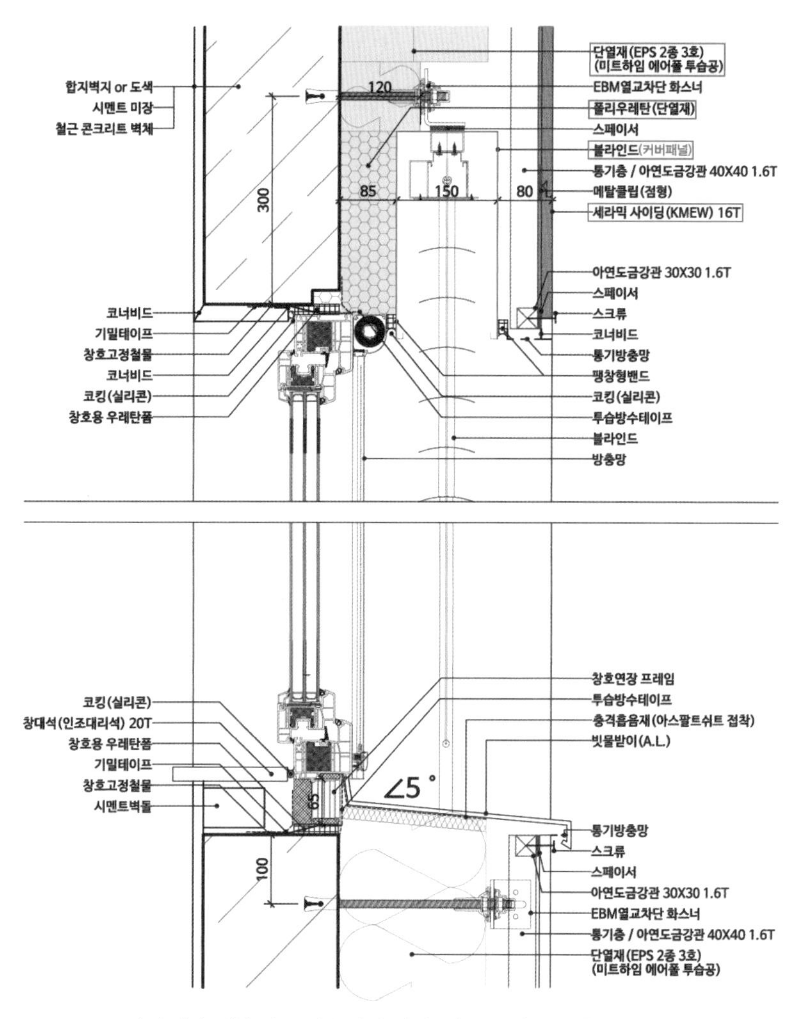

그림 17 커버패널 내측의 폴리우레탄 단열재(노란색)와 외측의 세라믹 사이딩

사진 25 창틀상부, 커버패널 부위 안쪽의 폴리우레탄 단열재(노란색) 시공 현황

추가적으로 외부차양 장치는 제작사마다 차이는 있으나, 슬랫이 오르내리는 방법에 따라 슬랫 양 끝단을 가이드레일에 연결하는 가이드레일 타입과, 슬랫 양쪽에 케이블을 설치해 케이블을 따라서 슬랫이 오르내리는 가이드케이블 타입이 있으며, 건축주의 취향과 설치하고자 하는 창호 주변의 상황을 고려해서 선택하면 될 것이다.

그리고 슬랫의 종류도 사진 26과 같이 슬랫 길이방향으로 양쪽 끝단이 롤 형태로 말려 있어 바람에 대한 강도를 높인 비드슬랫이 있고, 슬랫이 모아졌을 때 높이를 줄일 수 있도록 양쪽 끝단이 평평한 플랫슬랫이 있는데, 일반적으로 많이 사용하는 슬랫은 비드슬랫이다.

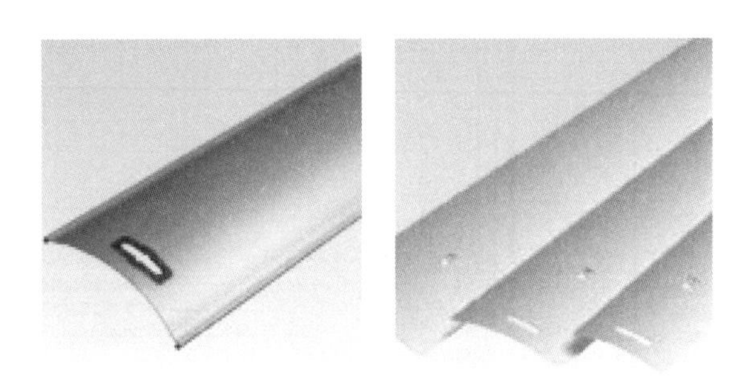

사진 26 비드슬랫(좌)과 플랫슬랫(우)

이외에도 블라인드를 올리고, 내리면서, 슬랫각도를 조절하는 수신기와 리모컨 및 스위치가 있으며, 리모컨은 블라인드 각각에 대한 조절뿐만 아니라 통합조절도 가능하기 때문에 블라인드에 가지 않고 거실 등에 앉아서 조절하기 편리하고, 스위치는 블라인드별로 블라인드 옆의 벽에 설치하여 필요한 블라인드에 한해 조절할 때 편리하다. 도담패시브하우스는 상황에 따라 리모컨 또는 스위치를 이용해 조절하고 있다.

또한 제품에 따라서는 블라인드에 조도 및 풍속 센서를 설치해 태양의 고도에 따라 슬랫의 각도를 자동으로 제어하여 에너지 절약을 극대화시키면서, 강풍 시에는 자동으로 블라인드가 올라가도록 고려된 기능도 옵션으로 설치할 수 있음을 참고할 필요가 있다.

6. 최신 고효율 열회수형 환기장치 설치

단열과 기밀이 잘 되어 있는 패시브하우스에서 열적 쾌적함과 공기질적 쾌적함을 충족시키기 위해서는 열회수형 환기장치를 설치하여야 하며, 열회수형 환기장치를 포함한 공조설비를 계획·시공하는 데 다음 사항을 고려하였다.

(1) 열회수형 환기장치(공조기)는 열과 습기를 동시에 회수할 수 있는 판형 전열교환기를 설치하였으며, 패시브적인 냉각과 가열을 극대화하기 위해 필요에 따라 외기를 필터링한 상태에서 열교환 없이 직접 끌어들일 수 있는 BY-PASS 기능이 있고, 겨울철 한파로 기계 내부의 결로와 성애를 방지하면서 실내로 공급되는 공기(SA)의 온도가 낮아지는 것을 방지하기 위한 pre-heater를 부착하였으며, 저소음에 소비전력이 낮은 고효율의 최신형 공조기로 설치하였다.

(2) 천장에 반자가 있는 1층은 급·배기 DUCT를 반자 속에 배치하면서 급·배기밸브를 반자에 설치하였으며, 천장이 루바와 반자로 혼합된 2층의 경우는 2층의 철근 콘크리트 벽 속에 급·배기 DUCT를 넣어 수직으로 올라가 벽부형 급기밸브 또는 반자에 설치된 배기밸브에 각각 연결하였다.

(3) 2층 철근 콘크리트 벽 속에 있는 급·배기 DUCT가 열교 차단 화스너 시공 시 천공되는 것을 방지하기 위해 거푸집을 떼어낸 콘크리트 표면에 DUCT 루트가 표시되도록 하여 안전하게 시공하였다.

(4) 만에 하나 발생할 수 있는 재난 시(화재)를 대비해 수신기 연동형 광전식 연기 감지기를 소방용 수신기 및 경종(警鐘)과 공조기 전원 간 연동장치로 구성·설치하여 화재 시 거실 중앙의 경종(警鐘)을 시끄럽게 울리게 해 피난시간을 확보해주면서 공조기 전원을 자동으로 차단시켜 산소(공기)공급을 중단시킴으로써 자동소화를 유도하거나 화재 확산을 차단하였다.

(5) 외부 공기 유입구(OA)에 프리필터(G2등급)를 설치하여 외부 공기가 F7필터에 도달하기 전에 외부 공기에 있는 하루살이, 나방 등의 곤충과 먼지 등의 이물질을 사전 제거할 수 있도록 하였다.

(1) 패시브하우스와 열회수형 환기장치

보온병과 같이 단열과 기밀만 잘 되어 있고 공기가 통하지 않는 집이 있다면, 이러한 집은 열은 보호될지 몰라도 사람에게 필요한 열적 쾌적감과 공기질적 쾌적감은 부족할 수밖에 없다. 즉, 사람에게 필요한 적정온도 유지가 어렵고, 공기량(신선한 공기)도 부족해지기 때문에 이를 보완하기 위한 기계식 환기(급기+배기)를 해야 하는데, 특히 완벽한 단열뿐만 아니라 공기가 새지 않도록 지어진 패시브하우스에 설치되는 환기장치는 전력 소비량과 소음 등의 까다로운 조건을 충족시키면서 필요한 열은 회수하되, 나가는 공기와 들어오는 공기를 섞지 않고 회수하는 열회수형 환기장치를 사용해야 한다.

열회수형 환기장치는 패시브하우스의 심장과 같은 것으로 열회수형 환기장치 덕분에 창문을 24시간 365일 내내 닫고 살아도 신선한 외기를 지속적으로 공급받으면서 동시에 필요한 열이 회수되어 열적·공기질적으로 항상 쾌적한 상태를 유지할 수 있는 것이며, 밤새 숙면을 취하여 아침에 일어났을 때 상쾌하고, 봄철 황사와 미세먼지가 많은 날에도 쾌적한 실내 공기질을 유지할 수 있는 것이다.

이처럼 열회수형 환기장치는 패시브하우스에서 없어서는 안 될 패시브하우스를 움직이는 심장인 것이다.

환기장치는 크게 판형 열교환기와 원형(로타리형) 열교환기의 두 개로 구분되는데, 가장 많이 사용되고 있는 방식은 판형 열교환방식이다.

판형 열교환기는 사진 27과 같이 열교환소자라는 장치가 내장되어 있어, 들어오는 공기와 나가는 공기가 서로 분리된 무수히 많은 얇은 판의 소자를 통과하면서 공기는 섞이지 않고, 필요한 열만을 회수하도록 되어 있는데, 열만 회수하느냐, 습기까지 회수하느냐에 따라 현열교환방식 또는 전열교환방식으로 분류된다.

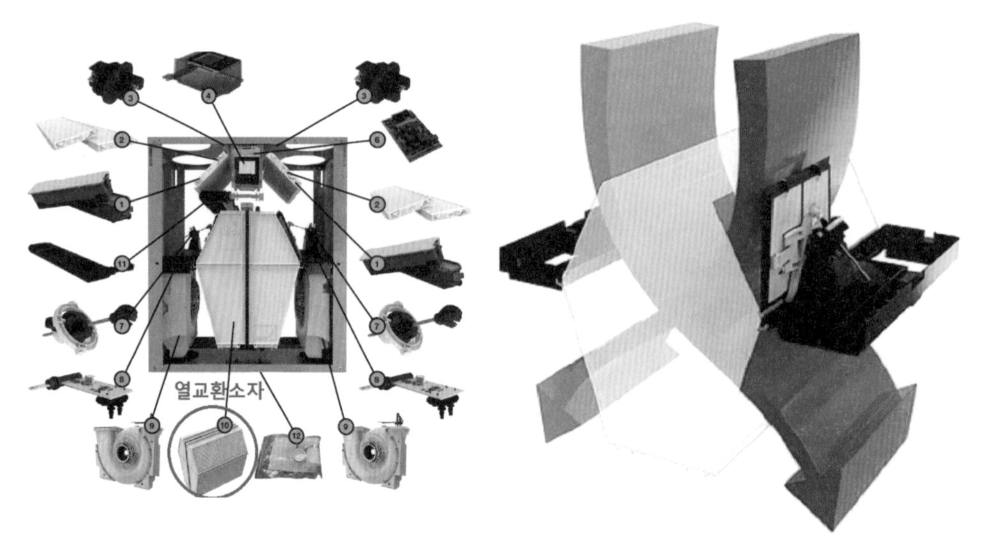

사진 27 판형 열교환기의 내부구조(좌)와 열교환소자(우)

원형(로타리형) 열교환기는 원형의 열교환소자가 지속적으로 돌아가면서 절반은 급기를 하고 절반은 배기를 하는 방식으로 배기 때 열교환소자에 있는 열을 급기공기가 회수해오는 방식이다.

원형 열교환기는 판형 열교환기에 비해 효율은 높지만 들어오는 공기와 나가는 공기가 일부 섞이는 누기율이 있고, 급·배기팬 이외에도 원형의 열교환기를 돌리는 구동모터가 필요하기 때문에 전력소비와 기기소음이 커질 수 있는 것이 단점이지만, 최근의 해외제품 중에는 이러한 단점을 보완한 원형 열교환기도 있다.

이외의 열교환기 및 공조설비에 대한 기술적인 사항은 도담패시브하우스에 설치된 열교환기를 중심으로 서술하기로 한다.

도담패시브하우스에 설치된 환기장치는 독일 Zehnder社의 제품(모델명 : ComfoAirQ 350)으로, 이 제품의 사용자매뉴얼(user manual)에서 제시하고 있는 열회수율은 94%, 습기회수율은 73%이며, 세부사양은 다음과 같다.

환기장치 사양

- 모델명 : ComfoAirQ 350(Zehnder社)
- 열회수비율(Thermal efficiency) : 94%
- 습기회수율(Moisture recovery enthalpy) : 73%
- 급·배기 공기 희석률 : 0%
- BY-PASS 기능 부착
- 소음 : 25db 이하
- 소비전력 : 34w(4인 가족, 200m^3/h, 30m^3/h·인×4인×1.5 기준)

다음 표 13은 이사 온 첫해 겨울(2017.12.20. 07 : 05)에 도담패시브하우스에 설치된 공조기의 실제 가동상황을 나타낸 것이다.

표에서와 같이 실내에서 환기장치로 빠나가는 공기(RA, Return Air)의 온도가 19.5℃, 환기장치를 거쳐 외부로 버려지는 공기(EA, Exhaust Air)의 온도는 0.5℃로 약 19℃의 열을 회수(열회수율 97.4%)함을 알 수 있고, 환기(풍량 190m³/h)에 소비되는 전력은 34Wh를 나타내고 있다.

동시에 외부에서 환기장치로 들어오는 공기(OA, Out Air)의 온도는 -9.0℃이나, 환기장치를 통해 실내로 공급되는 공기(SA, Supply Air)는 16.5℃로 25.5℃의 열이 추가되어 공급됨을 알 수 있는데, 회수된 열이 19℃인 점을 고려할 때 6.5℃의 열이 프리히터에 의해 추가되었으며, 프리히터의 소비전력은 0.3kWh를 나타내고 있다.

또한 본 공조기는 실내의 적정습도 유지를 위한 습기회수율이 나름대로 우수한데, 건조한 계절인 동절기와 봄, 가을철의 간절기에 외부습도가 20~30%의 상황에서도 실내습도를 꾸준히 40% 이상으로 유지시켜주고 있어, 노모를 모시고 살고 있음에도 이사 이후 가습기를 한 번도 사용하지 않았다.

표 13에서도 공조기의 습기조절 능력을 확인할 수 있는데, 실내에서 환기장치로 빠나가는 공기(RA)의 습도가 59%, 환기장치를 거쳐 외부로 버려지는 공기(EA)의 습도는 90%이며, 반면에 외부에서 환기장치로 들어오는 공기(OA)의 습도는 74%이나, 환기장치를 통해 실내로 공급되는 공기(SA)의 습도는 53%로써, 온도에 따른 상대습도를 감안하더라도 실내에서 빠나아가는 습도(59%)보다 실내로 공급되는 습도(53%)를 보다 쾌적하게 유지시켜주고 있음을 알 수 있다.

다만, 7~8월의 고온다습한 시기에는 공조기만을 이용한 습도 조절에는 한계가 있기 때문에 반드시 제습기나 에어컨을 가동해 실내습도를 60% 내외로 조절하여야 한다.

그 이외도 공조기의 세부적인 조절 및 관리에 대해서는 '4.2 공조설비 관리'에 세부적으로 수록하였다.

표 13 공조기 가동현황(2017.12.20. 07 : 05)

구분	디스플레이(Display)	온도(°C)	습도(%)
RA	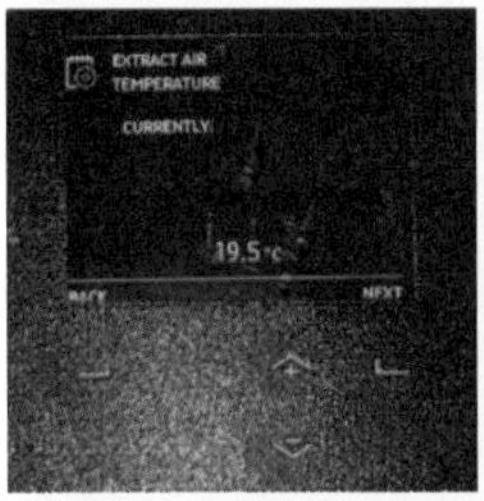 EXTRACT AIR TEMPERATURE CURRENTLY: 19.5 °C BACK NEXT / EXTRACT AIR HUMIDITY CURRENTLY: 59 % BACK NEXT	19.5	59
EA	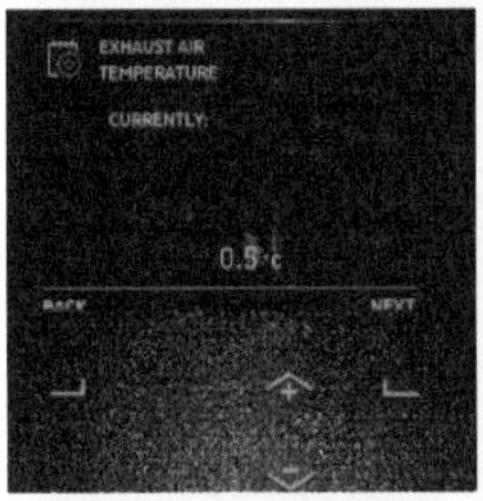 EXHAUST AIR TEMPERATURE CURRENTLY: 0.5 °C BACK NEXT / EXHAUST AIR HUMIDITY CURRENTLY: 90 % BACK NEXT	0.5	90
OA	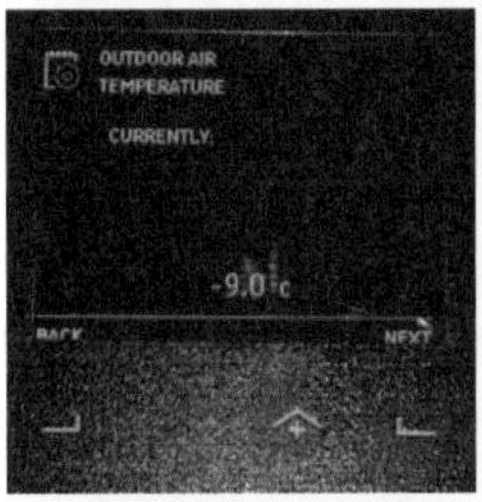 OUTDOOR AIR TEMPERATURE CURRENTLY: -9.0 °C BACK NEXT / OUTDOOR AIR HUMIDITY CURRENTLY: 74 % BACK NEXT	−9.0	74
SA	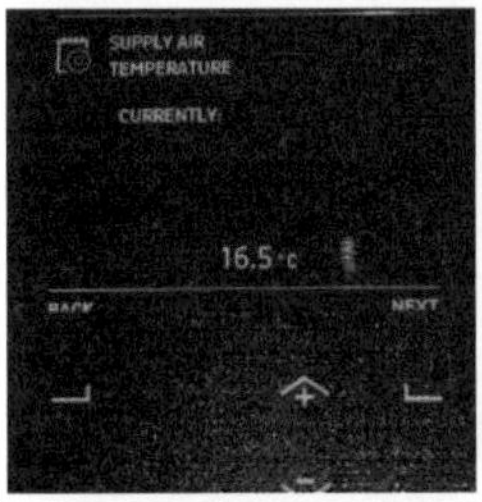 SUPPLY AIR TEMPERATURE CURRENTLY: 16.5 °C BACK NEXT / SUPPLY AIR HUMIDITY CURRENTLY: 53 % BACK NEXT	16.5	53
프리히터 현 소비전력	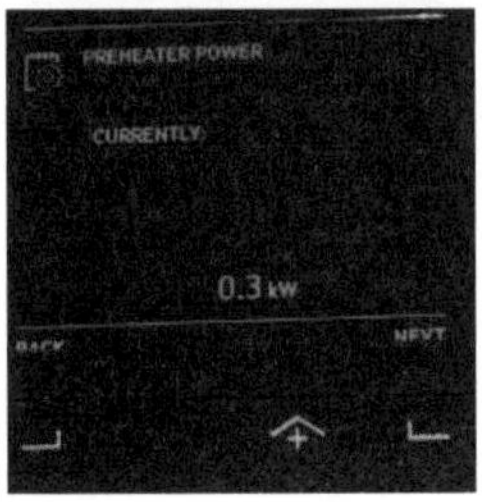 PREHEATER POWER CURRENTLY: 0.3 kW BACK NEXT	0.3kW	프리히터 소비전력 분석 • **폐열회수율** =(RA−EA)/RA×100(19.5°C−0.5°C)/19.5°C×100 =<u>97.4%</u> → **약 19°C의 폐열을 회수하여 재공급** • 프리히터가 추가한 온도값 =(SA−OA)−19°C={16.5°C−(−9.0°C)}−19°C=6.5°C ∴ 6.5°C의 온도를 추가하기 위해 프리히터가 가동되고 있고 그때 프리히터의 소비전력이 0.3kW임

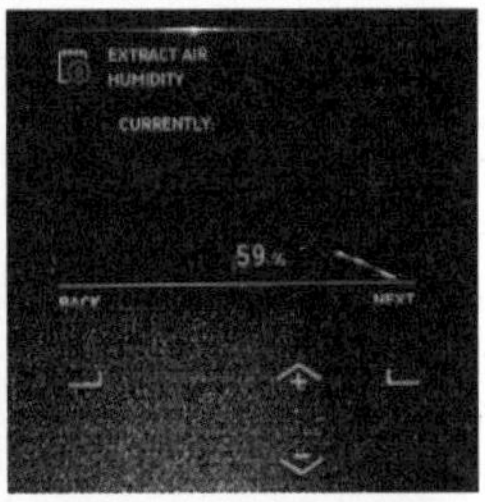

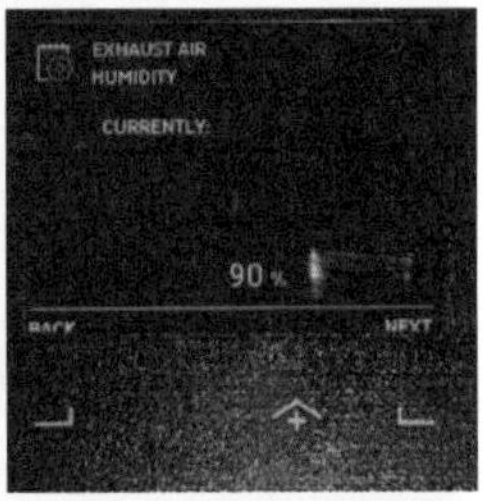

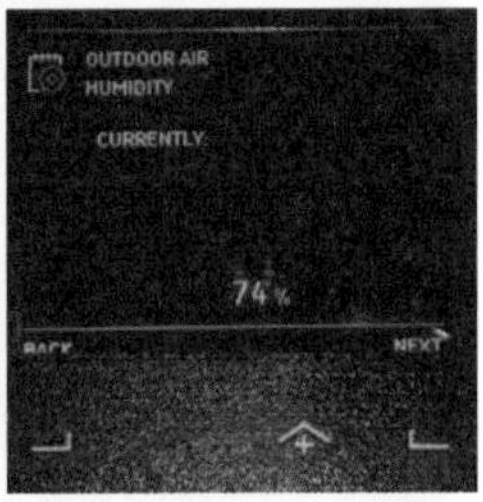

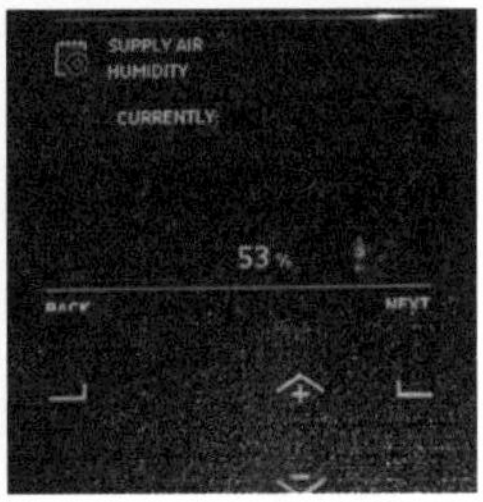

표 13 공조기 가동현황(2017.12.20. 07 : 05)(계속)

구분	디스플레이(Display)	온도(°C)	습도(%)
현 환기 소비전력	34W		

(2) 급·배기 DUCT와 밸브 설치 시 고려한 사항

도담패시브하우스 1층 천장은 일률적으로 반자를 설치하였고, 2층은 중목구조를 노출시키면서 루바를 설치한 공간(거실, 방2)과 일부 반자를 설치한 공간(방1, 화장실, 계단창고)으로 구분된다.

천장에 반자가 있는 1층은 반자 속의 별도 거치대에 급·배기 DUCT(Comfotube)를 설치하면서 급·배기밸브는 반자면에 설치하였는데, 급·배기 DUCT를 반자 속에 설치한 이유는 반자 속의 여유 공간 활용 및 공사의 용이성과 구조적인 안정성에서도 유리하기 때문이다.

다만 급·배기 DUCT를 반자 속에 설치할 경우 DUCT가 기계실벽을 포함한 내부 구획벽을 통과해야 하는 부분이 생기는데, 이러한 부분들은 그림 18과 같이 설계 시 별도 작성된 **콘크리트 타설도**[24]를 기준으로 설계에서 정한 위치에 슬리브를 미리 시공해 놓았다.

또한 반자속의 급·배기 DUCT는 반자에 전달될 수 있는 소음 및 진동을 차단하기 위해 반자위에 급·배기 DUCT를 직접 올려놓지 않고, 반자와는 별개로 일정한 간격으로 거치대를 설치하여 고정하였다.

---

24 도담패시브하우스는 콘크리트 타설의 정확도를 높이기 위해 콘크리트가 타설되는 철근 콘크리트 구조물에 대한 치수 및 레벨은 물론이고, 창틀이 설치될 개구부의 위치와 레벨 및 각종 슬리브의 위치와 규격, 레벨 등이 표기된 '콘크리트 타설도'를 설계 시 별도 작성하였음.

다음 그림 18은 1층에 대한 슬리브위치가 표기된 콘크리트 타설도와 공조설비 설계도이고, 사진 28은 이들의 설치 현황이다.

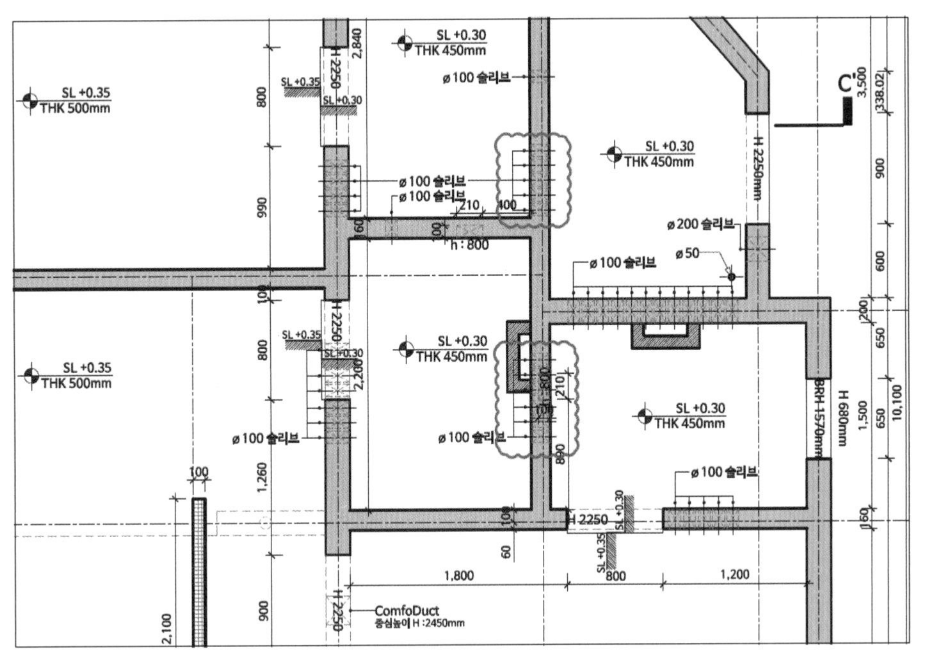

슬리브 위치·규격이 표기된 콘크리트 타설도

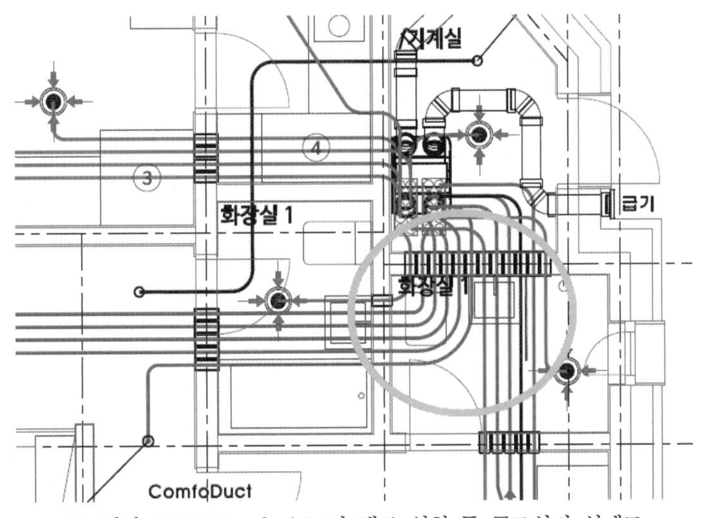

급·배기 DUCT(Comfotube) 및 밸브 설치 등 공조설비 설계도

그림 18 1층 슬리브 위치에 대한 콘크리트 타설도와 공조설비 설계도

콘크리트 타설도에 맞추어 시공된 슬리브

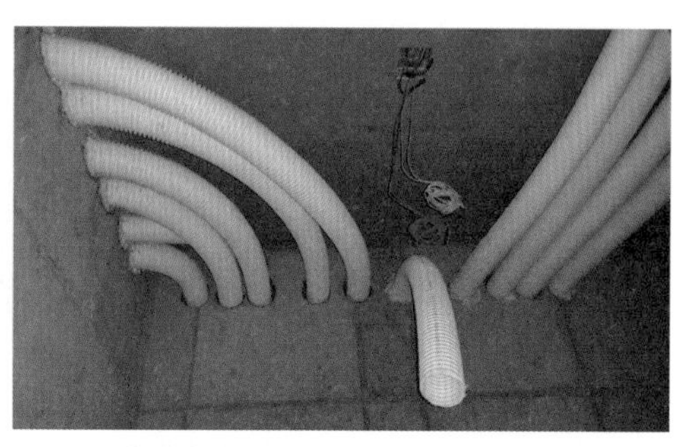

슬리브를 통과한 급·배기 DUCT

1층 반자 속에 설치된 급·배기 DUCT는 별도 거치대(화살표)를 설치하여 고정하였음

1층 거실의 급기밸브

안방 급기밸브

주방 배기밸브

사진 28 1층 공조 DUCT 및 급 · 배기밸브 설치 현황

2층의 급·배기 DUCT는 2층의 철근 콘크리트 벽 속을 통해 수직으로 올라가 벽부형 급기밸브 또는 반자에 설치된 배기밸브에 각각 연결하였으며, 이에 대한 DUCT, 급·배기 밸브 설치도 및 설치 현황은 그림 19 및 사진 29와 같다.

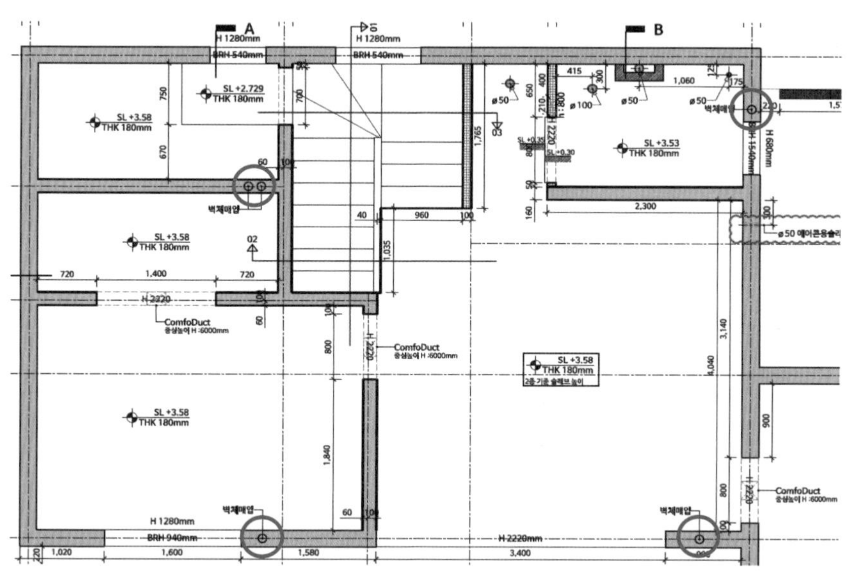

2층 급·배기 DUCT가 표기된 콘크리트 타설도

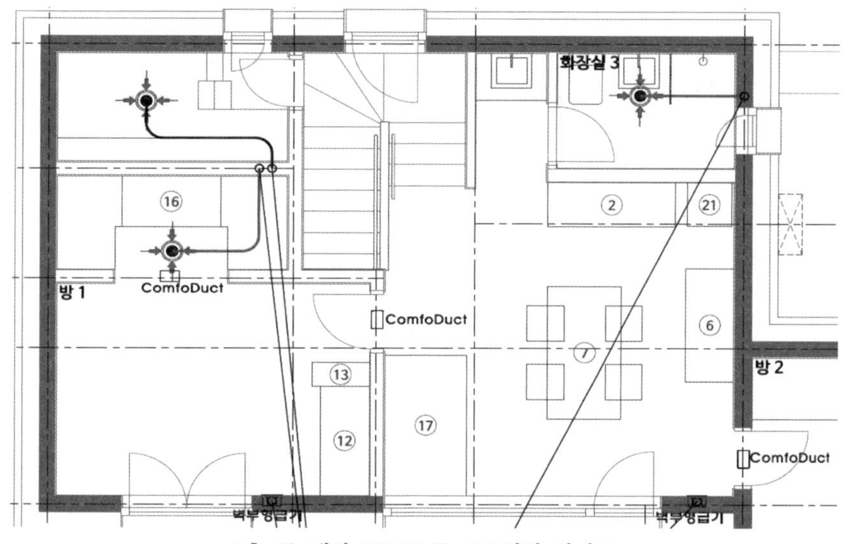

2층 급·배기 DUCT 등 공조설비 설계도

그림 19 2층 공조 DUCT 관련 콘크리트 타설도와 공조설비 설계도

2층 벽 속에 배치된 급기DUCT(동그라미 부분에 벽부형 급기밸브 설치 예정)

방(1)의 벽부형 급기밸브

방문 위의 over flow

2층 화장실 배기밸브

사진 29 2층 공조 DUCT와 급·배기밸브 설치 현황

(3) 화스너에 의한 벽 속 급·배기 DUCT 천공 방지 방안

외벽의 철근 콘크리트 벽 속을 통해 2층으로 올라간 2층의 급·배기 DUCT가 외벽 마감재인 세라믹 사이딩을 고정시키는 열교 차단 화스너에 의해 뚫릴 가능성이 있었다.

그림 20에서와 같이 열교 차단 화스너는 외벽면에 바둑판처럼 배치되어 철근 콘크리트 벽 속을 5cm 정도 근입된 상태로 외벽 마감재(세라믹 사이딩)를 고정시킬 하지재(아연

도금강관 40×40×1.6)와 용접으로 결합되는데, 이러한 화스너 시공을 위한 벽체 드릴작업과정에서 벽 속에 있는 급·배기 DUCT가 천공될 가능성이 있는 것이다.

그래서 필요했던 것이 외부거푸집을 떼어냈을 때의 콘크리트 면에 DUCT가 지나간 부분이 표시되도록 하는 것이었는데, 때마침 현장에서 거푸집을 떼어낸 콘크리트 면에 크레파스로 쓴 글씨가 판박이가 된 것을 발견했고, 원리는 목수들이 거푸집 조립 전 거푸집

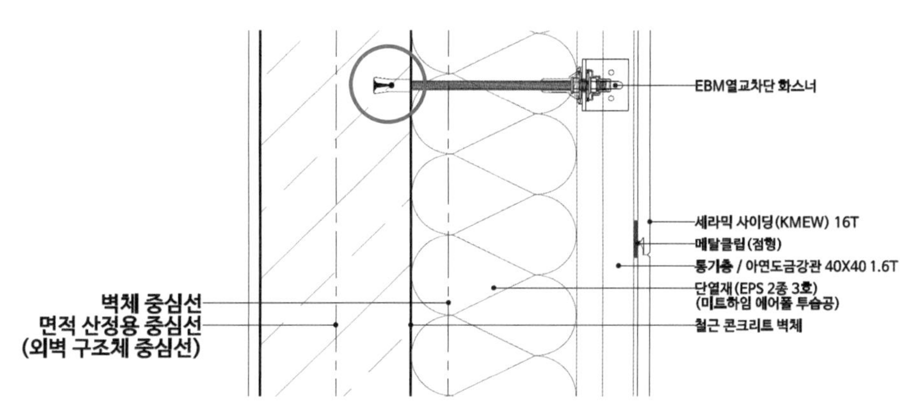

세라믹 사이딩 설치용 열교 차단 화스너는 철근 콘크리트 벽 속에 5cm 근입되어 고정됨

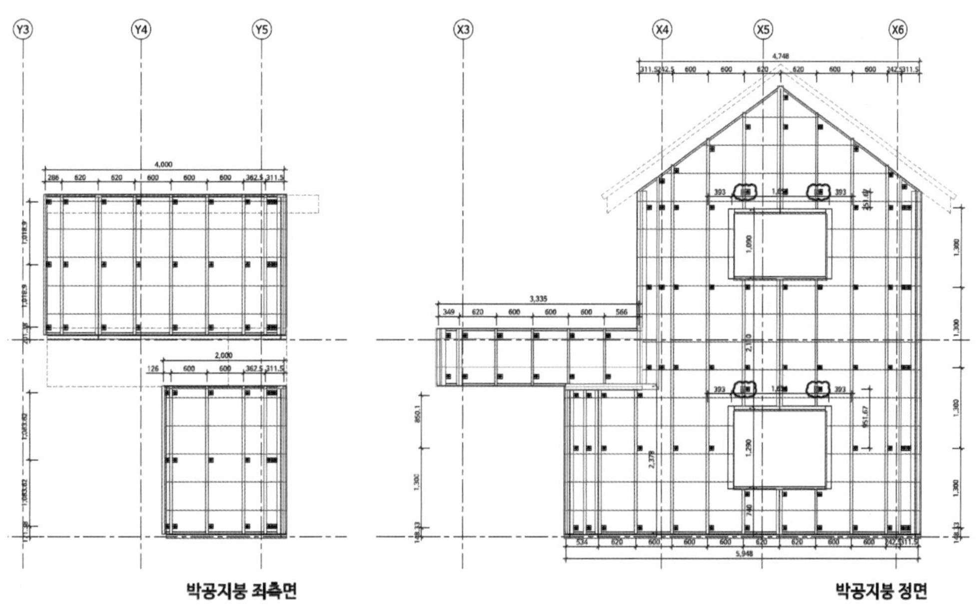

열교 차단 화스너(검은점) 배치도(정면)

그림 20 벽 속에 고정되는 열교 차단 화스너와 배치도

면에 메모했던 글씨가 콘크리트 타설면에 닿아 판박이 된 것이었다. 즉시 이를 이용해 DUCT가 지나간 부분의 외측거푸집 안쪽 면에 DUCT 위치를 따라서 청색의 크레파스로 선을 그어 표시해놓았는데, 예측한 대로 거푸집을 떼어내었을 때 콘크리트 면에 DUCT 위치가 정확히 표시되었고, 열교 차단 화스너와 외벽사이딩 공사를 안전하게 마무리할 수 있었다. 다음 사진 30은 DUCT가 지나간 외벽 콘크리트 면에 DUCT의 위치가 나타나게 하는 일련의 과정이다.

거푸집 면에 쓴 글씨가 콘크리트 면에 판박이 된 현상(여기서 아이디어를 얻음)

외측 거푸집의 내면에 크레파스로 DUCT 위치 표시

콘크리트 면에 표시된 DUCT 위치

사진 30 콘크리트 벽 속의 급 · 배기 DUCT 위치를 콘크리트 면에 나타내기

외벽 콘크리트 면에 나타난 DUCT 위치

사진 30 콘크리트 벽 속의 급 · 배기 DUCT 위치를 콘크리트 면에 나타내기(계속)

(4) 화재 시 공조기 전원 자동 차단 장치 설치

패시브하우스의 장점 중 하나는 기밀이 잘 되어 있다는 점인데, 만일 화재 시 이 부분을 잘 활용할 수 있다면 일반 건물(주택)보다 화재 확산 속도를 현격히 저하시킬 수 있는 또 하나의 장점이 생기는 것이다.

이를 위해 화재 시에는 24시간, 365일 내내 신선한 공기(산소)를 공급하는 공조기 가동이 정지되도록 한 것이다.

이에 대한 시퀀스(sequence) 구성은 화재 시 제일 먼저 발생되는 연기를 감지해 집 안 중앙에 설치된 경종(警鐘)을 울리게 하고, 동시에 공조기에 공급되는 전원이 차단되도록 수신기 연동형 광전식 연기 감지기를 소방용 수·발신기 회로와 연결한 후 경종과 공조기 공급전원 사이에 설치된 릴레이와 연동되도록 하였다.

화재 시 1층 거실, 안방, 2층 거실 등 3개소에 설치된 수신기 연동형 광전식 연기 감지기에서 연기를 감지하면, 즉시 거실 중앙의 경종을 시끄럽게 울려 가족들이 피할 수 있는 시간을 확보해줌과 동시에 공조기 전원을 차단시켜 산소(공기) 공급을 중단시킴으로써 자동소화를 유도하거나 화재 확산이 차단되도록 하였다.

다음 사진 31은 수신기 연동형 광전식 연기감기기와 소방용 수·발신기 및 릴레이를 이용한 공조기 전원공급 장치 설치 현황으로 광전식 연기 감지기에서 연기를 감지하는 순간 경종이 울리면서 공조기 전원이 자동 차단된다.

수신기 연동형 광전식 연기 감지기(안방)

수신기 연동형 광전식 연기 감지기(1층 거실)

수신기 연동형 광전식 연기 감지기(2층 거실)

경종(비상벨, 1층 중앙)

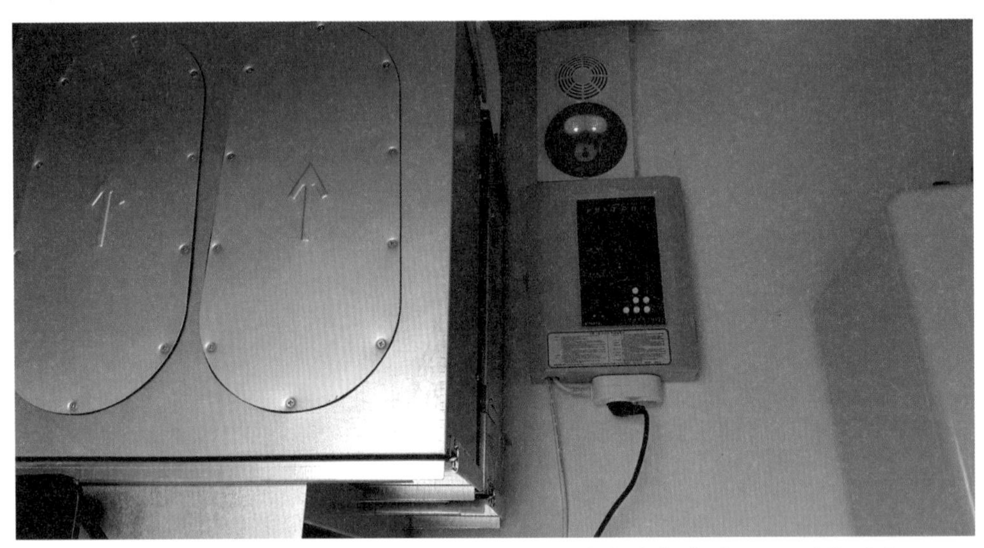

소방용 수신기를 통해 공조기 전원 공급(기계실) → 연기 감지 시 자동으로 전원 차단

사진 31 수신기 연동형 광전식 연기 감지기와 비상벨 및 공조기 전원 차단 장치 설치 현황

(5) 외부 공기 유입구에 프리필터 설치

도담패시브하우스에 설치된 공조기는 외부 공기 유입구(OA)에 필터 없는 그릴만 설치되어 있어 외부 공기가 곧바로 공조기 내부에 설치된 F7필터에 도달된다. 그러다 보니 외부 공기에 포함되어 있는 하루살이, 나방 등 곤충과 먼지 등의 이물질로 인해 6개월에 한 번 교체한다는 F7필터가 너무 쉽게 오염되어 필터의 수명뿐만 아니라 실내 공기의 쾌적성도 문제가 있을 것으로 판단되었다. 그래서 외부공기 유입부의 그릴 속에 적당한 등급(G2 등급)의 프리필터를 넣어 외부 공기가 F7필터에 도달하기 전에 외부 공기에 있는 곤충 등의 이물질을 사전에 제거할 수 있게 하였다. 이 프리필터는 인터넷에서 '재단부직포'를 검색하면 쉽게 구입할 수 있으며, 여러 상품 중 필자는 그중에서 600 × 600×10T를 10매 구입한 후 1매를 4등분하여 1개월에 1개(1/4매)씩 교체하고 있다(1년에 12개(3매) 필요).

이 프리필터는 프리필터링 효과가 우수한 편인데, 그만큼 오염 또한 빠르게 진행되기 때문에 1주일에 한 번 정도 진공청소기를 이용해 필터에 부착된 먼지와 이물질을 제거하고, 월 1회 이상 교체하는 것이 바람직하다(프리필터 청소에 관한 사항은 '**4.2 공조설비 관리/공조설비와 관련된 필터 청소 및 교체**' 참조).

외부 공기 유입부 그릴

그릴과 프리필터를 떼어낸 외부 공기 유입부

G2 프리필터(좌측 : 1개월 경과, 우측 : 신규)

사진 32 외부 공기 유입구(OA)에 설치된 프리필터

7. 열교 차단

열교(heat bridge)란 건물의 어느 한 부분에서 단열이 약하거나 끊어짐으로 인해 열이 빠져나가거나 들어오는 것을 의미한다. 아무리 성능 좋은 단열재를 사용하여 단열을 했다 하더라도 열교 부위가 있으면 그곳에 결로가 집중적으로 발생되어 오히려 더 큰 문제가 생긴다. 즉, 겨울철 실내에 발생하는 곰팡이는 결로가 생기는 노점온도(상대습도 100%) 이전(상대습도 80%)에서 생성되는데, 단열을 강화할수록 결로는 줄어들겠지만 실내에 있는 습기는 그대로 존재하기 때문에 단열이 잘 된 실내에 열교 부위가 있을 경우 그곳에 더 많은 곰팡이가 생성되는 것이며, 에너지 손실도 커지는 것이다. 따라서 단열이 잘된 패시브하우스에서는 작은 열교조차 발생되지 않도록 외부와 연결될 수 있는 열교 부위는 열적으로 완전히 분리시킬 방안을 강구해야 하며, 단열재 설치에 있어서도 단열재와 단열재 사이에 조그마한 틈도 생기지 않게 연속 시공되어야 한다.

이러한 관점에서 도담패시브하우스는 설계과정에서 열교 취약 부분에 대한 건축물리적인 검토를 세밀하게 하였으며, 그 결과를 설계에 반영하였다.

열교가 이루어질 수 있는 부분은 철저히 열적 분리를 해서 근본적인 열교를 차단했으며, 각 부분별로 고려한 사항은 다음과 같다.

(1) 외부마감재(사이딩 16mm)는 열교 차단 화스너를 이용해 고정하였다.
(2) 베란다와 기계실 상부의 파라펫에서 열교 가능성이 있는 부분은 ALC벽돌을 사용해 차단하였다.
(3) 베란다에 설치한 빨랫줄 기둥은 바닥의 구체 콘크리트와 열적으로 분리하였다.
(4) 베란다 배수구는 열교 방지를 위해 단열처리된 배수시스템을 사용하였다.
(5) 오·하수관의 원활한 흐름을 유도하기 위한 통기관을 외부에 설치하지 않고, 실내 수직 배수관에 통기밸브로 설치함으로써 통기관에서 발생되는 열교 문제를 차단하였다.
(6) 기와지붕에 설치된 태양광 패널은 태양광 설치대가 포함된 기와를 사용해 고정하였다.

(1) 열교 차단 화스너 사용

도담패시브하우스의 외벽 마감재는 '2.5 유지관리의 용이성·안정성 고려/강력한 셀프

클리닝 기능이 있는 세라믹 기와, 세라믹 사이딩 설치'에서 언급했듯이 자외선을 차단하면서 강력한 클리닝 기능이 있는 세라믹 사이딩으로 설치했다.

세라믹 사이딩은 벽면에 수직으로 설치된 하지재(아연도금강관 40×40, 1.6T)에 전용 클립을 이용해 고정시키며, 이 하지재는 그림 31과 같이 단열재(220mm)를 뚫고 들어가 내부의 콘크리트벽에 근입(50mm)된 앵커와 용접에 의해 고정했는데, 이 앵커가 특수제작된 열교 차단 화스너이다.

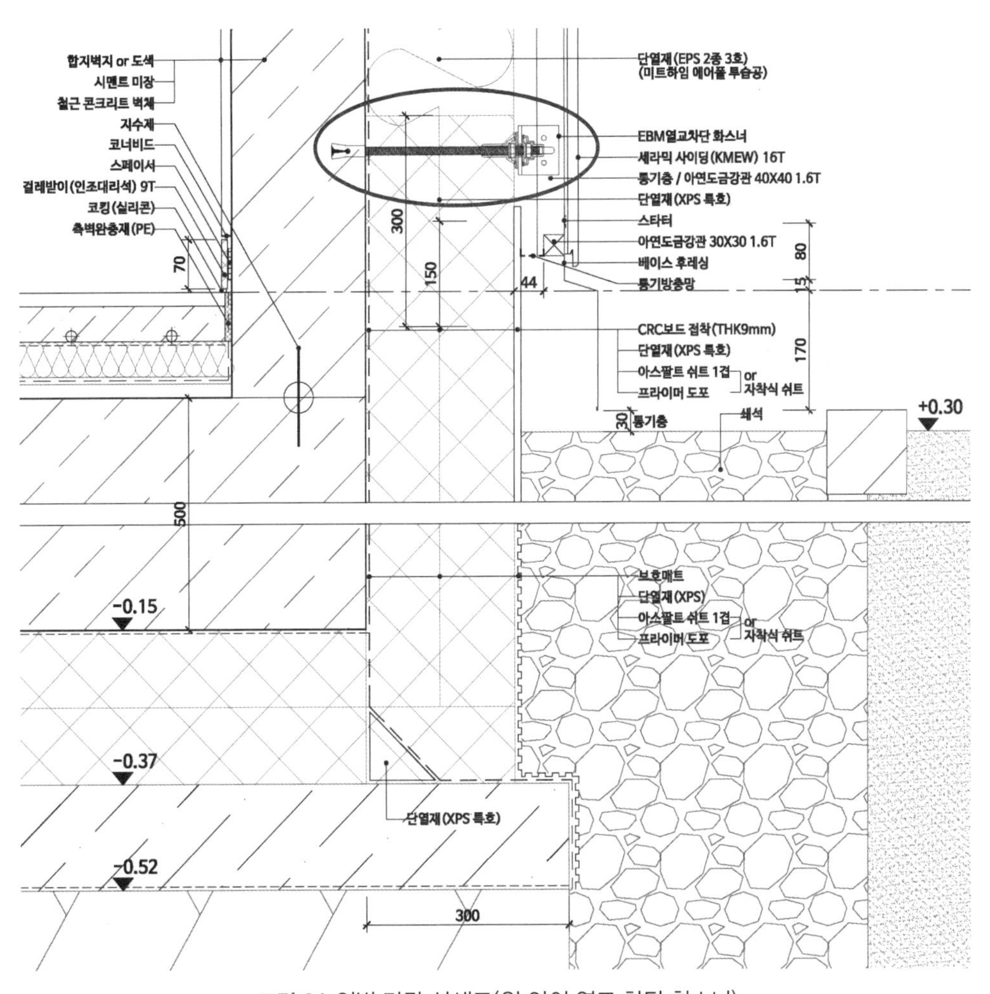

그림 31 외벽 마감 상세도(원 안이 열교 차단 화스너)

열교 차단 화스너는 '**최신 고효율 열회수형 환기장치 설치/화스너에 의한 벽 속 급·배기 DUCT 천공방지 방안**'의 그림 20에서와 같이 외벽 4면에 바둑판처럼 배치되어 있기 때문에 이러한 화스너를 일반앵커로 시공했을 경우에는 점형열교가 되어 이를 통한 열손실이 무시할 수 없을 정도로 발생되는 것이다. 그래서 특수제작된 열교 차단 화스너를 사용하게 되었고, 화스너의 구조는 사진 33과 같이 앵커끝단이 특수재질로 되어 있어 앵커(금속류)를 통해 콘크리트 벽체로 전달되는 열교가 차단되도록 되어 있으며, 너트와 마감캡도 열교 차단과 기밀유지가 될 수 있도록 제작되어 있다.

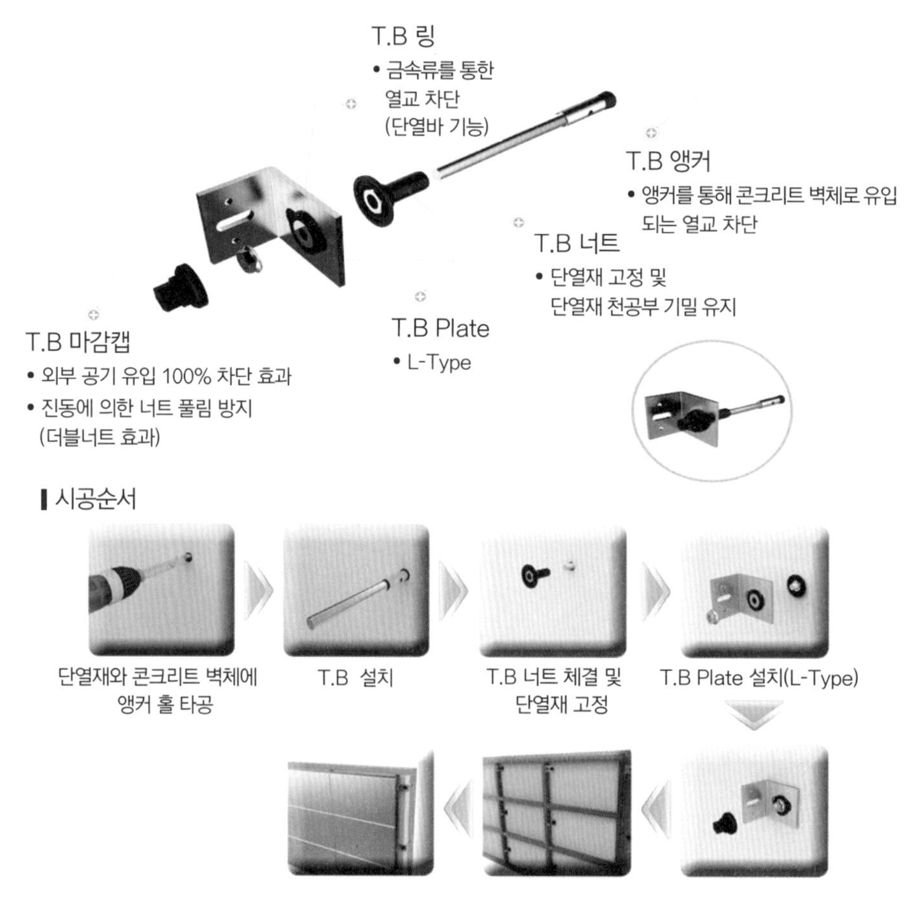

출처 : EBM LEADER 홈페이지/열교 차단 화스너/베이직

사진 33 열교 차단 화스너 구조 및 시공순서

다음 사진 34는 열교 차단 화스너를 이용해 사이딩을 고정·설치하는 일련의 시공과정을 나타낸 것이다.

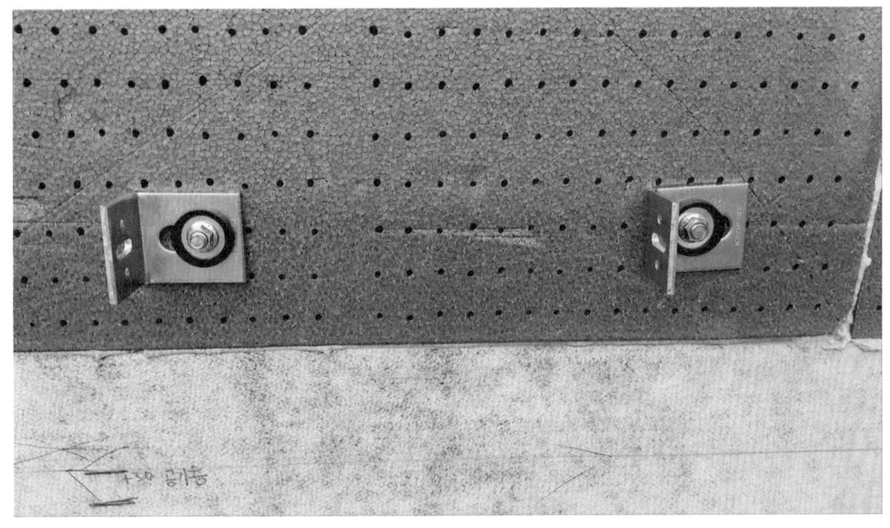

① 단열재를 뚫고 콘크리트 벽면에 고정된 화스너(L형 브라켓에 하지재인 아연도금강관 40×40, 1.6T 용접)

② L형 브라켓에 고정(용접)된 하지재

③ 전용클립으로 외벽 마감재(사이딩) 고정

④ 외벽 마감재(사이딩) 설치 중

⑤ 외벽 마감재(사이딩) 설치 완료

사진 34 열교 차단 화스너를 이용한 사이딩 고정·설치 시공과정

(2) 베란다 파라펫에 ALC 블록 사용

베란다와 기계실 상부에는 파라펫이 설치되어 있는데, 이 파라펫의 구조체를 철근 콘크리트로 할 경우에는 이 부분의 외기가 그대로 실내로 전달되는 열의 이동통로가 되기 때문에 반드시 열적 분리를 해야 한다. 그래서 선택한 것은 쉽게 구입할 수 있고, 파라펫으로서의 구조체를 형성하면서 열전도율이 낮은 ALC 블록을 사용하기로 하였으며, ALC 블록은 열전도율이 0.1W/mk 정도로 철근 콘크리트(2.3W/mk)의 약 1/20, 경량콘크리트블록(0.7W/mk)의 1/7밖에 안 된다.

다만 파라펫에도 외장재와 상부의 후레싱 및 난간이 설치되는 등 구조적으로 견딜 수 있는 힘이 필요하기 때문에 ALC 블록 외곽으로 철근 콘크리트를 보 형식으로 타설하여 구조체를 형성하였으며, 이를 베란다와 기계실로 구분한 상세도와 시공 현황은 다음 사진 35 및 사진 36과 같다.

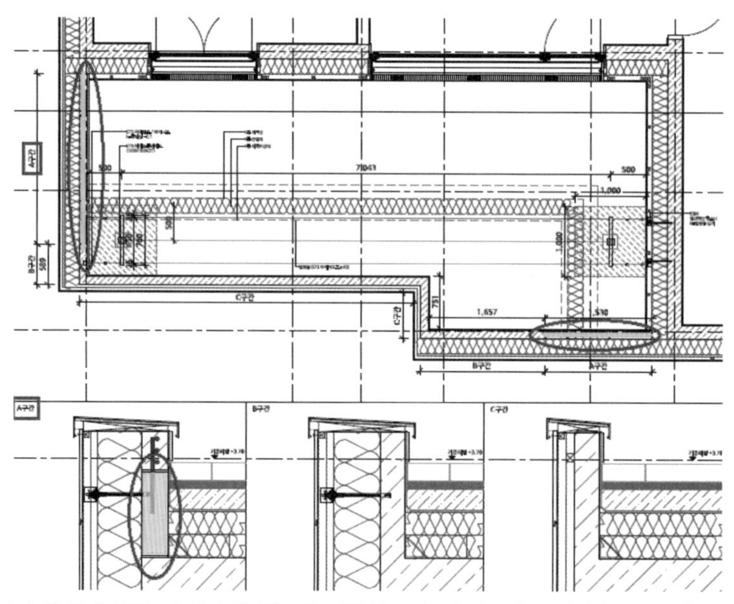

베란다 파라펫 상세도(벽·슬라브에 열교의 이동통로가 될 수 있는 부분을 ALC 블록으로 설치)

사진 35 베란다 파라펫 열교 차단 상세도와 시공 현황

ALC 블록 설치 ALC 블록을 둘러싼 철근 콘크리트 구조체 타설

사진 35 베란다 파라펫 열교 차단 상세도와 시공 현황(계속)

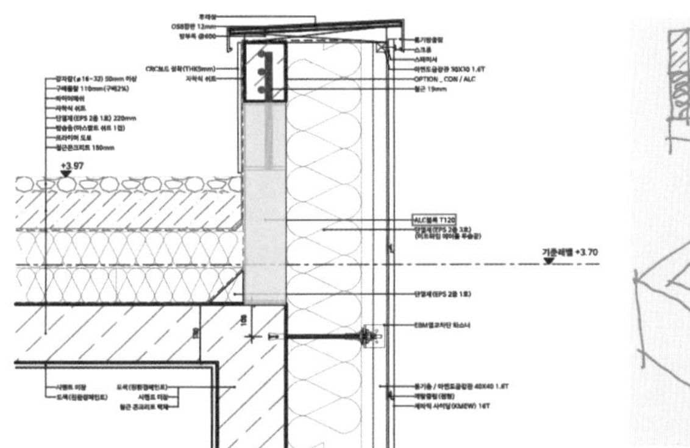

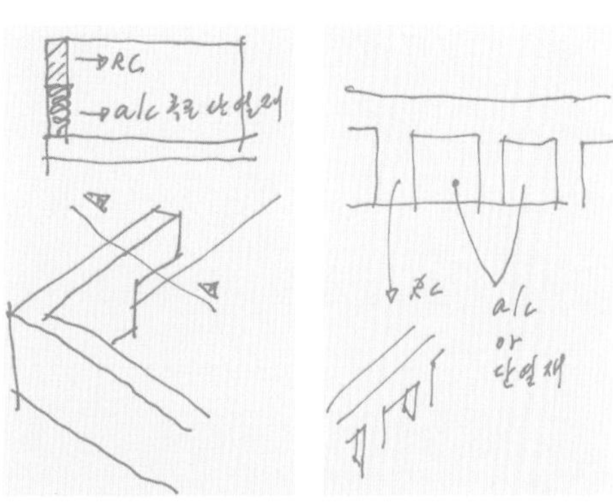

기계실 파라펫 상세도 및 열교 차단 개념도(홍도영 건축가)

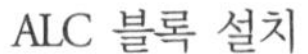

ALC 블록 설치 ALC 블록을 둘러싼 철근 콘크리트 구조체 타설

사진 36 기계실 파라펫 열교 차단 상세도와 시공 현황

(3) 베란다 빨랫줄 기둥의 열적 분리

빨랫줄이 설치되어 있는 집에서 생활하는 것은 많은 장점이 있는데, 아마도 우리가족에게 가장 큰 장점은 주기적으로 이불을 일광욕시키는 일일 것이다. 일광욕된 이불이나

수건 혹은 옷에서 나는 상큼한 냄새와 쾌적함 특히 이불의 경우는 빨랫줄이 설치된 집에서 쉽게 누릴 수 있는 혜택이다. 필자는 지금까지 빨랫줄이 설치되어 있는 집에서만 생활해왔는데, 동절기 햇볕이 좋은 날은 물론이고, 장마철이 시작되기 전과 끝난 후 또는 장마철 중이라 하더라도 햇볕이 드는 날에는 반드시 이불을 널어 앞뒤로 일광욕시켜야 개운했으며, 명절 때 가족들이 모일 때에도 어김없이 이불을 일광욕시켜놓아야 후련했다. 그래서 이번에 패시브하우스를 짓는 데에도 빨랫줄 설치는 건축주의 요구사항 중 우선순위를 차지할 정도로 중요한 항목이었는데, 집의 구조상 빨랫줄 설치 공간이 2층 베란다밖에 없다 보니 이곳에 빨랫줄을 설치했을 때 바닥 슬라브에 고정될 빨랫줄 기둥의 열교를 해결하는 것이 문제가 되었다. 이 부분은 박현진 건축사, 홍도영 건축가와 설계 마지막까지 고심하다가 그림 32 및 사진 37과 같이 열교 문제를 해결하여 설치했으며, 지금까지 약 2년여를 살면서 설계 시 고심하여 빨랫줄을 설치한 것은 정말 잘한 것이라고 생각한다.

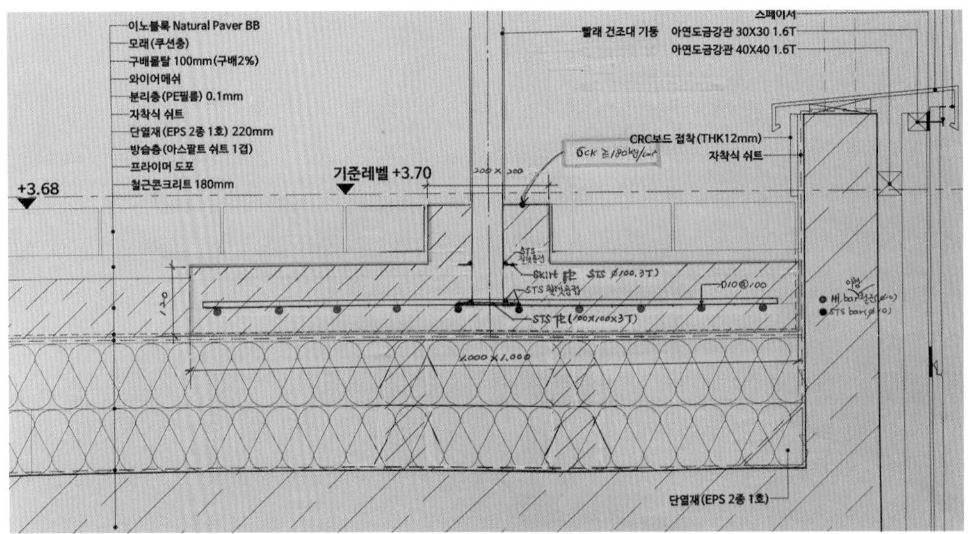

• 빨랫줄 기둥 기초를 베란다 바닥 콘크리트(slab)와 열적 분리시키기 위해 단열재위 자착식 시트상에 1×1m의 철근 콘크리트 기초받침 설치(실제로는 1m폭으로 길이방향 전체에 배근 후 설치함)
• 기초받침의 철근 배근을 x, y=D10@100로 단철근 배근
• 빨랫줄 기둥은 STS Plate 100×100에 필렛 용접하고, STS Plate는 STSbar(∅10, 200×200)에 용접한 후 철근과 결합시킴

그림 32 빨랫줄 기둥 설치 상세도

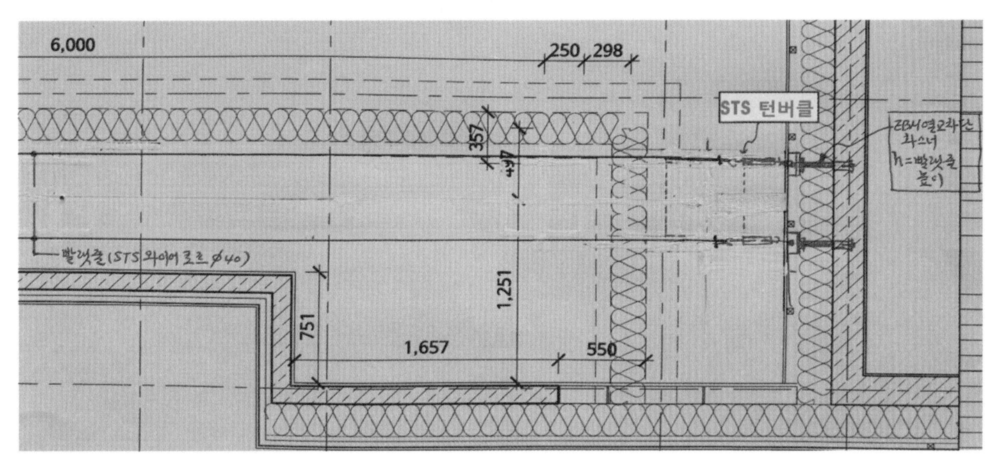

• 반대방향 빨랫줄은 기둥을 설치하지 않고, 열교 차단 화스너를 벽에 고정시켜 사용

그림 32 빨랫줄 기둥 설치 상세도(계속)

〈빨랫줄 기둥에 빨랫줄 설치〉

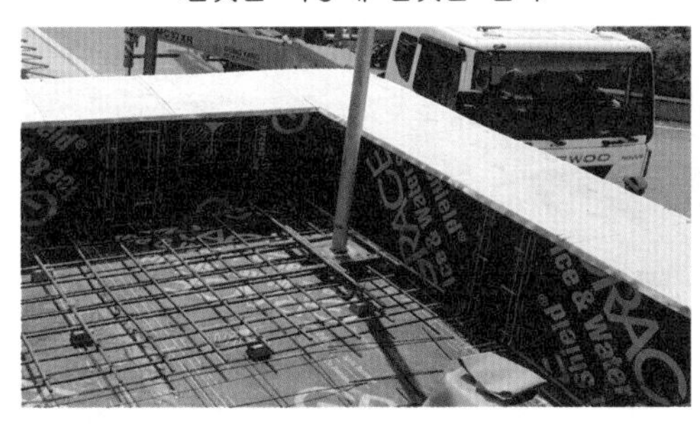

단열재 상부의 자착식 시트 위에 빨랫줄 기둥받침 배근(x, y=D10@100) → 1m 폭으로 길이방향 전체에 잔여철근 이용 연속배근

빨랫줄 기둥을 STS plate(200×200)에 필렛 용접하고, STS plate는 STS bar(∅10, 200×200)에 용접한 후 철근과 결합시킴

〈열교 차단 화스너에 빨랫줄 설치〉

빨랫줄 고정을 위한 열교 차단 화스너 설치

열교 차단 화스너에 L형 브라켓 연결 → L형 브라켓의 구멍을 이용해 빨랫줄 연결

사진 37 빨랫줄 기둥 및 빨랫줄 설치 현황

설치된 기둥과 빨랫줄
(빨랫줄∅5 : STS 와이어)

L형 브라켓 위치에 맞추어 외벽사이딩에 구멍(∅30)을 뚫은 후 빨랫줄 연결(STS 턴버클로 빨랫줄 텐션 조절)

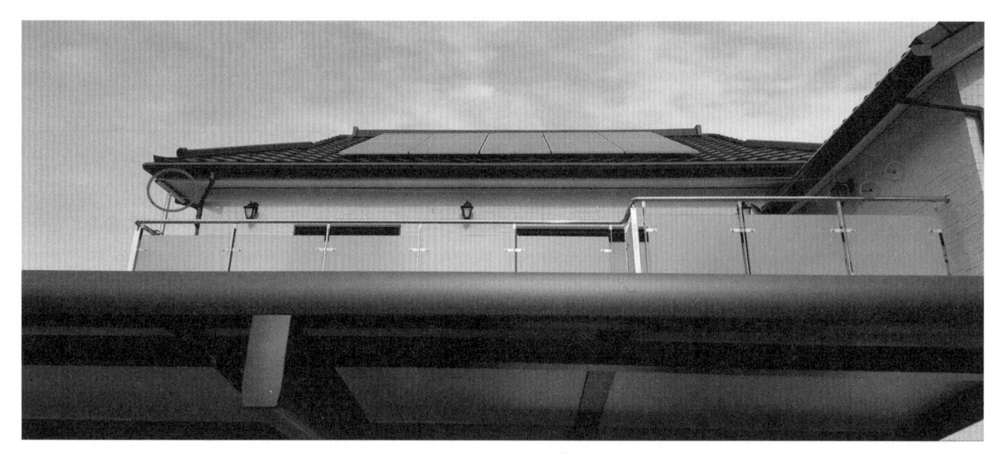

설치 완료된 빨랫줄

명절(추석) 후 이불 일광욕

사진 37 빨랫줄 기둥 및 빨랫줄 설치 현황(계속)

(4) 베란다 배수구에 배수시스템 LORO 설치

베란다와 기계실 지붕의 배수구 역시 열교에 취약하거나 방수까지 문제될 경우 두고두고 건축주를 괴롭힐 수 있는 부분이다

도담패시브하우스에서는 이러한 점을 고려하여 베란다와 기계실 지붕의 배수구를 사진 38과 같이 배수구 자체에 단열처리가 되어 있어 열교를 방지하면서 2중의 방수시트가 부착된 배수시스템(LORO system)을 설치했으며, 베란다 바닥(기계실 지붕 포함)의 단열, 방수를 포함한 배수시스템 설치 전반에 대한 설계 개요와 시공순서를 보면 그림 33과 같다.

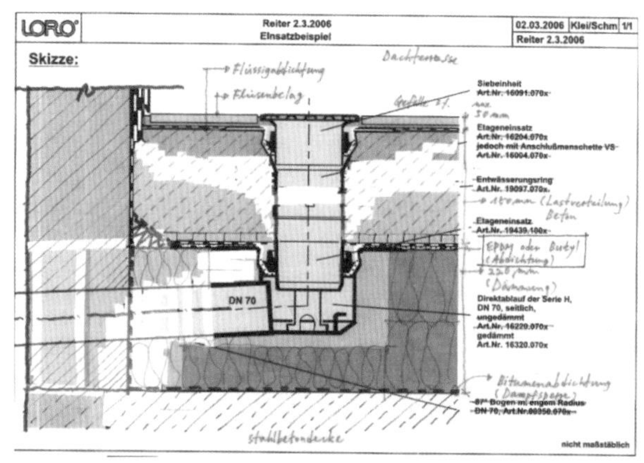

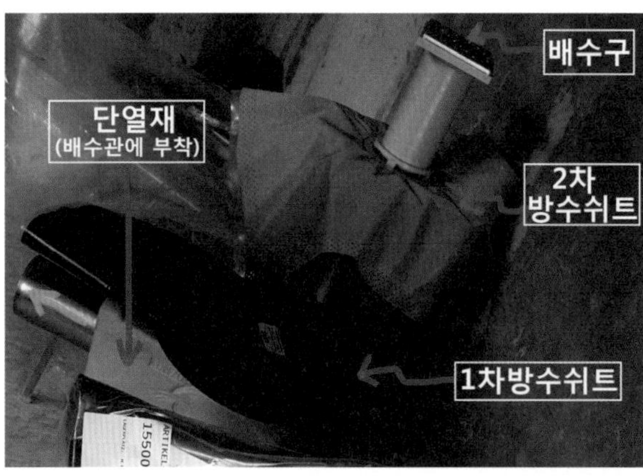

사진 38 단열처리가 되어 있어 열교를 방지할 수 있는 배수관(LORO system)

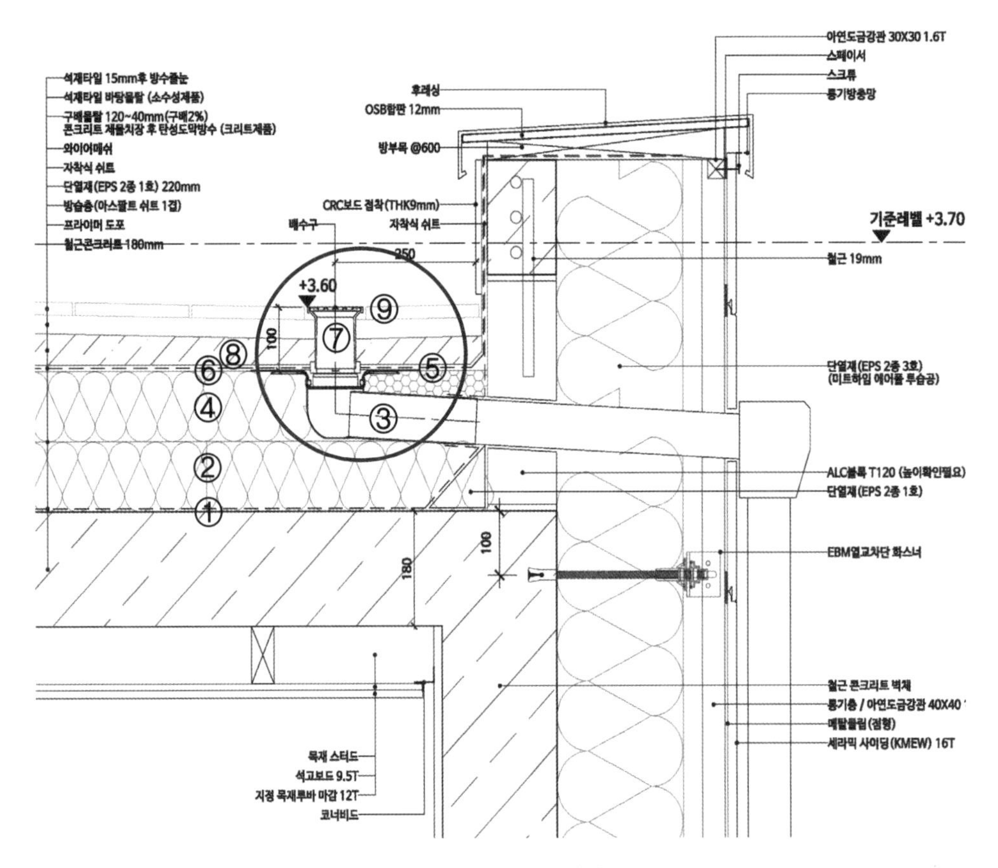

① 철근 콘크리트 Slab(180mm) 위에 방습층(아스팔트시트 1겹) 설치
② 단열재(EPS 2종 1호)110mm 설치
③ 단열재(EPS 2종 1호)110mm 위에 배수시스템(LORO) 1단계 안치
④ 단열재(EPS 2종 1호)110mm 추가 설치
⑤ 단열재(EPS 2종 1호)220mm 위에 배수시스템(LORO) 1단계 차수시트 부착
⑥ 단열재(EPS 2종 1호)220mm 위(배수시스템(LORO) 1단계 차수시트 위)에 자착식 시트 부착
⑦ 자착식 시트 위에 배수시스템(LORO) 2단계 안치 + 빨랫줄 기둥 기초부 배근 + 와이어 메쉬 설치
⑧ 콘크리트(구배몰탈) 타설
⑨ 석재타일 및 배수구 마감

그림 33 베란다(기계실 지붕포함)의 단열·방수 및 배수시스템의 설계 개요와 시공순서

상기 순번에 따른 시공 현황은 다음 사진 39와 같다(기계실 지붕도 동일 제품의 배수관과 동일 방법으로 설치됨).

① 철근 콘크리트 Slab(180mm) 위에 방습층(아스팔트시트 1겹) 설치

② 방습층 위에 단열재 110mm 설치
③ 단열재 110mm 위에 배수시스템(LORO System) 1단계 안치

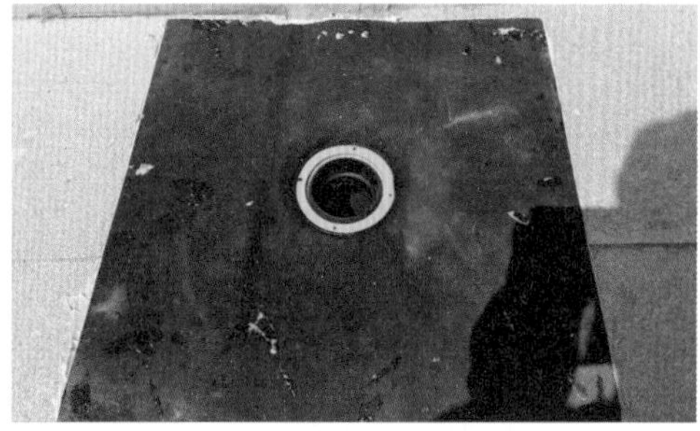

④ 단열재(EPS 2종 1호) 110mm 추가 설치
⑤ 단열재(EPS 2종 1호) 220mm 위에 배수시스템(LORO System) 1단계 차수시트 부착

⑥ 단열재 220mm 위(배수시스템 1단계 차수시트 위)에 자착식 시트 부착

사진 39 베란다(기계실 지붕 포함)의 단열, 방수, 배수시스템 시공 현황

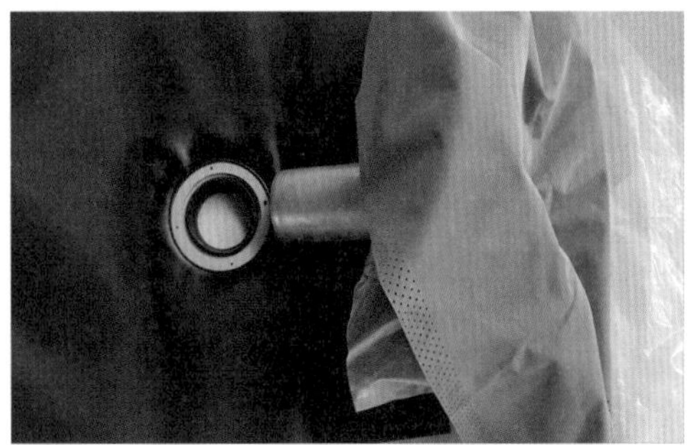

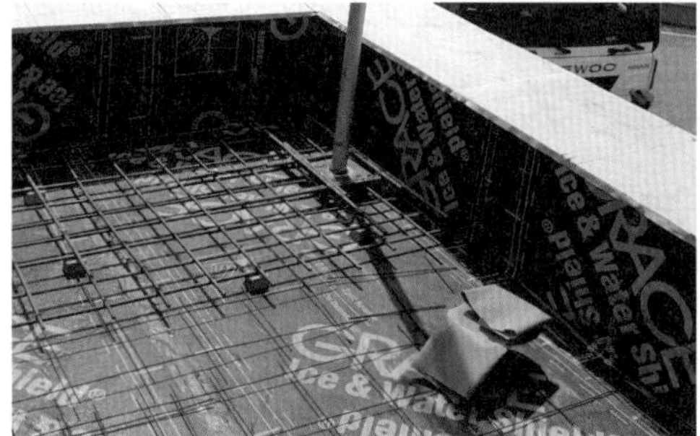

⑦ 자착식 시트 위에 배수시스템 2단계 안치+빨랫줄 기둥 기초부위 배근+와이어메쉬 설치

⑧ 구배용 콘크리트 타설

⑨ 석재타일 및 배수구 마감

사진 39 베란다(기계실 지붕 포함)의 단열, 방수, 배수시스템 시공 현황

(5) 오·하수관에 통기밸브 설치

오·하수관의 원활한 흐름을 유도하기 위해 설치되는 통기관은 일반적으로 배수관과 연결되어 대기로 개방하는데, 사진 40과 같이 지붕을 뚫어 옥상 등 외부에 설치하여 배수관 내의 배수와 공기가 잘 교환되게 해줌으로써 배수의 흐름을 원활하게 해준다.

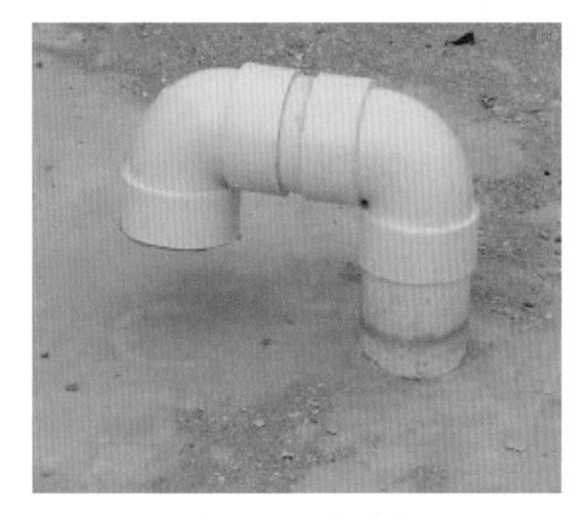

사진 40 통기관(예)

문제는 이러한 통기관이 실내의 배수관과 연결된 상태에서 외부에 설치되다 보니 배수관을 통한 열의 전달통로가 됨과 동시에 기밀과 방수에도 취약해진다는 점이다.

도담패시브하우스는 이러한 점을 고려하여 통기관을 외부에 설치하지 않고, 사진 41과 같이 2층의 오·하수관이 내려오는 기계실 내 배관샤프트의 수직 배수관에 통기밸브를 설치함으로써 오·하수가 흐를 때 기계실 내의 공기가 빨려 들어가(관내의 공기가 밖으로 배출은 안 됨) 배수의 흐름을 원활하게 해주면서 열교뿐만 아니라, 기밀·방수에 대한 문제까지 동시에 해결하였다.

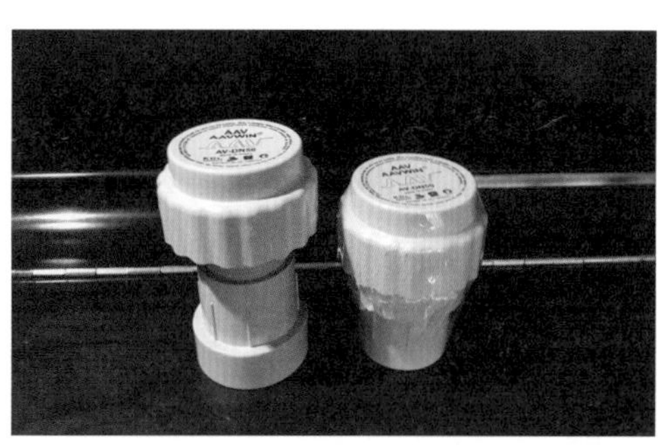

통기밸브 원리 및 설치된 통기밸브(공기는 빨려 들어가지만 배출은 안 됨)

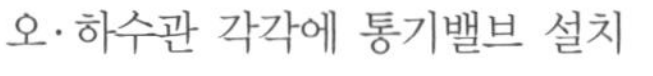

오·하수관 각각에 통기밸브 설치

배관샤프트 내 점검구 설치

사진 41 기계실 배관샤프트(실내) 통기밸브 설치 현황

(6) 태양광 설치대가 있는 기와 설치

태양광 패널을 지붕에 설치할 때 지붕을 뚫어 앵커볼트 등을 이용해 지지대를 설치하는 경우가 많다. 그리고는 마무리 작업으로 실리콘을 이용해 그 주변을 발라주는데, 당장은 괜찮을지 몰라도 몇 해 지나지 않아 물이 스며들 가능성이 있을 뿐만 아니라, 더 큰 문제는 겨울철 차가운 외기가 곧바로 지붕으로 전달됨으로써 따뜻한 실내 측에 곰팡이 생성이 시작되면서 결로 발생이 집중된다는 것이다.

그래서 도담패시브하우스는 태양광 패널을 고정할 때 생기는 열교를 차단하기 위해 태양광 패널설치 전용기와를 사용하였으며, 개요 및 설치 현황은 사진 42와 같다.

ROOGA 台座付瓦

ルーガ

太陽光発電パネル設置の専用台座を備えたROOGAなら、屋根の重量負担を抑えつつしっかり固定することが可能。耐荷重や耐風性・排水性などにも配慮した設計で、これからのエコロジーな暮らしを支えます。

내하중, 내풍성, 배수성뿐만 아니라 열교를 최소화할 수 있는 태양광 패널 설치 전용기와

耐荷重・耐風圧性を考慮した固定方法。

支持金具受けビスL80(4本)が荷重を受け止め緩和すると共に、固定ビスL100(4本)でしっかりと固定。積雪地域でも同工法で施工できます。

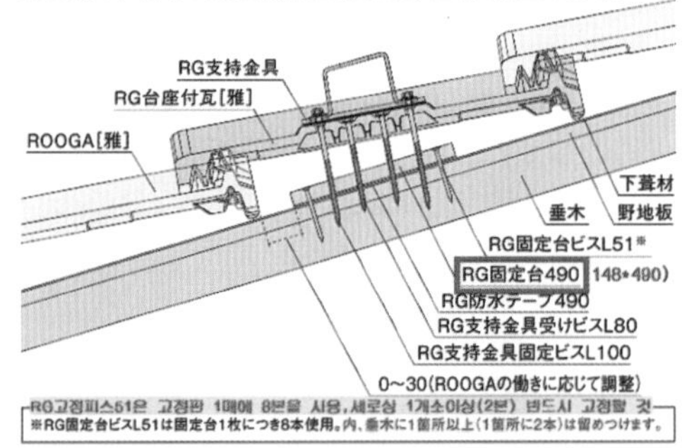

태양광 패널 설치 전용기와 고정방법

태양광 패널 전용기와 설치

사진 42 열교 방지용 태양광 패널 설치 전용기와 및 설치 현황

태양광 패널 설치

사진 42 열교 방지용 태양광 패널 설치 전용기와 및 설치 현황(계속)

8. 기타 패시브하우스 관련 적용요소

일상생활에서 단열과 기밀 유지 및 열교 방지에 역행할 수 있는 부분을 최소화하거나 효율적으로 유지하기 위해 다음 사항을 고려하였다.

(1) 주방배기 DUCT 내 역풍 방지 댐퍼 설치
(2) 주방과 분리 가능한 보조주방 설치
(3) 보일러 각방 온도제어기 설치
(4) 외벽 4면에 기초 잡석층과 연결된 폭 400mm 자갈층 형성

기타 패시브하우스 관련 적용요소에 대해 정리하면 다음 표 13과 같다.

표 13 기타 적용요소

구분	기타 요소	기능
(1)에 대해	• 주방 배기 DUCT 내 역풍 방지 댐퍼 설치	• 주방 배기팬 가동 시 댐퍼가 열리고, 정지 시 자동으로 닫힘 • 팬 가동 시를 제외하고 외기 유입 전면 차단 • 기밀유지 및 열교 최소화
(2)에 대해	• 다용도실에 별도의 가스레인지(3구) 설치 • 다용도실과 주방 사이에 밀폐용 타공도어(망유리) 설치 • 평상시 주방과 다용도실을 1개의 환기 공간(RA)으로 생활(다용도실 출입문을 열어놓음)	• 갈비찜, 곰탕, 메주콩·시래기 삶기와 같이 열과 습기 및 냄새가 많이 발생하는 요리를 할 때 다용도실의 망유리 문을 닫아 다용도실을 별도 공간으로 분리(망유리를 통해 내부 상태 확인) • 다용도실 창을 Tilt로 개방하고 레인지 상부 후드팬 가동 • 실내 공간에 냄새 및 습도 확산 차단 • 에너지 절감(실내 열방출 최소화) • 실내 전체 공기의 쾌적성 유지

표 13 기타 적용요소(계속)

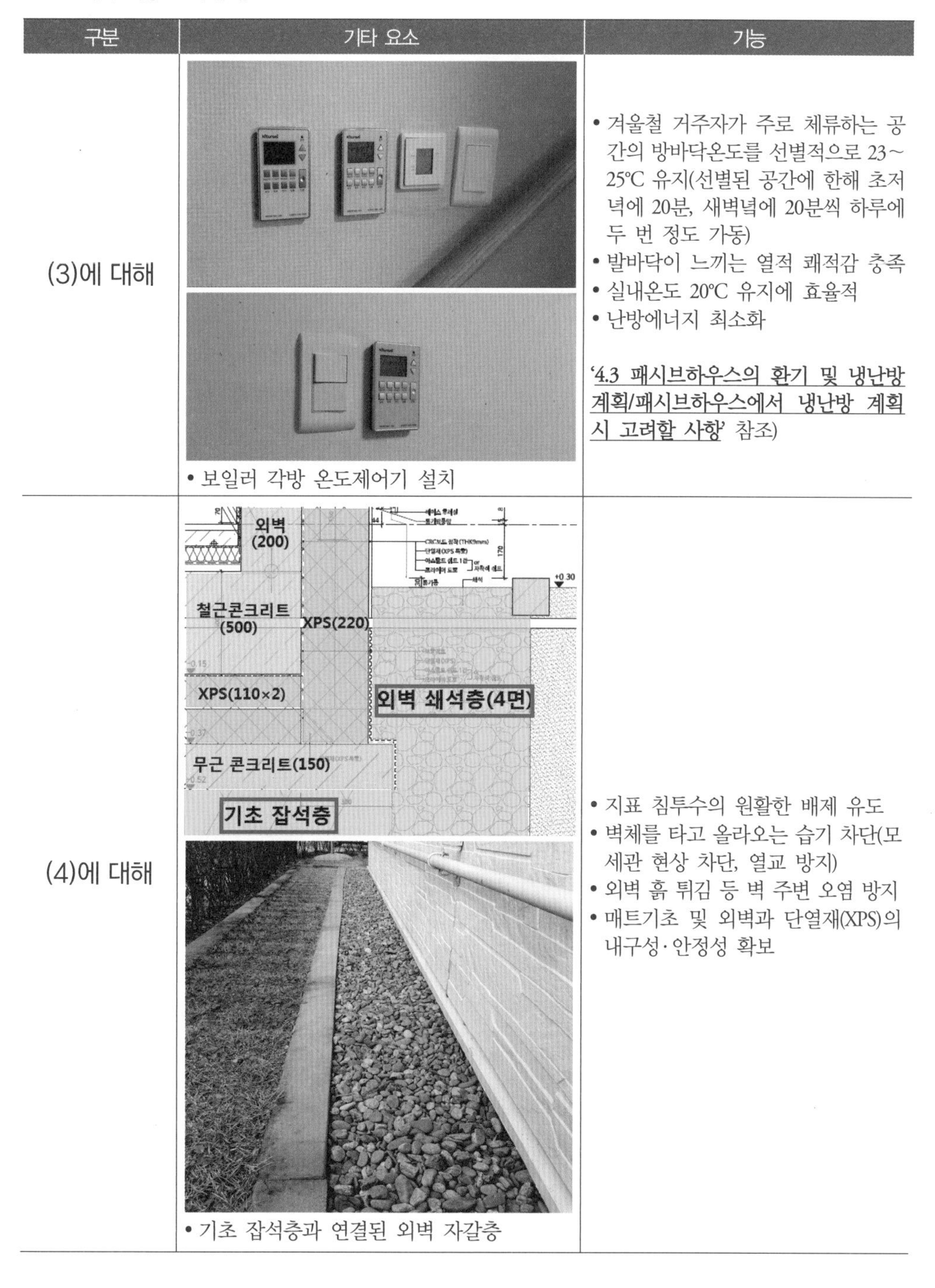

구분	기타 요소	기능
(3)에 대해	• 보일러 각방 온도제어기 설치	• 겨울철 거주자가 주로 체류하는 공간의 방바닥온도를 선별적으로 23~25℃ 유지(선별된 공간에 한해 초저녁에 20분, 새벽녘에 20분씩 하루에 두 번 정도 가동) • 발바닥이 느끼는 열적 쾌적감 충족 • 실내온도 20℃ 유지에 효율적 • 난방에너지 최소화 (<u>'4.3 패시브하우스의 환기 및 냉난방 계획/패시브하우스에서 냉난방 계획 시 고려할 사항'</u> 참조)
(4)에 대해	• 기초 잡석층과 연결된 외벽 자갈층	• 지표 침투수의 원활한 배제 유도 • 벽체를 타고 올라오는 습기 차단(모세관 현상 차단, 열교 방지) • 외벽 흙 튀김 등 벽 주변 오염 방지 • 매트기초 및 외벽과 단열재(XPS)의 내구성·안정성 확보

2.4 건물의 구조적 안정성 고려

1. 기초공사 시 고려한 사항

성토지반의 안정성과 건물의 내구성 확보 및 패시브하우스로서의 원활한 기능 유지를 위해 기초공사 시 고려한 사항은 다음과 같다.

(1) 기초하부에 큰 잡석(∅70 내외, Thk. 400)을 부설하여 성토지반에 대한 안정성을 확보하고, 동시에 지표침투수의 신속한 배제와 지진 시 면진효과를 유도하는 등 강한 기초지반을 구성하였다.

(2) 무근 콘크리트층(Thk. 150)을 두 번(Thk. 50 + Thk. 100) 나누어 타설하였고, 초벌 무근 콘크리트층(Thk. 50) 위에 옥내 배수관(오·하수관)의 위치와 경사를 정확히 유지·고정시킨 상태에서 잔여 무근 콘크리트층(Thk. 100)을 타설함으로써 옥내 배수관뿐만 아니라 무근 콘크리트층(Thk. 150) 위에 설치되는 단열재(XPS 220)의 정교한 시공과 공사의 용이성·효율성을 유도하였다.

(3) 압출법단열재(XPS, 110×2)를 설치하면서 상하 단열재 간 이음 부분이 상호 교차되게 하였고, 단열재 간 모든 이음 부분에는 연질우레탄폼을 이용해 접합시켰다.

(4) 강한 강성을 가질 수 있도록 철근 콘크리트 매트기초(Thk. 500)를 설치함으로써, 건물 기초의 내구성 및 구조적 안정성을 확보하였다.

(5) 외부 구조물과 주 건물의 기초조건, 즉 지내력이 동일해지도록 다짐을 철저히 한 후 잡석층과 무근 콘크리트층을 일치시켜 시공함으로써 지하 침투수의 원활한 배제를 유도하고, 외부 구조물의 내구성·안정성 확보 및 주 건물과 외부 구조물에 대한 장기침하량의 일치를 유도하였다.

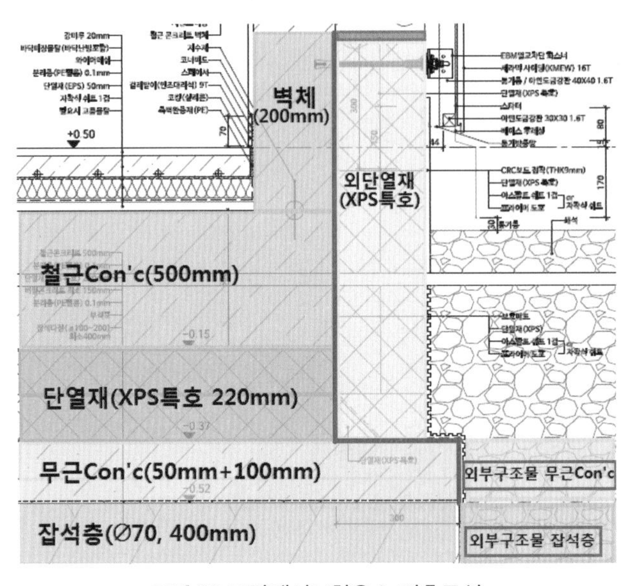

그림 33 도담패시브하우스 기초구성

(1) 큰 잡석(∅70 내외)을 부설하여 강한 기초지반 구성

도담패시브하우스의 계획부지는 '2.2 기초자료 검토와 적용/3. 공공시설 관련 계획 검토/기초지반 토질상태의 확인·조사'에서 언급했듯이 원지반(EL+39.96)으로부터 9.3m 성토(EL+49.26)된 지역이다. 그러나 성토된 지 10년 가까이 경과되었고, 원지반 자체가 표토층부터 아주 단단한 풍화토층으로 구성된 지역인데다 그 위에 양질의 풍화토를 사용해 약 9m가 성토된 점을 고려하여 직접기초로 계획하였으나, 그래도 혹시 모를 장기침하에 대응하기 위해 강한 강성을 가질 수 있도록 철근 콘크리트 매트기초(철근 콘크리트 직접기초(Thk. 500)로 계획하면서 기초하부에는 큰 잡석(∅70 내외, Thk. 400)을 부설하여 성토지반에 대한 안정성을 확보하는 등 강한 기초지반을 구성하였고, 동시에 지표침투수의 신속한 배제로 잡석층 상부로의 지하수위 상승을 차단하면서 지진 시의 면진효과도 유도하였다.

잡석에는 석분혼입을 금지하여 모세관 현상을 차단하면서 원활한 배수층을 형성하였으며, 잡석층의 다짐은 포크레인(06)의 버킷(바가지)과 바퀴를 이용해 잡석층의 바깥쪽으로부터 안쪽방향으로 모아가며 두께 400mm[25]와 수평을 유지해가면서 눌러 다졌고, 좁은 공간은 콤팩트를 이용했다.

도담패시브하우스는 앞의 '기초공사 시 고려한 사항 (5)'에서 언급한 바와 같이 주 건물과 외부 구조물(테라스, 진입램프, 주차장, 장독대벽, 장독대, 외부수도, 부지경계용 옹벽 등)이 구조적·열적으로 분리되어 있지만, 외부 구조물이 주 건물의 외벽 단열재 부분 또는 외부마감재와 서로 맞닿아 있는 부분이 있기 때문에 이들 간 장기침하량을 일치시키기 위해 주 건물과 외부 구조물의 기초 조건, 즉 지내력에 차이가 없도록 잡석층과 무근 콘크리트층에 대한 두께와 레벨을 일치시키면서 철저한 다짐 등을 실시하였다.

착공 후 가장 먼저 공사한 부분은 부지경계를 나타낼 옹벽공사였는데, 옹벽의 잡석 기초층부터 건물기초의 잡석층과 일치시키면서 철저히 다져 시공해나갔다.

---

25 원지반이 단단한 경우에는 터파기 시 발생된 단차와 교란된 기초층을 보강할 정도의 두께이면 충분함.

옹벽은 경계석이 설치되어 있는 단지 내 도로 부분을 제외한 3면에 설치했는데, 경계복원측량에서 표시해놓은 경계말뚝의 경계선과 계획부지고에 맞추어 정확히 시공하였으며, 이후 공사기간 내내 건물배치 등의 여러 가늠자 역할을 해주면서 경계선 훼손에 대한 염려뿐만 아니라 토사류를 포함한 이물질들이 부지 밖으로 유출되는 것도 방지하였다.

다음 사진 43은 옹벽이 설치되는 부분에 대한 터파기와 큰 잡석(∅70 내외, Thk. 400) 포설→지중의 배수층 형성→옹벽구조물 공사→건물부위에 대한 터파기와 잡석 포설→<u>초벌 무근 콘크리트</u>(후술되는 '<u>(2) 초벌 무근 콘크리트층 위에 옥내 배수관(오·하수) 설치</u>' 참조) 타설까지 시공 현황으로 외부 구조물(옹벽, 장독대)과 주 건물의 잡석층을 일치시켜 시공하는 초기과정을 나타낸 것이다.

① 옹벽기초부위에 대한 큰 잡석 포설 → 옹벽공사가 끝난 후 건물 기초부위에 대한 터파기를 실시하였고, 건물 기초부위에 대한 잡석층도 동일 레벨·두께로 다짐 포설하였음)

② 옹벽 설치를 위한 배근작업 완료 → 옹벽 배근 시 장독대와 장독대벽이 설치될 부분의 결속철근(joint bar)을 미리 배근, 좌측 하단)

③ 옹벽거푸집 제거 후 건물 기초부위에 대한 터파기 공사 중 → 터파기 완료 후 잡석포설 및 다짐은 사진상의 포크레인(06) 버킷과 바퀴를 이용해 두께 400mm 이상으로 수평을 유지시키면서 바깥쪽에서 안쪽방향으로 모아가며 눌러 다졌음)

④ 주 건물 기초부위에 대한 잡석층 다짐 후 초벌 무근 콘크리트(50mm)를 타설한 상태

사진 43 기초하부에 큰 잡석 포설 및 초벌 무근 콘크리트 타설 시공 현황

(2) 초벌 무근 콘크리트층 위에 옥내 배수관(오·하수) 설치

무근 콘크리트('버림 콘크리트'라고도 함)는 기초를 시공하는 첫 단계인 잡석다짐 위에 철근을 넣지 않은 콘크리트를 얇게 타설하는 것을 말하는데, 잡석 각각의 위치고정은 물론 기초의 지지력 확보, 형틀 위치의 정확한 표시, 본체 콘크리트의 두께와 강도 유지 및 옥내 배수관의 정확한 위치 및 경사를 유지할 수 있게 하는 등의 중요한 역할을 한다. 그래서 필자는 이러한 무근 콘크리트의 중요성을 생각하여 버림 콘크리트라는 용어를 사용하지 않는다.

더욱이 패시브하우스에서는 무근 콘크리트 상부면이 또 다른 중요한 역할을 하는데, 그것은 무근 콘크리트 상부면(매트기초 하부면)에 바닥단열재를 설치하는 것이며, 이 경우 무근 콘크리트 상부면에는 바닥단열재의 완벽한 시공을 위해 가능한 한 장애물이 없도록 하는 것이 유리하다.

도담패시브하우스도 이를 고려하여 건물에서 배제되는 옥내 배수관(오수·하수)을 무근 콘크리트층(Thk. 150) 속에 설치하면서 무근 콘크리트층 상부면에 장애물이 없도록 하였고, 이를 위해 무근 콘크리트층을 두 번(초벌 50+잔여 100) 나누어 타설한 것이다.

무근 콘크리트를 두 번 나누어 타설하는 것은 일반적인 무근 콘크리트 타설에 비해 초벌 무근 콘크리트를 한 번 더 타설해야 하는 번거로움은 있으나, 초벌 무근 콘크리트층 위에 옥내 배수관의 위치와 경사를 정확히 유지시킬 수 있고, 그 상태에서 잔여 무근 콘크리트를 타설하여 옥내 배수관을 한 치의 오차 없이 무근 콘크리트층에 고정하면서 무근 콘크리트 상부 면에는 장애물을 최소화할 수 있게 되는 것이다. 이렇게 함으로써 옥내 배수관의 장기적인 침하에도 대응하고, 무근콘크리층에 설치되는 단열재의 완벽한 시공과 단열재 공사의 용이성을 확보하게 된다.

지하층이 없는 건축물의 경우, 건물에서 배제되는 옥내 배수관은 통상적으로 기초부위에 설치하게 되는데, 한번 설치된 옥내 배수관은 건물이 철거되기 전까지는 사실상 교체나 보수할 수 없다. 그렇기 때문에 옥내 배수관은 최초 공사 시에 오·하수가 원활히 배제

될 수 있도록 배수관의 위치와 경사를 정확히 유지한 상태에서 고정하고, 장기적인 침하 요인이 없도록 하는 등의 정교한 시공이 무엇보다 중요하다.

옥내 배수관에 대한 적정관경과 경사는 '**2.2 기초자료 검토와 적용/3. 공공시설 관련 계획 검토/인접 우·오수관로 부설 현황 조사 및 옥내 배수관의 적정 관경·경사 결정**'에서 언급했듯이 부지 내 오·하수가 완전월류될 수 있도록 가장 인접한 공공하수도 맨홀 내의 인버트 EL보다 3cm 이상의 낙차로 접속될 수 있는 기준레벨(기준점, Control Point)을 설정하고, 이 기준레벨을 시작점으로 하여 배수관의 상류방향으로 올라가면서 앞의 '**표 11 옥내 배수관의 구경별 적정구배**'에 따라 부지 내 오·하수관거 전체에 대한 종단계획(적정관

① 초벌 무근 콘크리트(Thk. 50) 타설 중

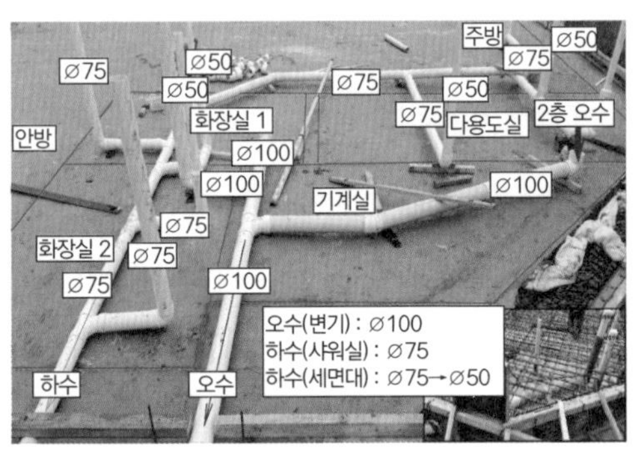

② 초벌 무근 콘크리트층 위에 먹줄을 넣은 후 옥내 배수관의 정확한 위치와 경사를 유지한 상태에서 고정시킴(배수관의 경사는 수준측량으로 확인하면서 설치하였음)

③ 잔여 무근 콘크리트(Thk. 100) 타설 중(잔여 무근 콘크리트 타설 시에는 계획레벨을 맞추는 것과 평활도 유지에 신경 써야 함)

④ 무근 콘크리트 양생 후 단열재(XPS) 설치 작업 중

사진 44 무근 콘크리트층을 두 번 나누어 타설하여 옥내 배수관을 정교하게 배치함

경과 경사)을 결정하면 된다.

앞의 사진 44는 무근 콘크리트층(Thk. 150)을 두 번(초벌 Thk. 50+잔여 Thk. 100) 나누어 타설하면서, 초벌 무근 콘크리트층(Thk. 50) 위에 옥내 배수관(오·하수관)의 위치와 경사를 정확히 유지시켜 설치한 후 잔여 무근 콘크리트(Thk. 100)를 타설하여 고정시키고, 그 위에 단열재를 설치하기까지의 과정을 나타낸 것이다.

(3) 기초저면 단열재의 정교한 시공

기초저면 단열재(XPS, 110×2)의 정교한 시공에 대해서는 '**2.3 패시브하우스 관련 적용 기술요소/2. 단열/바닥의 단열**' 참조

(4) 철근 콘크리트 매트기초 설치로 건물기초의 내구성 및 구조적 안정성 확보

도담패시브하우스는 단열재 위에 철근 콘크리트 매트기초를 시공함으로써 단열재에 가해지는 하중을 균등 분산시키고, 성토지반에 대한 장기적인 부등침하에 대응함으로써 건물기초에 대한 내구성 및 구조적 안정성을 확보하였다.

철근 콘크리트 매트기초(Thk. 500)는 매트기초 자체가 내벽과 일체로 연결된 건물의 구조체인점을 고려하여 기초하부에 단열(외단열)을 하였다.

즉, 기초를 통해 내부로 전달되는 열의 이동통로를 차단하기 위해 앞의 그림 33에서와 같이 철근 콘크리트 매트기초(500mm)층 하부에 압축강도가 크고, 수분흡수율이 거의 없으며, 열전도율이 낮은 압출법단열재(XPS 특호, 110×2)를 사용한 외단열을 한 것인데, 손톱으로 눌러도 들어가는 약한 단열재가 무거운 콘크리트기초와 상부 하중(건물+적재하중 포함)을 어떻게 지탱하느냐는 우려가 생길 수 있다.

통상 중요한 시설물에 대한 기초설계를 할 때에는 지반의 토질상태를 파악하기 위한 표준관입시험을 하게 된다('**2.2 기초자료 검토와 적용/3. 공공시설 관련 계획 검토/기초지반 토질상태의 확인·조사**' 참조).

표준관입시험은 KSF 2307 규정에 따른 시험방법으로 실시하는데, 중량 63.5kg의 해머를 76cm 높이에서 자유 낙하시켜 표준외경 50.8mm의 Sampler가 30cm 관입하는 데 소요되는 타격횟수를 측정하고, 30cm 관입에 소요된 타격횟수를 관입저항치인 N치로 표기하여 토질주상도에 기록한다.

표준관입시험을 하면 지층의 토질상태를 정확히 파악할 수 있으며, 이 결과를 보고 직접기초로 할 것인지, 파일기초를 할 것인지, 아니면 일부 양질의 토사로 치환한 후 직접기초로 할 것인지 등을 결정하게 된다.

직접기초 가능여부를 판단할 때에는 표준관입시험의 관입저항치인 N값을 여러 공식에 대입하여 그 지반이 감당할 수 있는 허용지지력을 도출한 후 구조계산 과정에서 산출된 건물에 대한 필요지내력(건물 총하중/바닥면적)과 비교하는데, 이때 지반의 허용지지력이 건물의 필요지내력보다 클 경우(지반의 허용지지력> 건물의 필요지내력) 직접기초를 하게 된다.

약산 및 경험치에 따른 표준관입시험 N치에 대한 허용지지력은 사질지반에서는 0.8N(t/m^2), 점토지반에서는 1.0N(t/m^2)으로 추정하는데, 일반적인 지반에서 N값이 10일 경우에는 약 10t/m^2의 허용지지력으로 추정한다. 따라서 단열재인 XPS 특호의 압축강도가 통상 25t/m^2 정도(장기압축강도는 1/3인 8t/m^2)이고, 여기서의 단열재는 지내력 25t/m^2인 지반과 동일한 기초역할도 겸하는 것이기 때문에 철근 콘크리트 2층집의 경우 필요 지내력이 약 5t/m^2(건물 총하중/바닥면적) 내외인 점을 고려하면 충분히 안전하다. 다만, 단열재를 손톱(집중하중)으로 누르면 들어가지만 손바닥(등분포하중)으로 누르면 표시나지 않는 것과 같은 원리로 단열재 위에 집중하중이 아닌 등분포하중이 전달될 수 있도록 하면서 성토지반에 대한 장기적인 부등침하에 대응한 것이다.

다음 사진 45는 매트기초에 대한 배근현황 및 콘크리트 타설 작업과 이후 거푸집을 떼어낸 상태를 나타낸 것이다.

매트기초 배근작업 완료

레미콘 타설 중

콘크리트 양생 중

양생 후 거푸집을 철거한 상태

사진 45 매트기초 시공 현황

(5) 외부 구조물과 주 건물 기초조건을 동일하게 하여 장기침하량 일치 유도

도담패시브하우스는 주 건물과 외부 구조물에 대해서 교체 또는 보수를 최소화하기 위해 목재 사용을 하지 않고, 철근 콘크리트 구조나 세라믹 사이딩과 같이 반영구적 재질로 계획하였는데, 그러다 보니 사진 46에서와 같이 주 건물과 구조적·열적으로 분리는 되어 있지만, 주 건물의 외벽 단열재 부분 또는 외부마감재와 서로 붙어 있거나 접해 있는 외부 구조물(테라스, 진입램프, 주차장, 장독대벽, 장독대, 외부수도, 부지경계용 옹벽 등)이 다수 존재하게 되었다.

이들 계획 시 필자가 제일 고심한 것은 외부 구조물과 주 건물 간 서로 맞닿아 있는 부분이 시간이 지남에 따라 침하량에 차이가 생길 경우 서로 어긋날 수 있다는 것이었다.

오랜 세월 동안 하자가 없는 장수명 주택을 지향하다 보니 더욱 고민이 커졌는데, 그래서 주 건물과 외부 구조물에 대한 장기침하량의 일치를 유도하는 데 주의를 기울인 것이다.

주차장 후면에서 바라본 외부수도, 화단, 주차장, 테라스 등(거푸집을 떼어낸 상태) → 외부 구조물 모두가 일체형이면서 높이가 다양함

건물 진입부에서 바라본 테라스, 화단, 진입램프, 주차장 → 외부 구조물은 주 건물과 분리되어 있음

사진 46 주 건물과 붙어 있는 외부 구조물

주 건물과 닿아 있는 테라스(구조물 하부는 주 건물의 외벽 단열재를 사이에 두고 서로 붙어 있음) → 장기침하량에 차이가 있을 경우 어긋나게 됨

주 건물의 벽체 마감재와 붙어 있는 장독대벽 외부 마감재 → 장기침하량에 차이가 있을 경우 서로 어긋나게 됨

사진 46 주 건물과 붙어 있는 외부 구조물(계속)

이를 위해 세 가지 사항을 고려했는데, 우선 주 건물과 외부 구조물의 기초조건이 동일해지도록 터파기 레벨과 잡석층·무근 콘크리트층의 두께와 레벨까지 일치시키면서 철저한 다짐을 실시하여 지내력에 차이가 없도록 하였고, 지하 침투수의 원활한 배제를 유도하였다.

또한 본체의 잡석층과 무근 콘크리트층을 외부 구조물이 들어설 부분까지 미리 확장해서 시공해놓으면서 삽입근(joint bar)이 필요한 부분은 미리 배근해놓았다.

더불어 외부 구조물에 대한 다양한 높이 차이를 콘크리트 두께로 조정할 경우 자칫 서로 다른 무게에 의한 부등침하의 우려가 발생할 수 있기 때문에 높이가 높아지는 구조물의 경우에는 중간층에 XPS 단열재를 이용해 높이를 조절하였다.

다음 사진 47은 주 건물과 외부 구조물의 기초조건이 동일해질 수 있도록 잡석층과 무근 콘크리트층의 두께와 레벨 및 다짐을 일치시켜 시공한 부분과 본체의 잡석층과 무근 콘크리트층 시공 시 외부 구조물이 들어설 일부분까지 확장해 시공하면서 삽입근도 미리 배근해놓은 것 그리고 XPS로 높이 조절을 한 부분에 대한 시공 현황이다.

외부 구조물의 잡석·무근 콘크리트층 두께와 레벨, 다짐을 본체 기초층과 일치시켜 시공함

외부 구조물에 대한 먹줄 메김

본체 기초공사 시 테라스기초를 선 시공해놓음

옹벽공사 시 장독대 위치 삽입근 선 배근

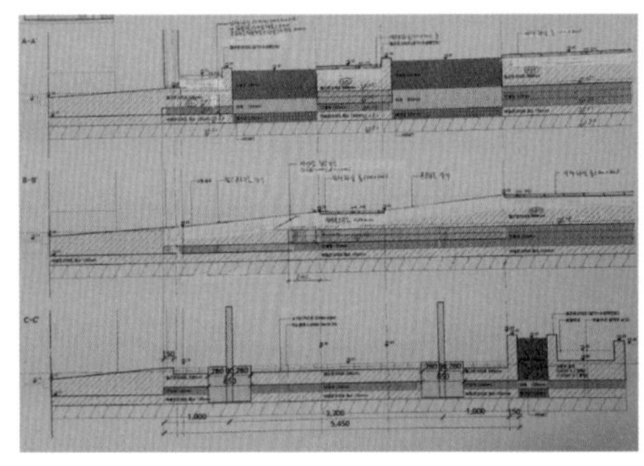

외부 구조물의 높이 조절용 XPS 배치도

테라스, 진입램프의 높이 조절을 위해 설치된 XPS

사진 47 외부 구조물 시공과정

다행히도 2년이 경과된 현재, 주 건물과 맞닿아 있는 테라스와 장독대벽이 다음 사진 48에서와 같이 한 치의 어긋남이 없이 시공 당시의 상태를 그대로 유지하고 있다.

주 건물과 붙어 있는 테라스 → 석재타일용 누름 몰탈로 마감 처리된 부분이 시공 당시 그대로임

주 건물 벽체 마감재(흰색)와 붙어 있는 장독대벽 → 외장용 실리콘으로 마감 처리된 부분이 시공 당시 그대로임

사진 48 주 건물과 외부 구조물이 맞닿아 있는 부분에 대한 접속 현황(2019.10.11.)

2. 벽체 · 슬라브 및 지붕(기와) 공사 시 고려한 사항

> **건물에 대한 구조적 안정성을 확보하면서 장수명 주택을 지향하기 위해 벽체 · 슬라브 및 지붕 공사 시 고려한 사항은 다음과 같다.**
>
> (1) 벽체 철근 배근 시 바닥 연결부위에 대한 청소와 치핑(chipping), 콘크리트 타설 시는 철저한 다짐을 실시하여 신 · 구 콘크리트 간 부착력에 문제가 없도록 하면서 벽체 하부의 재료 분리를 방지하였다.
> (2) 내부공간을 구획하는 모든 벽체(외부벽, 내부의 각 방, 화장실, 다용도실, 기계실, 계단 등)를 철근 콘크리트의 일체형 구조로 계획함으로써 건물 전체에 대한 구조적 안정성과 내구성을 확보하는 등 장수명 주택을 지향하였고, 빈틈없는 공간 분리로 공조기의 SA 및 RA 효율을 극대화시켰다.
> (3) 구조계산을 바탕으로 벽체 및 슬라브에 대한 배근도(세밀한 보강근 배근)를 작성하였고, 철근 배근 시 창틀 등 모든 개구부에는 사인장 철근을 보강하여 사인장 균열을 방지하였으며, 배근작업 시에는 필자가 현장에서 직접 배근작업의 치밀성을 유도하였다.
> (4) 지붕재(기와) 공사에 사용되는 모든 자재에 대해 설계도면과 제작사의 "설계 · 시공매뉴얼"을 철저히 준수하여 시공함으로써 강력한 태풍에도 안전하게 대응하는 등 내구성을 확보하였다.

(1) 벽체콘크리트 타설 시 벽체 하부 재료분리 방지책 강구

바닥과 벽체가 연결되는, 즉 신·구 콘크리트가 접합되는 부위에 대해서는 철근 배근 후(한쪽 면의 거푸집만 설치한 상태) 못, 철사, 나뭇조각, 시멘트부스러기, 톱밥 등의 이물질을 모두 주워내면서 에어를 이용해 청소하였고, 접합부의 면 상태가 좋지 않은 부분은 망치 등을 이용해 치핑(chipping)한 후 에어로 불어냈다.

콘크리트를 타설할 때에는 벽체 하부의 재료분리를 방지하기 위해 슈트를 가능한 한 아랫방향으로 내려 타설 속도를 천천히 하면서 바이브레이터를 이용해 철저한 다짐을 실시하였으며, 창틀 등 개구부의 경우에는 하부에 에어포켓으로 인한 콘크리트의 미채움 현상을 방지하기 위해 개구부 거푸집 하부 수평면에 두세 군데씩 드릴로 구멍을 뚫어 내부 공기가 밖으로 빠져나오게 하면서 다짐을 하였다.

다음 사진 49는 철근 배근 후 한쪽 면의 거푸집만 설치한 상태에서 신·구 콘크리트가 접합되는 부위에 대한 청소 현황과 창틀 하부에 구멍을 뚫어 에어포켓이 생기지 않도록 한 부분, 콘크리트 타설 과정의 슈트 위치와 진동다짐, 콘크리트 양생을 위한 물주기 그리고 콘크리트 양생 후 거푸집을 제거했을 때의 면 상태를 나타낸 것이다. 사진에서와 같이 재료 분리에 가장 취약한 창틀 하부면을 포함한 바닥과 벽체 연결부위 및 간격이 좁은 슬리브 주변 모두가 재료 분리 없이 매끈한 면 상태를 유지하고 있음을 알 수 있다.

못, 철사, 나뭇조각 등의 이물질을 주워냄

에어건을 이용한 이물질 제거

개구부의 경우 거푸집 하부 수평면(화살표 방향)에 구멍을 뚫어 에어포켓 형성을 방지함

벽체콘크리트 타설 시 슈트를 최대한 내린 상태에서 타설 속도는 천천히, 다짐은 철저히 함으로써 재료 분리를 방지하였음

콘크리트 양생에 필요한 물주기

창틀(개구부)에 대한 콘크리트 면 상태→개구부 4면이 정확한 직각과 일직선을 유지하고 있음

사진 49 콘크리트 타설 시 고려한 사항 및 거푸집 제거 후의 콘그리트 면 상태

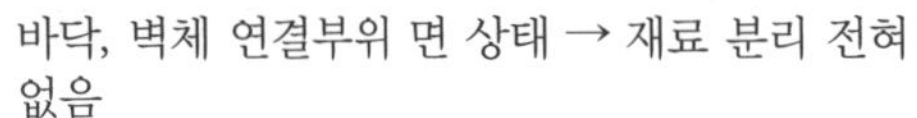

바닥, 벽체 연결부위 면 상태 → 재료 분리 전혀 없음

슬리브 및 슬리브 주변의 면 상태 → 슬리브 주변이 매끈한 상태로 타설 상태가 양호함

사진 49 콘크리트 타설 시 고려한 사항 및 거푸집 제거 후의 콘그리트 면 상태(계속)

(2) 내부공간 구획벽을 일체형 RC구조로 계획

내부공간을 구획하는 모든 벽체(내부의 각방, 화장실, 다용도실, 기계실, 계단 등)를 철근 콘크리트의 일체형 구조로 계획하여 건물 전체에 대한 구조적 안정성과 내구성을 확보하는 등 장수명 주택을 지향하였고, 빈틈없는 공간분리로 각 실별 공조기의 SA 및 RA 효율을 극대화하면서 불필요한 소음을 차단하였다.

다음 사진 50은 내부공간 구획벽을 포함한 철근 콘크리트 벽체에 대한 콘크리트 타설도와 시공 현황을 나타낸 것이다.

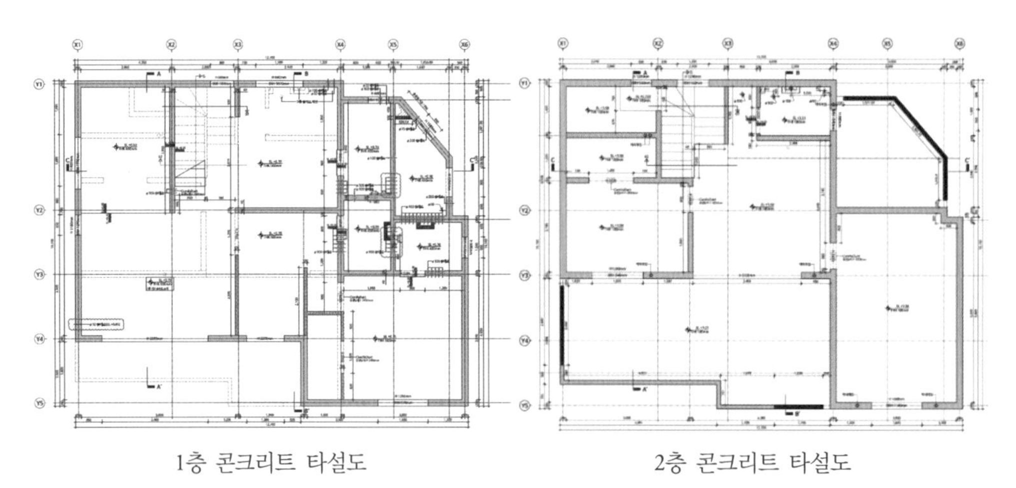

1층 콘크리트 타설도　　2층 콘크리트 타설도

사진 50 벽체(내부공간 구획벽 포함)에 대한 콘크리트 타설도와 시공 현황

1층 벽 및 2층 바닥 슬라브 거푸집 설치 → 내부 구획벽의 철근이 올라와 있는 상태

거푸집 제거 후 다용도실벽 현황

주방 방향의 내부 구획벽 현황

사진 50 벽체(내부공간 구획벽 포함)에 대한 콘크리트 타설도와 시공 현황(계속)

(3) 보강근에 대한 정교한 설계 및 배근작업의 치밀성 유도

철근 콘크리트 구조로 계획되는 1, 2층 벽·바닥 슬라브에 대해서는 구조계산을 바탕으로 배근도를 작성하였으며, 효과적인 철근사용과 구조적인 안정성을 고려하여 보강철근을 세밀히 배치하였다. 또한 창틀 등의 개구부에는 사인장 철근을 보강하여 사인장 균열을 방지하는 등 전반적인 배근작업의 치밀성을 기하였고, 배근작업 시에는 필자가 직접 현장의 배근작업을 관리하였다.

다음 사진 51은 2층 바닥 슬라브에 대한 배근도 작성의 예와 주요부위에 대한 배근 및 보강근에 대한 시공 현황을 나타낸 것이다.

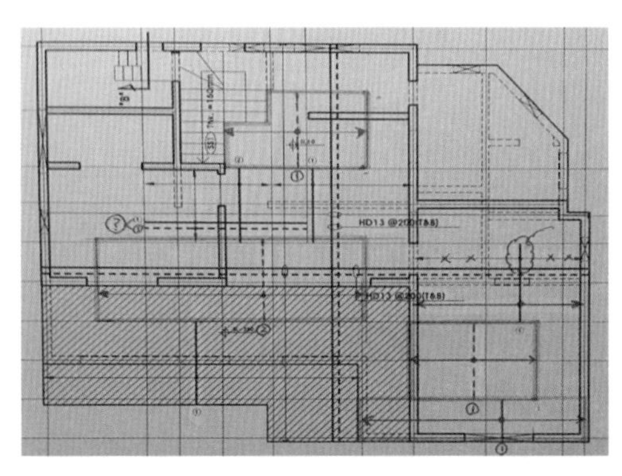

배근도 검토과정(2층 바닥 슬라브)→단변방향으로 양쪽끝단(ℓ/4)상부+중앙부 하부쪽 보강근 배치 요청

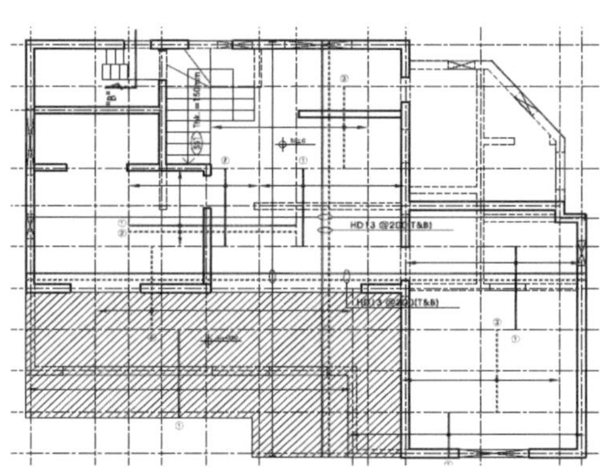

최종 수정된 배근도(2층 바닥 슬라브)

양쪽끝단(ℓ/4)상부+중앙부 하부쪽 보강근 배근

양쪽끝단(ℓ/4) 상부에 앵커보강근 배근

창틀(개구부) 주변 사인장 보강근 배근

창틀과 벽부형 밸브 주변 사인장 보강근 배근

사진 51 2층 바닥 슬라브 배근도와 주요부 배근 현황(예)

벽체 단부 휨 보강근 배근

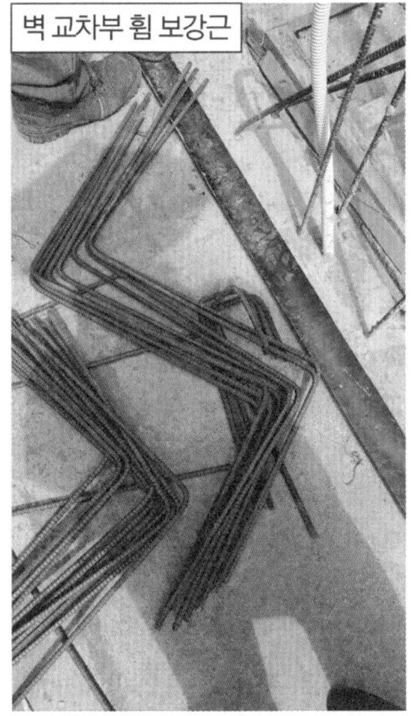

벽 교차부 보강근 가공

벽 교차부 보강근 배근작업

벽 직각교차부 보강근 배근

벽 직각교차부 보강근 배근

벽 T형 교차부 보강근 배근

사진 51 2층 바닥 슬라브 배근도와 주요부 배근 현황(예)(계속)

(4) 지붕재 공사 시 제작사의 "설계 · 시공매뉴얼" 철저히 준수

지붕재(기와) 공사 시에는 제작사에서 제시하고 있는 "설계·시공매뉴얼"을 철저히 준수하여 시공함으로써 풍속 60m/sec의 태풍(제작사 제시)에도 대응하게 하는 등 내구성을 확보하였으며, 다음 사진 52는 "설계·시공매뉴얼"에 있는 주요 부분의 시공 방법과 해당 부위에 대한 시공 현황을 몇 가지 사례를 들어 수록한 것이다.

5. 下葺材の施工

※ROOGAの防水設計は、屋根材等による一次防水と下葺材等による二次防水とで雨水の浸入を防ぐ形としております。
※下葺材の施工後、天候の悪い日（台風・大雨等）には、下葺材の上にシートをかける等の養生をお願いします。

<1>下葺材の施工要領

①張り方

1)平　　部：流れ方向(縦方向)に 100mm 以上、桁方向(横方向)に 200mm 以上重ねます。
2)軒　先　部：軒先水切段差部程度まで重ねます。
3)けらば部：野地板先端にそろえます。
4)平　棟　部：棟芯をまたいで各々 100mm 以上重ね、二重にして 200mm 以上重ね合わせます。
5)隅　棟　部：隅棟芯から下葺材の下辺を各々 100mm 以上突出させ二重にします。
6)壁取合い部：桁方向、流れ方向ともに雨押え上端より 50mm 以上立上げます。(目安：300mm 以上)
7)谷　　部：谷芯から下葺材の上辺を各々 100mm 以上突出させ二重にします。

②捨張り

1)谷　　部：谷全長にわたり、幅 1000mm の下葺材を捨張りします。
2)軒先と壁との取合い部：壁面に下葺材(1000×500mm 程度)を捨張りします。

③増張り

1)壁取合い部：立上り面が間柱等のみで面材がない場合は、幅 500mm の下葺材を増張りします。
(面材があり、下葺材の損傷の恐れがない場合は出隅部のみ幅 500mm の下葺材を増張りします)

④留付け

重ね合わせ部は 300mm 内外の間隔に、その他は要所をタッカー(ステープル)にて留付けます。
※タッカー針は、野地板のすき間を避けて留付けてください。
※ノアガードⅡ・遮熱ノアガードⅡは、重ね合わせ部に、150mm 内外の間隔で留付けてください。

기와 밑에 시공되는 하집재(下葺材, 투습방수지)의 시공 요령을 상세히 설명하고 있음

시공매뉴얼에 따라 설치된 투습방수지(下葺材)

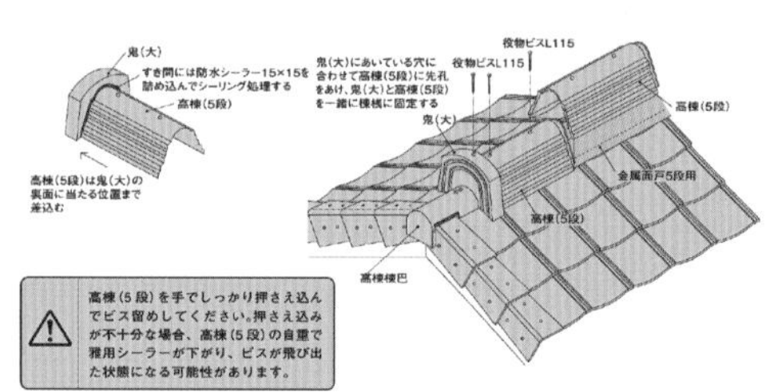

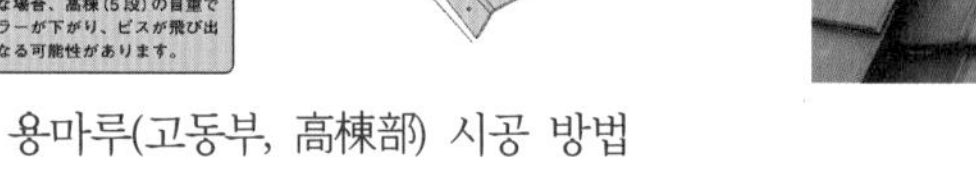

용마루(고동부, 高棟部) 시공 방법

용마루 시공 현황

사진 52 기와시공에 대한 "설계·시공매뉴얼"상의 시공 방법 및 시공 현황(예)

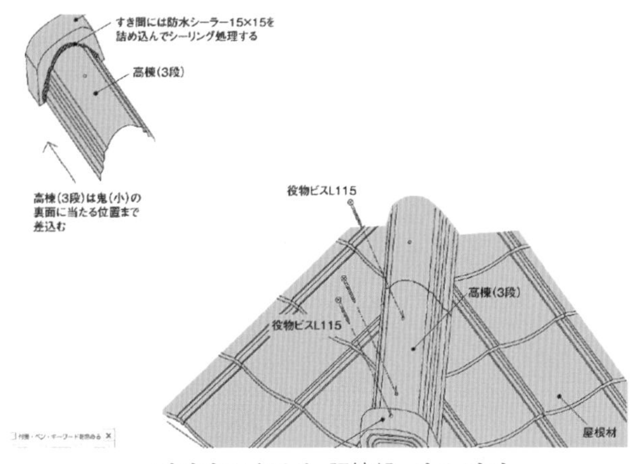

내림마루(우동부, 隅棟部) 시공 방법

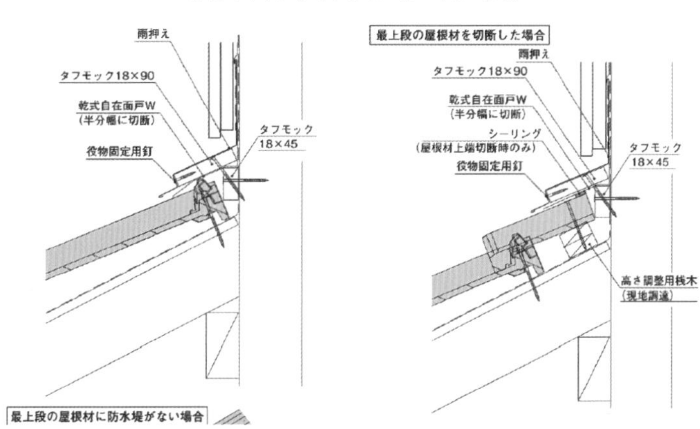

벽·지붕이 만나는 부분에 대한 빗물 차단 후레싱 시공 방법

내림마루 시공 현황

벽·지붕이 만나는 합각부의 빗물 차단 후레싱 설치 현황

사진 52 기와시공에 대한 "설계·시공매뉴얼"상의 시공 방법 및 시공 현황(예)(계속)

벽·지붕이 만나는 합각부 시공 현황

落葉止め

軒といそれぞれの形状に合わせたすっきりとしたデザイン。強度の雨にも対応できます。

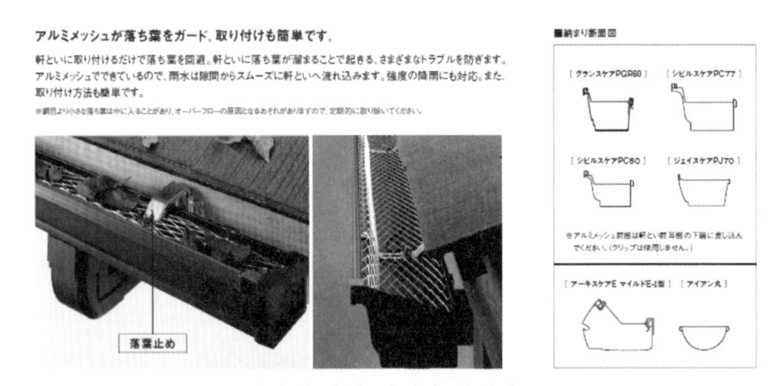

アルミメッシュが落ち葉をガード。取り付けも簡単です。
軒といに取り付けるだけで落ち葉を回避。軒といに落ち葉が溜まることで起きる、さまざまなトラブルを防ぎます。アルミメッシュでできているので、雨水は隙間からスムーズに軒といへ流れ込みます。強度の降雨にも対応。また、取り付け方法も簡単です。
※網目より小さな落ち葉は中に入ることがあり、オーバーフローの原因となるおそれがありますので、定期的に取り除いてください。
落葉止め
■納まり断面図
[グランスケアPGR60]
[シビルスケアPC77]
[シビルスケアPC50]
[ジェイスケアPJ70]
※アルミメッシュ前部は軒とい前耳部の下端に差し込んでください。(クリップは使用しません。)
[アーキスケアE マイルドE-Ⅰ型]
[アイアン丸]

처마의 낙엽 방지망 설치기준

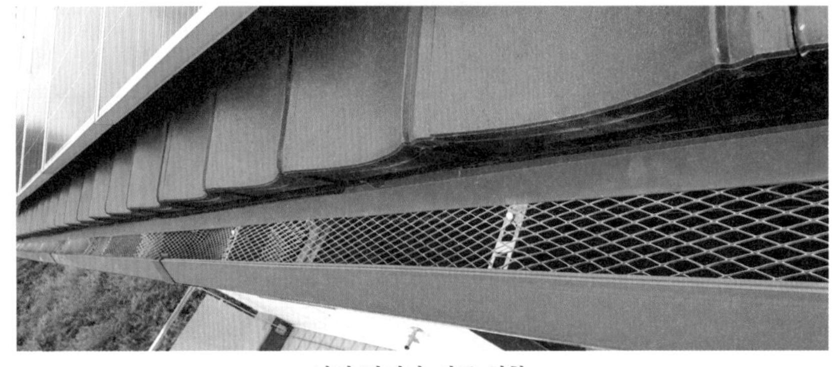

낙엽 방지망 시공 현황

사진 52 기와시공에 대한 "설계·시공매뉴얼"상의 시공 방법 및 시공 현황(예)(계속)

2.5 유지관리의 용이성·안정성 고려

유지관리의 용이성 및 안정성을 확보하면서 장수명 주택을 지향하기 위해 다음 사항을 고려하였다.

(1) 내구연한에 한계가 있는 1층 옥외 부동수전 교체 시 콘크리트를 깨지 않고 교체할 수 있게 하였다.
(2) 2층 베란다 벽에 설치되어 있는 수평 부동수전 교체 시 벽체를 훼손하지 않고 교체할 수 있는 방안을 강구하였다.
(3) 땅속에 묻혀 있는 건물 밖의 오·하수관이 장기간 사용으로 폐색(clogging)될 경우를 대비해 쉽게 뚫을 수 있는 청소용 소제구를 설치하였으며, 오수받이는 트랩봉수형으로 설치하여 하수관을 통해 집 안으로 유입되는 취기 및 해충을 차단하였다.
(4) 2층 하수관(간이세면대, 세면대, 욕실) 하부 90° 엘보에 P트랩을 설치하여 하수관을 통해 취기 및 해충이 유입되는 것을 2단계 방지(1단계 방지 : 트랩봉수형 오수받이)하였으며, P트랩을 청소할 수 있는 점검구(소제구)도 설치하였다.
(5) 소방 안전에 만전을 기하였다.
(6) All around IoT를 대비한 인터넷망을 구축하였다.
(7) 베란다, 주차장 등 외부에 방우 형 전기콘센트를 설치하여 외부에서 전기 사용을 자유롭게 하였고, 주차장에 설치된 콘센트는 전기차 상용화 시대에도 대비하였다.
(8) 강력한 셀프 클리닝 기능이 있는 세라믹 기와, 세라믹 사이딩으로 외부마감을 하였다.
(9) 옥외수도 기능을 구분(하수, 우수)하였다.
(10) 보일러의 각방 온도제어기(방별 온도조절기)를 설치하였다.
(11) 물 부족에 대비하여 지붕의 빗물을 모을 수 있는 선홈통 연결 전용맨홀과 우수관을 설치하였다.

(1) 1층 옥외 부동수전 교체의 용이성 고려

1층 마당에는 다목적으로 설치된 옥외수도('**2.2 기초자료 검토와 적용/3. 공공시설 관련 계획 검토/옥외수도는 비가림 시설을 설치한 후 공공오수관로에 연결**' 참조)가 암반층을 180m 뚫고 들어간 관정과 연결되어 설치되어 있는데, 옥외수전으로 동절기 동결방지를 위해 부동수전을 설치했다. 그러나 이 부동수전의 내구성은 한계가 있어 몇 년 후에는 반드시 교체해야 하는데, 문제는 옥외수도를 포함한 외부 구조물 전체가 철근 콘크리트 구조이다 보니 콘크리트 속에 설치된 부동수전을 콘크리트를 깨지 않고 교체할 수 있는 방안이 필요했다. 그래서 계획한 것이 처음부터 교체가 용이한 방향으로 공사하는 것이었고, 이 내용을 매뉴얼 형식으로 작성하여 필요할 때에 사용할 수 있게 하는 것이었다.

사진 53은 마당에 설치된 옥외수도 부동수전의 하부 자갈 배수층 시공 현황 및 옥외 부동수전 교체 방법을 나타낸 것이고, 이 교체 방법을 쉽게 이해할 수 있도록 옥외 부동수전이 설치되는 일련의 과정을 시공 당시의 사진으로 설명하면 다음 사진 54와 같다.

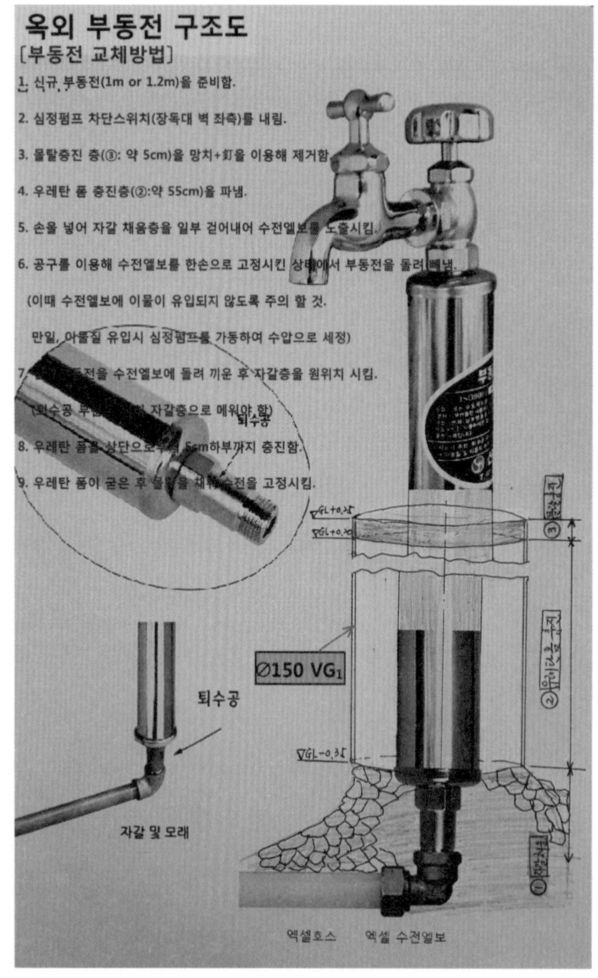

옥외 부동수전 교체 방법

부동수전 하부 자갈 배수층 형성

사진 53 옥외 부동수전 교체 방법 및 하부 자갈 배수층 시공 현황

부동수전 설치

심정에서 부동수전까지 XL파이프 연결

XL파이프와 부동수전을 연결한 후 부동수전 밑의 무근 콘크리트를 파취하여 자갈 배수층 형성

부동수전에 ∅150 VG1관을 씌우고, 콘크리트 타설 시 자갈 배수층 보호를 위한 비닐덮개 설치

VG1관 내부에 우레탄폼 충진(향후 교체 시 파냄)

옥외수도 콘크리트 타설

거푸집이 제거된 상태

옥외수도(VG1 상단에 50mm 보호몰탈 충진)

사진 54 부동수전 설치과정

(2) 2층 베란다 부동수전 교체의 용이성 고려

2층 베란다에는 수평 부동수전이 설치되었는데, 1층 옥외수도 부동수전과 마찬가지로 처음부터 교체가 용이하게 공사하였고, 교체 방법은 사진 55와 같다.

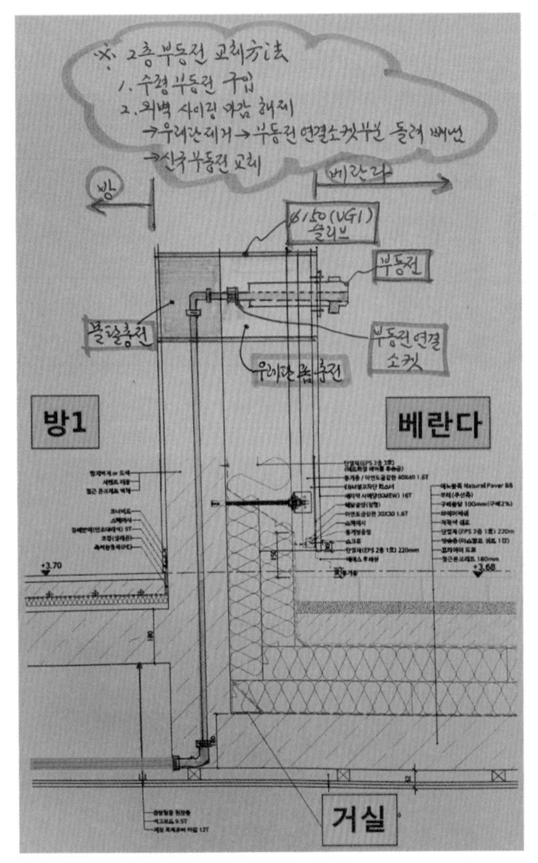

2층 베란다 수평 부동수전 교체 방법

베란다 수평 부동수전
(외벽 사이딩 마감을 부분 해체할 수 있도록 분리하였고, 해당 부분을 나사못으로 고정한 후 외장용 실리콘으로 마무리함)

사진 55 베란다 수평 부동수전 교체 방법 및 부동수전 현황

이 교체 방법에 대한 이해를 돕기 위해 수평 부동수전이 설치되는 일련의 과정을 사진으로 설명하면 다음 사진 56과 같다.

1층 거실 천정 틀 중앙을 거쳐 2층 방(1) 외벽 속을 통해 2층 베란다 옥외수도로 연결

방에서 베란다를 향해 본 부동수전(∅150VG1)
(방1의 콘크리트 외벽 속을 통해 올라옴)

∅150VG1관 내에 격벽(스티로폼) 설치
(격벽을 중심으로 내측: 몰탈, 외측: 우레탄폼 충진)

베란다에서 방을 향해 본 부동수전(∅150VG1)

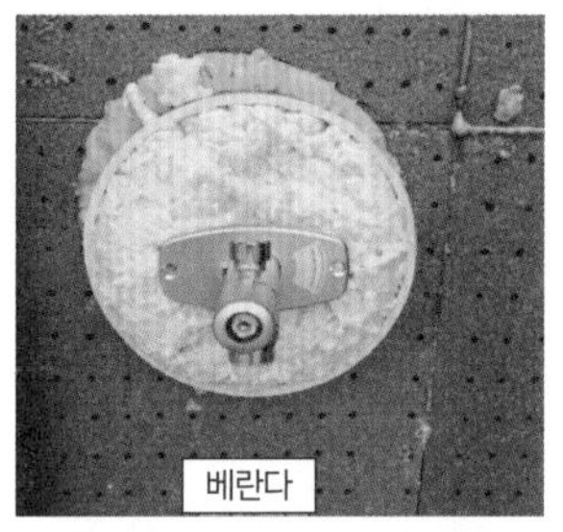

∅150VG1관 외측에 우레탄폼 충진
(향후 교체 시 파냄)

외벽 마감(사이딩)용 각파이프 설치

외벽 마감재를 해체가 용이하도록 분리한 후
나사못으로 고정

사진 56 베란다 수평 부동수전 설치과정

(3) 옥외 오·하수관에 청소용 소제구 설치 및 트랩봉수형 오수받이 설치

땅속에 묻혀 있는 옥외 오·하수관의 장기간 사용으로 슬러지 또는 오일볼(oil ball) 등에 의해 폐색(clogging)되지 않도록 효과적인 지점을 선정하여 청소용(flushing) 소제구를 설치하였으며, 오수받이는 트랩봉수형으로 설치하여 하수관(주방, 욕실 등의 배수관)을 통해 실내로 유입될 수 있는 취기 및 해충을 근본적으로 차단하였다.

다음 사진 57은 옥내와 옥외 오·하수관 설치에 대한 현황사진을 청소용 소제구 및 트랩봉수형 오수받이 중심으로 나타낸 것이다.

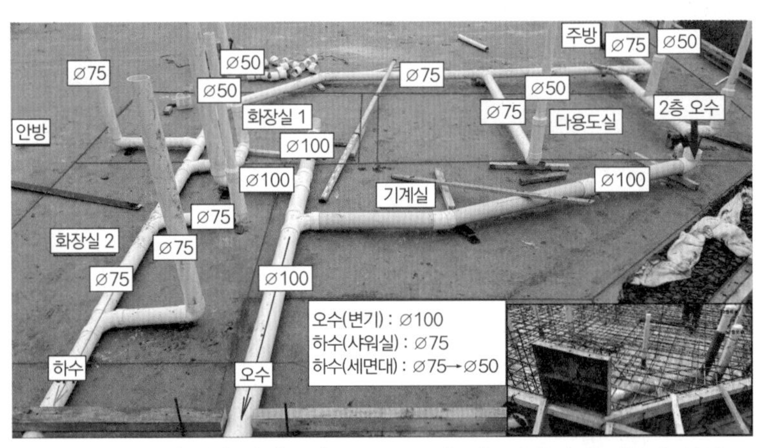

옥내 오·하수관 설치 현황(초벌 무근 콘크리트층 위에 옥내 배수관 설치)

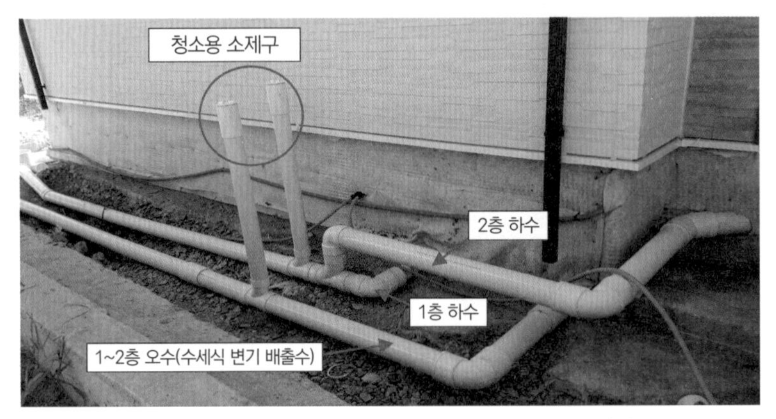

옥외 배수관이 시작되는 지점에 청소용 소제구 설치

사진 57 오·하수관에 설치된 청소용 소제구와 트랩봉수형 오수받이

청소용 소제구와 오수받이 구간 배관현황

오수받이에서 공공하수도로 연결

트랩봉수형 오수받이 내부

오수받이 유·출입배관 연결형태(하수관에는 트랩이 있어 취기 및 해충의 유입이 차단됨)

오수받이 전용 소형 맨홀 설치

외부에 설치된 소제구(필요시 외부 수전과 연결된 고압의 세척수로 flushing함)

사진 57 오·하수관에 설치된 청소용 소제구와 트랩봉수형 오수받이(계속)

(4) 2층 오·하수관 하부에 P트랩 설치 및 천장에 점검구 설치

2층의 오·하수를 배제하기 위한 옥내 배수관은 수세식 변기배출수를 배제하기 위한 오수관과 간이세면대 및 세면대와 샤워실에서 발생된 하수를 배제하기 위한 하수관이 있는데, 이들은 사진 58과 같이 1층 주방의 천장을 통해 기계실에 설치된 샤프트 내 수직배관에 연결되었다.

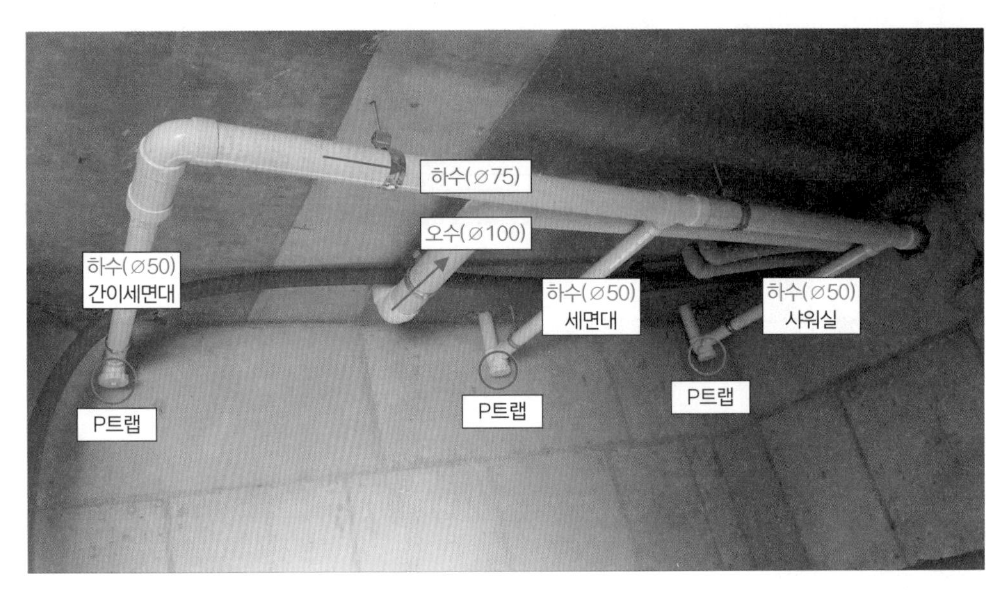

사진 58 2층 옥내 배수관 설치 현황

이들 배수관은 하부의 90°엘보를 거쳐 합류관(∅75)으로 연결되는데, 이 90°엘보를 P트랩으로 설치하여 하수관을 통해 유입될 수 있는 취기 및 해충의 유입을 2단계 방지(1단계 방지 : 트랩봉수형 오수받이)한 것이다. 그리고 P트랩을 장기간 사용하여 막힐 경우를 대비해 다음 사진 59와 같이 천장에 소제구를 설치하여 청소가 가능토록 하였다.

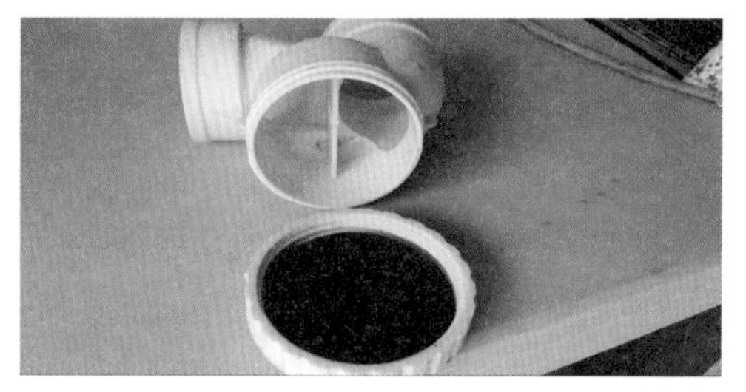

사용된 P트랩

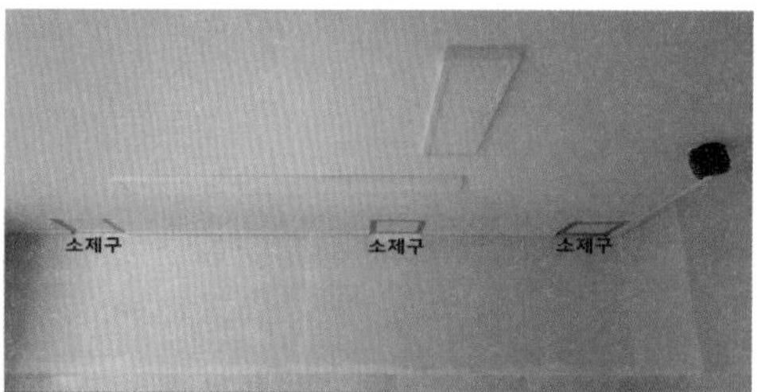

주방의 반자에 설치된 청소용 소제구(점검구)

주방에 상부장이 설치됨에 따라 점검구가 가려진 상태

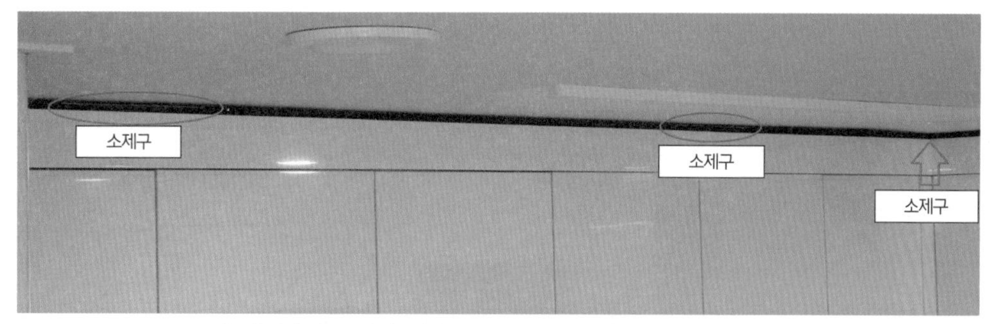

주방 상부장의 몰딩과 반자 틈(20mm)으로 점검구(소제구)가 보임

상부장 내부의 나사못(붉은 원내)을 풀어 몰딩을 해체한 후 점검구를 열어 P트랩을 청소함

사진 59 P트랩 청소용 소제구 설치와 청소방법

(5) 소방 안전에 만전을 기함

화재 발생 시 가장 먼저 발생되는 것은 화기(열)가 아닌 연기이다. 그래서 이 점을 이용해서 화재 시 제일 먼저 발생되는 연기를 감지하여 집 안 중앙에 설치된 경종(警鐘)을 울리게 하고, 동시에 공조기에 공급되는 전원이 차단되도록 한 것이다. 이에 대한 시퀀스(sequence) 구성은 수신기 연동형 광전식 연기 감지기를 소방용 수·발신기 회로와 연결한 후 경종과 공조기 공급전원 사이에 설치된 릴레이와 연동되도록 하였다.

1층 거실과 안방 및 2층 거실에 설치된 수신기 연동형 광전식 연기 감지기 중 어느 하나에서 연기를 감지하면, 즉시 거실 중앙의 경종을 시끄럽게 울려 가족들이 피할 수 있는 시간을 확보해줌과 동시에 공조기 전원을 차단시킴으로써 공기(산소) 공급을 중단시켜 자동소화를 유도하거나 화재 확산이 차단되도록 하였다(화재 시 공조기 전원 차단에 대한 세부 내용은 '**2.3 패시브하우스 관련 적용 기술요소/6. 최신 고효율 열회수형 환기장치 설치/화재 시 공조기 전원 자동 차단 장치 설치**' 참조).

또한 수신기 연동형 광전식 연기 감지기가 설치되지 않은 별도의 구획공간(한실, 2층 방 1, 방 2)에는 단독형 연기 감지기를, 주방 및 보조주방의 가스레인지 상부와 보일러가 설치된 기계실 상부 천장에는 자동확산형 소화기를 설치하였으며, 이와 별도로 1층 현관, 주방, 2층 거실에는 축압식 분말(ABC)소화기를 비치하였다.

거실(1층) 중앙에 설치된 경종
→ 연기 감지 시 요란하게 작동

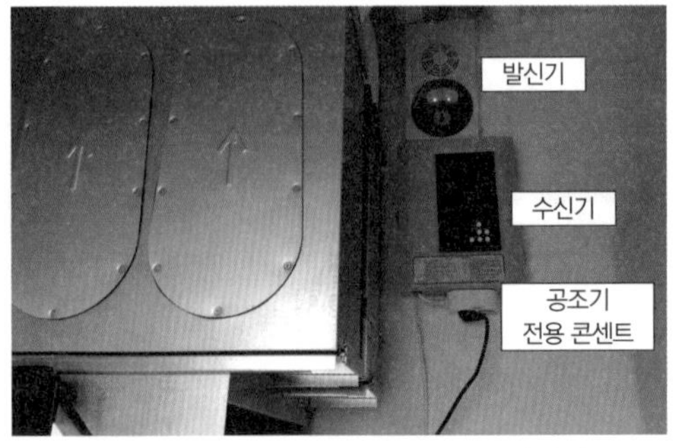

릴레이를 거쳐 공조기 전원 공급(기계실)
→ 연기 감지 시 경종 작동과 공조기 전원 차단

사진 60 도담패시브하우스에 설치된 소방 관련 시설

다음 사진 61은 앞에서 언급된 소방 관련 시설들로 건물 준공에 필요한 소방 시설과는 별개로 내부를 구획하고 있는 모든 공간에 연기 감지기를 설치하거나 소화기를 비치하였다.

수신기 연동형 광전식 연기 감지기 설치(1층, 거실)

수신기 연동형 광전식 연기 감지기 설치(안방)

수신기 연동형 광전식 연기 감지기 설치(2층, 거실)

단독형 연기 감지기 설치(한실)

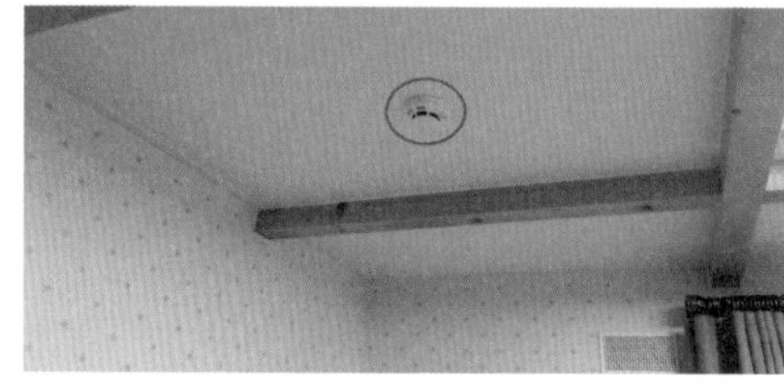

단독형 연기 감지기 설치(2층, 방 1)

단독형 연기 감지기 설치(2층, 방 2)

자동 확산형 소화기 설치(주방)

자동 확산형 소화기 설치(보조주방)

사진 61 도담패시브하우스에 설치된 소방 관련 시설

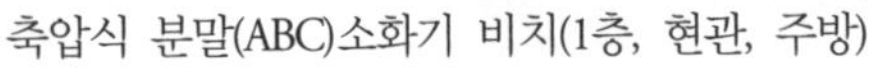

축압식 분말(ABC)소화기 비치(1층, 현관, 주방)　　축압식 분말(ABC)소화기 비치(2층, 거실)

사진 61 도담패시브하우스에 설치된 소방 관련 시설(계속)

(6) All around IoT를 대비한 인터넷망 구축

현재의 IoT(Internet of Things, 사물인터넷)기술은 외부인이 초인종을 눌렀을 때 스마트폰을 통해 누구인지 확인하면서 대화하고, 필요시에는 문을 열어주기도 하며, 집 안의 가스나 전등을 작동시킬 수 있을 정도의 일부 가전을 대상으로 감시와 제어는 할 수는 있으나, 사물과 사물, 즉 기기 간에는 스스로 소통하지 못하고 있다. 그러나 불과 몇 년 뒤의 IoT 기술은 사람의 도움 없이도 기기 간에 정보를 주고받으면서 보다 많은 사물(thing)에서 빅데이터를 생성하여 사용자가 원하는 최적의 조건으로 서비스를 제공하는 시대로 발전할 것이다. 이에 따라 사물에 부착할 다양한 센서(온도, 습도, 열, 가스, 조도, 초음파, 원격감지, 전천후관측 영상레이더, 위치, 모션, 영상센서 등)를 개발하고, 이를 작동시킬 소프트웨어의 개발이 필요하며, 이를 네트워크와 연결하면서 데이터를 저장할 서버도 필요해진다. 이들의 자율적인 소통을 돕는 네트워크 기술로는 블루투스나 근거리무선통신(NFC), 센서데이터, 근거리 통신기술(WPAN, WLAN 등), 이동통신기술(5G) 및 유선통신기술(이더넷, BcN 등) 같은 유·무선 통신 및 네트워크 인프라 기술이 있다.

IoT 시대에 필요한 다양한 센서와 소프트웨어, 데이터 저장장치 및 네트워크 기술은 향후 관련 업체들 간의 치열한 경쟁 속에서 앞 다투어 개발되겠지만, 단독주택을 짓는 건축주로서 현재 단계에서 할 수 있는 것은 한계가 있다.

그래서 도담패시브하우스에서는 All around IoT를 대비해 향후의 활용성 여부를 떠나 건축주로서 큰 비용들이지 않고 공사단계에서 할 수 있는 다음 표 14 및 사진 62와 같은 유선 통신망과 일부 필요 시설을 설치하였다.

표 14 All around IoT 시대 대비 고려 사항

설치된 시설	기 능
• **'All around IoT'를 대비한 인터넷망 구축** • 랜단자에서 '단자함'에 1 : 1 UTP 케이블(cat.6) 설치 • 랜단자 위치 - 1층 : ① 안방, ② 거실, ③ 한실, ④ 주방, ⑤ 다용도실 - 2층 : ① 방1, ② 거실, ③ 방2 • 모든 랜단자 옆에 전기콘센트(power line) 설치 • 큰 규격의 단자함 설치(기계실 내 설치) • 단자함 내에 전화, 인터넷, KT모뎀, 허브, 전기소켓 등 설치 • 기계실 내에 데이터 저장장치 설치 공간 확보 • **CCTV(8개소), 녹화기간 1 : 1 UTP 케이블(cat.6) 설치**	• 기기 작동의 안정성, 사용성, 유지관리의 용이성 고려 • 급변하는 IT 기술의 발전과 실생활 자동화 시스템에 대비

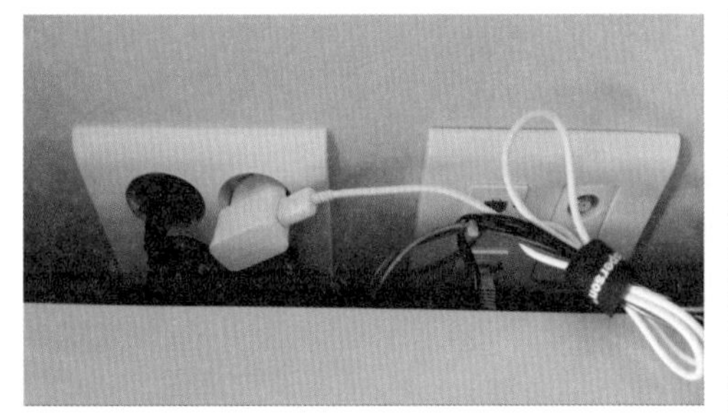

랜단자에서 단자함에 1 : 1 UTP 케이블(cat.6) 설치

모든 랜단자 옆에 전기콘센트(power line) 설치

주방에 인터넷 랜단자 및 콘센트 설치

보조주방에 인터넷 랜단자 및 콘센트 설치

사진 62 IoT 시대를 대비해 설치한 시설 현황

CCTV(8개소)와 녹화기간 1 : 1 UTP 케이블(cat.6) 설치

IP 카메라(CCTV) 설치

대형 단자함 설치

단자함 내에 전화, 인터넷, KT모뎀, 허브, 전기소켓 등 설치

사진 62 IoT 시대를 대비해 설치한 시설 현황(계속)

(7) 베란다, 주차장 등 외부에 방우형 전기콘센트 설치

베란다, 외부창고, 주차장 등에 방우형 전기콘센트를 설치하여 외부에서 전기 사용을 자유롭게 하였고, 특히 주차장의 경우에는 전기차 상용화에도 대비하였다.

도담패시브하우스의 주차장은 건물과는 분리된 캐노피형으로 외부에 설치되어 있는데, 주차장 기둥에 설치된 외부 콘센트를 이용해 콤프레샤의 에어건으로 공조기 필터를 청소한다든지, 진공청소기 필터와 청소기 내부 먼지를 불어낸다든지, 테라스와 현관 부분의 먼지를 밖으로 내보낸다든지, 차 내부를 청소하는 등 효과적이고 편리하게 사용하면서 전기차 상용화에도 대비하였다.

주차장과 외부창고 및 베란다의 콘센트는 설계에 반영하여 공사 시 콘크리트 속에 케이블(cable)을 설치했기 때문에 필요한 위치에 깔끔하게 설치할 수 있었고, 사진 63에서와 같이 일상에서 아주 유용하게 사용하고 있다.

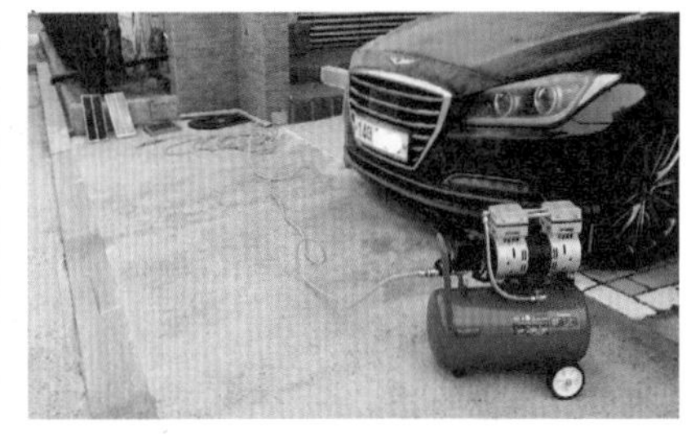

주차장 기둥에 설치된 방우형 콘센트 → 에어콤프레샤, 청소기 등 사용

외부 창고 내부에 콘센트 설치 → 에어콤프레샤 및 창고 내 조명등 사용

2층 베란다에 설치된 방우형 콘센트 → 명절, 차례 준비 등 다목적 사용

사진 63 주차장 등 외부에 설치된 전기콘센트

(8) 강력한 셀프 클리닝 기능이 있는 세라믹 기와, 세라믹 사이딩 설치

건물이 10년, 20년, 30년…, 나이를 먹어도 외장재(벽, 지붕)의 색상과 광택 등의 내후성(耐候性)이 처음 시공 당시와 큰 차이가 없는 자재를 선택하는 것은 아마 모든 건축주들의 바램일 것이다. 필자 역시 이 부분에 대해 많은 시장조사를 하였고, 이것저것 고민하다 자외선을 차단하면서 강력한 셀프 클리닝 기능으로 내후성이 검증된 세라믹 기와, 세라믹 사이딩을 선택하였다.

제작사에서 제시하고 있는 10년 이상 된 시공사례에서의 변·퇴색(變退色) 정도와 그 이상 된 약 30년 후에 대한 촉진내후성실험(促進耐候性實驗)을 거쳐 제시하고 있는 경년변화는 그림 33에서와 같이 거의 변화가 없는 것으로 나타나고 있다.

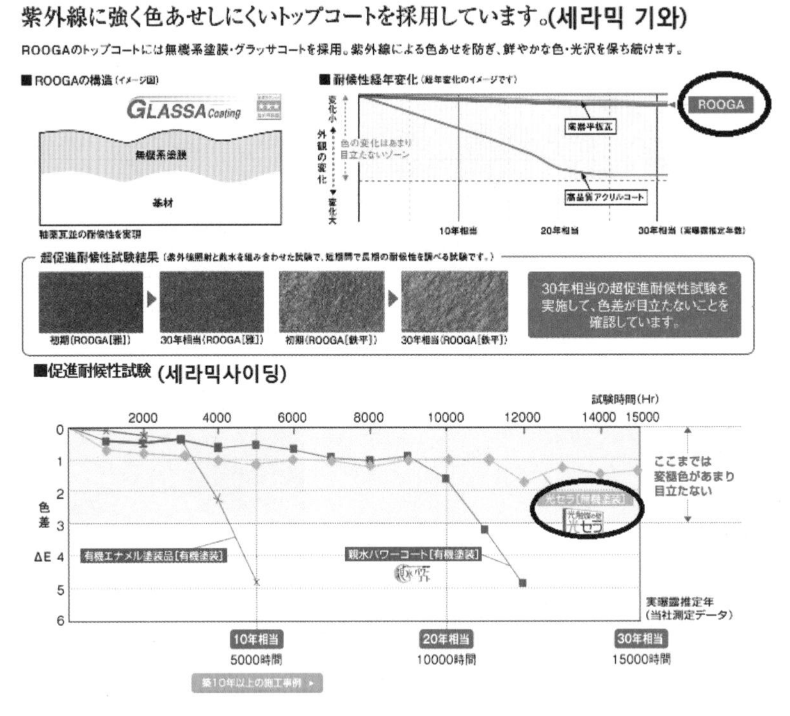

출처 : kmew홈페이지(https://www.kmew.co.jp/index.html)

그림 33 세라믹 기와, 세라믹 사이딩의 경년변화(예측)

이 제품들이 이렇게 내후성이 좋은 이유는 기와의 경우 상부의 탑 코팅을 무기계도막(無機系塗幕) 글라스 코팅(glass coating)으로 자외선에 의한 변색을 방지하면서 선명한 색상과 광택을 오랫동안 유지시킬 수 있게 했기 때문이며, 외벽재의 경우에는 주 골격을 100% 무기도장(無機塗) 세라믹 코팅과 광촉매 코팅으로 자외선을 차단하면서 외벽에 붙은 오염물질을 낮에는 햇빛으로 분해하여 부착력을 약화시키고, 비가 오면 부착력이 약해진 오염물질을 빗물로 씻어내는 강력한 셀프 클리닝 기능이 있어 선명한 색상과 광택을 오랫동안 유지시킬 수 있기 때문이다.

실제로 만 2년 이상 된 도담패시브하우스의 벽과 지붕색상은 사진 64에서와 같이 처음 시공 당시와 같이 선명한 색상과 광택을 유지하고 있으며, 벽에 쌓인 먼지가 햇빛에 의해 분해되어 있는 모습과 스프레이 한 번으로 분해된 먼지가 씻겨 원래의 색상과 광택을 유지하는 실제 상황을 2년 동안 한 번도 빗물이 닿지 않았던 처마 밑 전기계량기 상부벽면의 먼지상태로 사진 65와 같이 확인할 수 있다.

사진 64 만 2년이 경과된 도담패시브하우스 외장재 색상과 광택

전기계량기가 있는 처마 밑 벽
→ 2년간 빗물의 영향이 없었음

좌측 사진 계량기 상부(네모 표시 안) 벽면의 먼지가 햇빛으로
분해된 모습과 스프레이로 씻겨 내려 오는 것을 근접 촬영하여 확인

사진 65 2년간 쌓인 먼지가 광촉매에 의해 분해되어 있고 스프레이로 쉽게 씻기는 모습

제작사는 이를 다음 그림 34와 같이 알기 쉽게 설명하고 있다.

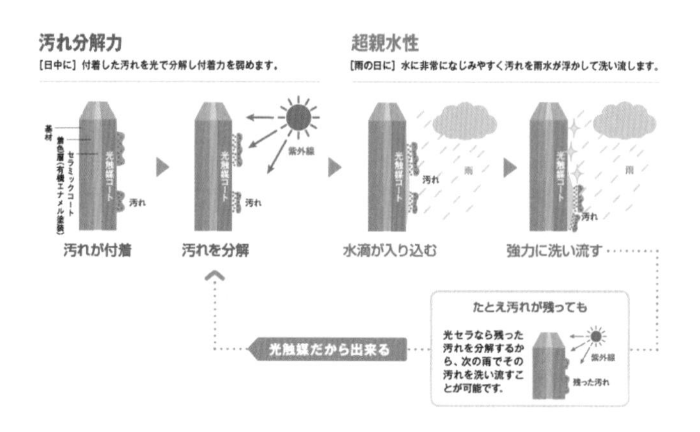

출처 : kmew홈페이지(https://www.kmew.co.jp/index.html)

그림 34 부착된 오염물질이 햇빛으로 분해되어 부착력이 약화된 상태에서 빗물에 씻겨 내림

이외에도 세라믹 기와와 세라믹 사이딩은 사용된 소재와 시공 방법상 지진 및 태풍과 충격에 강하고, 화재 시에도 안전한 것으로 되어 있다(세라믹 기와 시공 방법은 '**2.4 건물의 구조적 안정성 고려/2. 벽체, 슬라브 및 지붕(기와)공사 시 고려한 사항/지붕재 공사 시 제작사의 "설계·시공매뉴얼" 철저히 준수**'에 세라믹 사이딩 시공 방법은 '**2.3 패시브하우스 관련 적용 기술요소/7. 열교 차단/열교 차단 화스너 사용**' 참조).

(9) 옥외수도의 기능 구분

옥외수도를 설치하면서 배수구를 2개 설치하여 기능 구분을 하였는데, 1개는 비누 등으로 손을 씻는 오수용으로 사용하기 위해서이고, 다른 한 개는 오염되지 않은 텃밭의 과일과 토마토, 상추 등의 채소를 씻는 데 사용된 물을 배수시키기 위해서이다.

오수용 배수구는 공공하수관로에 연결하여 하수처리장으로 유입되도록 하면서 우천 시에는 빗물이 하수처리장으로 유입되지 않게 비가림 시설(덮개)을 설치하였고, 다른 1개는 오염되지 않은 물이기 때문에 비가림 시설 없이 우수관로에 연결하였다('**2.2 기초자료 검토와 적용/3. 공공시설 관련 계획 검토/옥외수도는 비가림 시설 설치 후 공공오수관로에 연결**' 참조).

(10) 보일러 각방 온도제어기 설치

보일러 각방 온도제어기(방별 온도조절기)를 방별로 부착하여, 겨울철 많이 체류하는 공간에 대해 선별적으로 방바닥 온도를 23~25℃를 유지할 수 있게 함으로써 발바닥이 느끼는 열적 쾌적감을 만족시켰고, 동시에 난방에너지를 최소화하면서 효율적으로 실내 전체 온도를 20℃ 이상으로 유지할 수 있게 하였다('**2.3 패시브하우스 관련 적용 기술요소/8. 기타 패시브하우스 관련 적용요소/(3)에 대해**' 참조 및 '**4.3 패시브하우스의 환기 및 냉난방 계획/패시브하우스에서 냉난방 계획 시 고려할 사항**' 참조).

(11) 물 부족에 대비한 지붕의 빗물 모음시설 설치

도시화가 급속도로 진행되면서 과거에는 침수되지 않았던 지역의 침수현상이 점점 증가되고 있으며, 수십 년간 사용했던 우물이 고갈되는 현상까지 발생하고 있다. 이러한 현상은 모두 도시화로 인한 노면의 포장률 증가로 우천 시 우수가 지하로 침투되지 못하고 밖으로 유출되어 생긴 문제로써, 가까운 일본의 경우에는 이를 해결하기 위해 다양한 방법을 강구하고 있다.

우선 단독주택의 경우에는 마당 등 집 안의 여유 부지에 소규모 우수저류탱크를 설치하여 우천 시 빗물을 저장함으로써 우수유출량을 줄이고, 청천 시에는 집 안의 조경용수 등으로 활용하고 있으며, 공동주택 또는 학교 등의 공공시설에는 주차장이나 운동장 하부에 중·대규모의 우수저류조를 설치하여 주변지역의 우수유출량을 줄이면서 청천 시에 조경용수나 농업용수 또는 도로청소용수 등으로 사용하고 있다.

그 이외에도 노면의 포장율 증가에 따른 우수유출량을 줄이기 위한 방법으로 투수성 포장을 늘리고, 지하침투형 우수받이나 침투형 우수맨홀, 침투형 우수관거 등을 설치해, 빗물이 지하로 스며들게 함으로써 지하수자원이 고갈되는 것을 방지함과 동시에 우수유출량을 감소시켜 시가지가 침수되는 것을 방지하고 있다.

우리나라는 몇 년 전부터 환경부에서 '중점관리지역'이란 명칭하에 우천 시 침수되는 지역에 대한 대책으로 우수저류조 등을 설치하고 있지만, 장래에는 지구온난화와 이상기후 등의 영향으로 세계적인 물 부족 문제가 심각하게 대두될 것으로 예상되며, 우리나라도 예외가 아니기 때문에 빗물의 침투·이용 등 물순환 회복을 위한 빗물관리시설이 다양하게 설치되어야 할 것이다.

도담패시브하우스에서는 이러한 점을 고려하여 지붕의 빗물을 모을 수 있는 선홈통 연결 전용 맨홀과, 맨홀과 맨홀을 연결한 우수차집관을 미리 설치하였으며, 현재는 이를 한곳에 모아 부지경계에 있는 우수받이에 연결하여 공공우수관로를 통해 하천으로 방류시키고 있다.

그러나 향후 필요시에는 사진 66과 같이 빗물을 저장 할 우수저류탱크의 설치와 모아진 빗물을 우수저류탱크로 유입시킬 수 있는 연결관(BY-PASS관)을 설치할 수 있도록 계획하였고, 이들만 설치되면 현재의 우수받이 내 빗물 토출구에 간단한 밸브와 수위 조절용 Over flow 장치만을 추가설치해서 지붕의 빗물을 효율적으로 저장·사용할 수 있게 되며, 저장된 빗물은 텃밭의 식물재배용수와 조경용수 및 발코니 청소용 등으로 사용할 계획이다.

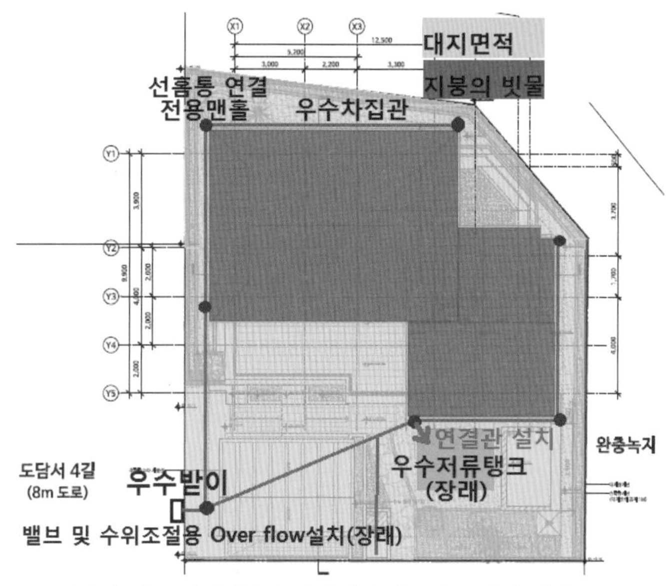

지붕의 빗물 차집현황과 장래 우수저류탱크 설치 계획도(안)

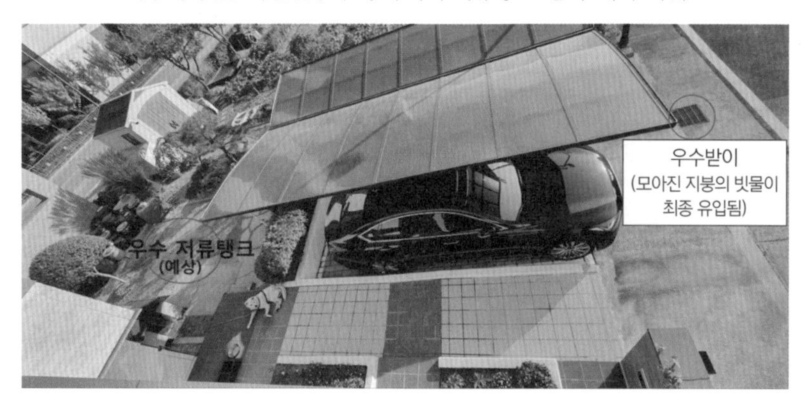

베란다에서 바라본 우수받이 및 장래 우수저류탱크 위치 현황

사진 66 지붕의 빗물차집 현황과 우수저류탱크 설치계획(안)

건물벽에 설치된 선홈통

선홈통 연결 전용맨홀

맨홀 내로 유입된 선홈통

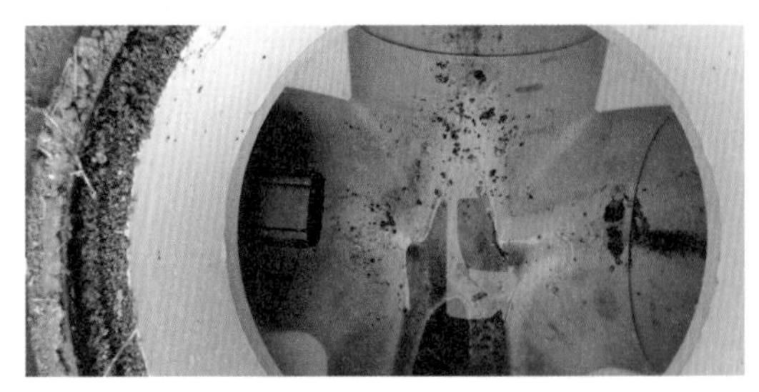

맨홀 내로 유입된 선홈통 상세

사진 66 지붕의 빗물차집 현황과 우수저류탱크 설치계획(안)(계속)

2.6 공간 활용의 극대화

공간 활용계획을 수립하는 데 최우선으로 고려한 사항은 여유 공간은 최대한 활용하되, 낭비되는 공간이 없도록 집의 생활패턴에 맞는 꼭 필요한 것만 설치하는 것이었다.

공간 활용을 극대화한 몇 가지 사례를 소개하면 다음과 같다.

(1) 계단 밑에 책상 및 수납공간 설치
(2) 계단참에서 진입할 수 있는 반층형 수납창고 설치
(3) 세탁기 옆에 입식빨래판 설치
(4) 콤팩트(compact)하면서 실속 있는 화장실 구성
(5) 계단 옆 2층 화장실 입구에 간이 세면대 설치
(6) 신발장 내 물걸레 청소기 전용 수납공간 설치
(7) 테라스 내에 2개의 화단 설치
(8) 북측 여유 부지에 대형 항아리를 이용한 지하 저장고 설치

(1) 계단 밑에 책상 및 수납공간 설치

계단 밑에는 사진 67과 같이 책상, 책꽂이, 독서등(燈) 및 인터넷과 컴퓨터를 설치하여 1층에서 책, 신문 등을 편하게 읽으면서 인터넷을 사용하거나 문서작업도 할 수 있으며, 일부 공간은 소형 수납창고로 만들어 쌀, 콩 등의 곡물류와 식용유, 키친타월 등 식자재 및 주방용품들을 보관·사용할 수 있게 하였다.

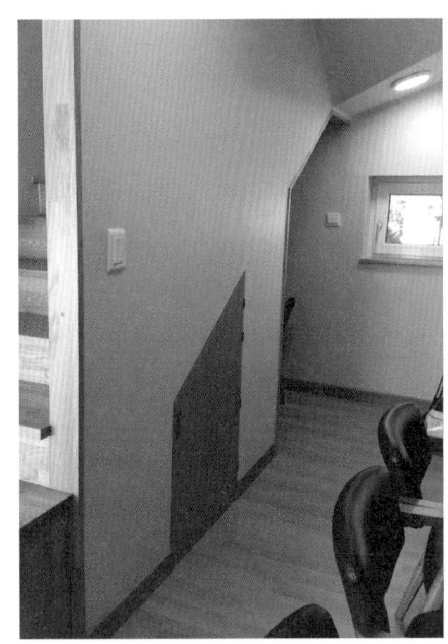

사진 67 계단 밑에 책상 및 소형 수납공간 설치

(2) 계단참에서 진입할 수 있는 반층형 수납창고 설치

한실상부의 여유 공간에는 사진 68과 같이 계단참에서 진입할 수 있는 반층형 수납창고를 설치하여 집 안의 모든 살림살이를 책꽂이 형태로 정리·보관함으로써 집 안 전체 공간을 여유 있게 하면서, 필요할 때 편리하게 사용할 수 있게 하였다.

사진 68 계단참에서 진입할 수 있는 반층형 수납창고 설치

(3) 세탁기 옆에 입식빨래판 설치

사진 69와 같이 세탁기 옆에 입식빨래판을 설치하여 세탁 전의 초벌빨래는 물론, 모든 손빨래를 서서 할 수 있어 무릎 관절을 보호할 뿐만 아니라 세탁 효과를 높이고 수돗물도 절약할 수 있게 하였다.

사진 69 세탁기 옆 입식빨래판 설치

(4) 콤팩트(compact)하면서 실속 있는 화장실 구성

1층에 2개, 2층에 1개 등 3개의 화장실 모두 사용빈도가 많지 않은 욕실용품은 배제하고, 꼭 필요한 위생도기 및 샤워시설과 수전금구만을 설치하여 실속 있으면서 공간적으로 여유 있는 화장실을 구성하였다.

사진 70 콤팩트한 화장실 구성

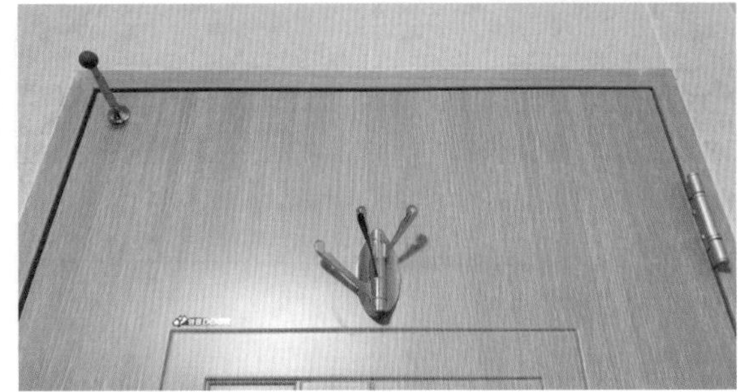

사진 70 콤팩트한 화장실 구성(계속)

(5) 계단 옆 2층 화장실 입구에 간이세면대 설치

계단 옆 2층 화장실 입구에 별도의 간이세면대를 설치하여 가족들이 모였을 때 효과적으로 사용할 수 있게 하였다.

사진 71 계단 옆 2층 화장실 입구에 간이세면대 설치

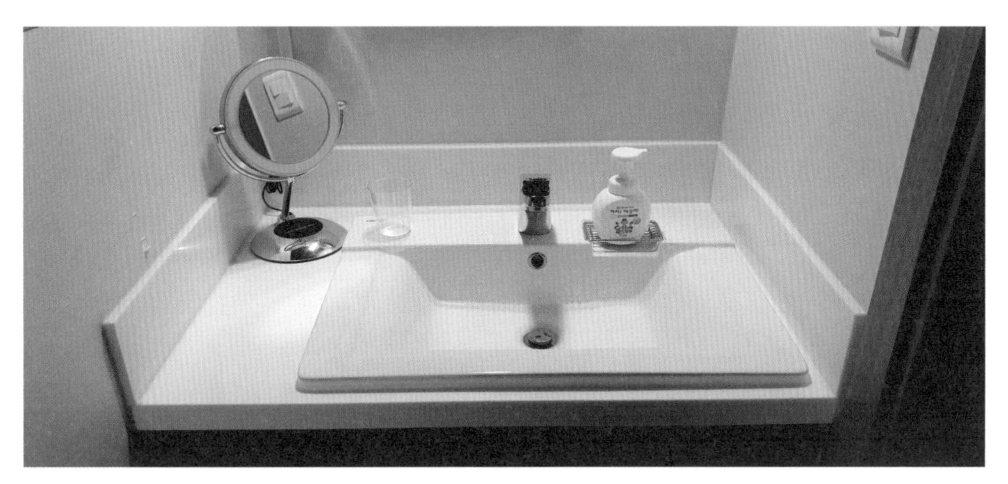

사진 71 계단 옆 2층 화장실 입구에 간이세면대 설치(계속)

(6) 신발장 내 물걸레 청소기 전용 수납공간 설치

신발장 내에 물걸레 청소기 전용수납공간 및 충전용 콘센트를 설치하여 여유 있는 실내공간을 연출하고 필요시 언제든지 사용할 수 있는 편리함을 제공하였다.

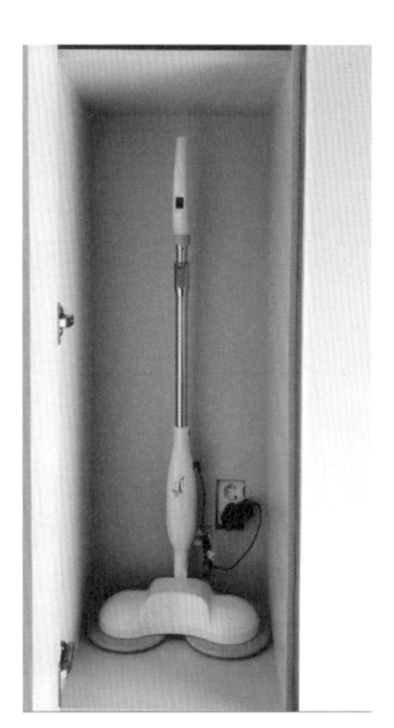

사진 72 신발장 내 물걸레 청소기 전용 수납 및 충전 공간 설치

(7) 테라스 내 2개의 화단 설치

1층 거실 앞 테라스에 다음 사진 73과 같이 2개의 화단을 설치하여 계절별로 다양한 화초를 심어 집 안 분위기의 변화와 함께 거실에서 바라보는 풍경도 운치 있게 하였다.

사진 73 테라스 내에 2개의 화단 설치

사진 73 테라스 내에 2개의 화단 설치(계속)

(8) 북측 여유 부지에 대형 항아리를 이용한 지하 저장고 설치

패시브하우스의 가장 큰 장점 중 하나는 겨울철에도 실내 전체의 온도가 20℃ 이상 균일하게 유지된다는 점인데, 그러다 보니 텃밭에서 수확한 무, 배추, 감자 등의 채소류를 신선하게 보관할 장소가 냉장고 외에는 마땅치 않다. 그래서 외부 공간인 북측 여유 부지에 다음 사진 74와 같이 대형 항아리를 묻어 배추, 무, 감자, 생강 등의 채소를 저장하여 겨우내 싱싱하게 먹을 수 있고, 항아리 뚜껑은 XPS 단열재와 주차장 지붕용 폴리카보네이트를 활용하여 단열을 기하면서 빗물이 침투되지 않게 하였다.

사진 74 북측 여유 부지에 대형 항아리를 이용한 지하 저장고 설치

2.7 공사 착공 준비

설계 마무리 단계에서는 성과품에 대한 취합·정리뿐 아니라, 시공업체 선정을 위한 발주서류 준비 등 공사 착공을 위한 사전 준비 사항들이 많다. 공사 착공을 위해 사전에 준비한 사항은 다음과 같다.

(1) 공사 시행방법의 결정과 최종 설계도면 등 성과품 취합 및 인쇄
(2) 시공업체 선정을 위한 세부 공사범위 정리와 공사설명서 작성
(3) 건축허가 신청
(4) 경계복원측량 실시
(5) 감리계약체결

(1) 공사 시행방법의 결정과 최종 설계도면 등 성과품 취합 및 인쇄

플랜트 설계이건, 건축설계이건 설계 마무리 단계에서는 취합해야 될 내용들로 설계자, 발주처(건축주) 모두가 바쁠 수밖에 없다. 설계도면에 설계심사결과와 관련 부처 및 발주처(건축주)의 협의 내용들이 모두 반영되었는지, 중요 부분들에 대한 note 표기가 제대로 되었는지, 수량산출서와 내역서상 누락되거나 잘못된 것은 없는지, 설계과정에서 변경된 부분들이 제대로 반영되었는지 등 검토·확인해야 할 내용들이 한두 개가 아니기 때문이다.

공공하수처리시설 설계의 경우 최종 납품된 설계성과품은 시공업체 선정을 위한 공사 발주서류가 되는 동시에 지방자치단체나 정부의 예산편성 및 집행의 근거서류가 되기 때문에 설계 마무리 단계에서는 발주처와의 긴밀한 협의하에 상하수도·구조·토질·수자원·건축·도시계획·기계·전기·조경 등의 각 분야별로 설계내용을 최종 크로스 체크(cross check)하고 조율하면서 취합한다.

특히 인쇄 직전 산출된 공사비가 예상 공사비를 초과한 경우 설계 내용을 수정해야 하는데, 이때 초과된 공사비의 규모에 따라 공사범위 변경 없이 전반적인 단가조정으로 마무리할 것인지, 아니면 일부 시설 또는 기자재를 금회공사에서 제외하거나 장래분으로 돌리는 등의 대대적인 설계수정을 할지를 결정해야 하고, 시공업체 선정방식(총액입찰,

내역입찰, 조달청 의뢰 혹은 수의계약 등)에 따라 도면과 내역서, 시방서, 공사설명서 등은 제대로 구분되어 작성되어 있는지, 심지어 오탈자나 페이지 누락은 없는지 등 관련 분야별로 며칠씩 야근 또는 철야 작업을 하면서 얼마 남지 않은 용역기간 내에 공사발주서류를 포함한 설계성과품이 제대로 납품될 수 있도록 마무리해야 한다.

이처럼 설계 마무리 단계에서는 설계자와 발주처 모두 긴밀한 협의하에 바빠질 수밖에 없는데, 설계자는 설계자대로 완벽한 설계의 마무리뿐만 아니라, 발주처가 계획하고 있는 공사발주계획에 따라 성과품의 분리와 발주서류를 작성해야 하기 때문이고, 발주처는 자신들이 계획하고 있는 공사발주계획대로 설계성과품이 작성되도록 설계자 측에 요청하면서 감리와 공사발주 준비를 병행해야 하기 때문이다.

여기서 중요한 것은 단독주택도 설계 마무리 단계에서는 성과품의 취합·정리뿐만 아니라 공사 발주 준비를 위해 설계자와 건축주가 긴밀히 협의하면서 집중해야 한다는 것이다.

특히 단독주택 설계의 경우 설계 마지막 단계쯤 되면 공종별 시공업체를 어떠한 방식으로 선정할 것인지, 업체선정 시 제시할 도면, 시방서(또는 스펙북)와 공사설명서 등 입찰(견적)준비서류는 작성되었는지 등 시공업체 선정과 착공 준비를 위해 건축주가 챙겨야 할 내용들이 많기 때문에 설계자의 지원을 받아가면서 건축주 스스로가 신경 써야 한다.

즉, 건축주는 항상 자기가 주인임을 잊지 말고, 최종 설계 마무리 단계에서도 자금계획을 고려한 공사비 집행계획과 공사 진행방안 등을 염두에 둔 채 설계자와 공사비 절약방안, 시공업체 선정 방안 등에 대해 적극적으로 상의하면서 최종성과품도 여기에 맞추어 작성될 수 있도록 조율해야 하는 것이다.

필자의 경우에는 설계 진행 단계부터 세면대, 수전 등의 욕실용품과 등기구 등의 주요 자재를 직접 선정해 설계에 반영해나갔으며, 설계자와의 긴밀한 협의하에 전문공종별(창호, 공조설비, 외부차양, 세라믹 사이딩, 기와, 중목, 캐노피 주차장, 태양광, 외벽단열재, 열교 차단 화스너 등) 업체들과도 사전 접촉해 세부적인 설계내용과 공사비까지 조율하면서 설계도면을 완성해나갔다. 이 과정에서 도면에 표기가 어렵거나 공사 시 주의를 요하는 부분은 별도의 스펙북[26]을 작성하여 도면과 함께 공사도급계약 체결 시 계약서의 첨부 서류에 포함시켰고, 공사 집행의 기준으로 제시하였다.

표 15 도담패시브하우스 공사 전반에 대한 시행방안 및 지급자재 범위(사례)

1. 건축주 직영공사(A)
 □ 공정*과 무관한 부분(시공관리 → 건축주)
 - 경계측량(044-300-8871, 경계점 관리책임 : 골조시공사)
 - 지하수 설치공사(OO지하수, 김OO 010-3840-****)
 - 태양광설치 공사(OO, 노OO, 010-9105-****)
 - 조경공사(수목식재)(OO조경, 한OO, 010-5422-****)
 - 생태울타리공사(OO조경, 김OO, 010-8812-****)
 - 문, 붙박이장, 드레스룸장 등 가구제작 설치공사(OO도어)
 - 부엌, 다용도실 내 주방가구 설치공사 1식(OO도어)
 - 도시가스 인입공사(OO도시가스, 010-3050-****)
 - 상수도 인입공사(세종시 설비공사 010-4801-****)

 * '공정'이라 함은 기초공사, 철근 콘크리트 공사 등 골조 관련 공사를 의미함

 □ 공정과 관련된 부분(시공관리 → 건축주 & 골조시공사)
 - 공조시설공사(OOAIR, 박OO, 010-7102-****)
 - 중목구조 공사(OOO프리컷, 최OO, 010-8889-****)
 - ROOGA기와 공사(OOO컴퍼니, 왕OO, 010-3708-****)
 - KEMU 외벽사이딩 공사(OOO컴퍼니, 왕OO, 010-3708-****)
 - CCTV 설치 공사(통신업체, 배선공사 포함)
 - 캐노피 주차장(OO건재, 031-216-****)
2. 건축주 지급자재(건축주가 직접구입 제공**)
 - 창호(현관문, 기계실문 포함)(설치 → 골조 시공사)
 - 전등(실내외 등기구 일체)(설치 → 전기 시공사)
 - 부엌, 욕실 수전용품(비데, 세면대, 상부장, 수도 및 샤워전, 간이세면대, 입식빨래판, 수건걸이, 수건선반, 휴지걸이, 샤워파티션)(설치 → 설비업체, **단, 선반(젠다이) 공사 → 골조 시공사**)
 - 우편함(설치 → 골조 시공사)
 - 도어카메라 및 비디오 폰(설치 → 코맥스)

 ** '건축주가 직접구입 제공'은 건축주 취향에 맞는 제품을 건축주가 직접 구입하여 지급하는 제품으로 제품별 특성에 맞게 분야별 설계도면에 모두 반영하였음. 단 설치는 해당 전문 업체에 의뢰하되 설치비는 별도 계상함

3. 건축주 직영공사(B, 골조시공)
 - '**건축도면**'상에서 상기 1, 2를 제외한 모든 공사

---

26 스펙북에 포함된 외장재(세라믹 사이딩, 세라믹 기와)와 조경석 및 타일, 위생도기·수전 등의 욕실용품, 각 실별 등기구, 수평 부동수전과 캐노피 주차장 등에 대해서는 설계착수 1~2년 전부터 꾸준히 해당 제품에 대한 특성과 사양을 파악·정리하였으며, 이를 바탕으로 설계 진행 단계에서는 해당업체들과 전문적으로 협의하면서 설계에 반영해나갈 수 있었고, 설치자 또는 구입처와의 가격협상도 여유 있게 진행할 수 있었음.

앞의 표 15는 설계 마무리 당시 계획했던 공사 전반에 대한 시행방안으로 전문공종별로 분리해놓은 것이며, 이를 바탕으로 시공업체 선정 시 제시할 도면, 스펙북, 공사설명서 등을 작성하였고, 표의 내용 중 '**3. 건축주 직영공사(B, 골조시공)**'에 대해서는 **총액입찰방식**[27]으로 업체를 선정할 수 있게 해당 서류를 작성했다.

표 15에 표기되어 있는 것처럼, 설계가 한창 진행되고 있는 단계에서 이미 전문공종별로 업체를 접촉해서 대표자와 직접 통화하면서 다음 그림 35와 같이 제품별 특성이 반영된 최종 설계도면을 완성해나갔으며, 설계 마무리 단계에서는 그동안 검토·수정된 내용들이 제대로 반영되었는지도 상호 확인한 후 최종성과품 인쇄에 들어갔고, 추가적으로 '**3.1 시공업체 선정과 착공/공종별 시공업체 선정과 공사비 결정**'에서 언급하고 있는 바와 같이 해당 전문 업체별 공사비를 최종 조율한 계약용 견적서까지 받았다.

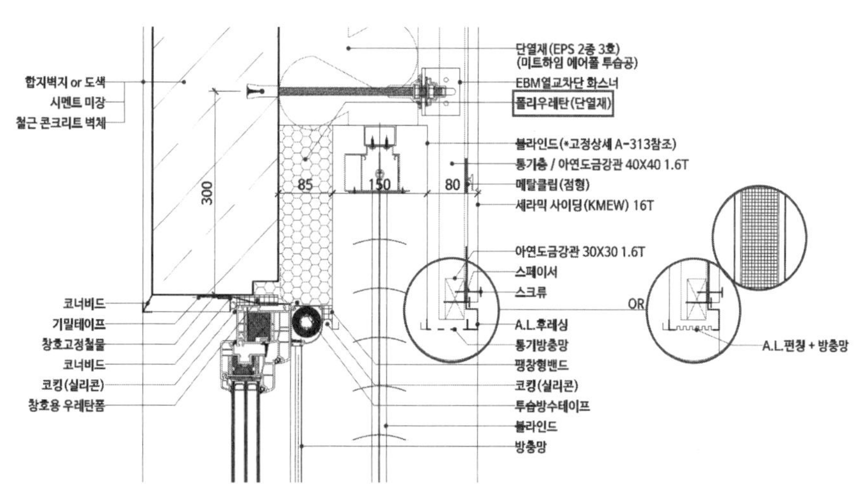

창호·외부차양·사이딩 마감의 특성을 고려한 창호설치 상세도

그림 35 전문 공종별 제품의 특성을 반영한 최종 설계도면(예)

27 **총액입찰**이란 발주자가 제시한 설계도서(도면, 시방서, 공사설명서 등)에 따라 수량, 단가 등 모든 내역을 입찰자 책임하에 계산하고, 입찰서를 총액으로 작성하여 제출하는 입찰이며, **내역입찰**은 발주자가 미리 공종별 목적물별 물량내역을 표시하여 배부한 내역서에 입찰자가 단가와 금액을 기재한 산출내역서를 입찰 시에 입찰서와 함께 제출하는 입찰임.

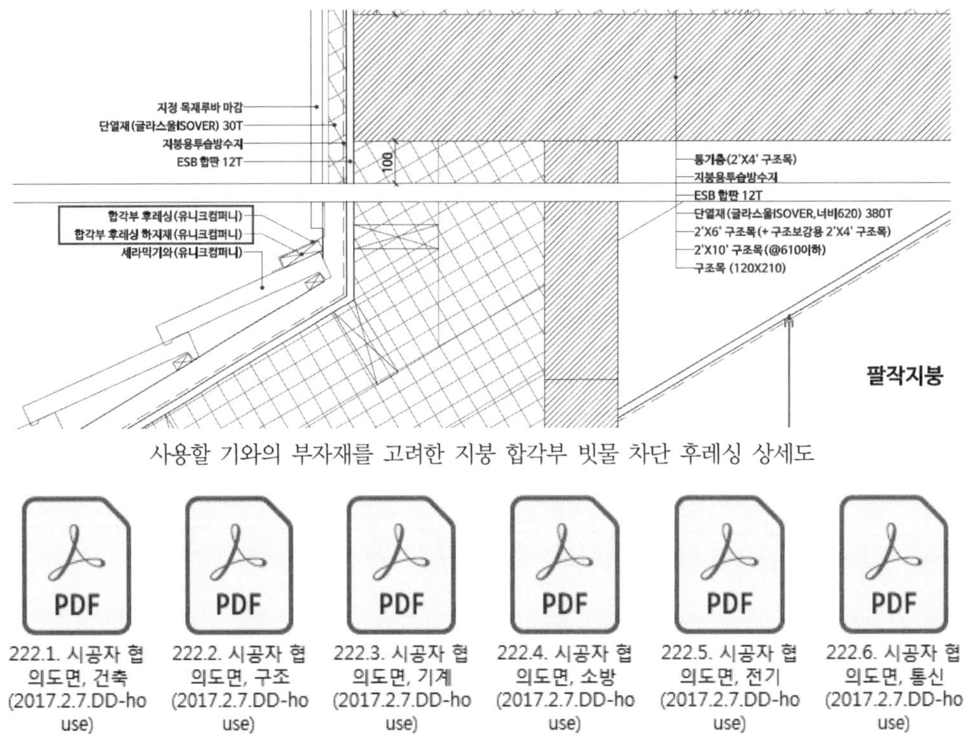

사용할 기와의 부자재를 고려한 지붕 합각부 빗물 차단 후레싱 상세도

최종 완성된 성과품(시공업체 선정 시 업체별 계약서의 첨부서류가 됨)

그림 35 전문공종별 제품의 특성을 반영한 최종 설계도면(예)(계속)

(2) 시공업체 선정을 위한 세부 공사범위 정리와 공사설명서 작성

도담패시브하우스의 시공업체 선정은 크게 3가지 방향으로 진행하였다.

하나는 설계 진행 단계부터 참여시켜 세부적인 설계내용과 공사비 절약방안까지 상호 조율한 전문 업체(외부벽체마감 및 기와지붕공사, 중목구조공사, 공조설비공사, 외부차양공사, 주방가구 및 내부 목 가구 공사, 전기·통신·소방공사, 설비공사, 태양광공사, 도시가스인입공사 등)와 최종 가격협상 후 계약을 체결하는 것이었고,

다른 하나는 건축주 취향에 맞는 제품을 건축주가 직접구입한 후 해당 전문 업체에 설치를 의뢰(이 경우 설치비는 별도 계상해줌)한 것이었으며, 마지막 하나는 '**건축도면**'상

에 있는 설계내용 중 위의 두 가지 공사를 제외한 모든 범위를 대상으로 일괄 시공하는 총액입찰방식으로 시공자를 선정하는 것이었다.

단 총액입찰에 의한 계약으로 수행해야 할 공사범위를 명확히 하기 위해 공사에 100% 적용할 상세도면(사용자재에 대한 철저한 표기포함)이 작성되었고, 공사방법에까지 논란의 여지가 없도록 설계도면이 디테일하게 작성되었으며, 시공자 의무사항에 대해서는 '공사설명서'와 '계약서'에 명확히 명시했다('**3.1 시공업체 선정과 착공/공사계약서에 포함되어야 할 내용**' 참조).

공사비를 결정함에 있어서 전문 업체별 공사비는 필자가 직접 접촉하면서 세부적인 항목이 포함 된 견적서('**3.1 시공업체 선정과 착공/공종별 시공업체 선정과 공사비 결정**' 참조)를 받아 협상·조율하여 결정하였고, 총액입찰방식으로 선정한 시공업체의 공사비는 국내에서 패시브하우스에 대해 공사경험이 풍부한 업체 중 도담패시브하우스의 공사시기에 여유가 있는 2개 업체를 선정한 후 '**건축도면**'과 '**스펙북**' 및 세부적인 공사범위가 포함된 표 16의 '**공사설명서**'를 2개 업체(시공자 B_1, 시공자 B_2) 각각에 제시하여 총액이 표기된 가격입찰로 공사비를 결정하였다.

총액입찰 시 제시한 '**건축도면**', 세부 공사범위가 포함된 '**공사설명서**'는 업체가 제시할 공사비산출의 기준이 됨은 물론이고, 최종계약 시 계약서상의 공사범위에 해당되기 때문에 세부 공사범위 작성 시 자칫 누락되거나, 중복 기재되는 항목이 없도록 면밀히 검토하였다.

참고로 이 책에서 언급되고 있는 성과품 작성 등 설계에 관한 부분과 업체선정 방안 등은 공사비를 절약하면서도, 건축주가 원하는 집을 지을 수 있는 효율적인 방안이라 할 수 있지만, 설계자의 많은 도움이 필요하고, 건축주 역시 나름대로 준비할 사항이 많은 방안이기 때문에 건축주 각자의 사정에 따라 좋은 방법을 택하면 될 것이다.

표 16 도담패시브하우스 신축공사 시공자(B) 선정을 위한 공사설명서(세부 공사범위 포함)

(단위 : 천 원)

공사 구분	직영(A) (개별시공사)	직영(B) 시공자(B1)	직영(B) 시공자(B2)	비고
○ 기초공사[1]	-	○	○	
○ 우수·오수 분리배관공사1식[2]	-	○	○	
○ 철근 콘크리트 벽체공사[3]	-	○	○	
○ 건물 내부 바닥·벽체·천장 마감공사[4]	-	○	○	
○ 외부벽체 마감공사[5]	○	-	-	
- 단열재(Thk. 220, OOO회사 EPS 2종 1호), **견적서(I) 참조(OOO회사)**	○	(설치)	(설치)	
- 열교 차단 화스너(OOO회사, 싱글 타입) **견적서(II) 참조(OOO회사)**	○	-	-	
- 외벽 마감재(KEMU : 세라믹 사이딩 1식), **견적서(III) 참조(OOO회사)**	○	-	-	
○ 지붕공사[6]	○	-	-	
- 중목구조 공사 - 경목 및 지붕층 구성공사, **견적서(IV) 참조(OOO회사)**	○	(방습지+ 단열재)	(방습지+ 단열재)	
- KMEU 세라믹 기와(ROOGA雅), **견적서(V) 참조(OOO회사)**	○	-	-	
- 물받이, 선홈통, 필요사항 1식, **견적서(V-1) 참조(OOO회사)**	○	-	-	
○ **베란다, 기계실 지붕, 진입로 등 외부바닥 마감공사**[7]	-	○	○	
- 바닥구성 등 필요사항 1식	-	○	○	
- 이노블록 1식, **견적서(VI) 참조(OOO회사 블록)**	-	○	○	
○ **공조설비공사 1식, 견적서(VII) 참조(OOO회사)**	○	(설치)	(설치)	
○ **외부차양 설치공사 1식, 견적서(VIII) 참조(OOO회사)**	○	-	-	
○ **건축주 지급자재 공사('건축공사 도급계약 일반조건' 제9조 관련)**		-	-	
- 창호 구입(현관문, 기계실 문 포함) **단, 설치 → 골조 시공자, 견적서(IX)참조**	○	(설치)	(설치)	
- 조경수/**설치(식재) → OOO회사**	○	-	-	
- 주차장 캐노피(Model : CCY2-57-24-24-H20)구입/**설치 →OOO회사**	○	-	-	
- 생 울타리(L ≒100m, +90m)	○	-	-	
- 등기구 구입(**'SPEC-BOOK' 참조) 단, 설치 → 전기 시공자**	**(설치 → 전기)**	-	-	
- 욕실 구성품(**'SPEC-BOOK' 참조)** **단, 설치 → 설비 시공자**	**(설치 → 설비)**	-	-	

표 16 도담패시브하우스 신축공사 시공자(B) 선정을 위한 공사설명서(세부 공사범위 포함)(계속)

(단위: 천 원)

공사 구분	직영(A) (개별시공사)	직영(B) 시공자(B1)	직영(B) 시공자(B2)	비고
-우편함 구입(건축도면 참조) **단, 설치 → 골조 시공자**	○	-	-	
-비디오폰(전기도면 참조) 단, 설치 → 코맥스	**(설치→코맥스)**	-	-	
-CCTV 구입(IP카메라 8대+DVR) 단, 설치 → 통신 시공자	○	-	-	
-**심정/설치 → OOO회사, 단, 옥외수도 설치1식 → 시공자**	○	옥외수도 공사	옥외수도 공사	
○ **주방용품 설치공사1식**[8]	○	-	-	
○ **내부 목가구 공사**[9]	○	-	-	
○ **전기·통신·소방공사 1식(전기도면 참조)**[10]	○	-	-	
○ **설비공사1식(급배수관, 난방배관)(기계도면 참조)**[11]	○	-	-	
○ **태양광 설치공사(3KW)(건축도면 참조)**	○	-	-	
○ **도시가스 인입공사(기계도면 참조)**[12]	○	-	-	
○ **상수도 인입공사(기계도면 참조) 설비에 포함**	○	-	-	
○ **기타 도면에 명기된 사항 1식(건축도면 참조)**	-	○	○	
계[13]		○	○	
총공사비($A+B_1$ or $A+B_2$)				
업 체 선 정		?	?	

주 1) • 기초터파기(터파기 기초면 다짐 → 지내력 20T/m^2 이상 확보)
- 잡석(∅70→사춤자갈∅50 내외, Thk. 400(단, 옹벽200) 및 다짐→ 02, 5시간 이상)
- 무근 콘크리트 타설(Thk. 150, 건물기초, 테라스, 주차장 · 진입로 · 장독대 · 옹벽기초부위 동일)
- 단열재(XPS특호→건물기초부 : 220, 테라스 부: 320, 주차장 · 진입로 부 : 120, 장독대 상부 : 320)
- 철근 콘크리트 바닥 기초(건물기초부 : 400, 650(한실), 테라스 · 주차장 · 진입로 부 : 270~420, 옹벽 : 200, 장독대 : 300)
- 방수시트 및 기타 기초에 필요한 사항 1식(도면 참조)

2) • 우수(선홈통수) · 오수 분리배관 등 옥외 배수관 공사(소형맨홀, 오수받이, 통기밸브 설치 포함)1식(도면 참조)

3) • 철근 콘크리트 건물 외벽(Thk. 200)
- 철근 콘크리트 건물 내벽(Thk. 200, 160)
- 철근 콘크리트 건물2층 바닥(Thk. 180)
- 철근 콘크리트 L형 옹벽(Thk. 150~200, 500h, ℓ≒107m) → (592, 593번 외곽경계선)
- 철근 콘크리트 장독대벽(Thk. 300, 4,862W×3,605h)

4) • 1,2층 방통타설, 바닥마감(강마루 or 한지장판 or 지정타일) 등 필요사항 1식(도면 참조)
- 1,2층 내벽마감(미장몰탈 위 도색 or 합지벽지 or 지정타일) 등 필요사항 1식(도면 참조)
- 1층 천장마감(미장 위 도색 or 2′×2′ 구조목, 석고보드9.5T, 지정 목재루바 12T or 경량천장틀, 석고보드9.5T, 지정목재루바12T) 등 필요사항 1식(도면 참조)
- 2층 천장마감(ESB12T,※ 글라스울ISOVER620W×380T, 140T, 가변형방습지, 2′×4′ 구조목, 석고보드9.5T, 지정 목재루바12T) 등 필요사항 1식(도면 참조) **※ 지붕공사에 포함**
- 계단 설치공사 및 기타 필요사항 1식(도면 참조)

5) • 단열재(Thk. 220, OOO회사 에어폴 투습공→ EPS 2종 1호)(설치→시공자)(도면 및 견적서 참조)
- 열교 차단 화스너(OOO회사, 싱글Type) (단열재고정 포함)(도면 및 견적서 참조)
- 외벽 마감재(KEMU : 세라믹 사이딩 16T, 아연도금강관, 메탈클립, 기타 필요사항 1식)(도면 및 견적서 참조)

표 16 도담패시브하우스 신축공사 시공자(B) 선정을 위한 공사설명서(세부 공사범위 포함)(계속)

6) • 중목구조 공사(삼나무 구조용 집성재), 경목 및 지붕층 구성공사(목재루버, 2′×10′ 구조목, 2′×6′구조목, ESB12T) (도면 및 견적서 참조)
  • KMEW 세라믹 기와(투습방수지, 기와용 각상15×30, 통기층 2′×4′ 구조목, 기와 : ROOGA雅 등 필요사항 1식)(도면 및 견적서 참조)
  • 물받이, 선홈통, 교차부 홈통, 처마, 합각부 설치 등 필요사항 1식(도면 및 견적서 참조)

7) • 2층 베란다(후레싱, 유리난간)
  • 바닥구성(아스팔트시트, EPS 220, 자착식 시트, 보호매트, 구배몰탈, 모래, 강자갈) 등 필요사항 1식(도면 참조)
  • 이노블록(테라스, 2층 베란다, 주차장, 장독대 등) 1식(운반비 포함)(도면 및 'SPEC-BOOK' 참조)

8) • 주방용품 설치공사(싱크대, 수납장, 배기후드 등 주방시설 1식(가스오븐렌지 2EA 포함) 1식

9) • 내부 목가구 공사(붙박이장 2EA, 드레스룸 2EA, 신발장 1EA, 수납장(창고, 다용도실, 주방, 계단하부) 각 방 ABS 문 등 필요사항 1식(영림도어)

10) • 전기, 통신, 전등설치 포함→14만 원/평 + 한전불입금 60만 원 포함)(OO전기)

11) • 급 · 배수관(VG1), 난방코일(X-L), 세면대설치, 각종 수전 설치 **14만 원/평** + 상수도**인입수수료 50만 원** + **보일러 2,000천 원**(세종시 설비공사) **※ 옥외 배관공사 → 2)에서 수행**

12) • 도시가스 연결, 가스미터기 설치, 건물 내 배관설치 · 연결 → **180만 원**(OO도시가스)

13) • 일반관리비, 이윤, 부가가치세 포함

(3) 건축허가 신청

설계가 완료단계에 이르면 건축허가를 신청해야 한다.

건축물을 건축할 때에는 허가권자인 특별자치도 지사 또는 시장, 군수, 구청장의 허가를 받아야 하는데, 건축허가를 받고자 하는 자는 건축허가 신청서에 관계서류를 첨부하여 관할 허가권자에게 제출하여야 하며, 건축허가를 받은 날로부터 1년 이내에 공사를 착수하지 않으면 허가가 취소된다.

관계서류에는 건축물의 동별 개요, 대지의 범위와 소유를 증명하는 서류, 건축허가용 설계도서와 동의서 등이 필요하며, 건축허가 신청서를 작성할 때에는 신청인의 인적 사항 및 해당 건축행위, 건축 일정 등으로 구분해서 정확하게 기재하여야 하는데, 건축허가 신청은 대부분 건축설계사무소에서 '세움터'라는 건축행정시스템을 통해 신청하기 때문에 건축주는 건축사사무소를 대리인으로 하는 위임장에 대한 동의와 허가신청서에 확인 후 서명만 하면 된다.

건축허가 신청 외에 또 하나 신청해야 할 것이 있는데, 「하수도법」에 의한 '배수설비 설치 신고서'이다(「하수도법 시행규칙」 별지 제7호 서식).

배수설비 설치신고서에는 설치자(건축주)의 인적사항과 설치목적, 배수설비의 물량 및

재질 등이 기재되는데, 이 역시 건축사사무소에서 일괄 작성하여 신청하기 때문에 건축주는 확인 후 서명만 하면 된다.

도담패시브하우스의 경우에는 설계자가 워낙 꼼꼼한지라 건축허가 신청 전에 사전 협의서류(사전협의도면, 법규 체크리스트, 지구단위계획 체크리스트 등)를 작성하여 관할청인 '행정중심복합도시건설청'의 담당자를 건축사가 직접 만나 사전협의하였으며, 일부 미비사항을 보완한 후 '세움터'를 통해 건축허가 신청서를 제출하였는데, 제출한 지 20여 일 만에 '건축허가서 교부 알림' 통지를 받았다.

'건축허가 신청서' 및 '배수설비 신청서'의 양식은 인터넷에서 쉽게 확인할 수 있기 때문에 별도 수록하지 않았으며, 다만 공사 착공시점 등을 고려하여 여유 있게 신청할 필요가 있다.

(4) 경계복원측량 실시

경계복원측량은 지적공부에 등록된 경계 또는 수치지적부에 등록된 좌표를 원래의 지상경계를 찾아내어 지표상에 복원하는 측량으로 경계감정측량이라고도 하는데, 건물을 지을 때는 인접토지와의 경계를 확인하기 위해 반드시 실시해야 한다.

경계복원측량은 해당 부지의 관할 한국국토정보공사에 전화로 신청하고, 해당 지번을 알려주면 수수료와 입금계좌를 발송해주며 측량예정일도 상담할 수 있다.

도담패시브하우스의 경우 서로 접한 2필지(317m^2 × 2)를 경계복원측량하였는데, 2필지 측량비용이 1,273,800원이었고, 수수료를 입금한 날로부터 1개월 후에 측량을 실시하였으며, 해당 국토정보공사의 사정에 따라 달라질 수 있으니 여유 있게 신청해야 한다.

측량을 실시하면 해당 부지의 경계를 복원하는 표시로써 경계선의 변화지점마다 경계말뚝이나 못 또는 락카 등으로 표시해놓으며, 이 경계용 표시가 공사 중 훼손되지 않도록 관리하여야 한다.

도담패시브하우스 공사 시에는 골조 시공사가 책임지고 관리하였고, 공사 완료 후 실시하는 현황측량에서 한 치의 오차 없이 시공되었음을 확인하였다.

다음 사진 75는 경계복원측량의 성과도와 측량 후 표시한 경계말뚝이다.

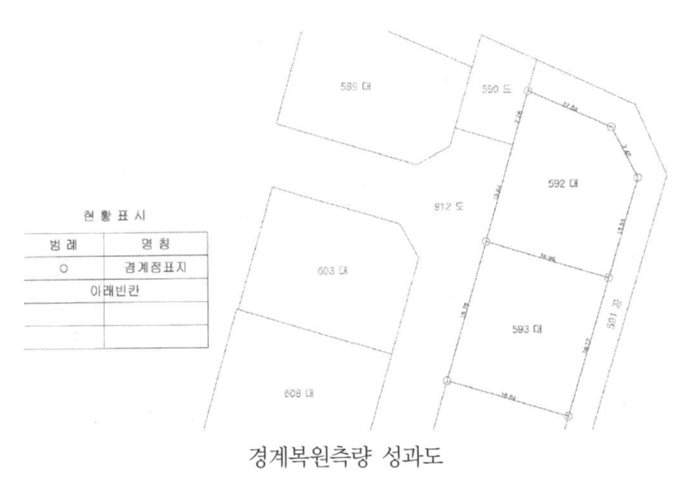

경계복원측량 성과도

경계복원 표시 말뚝

그림 75 경계복원측량 성과도와 경계복원을 표시한 말뚝

(5) 감리계약 체결

단독주택의 감리업무는 규모가 크지 않기 때문에 「건축법 시행령」 제19조 제5항의 규정에 따른 수시 또는 필요한 때 공사현장에서 수행하는 감리업무만으로 가능하며, 감리자는 공사감리완료보고서를 작성하여 발주자에게 제출하고 사용승인신청서에 서명 날인함으로써 건축공사감리를 완료하는 것으로 되어 있다.

정부에서는 민간감리비 기준을 별도 제시하고 있지 않지만 '공공발주사업에 대한 건축사의 업무범위와 대가기준'(국토교통부고시 제2015-911호, 2015.12.8., 일부개정)[별표 5]

건축공사감리 대가요율에서 공공건축물에 대한 감리비 산출방법을 제시하고 있으며, 일부만을 발췌한 요율은 다음 표 17과 같다.

표 17 건축공사감리 대가요율

(단위 : %)

공사비	제3종(복잡)	제2종(보통)	제1종(단순)
5천만 원	2.46	2.24	2.02
1억 원	2.32	2.11	1.90
2억 원	1.85	1.68	1.51
3억 원	1.70	1.54	1.39
5억 원	1.57	1.43	1.29
10억 원	1.35	1.23	1.11
20억 원	1.24	1.13	1.02
30억 원	1.20	1.09	0.98
50억 원	1.18	1.07	0.96
100억 원	1.14	1.04	0.94

출처 : 공공발주사업에 대한 건축사의 업무범위와 대가기준[시행 2015.12.8.]
[국토교통부고시 제2015-911호, 2015. 12. 8., 일부개정], 일부 발췌

위의 표에 따른 건축공사감리 대가요율은 '제3종(복잡)'을 기준으로 할 때, 공사비[28]별 요율이 공사비 1억 원의 경우는 2.32%, 2억 원은 1.85%, 3억 원은 1.7%, 5억 원은 1.57%이다.

단독주택의 공사비가 2~5억 원인 점을 고려하고, '제3종(복잡)'의 감리를 조건으로 계약할 때 적정 감리비는 공사비의 개략 2% 내외(부가가치세 별도)인 셈이다. 즉 공사비 2억 원의 건축물은 감리비가 4백만 원(부가가치세 포함 4,400천 원)이고, 공사비 5억 원의 건축물은 1,000만 원(부가가치세 포함 11,000천 원) 정도인 것이다.

그러나 공사 진행을 위해 사전에 시공업체를 선정해야 하고, 시공업체를 선정하면서 공사비를 결정해야 하며, 공사도급계약서 작성에 무엇을 포함시킬 것인지를 고려해야 하

28 '공사비'라 함은 건축주의 공사비 총 예정금액(자재대 포함) 중 용지비, 보상비, 법률수속비 및 부가가치세를 제외한 일체의 금액을 말함.

고, 공사 진행 시 설계대로 공사가 진행되고 있는지를 전문적으로 관리·감독해야 할 사항 등 복잡하면서도 중요한 업무가 많이 남아 있는 상황에서 이를 비전문가인 건축주 스스로 처리하는 것은 만만찮은 일이 된다.

그래서 '<u>2.1 설계착수와 추진방향/설계기간은 여유 있게, 설계비는 인색하지 않게!</u>'에서 언급한 바와 같이 감리 역시 좋은 감리자를 만나고, 감리비는 인색하지 않게 지급하면서 공사 착공과 공사 진행에 대한 여러 지원을 받는 것이 유리하다.

단독주택의 감리는 대부분 설계를 수행했던 건축설계사무소에서 수행하게 되는데(지역에 따라 설계를 한 건축사가 감리를 수행하지 못할 수도 있음), 설계하면서 겪은 건축사가 마음에 들으면 공사 착공 전 미리 감리계약을 체결하여 위에서 언급한 시공업체 선정 과정과 공사 착공 준비서류부터 지원받기를 권한다.

도담패시브하우스의 경우에는 설계계약서 체결할 때 설계계약서의 '특약사항' 마지막 조항에 '감리는 원칙적으로 "을"이 하는 것으로 하고, 그에 따른 용역비는 000원으로 한다.' 라고 명시하였으며, 그러다 보니 설계한 건축사도 그렇고 건축주도 그렇고, 당연히 공사발주를 위한 서류작성과 공사비 절약방안 모색, 시공업체의 효과적인 선정방법 등 공사 착공 준비까지 연속해서 서로 긴밀히 협의할 수 있었으며, 건축주로서도 많은 도움이 되었다.

03

착공과 공사관리,
사용승인 신청

3
착공과 공사관리, 사용승인 신청

본 장은 도담패시브하우스를 공사할 **시공업체 선정과정과 착공** 그리고 약 8개월 동안 진행되었던 공사과정에서의 **공사 관리에 관한 사항**과 마지막으로 **사용승인 신청서 제출**까지 3개 부분으로 나누어 정리한 것이다.

시공업체 선정과 착공에서는 공종별 시공업체 선정과 공사비 결정, 공사계약서에 포함되어야 할 내용, 착공신고서 제출, 건축허가표시판 설치, 공사용 임시 전기 설치, 산재·고용보험 가입, 착공식에 대해 기술하였다.

공사관리에 관한 사항에서는 건축주·감리자·시공자 간 정확하고 근거 있는 의사소통을 위한 전용 카페 만들기, 공종별·월별 자금지출계획과 자재(외산 포함) 구입계획이 포함된 예정 공정표 작성하기, 공사 중 설계변경 요소 최소화하기, 스마트폰을 이용한 공사현황 촬영 및 분석, 공사에 대한 수정·보완지시는 반드시 문서 또는 스마트폰의 문자로, 기성금은 반드시 실적 확인 후 적기지급, 공사 현장은 깔끔하게, 시공자 계약위반 시 대처방법 등 단독주택을 짓고 있거나, 지을 계획이 있는 건축주 분들이 공사단계에서 보다 효율적으로 공사관리가 될 수 있도록 도담패시브하우스에서 약 8개월 동안 공사를 진행하면서 있었던 사항들을 참고로 정리하였다.

사용승인 신청에서는 건축법령에 따라 사용승인을 받을 때 사용승인 신청 시 제출하는 서류에는 어떠한 것이 있으며, 신청서에 포함될 내용 중 건축주가 미리 미리 챙겨두면 편리한 내용들은 어떠한 것이 있는지 등에 대해 정리하였다.

3.1 시공업체 선정과 착공

'시공업체 선정과 착공'에서는 공사를 수행할 각 공종별 시공업체 선정과 공사도급계약 체결 시 주의 사항 및 공사 착공 전 이행해야 할 제반 행정절차, 착공식 등에 대해 기술하였다.

(1) 공종별 시공업체 선정과 공사비 결정
(2) 공사도급계약서에 포함되어야 할 내용
(3) 건축허가표지 설치, 착공신고, 공사용 임시 전기 설치, 산재・고용보험 가입
(4) 착공식은 간단하면서 의미 있게!(토신제 축문에 건축주 마음을 담다)

(1) 공종별 시공업체 선정과 공사비 결정

도담패시브하우스를 공사할 시공업체 선정과 공사비 결정은 '**2.7 공사 착공 준비/시공업체 선정을 위한 세부 공사범위 정리와 공사설명서 작성**'에서 언급한 바와 같이 크게 3가지 방향으로 진행하였다.

하나는 설계단계부터 참여하여 세부적인 설계내용과 공사비 절약방안까지 상호 조율한 전문공종별 업체들과 최종가격협상 후 계약을 체결하는 것이었고, 다른 하나는 건축주가 직접 구입한 제품을 해당 전문공종업체에 설치를 의뢰하면서 최종 협상가격에 설치비를 추가로 포함시키는 것이었으며, 마지막 하나는 이 두 공사를 제외하고, 일괄 시공하는 총액입찰방식으로 시공자를 선정하면서 입찰가를 기준으로 가격을 결정하는 것이었다.

전문공종업체들에 대한 공사비는 필자가 직접, 품명, 품번, 규격, 수량, 단가 등의 세부적인 항목이 기재 된 견적서를 제출받아 협상・조율하여 결정하였고, 공사 중에 수량 변동이 있을 경우에는 최종 공사비 지급 시 계약된 단가로 증감 정산하도록 하였다.

전문공종업체 중 다음 표 18은 도담패시브하우스의 외벽재와 지붕재(기와) 시공업체 대한 최종 견적 내용을 일부 발췌한 것인데, 해당 업체가 설계단계부터 직접 참여했었고, 건축주가 제시한 SPEC-BOOK(공사시방서)을 준수해야 하는 것을 이미 알고 있었기 때문에 세부적인 항목까지 가격계산을 하였다.

중목구조공사와 공조설비공사 및 외부차양공사 역시 이러한 방법으로 견적서를 제출받아 최종 가격 협상 후 계약을 체결했다.

표 18 외벽재와 지붕재(기와)에 대한 최종 견적서(일부 발췌)

수신	: HJP ARCHITECTS. 대표이사, 건축주제위	업체명	: 주식회사 유니크컴퍼니
참조	: 김지아님	대표자	: 왕 성 원
프로젝트명	: 세종시 DD-house 패시브하우스 신축공사	주소	: 경기도 안양시 만안구 만안로 49, 1003호(호정타워)
작성 / 유효일자	: 2017. 02. 07(화)	연락처	: T. 031-443-7717 F. 031-443-7718

다음과 같이 KMEW 외벽재 견적서를 제출합니다. (단위/원)

Description	Item No	Specifications	Unit	Quantity	Unit Price	Amount	Remark
KMEW 네오록 친수세라16	NF3293GA	16x455x3030mm	EA	232	44,700	10,370,400	제품명 - 슬림스톤 색상 - 클로스 아쿠아 화이트B
아웃코너	NFD3293GA	16x91(75)x455mm	EA	100	17,500	1,750,000	
실리콘	LM-3157	600ml	EA	60	17,500	1,050,000	
보수도료	B961439BA		EA	2	28,000	56,000	
보수도료	B962531DA		EA	3	28,000	84,000	
KMEW 네오록 친수세라16	NF3298GA	16x455x3030	EA		44,700	-	제품명 - 슬림스톤 색상 - 하이드 아쿠아 그레이
아웃코너	NFD3298GA	16x91(75)x455mm	EA		17,500	-	
실리콘	LM-3696	600ml	EA		17,500	-	
보수도료	B962525BA		EA	1	28,000	28,000	
보수도료	B971937BA		EA	1	56,000	56,000	
사이딩고정 5mm Cilp	B1005	70ea X 1pag	PAG	24	38,000	912,000	부자재
아웃코너고정 5mm Cilp	B10053	50ea X 1pag	PAG	4	24,700	98,800	
토대 5mm Cilp	B10052	3030mm	EA	28	8,000	224,000	
Cilp Nail	RY8840	4ØX19mm, 500ea	BOX	5	51,000	255,000	
외부고정 Nail	B88501	5ØX50mm, 200ea	BOX	3	35,700	107,100	
인코너후레쉬	RCILK	3030mm	EA	10	5,000	50,000	
T 조인트	B275	2730mm	EA	75	7,000	525,000	
L 조인트	B275K	2730mm	EA	60	6,000	360,000	
스타트후레쉬	B239W2	3030mm	EA	30	10,000	300,000	백색
마감후레쉬/코너부자재포함	B256W2	3030mm	EA	20	23,000	460,000	백색
Putty	B4901	350g	EA	3	14,200	42,600	

다음과 같이 KMEW 지붕재 견적서를 제출합니다. (단위/원)

Description	Item No	Specifications	Unit	Quantity	Unit Price	Amount	Remark
ROOGA S형 Type 기와	RJ31U	590 x 365mm	EA	980	5,600	5,488,000	
좌우갓기와	DRF31U	160 x 137 x 330mm	EA	72	7,700	554,400	
좌우갓코	DRG31AU	160 x 137 x 310mm	EA	9	10,200	91,800	
좌우갓연결기와	DRGH31U	160 x 137 x 394mm	EA	9	11,800	106,200	
처마새막이/막새기와	DRNJ31U	550 x 135 x 55mm	EA	88	11,400	1,003,200	
대용마루기와	DRJAH31U	300 x 550 x 226mm	EA	23	34,300	788,900	
내림용마루기와	DRJAL31U	210 x 550 x 143mm	EA	16	30,900	494,400	
박공마감	DRJB31	166 x 300 x 175mm	EA	4	49,000	196,000	
용마루코	DRJD31	130 x 385 x 169mm	EA	3	49,000	147,000	
대용마루코장식	DRJQB31	360 x 75 x 290mm	EA	4	63,600	254,400	
귀용마루코장식	DRJQD31	260 x 70 x 185mm	EA	3	34,300	102,900	
대용마루 Vent	DRJWH31U		SET	5	240,000	1,200,000	
처마후레쉬	DXZNK	1829mm	EA	28	11,800	330,400	
좌우갓벽체후레쉬(내부)	DXZK55	1829mm	EA	16	11,000	176,000	
좌우갓벽체후레쉬(내부)	DXZJ1	1829mm	EA	5	7,300	36,500	
벽체후레쉬(외부)	DXZA1	1829mm	EA	10	17,200	172,000	
벽체후레쉬(내부)	DXZQ	1829mm	EA	3	13,000	39,000	
다윗골후레쉬	DXZT11	1829mm	EA	1	30,900	30,900	
벽체마개	DXZD2	122 x 180 x 220mm	EA	2	24,000	48,000	
대용마루내부후레쉬	DXZB5	1829mm	EA	10	27,000	270,000	
귀용마루루내부후레쉬	DXZB3	1829mm	EA	6	19,500	117,000	
용마루마개후레쉬	DXZE3	1829mm	EA	5	29,200	146,000	
타후목 34 x 45	DXBW35453	3000mm	EA	17	12,400	210,800	

건축주가 직접 구입한 제품을 해당 전문공종업체에게 설치를 포함시킨 부분은 해당 전문 업체와 조율된 최종 공사비에 설치비를 추가 계상하여 계약금액으로 결정하였는데,

추가된 설치비용은 인건비 위주로 계산하였다.

총액입찰로 선정한 시공업체의 공사비 결정은 2개 업체(시공자 B_1, 시공자 B_2)를 대상으로 '**건축도면**'과 '**스펙북**' 및 세부적인 공사범위가 포함된 전술된 '**표 16 공사설명서**'를 제시한 후 총액이 표기된 가격입찰서를 제출받아 공사비를 결정하였다.

총액입찰 시 제시한 '건축도면', 세부 공사범위가 포함된 '공사설명서'는 '**2.7 공사 착공 준비/시공업체 선정을 위한 세부 공사범위 정리와 공사설명서 작성**'에서 언급했듯이 업체가 제시할 공사비산출의 기준이 됨은 물론이고, 최종계약 시 계약서상의 공사범위에 해당되기 때문에 자칫 누락되거나, 중복 기재되는 항목이 없도록 면밀히 검토 작성하였으며, 2개 업체(시공자 B_1, 시공자 B_2)가 '**건축도면**'과 '**스펙북**' 및 '**공사설명서**'를 충분히 이해하고, 파악한 후 공사비를 결정할 수 있도록 여유 있는 시간을 주었다.

이러한 절차를 거쳐 선정된 시공업체와 공사비 결정은 공사 집행의 효율성 면이나 공사비 측면에서 건축주와 시공자 모두에게 효율적인 방법이었지만, 설계자와 건축주가 처음부터 끝까지 많은 시간을 내어 협조하면서 집중해야 가능한 일이었다.

건축주는 자기 집 짓는 일이라서 당연한 일이 되겠지만, 설계자는 설계범위를 벗어난 부분들이 일부 포함되어 있기 때문에 많은 시간을 내어 지원해주는 것은 그리 쉬운 일이 아니다. 그래서 필자는 우리집을 설계한 건축가에게 항상 고마운 마음을 갖고 있다.

(2) 공사계약서에 포함되어야 할 내용

공사계약서에는 원론적인 내용이 아닌 공사의 특성에 맞는 구체적인 내용이 명시되어야 한다. 그런데 계약서 내용이 구체적이지 못하고 표준계약서 형식으로 작성된 상태에서 분쟁이 발생하였을 경우, 소송 없이 해결하기란 거의 불가능에 가까운 일이 될 것이며, 소송으로 해결한다고 하더라도 내가 원하는 결과를 얻는다는 보장도 없고, 설령 얻는다 하더라도 힘든 노력과 불필요한 시간을 낭비하면서 비용과 노력을 지불해야 한다. 그래서 계약서는 원론적인 내용이 아닌 상황에 맞는 구체적인 내용을 명시하여 작성하여야 한다.

특히 시공자가 공사 중 자기공사범위가 아니라고 주장할 개연성이 있는 부분과 건축주 입장에서 공사범위를 강조하고자 하는 부분에 대해서는 이론의 여지가 없게 명확한 문장으로 명기하여야 한다. 또한 계약을 위반했을 때 발생하는 손해를 위해 지체상금을 명시하는 것은 물론 계약이행보증증권 및 하자이행보증증권의 제출을 명기하는 것이 좋다.

지체상금을 명시할 때에는 일정한 기산일을 명시하고, 그 기준일로부터 하루가 지연될 때마다 얼마를 배상해야 되는지를 계약서에 명시하여야 한다.

공사의 원활을 기하기 위해 지급되는 기성금 지급에 대해서도 반드시 해당 공정이 진행된 것을 확인한 후 지급하는 것으로 명기하여야 시공자가 공사비를 떼어 먹고 도망가는 것을 방지할 수 있고, 설령 도망갔다 하더라도 건축주의 피해를 최소화할 수 있는 것이다.

물론 계약서 작성과 관계없이 작심하고 도망가는 시공자에게는 어쩔 도리 없이 법적으로 조치할 수밖에 없겠지만, 이러한 경우를 대비해 계약서를 꼼꼼히 작성한다면 그만큼 어려운 일을 덜 겪을 것이고, 추가비용을 지불하지 않으면서 목적한 내 집짓기를 마칠 수 있는 것이다.

즉, 시공자 의도대로 끌려다니거나, 시공자 마음대로 불량자재를 사용한다거나, 시공자가 받아간 공사비만큼 공사를 하지 않고 도주하는 등의 계약위반을 함으로써 받는 금전적·정신적 피해는 최소화할 수 있을 것이다.

다음 표 19는 도담패시브하우스의 외장재공사에 참여했던 업체를 대상으로 체결한 공사도급계약서 내용 중 공사의 특성을 고려해 구체적인 내용을 명시한 부분을 발췌하여 수록한 것이다.

표 19 도담패시브하우스 외장재 공사 도급계약서(일부 발췌)

외장재 공사 도급계약서

제1조(계약의 목적) 생략

제2조(공사명)

본 계약에서 수행하는 공사는 다음 각 호와 같다. 단, **세부 공사내역은 견적서**를 참조한다.

1) 원도급공사명 : 「KMEW 지붕재, 외벽재 등 마감공사」 (세종시 도담패시브하우스 신축공사)

2) 공사소재지 : 세종시 도담동 OOO

제3조(계약금액)

1. 계약금액은 총액 일금 **OOO만 원 정**(₩ 원)으로 하며, 다음 각 호에 따라 지불한다.

1) 선급금 : (자재비70%) 일금 **OOO만 원 정**(₩ 원) - 착수시(자재 발주 시 → 발주일 별도협의 결정)

2) 중도금 : (자재비30%, 인건비 50%) 일금 **OOO만 원 정**(₩ 원) - 자재입고 및 공사개시일 지급

3) 잔 금 : (인건비50%) 일금 **OOO만 원 정**(₩ 원) - 공사 완료 후 검수 합격일로부터 일주일내 지급

※ 계약금액 구성 : 자재비 OOO만 원(부가가치세 포함) + 인건비 OOO만 원 = OOO만 원

제4조(공사기간)~제5조(공사 관리자) 생략

제6조(공사자재)

1. "을"은 **지붕재 및 외벽재 등 마감** 공정의 수행에 있어 **"갑"이 지정한 자재만을 사용**하여야 하며, 기타 각 공정상 특별히 "갑"이 자재를 지정한 품목이 있거나 또는 특정한 거래처를 지정한 경우에는 당해 지시를 따라야 한다.
2. "을"은 제1항의 조치에 대하여 작업의 성격상 "갑"의 지시가 안전에 지장을 초래하거나 기타의 사유로 적절치 아니하다고 판단될 경우 당해 사유를 적시하여 "갑"에게 통지하고 그럼에도 불구하고 "갑"이 당해 지시를 따를 것을 지시한 경우 그로 인하여 야기되는 일체의 책임은 "갑"이 전적으로 부담한다.

제7조(설계변경 등)~제9조(감독 등) 생략

제10조(안전의무)

1. "을"은 본 계약상 수행하는 공사와 관련하여 안전사고 등에 만전을 기하고, 만약의 사고에 대비하여 필요한 보험에 가입하여야 하며, "을" 또는 그 고용원에게 발생한 제반 안전사고에 대하여 "을"이 전적인 책임을 부담한다.
2. 제1항과 관련하여 "갑"이 비용을 선지급한 경우 "을"은 "갑"이 선지급한 비용 일체를 "갑"의 청구가 있는 즉시 "갑"에게 배상하여야 한다.
3. "갑"은 본 조의 경우 공사대금에서 당해 비용을 공제한 잔액을 지급할 수 있다. 다만, 근로자의 임금 지급분에 대하여는 여하한 사유로도 공제할 수 없다.

제11조(응급조치) ~ 제15조(분쟁해결) 생략

제16조(특약사항)

상기 계약일반사항 이외의 "갑"과 "을"은 아래 내용을 특약사항으로 정하며, 특약사항이 본문과 상충되는 경우에는 특약사항을 우선하여 적용한다.

- 아 래 -

1. "을"은 본 공사 시작 전과 진행 중에 관계공종과 협의한 후 시공에 임하여야 한다.
2. "을"은 작업 시 기존 시공물에 파손 및 오염의 피해가 발생하면 즉시 원상 복구하며, 이를 방지하기 위해 보양 등 적절한 조치를 하여야 한다.
3. "을"은 작업 전 후 주변 정리정돈을 철저히 하고, 발생한 쓰레기(원인자 발생 쓰레기 포함)등은 원사업자가 지정한 일정장소에 운반, 폐기한다.
4. "을"이 수행할 공사의 범위는 세종시 도담패시브하우스 신축공사 설계도면의 '지붕재, 외벽재 등 마감공사'에 대한 모든 내용을 대상으로 하며, "을"이 제시한 견적서상의 모든 자재에 대해 설계도면과 Kmew홈페이지(www.kmew.co.jp)상의 「설계 · 시공매뉴얼」에 따라 정확히 시공하여야 한다.
5. "을"이 제4항의 공사를 수행함에 있어 패시브하우스 구현에 영향을 미치는 투습방수지 붙임공사, 열교 차단 화스너에 외장재 붙임공사 등의 공사 수행 시는 패시브하우스 전문가인 현장소장(OOO→OOO사 대표)과 사전 긴밀히 협의한 후 현장소장이 제시하는 의견을 반영하여 시공하여야 한다.
6. "을"이 제4항 관련으로 부실하게 시공하여 발생되는 '지붕재, 외벽재 등 마감공사'가 탈락·누수 등 외장재로서의 기본기능에 결함이 발생하였을 경우 "을"은 당해 부분을 "을"의 비용으로 시정 보완하여야 한다.
7. "을"은 작업상의 이유로 발생되는 주변 도로 및 주변 지역의 정리 및 청소의 책임을 진다.

위와 같이 본 계약이 유효하게 성립하였음을 각 당사자는 증명하면서 본 계약서 2통을 작성하며, 각각 서명날인 후 "갑"과 "을"이 각각 1통씩을 보관한다.

2017년 2월 23일

(갑) 주 소 :
대표자 : (인)
연락처 :

(을) 주 소 :
회사명 :
대표자 : (인)
연락처 :

앞의 '외장재 공사 도급계약서'에서 고려한 부분은 외장재 전체가 일괄 수입해야 하는 외자재인 점을 고려하여 선급금, 기성금, 잔금 지급 시 자재비와 인건비로 구분하여 업체에 불리하지 않게 지급조건을 명시(제3조(계약금액))하여 업체의 원활한 공사를 유도한 것이고, 공사 시 주의사항으로 강조한 부분은 외장재 공사가 골조공사와 서로 간섭되기 때문에 관련 공종과 협의하면서 공사를 진행해야 한다는 점과, 패시브하우스 구현에 영향을 미치는 부분에 대한 공사 시에는 패시브하우스 공사 전문가인 골조공사의 현장소장 지휘를 받아야 한다는 점, 설계도면과 설계·시공매뉴얼에 따라 정확히 시공해야 된다는 점, 부실시공 시의 책임 등에 대해 별도 '제16조(특약사항)'에 명시한 점이다.

다음 표 20은 도담패시브하우스의 기초 및 골조공사에 참여했던 업체와 체결했던 도급계약서 내용 중 공사의 특성을 강조한 부분을 발췌한 것이다.

표 20 도담패시브하우스 건축(기초 및 골조)공사 도급계약서(일부 발췌)

건축공사 도급계약서

1. 공 사 명 : **도담 Passivhaus** 신축공사
2. 대지위치 : 세종특별자치시 도담동 OOO
3. 착공년월일 : 2017년 3월 25일
4. 준공예정년월일: 2017년 10월 13일
5. 계약금액 : 일금 OOO만 원정(₩ OOO원)(부가가치세 포함)
   ※ 계약금액 근거 : '건축'도면을 기준으로 하되 「공사비산출내역서」에 근거함
6. 선급금 : 일금 OOO원정(부가가치세 별도)
7. 기성부분급금 : 기성률에 따라 지급
8. 기타사항 :
   건축주와 시공자는 이 '계약서' 및 '건축공사 도급계약 일반조건'에 의하여 계약을 체결하고 그 증거로 이 계약서 및 관련 문서를 2통 작성하여 각 1통씩 보관한다.

2017년 3월 7일

건 축 주
주 소 :
생 년 월 일 :
성 명 :

시 공 자
상 호 :
주 소 :
사업자등록번호:
대 표 :

건축공사 도급계약 일반조건

제1조(총칙) 생략

제2조(계약문서) ① 계약문서는 건축공사 도급계약서, 건축공사 도급계약 일반조건, 공사계약 특약사항, 설계도면, 공사비 산출내역서로 구성되며, 상호 보완의 효력을 가진다.
② 이 조건이 정하는 바에 의하여 계약당사자 간에 행한 통지문서 등은 계약문서로서의 효력을 가진다.

제3조(공사감리자) 생략

제4조(현장대리인) ① "을"은 착공전에 현장대리인을 임명하여 이를 "갑"에게 통지 하여야 한다.
② 현장대리인은 공사현장에 상주하여야 하며 시공에 관한 일체의 사항에 대하여 "을"을 대리한다.
③ "갑"은 제1항의 규정에 의하여 임명된 현장대리인이 신체의 허약, 시공능력부족 등으로 인하여 업무수행의 능력이 없다고 인정할 때에는 "을"에게 현장대리인이 교체를 요청할 수 있으며 이 경우에 "을"은 정당한 사유가 없는 한 이에 응하여야 한다.

제5조(공사현장 근로자)～제6조(착공신고 및 공정보고) 생략

제7조(선금) ① "갑"이 선금을 지급한 경우 "을"은 이를 도급목적 외에 사용할 수 없으며, 노임지급 및 자재확보에 우선 사용하여야 한다.
② 선금은 기성부분의 대가를 지급할 때마다 다음과 같은 방법으로 정산한다.

선금정산액＝선금액×(기성부분의 대가/계약금액)

제8조(자재의 검사 등) 생략

제9조(지급자재와 대여품) ① 계약에 의하여 "갑"이 지급하는 자재(산출내역서상 '건축주 지급자재 공사')와 대여품은 공사예정 공정표에 의한 공사일정에 지장이 없도록 적기에 인도되어야 하며, 그 인도 장소는 시방서 등에 따로 정한 바가 없으면 공사현장으로 한다.
②, ③ 생략
④ "을"은 "갑"이 지급한 자재(예 : 창호, 도어)를 선량한 관리자의 의무로 관리하여야 하며, "을"의 책임 하에 전체 공정에 지장 없이 설치공사를 이행하거나 "갑"이 지정한 자로 하여금 설치공사를 이행하도록 조치하여야 한다.
⑤ 제4항과 관련된 '설치공사'의 시행자는 공사설명서(산출내역서)상 '건축주 지급자재 공사'에서 정한 바에 따른다.

제10조(상세시공도면 작성)～제16조(기타 계약내용의 변경으로 인한 계약금액의 조정) 생략

제17조(기성부분급) ① 기성부분급을 위하여 "을"은 기성부분에 대한 검사를 요청할 수 있으며, 이때 "갑"은 지체 없이 검사를 하여야 한다.
② "을"은 제1항의 검사결과에 따라 기성금액을 요구할 수 있으며 "갑"은 계약서에 명시한 바에 따라 지급하여야 한다.
③ "갑"이 제2항의 규정에 의한 기성금액의 지급을 지연하는 경우에는 제20조 제3항의 규정을 준용한다.

제18조(부분사용)~제28조(분쟁의 해결) 생략

제29조(특약사항) ① "을"이 수행할 공사의 범위는 도담패시브하우스 시공 전용 카페 '(http://cafe.naver.com/dodampassiv)'에 올려져(2017.3.6.) 있는 최종도서 중 건축설계도면상의 모든 내용을 대상으로 한다. 다만, 공사설명서(산출내역서)상에 '시공자'가 별도 지정된 부분에 대한 공사는 제외한다.
② 제1항 단서조항의 경우라 하더라도 "을"은 전체 공정에 지장 없이 "갑"이 지정한 자로 하여금 "설치공사를 이행하도록 조치하여야 하고, 공사의 목적에 맞게 시공되는지를 확인, 관리하여야 한다.
③ 제①항에 신규비목이 발생하였을 경우의 공사에 대해서는 제15조 제2항을 준용하여 "갑"과 "을"이 상호 협의하여 조정한다.
④ "을"은 "갑"을 대신하여 공사수행에 필요한 행정절차를 이행하여야 한다.
다만, 산출내역서상에 '시공자'가 별도 지정된 부분의 공종에 대한 행정절차 이행은 제외한다.
⑤ 제④항과 관련으로 "을"이 수행할 행정절차에 대한 비용이 계약서에 포함되지 아니한 사항일 경우 "갑"은 이에 소요된 비용을 지체 없이 "을"에게 지급하여야 한다.

앞의 '**건축(기초 및 골조)공사 도급계약서**'에서 강조한 부분은 건축(골조)공사가 총액입찰에 의한 공사인 점을 고려하여, '**제2조(계약문서)**'에 계약문서에 대한 구분을 명확히 제시하였고, '**제4조(현장대리인)**'에서 현장대리인은 공사현장에 상주하도록 명시함으로써 철저한 공사 관리를 유도하였으며, 기성금은 기성율에 따라 지급하되, 제7조(선금)에서 기성율 만큼 선금을 정산한 후 지급하는 것으로 명시한 점이다.

그리고 총액계약에서 가장 중요한 공사의 범위를 명확히 하고, 계약자의 추가적인 의무사항을 확실히 하기 위해 별도의 특약사항(제29조) 제1항에 '**"을"이 수행할 공사의 범위는 도담패시브하우스 시공 전용 카페(http://cafe.naver.com/dodampassiv)에 올려져(2017.3.6.) 있는 최종도서 중 건축설계도면상의 모든 내용을 대상으로 한다. 다만, 공사설명서(산출내역서)상에 '시공자'가 별도 지정된 부분에 대한 공사는 제외한다.**'라고 명시한 부분이다.

그 외에 '**중목구조 공사**'를 포함한 다른 전문공종업체들과 체결한 도급계약서에도 '**공**

사 시 관련 공종과 협의하면서 공사를 진행해야 한다는 점'과 '패시브하우스 구현에 영향을 미치는 부분에 대한 공사 시에는 패시브하우스 공사 전문가인 골조공사의 현장소장 지휘를 받아야 한다는 점'을 명시하였으며, 이에 따라 모든 업체들이 공사기간 내내 상호 협조하면서 순조롭게 공사를 진행하였다.

참고로 도담패시브하우스 공사에 참여한 모든 업체는 필자가 과거부터 알고 지냈거나, 설계자와 친분이 있는 업체들로 구성되어 있어 별도의 신원 확인 절차를 거치지 않았지만, 처음 접촉하는 업체와 계약 시에는 반드시 업체의 사업자등록증을 제출받아서 사업자등록증의 주소와 업체 사업장 주소가 동일한지를 확인해야 하며, 앞에서 언급했듯이 계약 시 계약이행증권과 공사 후 하자이행증권을 제출받는 것도 소홀히 해서는 안 된다.

(3) 건축허가표지판 설치, 착공신고, 공사용 임시전기 설치, 산재·고용보험가입 등

시공업체와 공사도급계약이 체결되면 착공에 들어가야 하는데, 착공 전에 준비해야 할 사항으로는 다음 5가지(건축허가조건에 따라 달라질 수 있음)가 있다.

건축허가조건에 따른 i) **면허세, 주택채권의 납부**와 ii) **건축허가표지판의 설치** 및 iii) **착공신고**를 해야 하고, 건축허가조건과는 별개로 공사 시 사용 할 iv) **임시전기를 설치**해야 하며, v) **산재·고용보험**에도 가입해야 하는데, 이를 정리하면 다음과 같다.

면허세, 주택채권, 원상복구이행금의 납부

건축허가가 완료되면 건축허가조건에 '건축허가(및 행위허가)에 따른 면허세(건축허가, 행위허가 각각 1개), 주택채권(건축허가), 원상복구이행보증금(행위허가) 등을 납부하시고, 영수증 사본(원본대조필 날인)을 착공신고 시에 제출하시기 바랍니다.'라는 안내문구가 제시되면서 주택채권과 면허세 문의처의 전화번호까지 소상하게 알려준다.

이 부분은 건축주가 직접 납부해야 하는데, 기재되어 있는 주택채권과 면허세 문의처에 각각 전화하면 납부방법을 자세히 알려주므로 이에 따르면 된다. 다만, 납부 후에는 영수증을 챙겨놓았다가 사본을 착공신고 때 제출해야 함을 기억해야 한다.

비용은 도담패시브하우스의 경우 면허세는 22,500원, 주택채권은 즉시 매도하는 조건으로 19,920원을 지불하였다.

건축허가표지판 설치

「건축법」 제24조에 따라 공사 시공자는 건축물의 규모, 용도, 설계자, 시공자, 감리자 등을 표시한 건축허가표지판을 주민이 보기 쉽도록 해당 건축공사 현장의 주출입구에 설치하고, 제작한 허가표지판의 사진을 착공신고 시 제출해야 한다. 건축허가표지판은 건축허가조건에서 별도 양식을 지정해주며, 세종시의 경우를 예로 들면 다음 표 21과 같다.

표 21 건축허가표지판 작성양식(예)

건 축 허 가 표 지 판

허가번호 : OOO－OO－OOOOO

공 사 명	○○ 신(증·개)축공사		
허 가 일 자	년 월 일(허가번호 :)		
대 지 위 치			
대지면적(m^2)			
건축면적(m^2)			
연 면 적(m^2)			
주 용 도		층 수	지하 ○층, 지상 ○○층
공 사 기 간	년 월 일 ~ 년 월 일		
건 축 주	○○○ ☎		
설 계 자	○○건축사사무소 대표 ○○○ ☎		
시 공 사	○○건설(주) 현장대리인(소장) ○○○ ☎		
감 리 자	○○건축사사무소 책임감리원 ○○○ ☎		
관 련 부 서	○○시 건축과 ☎		
비산먼지·소음 관련 문의	○○시 ○○과 ☎		

비고 : "2007 행정중심복합도시 공사용 가설울타리 등 설치기준"에 의거 이 표지판은 90×180cm 이상으로 하여야 함

건축허가표지판은 통상적으로 주된 공종의 시공업체가 설치하며, 양식에 따라 작성된 한글파일을 제작자 측에 메일 등으로 발송해주고 주문하면 표지판을 인쇄하여 택배로 보내주는데, 현장에서 맞는 크기의 합판에 붙인 다음 **현장 주 출입구에 설치**하면 되고, 사진은 찍어 착공신고 시 첨부해야 한다.

착공신고

면허세와 주택채권도 납부했고, 건축허가표지판까지 설치했으면 건축허가를 신청한 관할행정청에 착공신고를 해야 하는데, 통상 감리자를 통해 인터넷 접수한다.

착공신고서에 들어가는 서류는 **착공신고서**를 포함해 건축주가 납부한 **면허세**와 **주택채권영수증 사본**, **현장에 설치된 건축허가표지판 사진**, **경계복원측량성과도**와 **건축관계자 계약서 사본**(건축주와 설계자, 건축주와 공사시공자, 건축주와 공사감리업체, 전기 및 정보통신 공사계약서) 및 기타 **해당 시별로 요구하는 사항**을 첨부해서 제출하면 된다.

다음 표 22는 도담패시브하우스의 건축허가조건에서 나와 있는 착공신고 시 제출서류 목록을 예로 들은 것이다.

표 22 착공신고 시 제출서류 목록(세종시의 경우 예)

순서	첨부서류 목록	관련 근거 및 대상	비고 (타부서 제출)
1	착공신고 시 제출서류 목록표 (해당 여부 및 제출 여부 표기)	허가 안내사항(전체 현장)	
2	착공신고서	「건축법 시행규칙」 별지 13호 (전체 현장)	
3	면허세(건축허가, 개발행위 허가 각각 제출) 국민주택채권 사본(원본 대조필 후 제출) 원상복구이행보증금 보증보험증권(개발행위 시)	「지방세법」 제39조(전체 현장)	
4	건축허가표지판 제작·부착 사진	「건축법」 제24조(전체 현장)	
5	경계측량/현황측량 성과도 또는 경계점 관측 및 좌표계산 관계 자료	허가 안내사항(전체 현장)	

표 22 착공신고 시 제출서류 목록(세종시의 경우 예)(계속)

순서	첨부서류 목록	관련 근거 및 대상	비고 (타부서 제출)
6	**건축관계자 계약서 사본** 가. 건축주와 설계자 나. 건축주와 공사시공자 다. 건축주와 공사감리업체(분야별) 라. 전기 및 정보통신 공사계약서	•「건축법」 제15조 •「전기공사업법」 제11조 •「정보통신공사업법」 제25조 (전체 현장)	
7	**관계전문기술자 증빙서류** 가. 관계전문기술자 도장날인 나. 자격수첩 사본 다. 엔지니어링활동주체신고필증 라. 경력확인서 마. 재직증명서	「건축법」 제67조(해당 시)	
8	**시공업자 관련 서류** 가. 민간건설공사 표준도급계약서 나. 현장건설기술자 선임신고서 (현장대리인계, 재직증명서, 자격증, 경력증명서) 다. 공사공정표(해당 기술자 투입시기 명기) 라. 건설업등록증, 건설업등록수첩 마. 사업자등록증 바. 인감증명서(사용인감계 포함) 사. 등기부 등본	「건설산업기본법」 제41조 건설업자 시공대상 1	
9	**공사감리자 관련 서류** 가. 건축사보 배치신고서(상주감리원: 건축, 토목, 기계, 전기 각 1명) 나. 공사공정표(감리투입시기 명기) 다. 감리원 재직증명서, 건축사보자격증, 경력증명서(감리협회발행, 기술인 협회발행) 라. 소속사 사업자등록증, 엔지니어링 활동주체 신고증 마. 감리원 배치 협약서(분야별 소속이 다를 경우)	•「건축법 시행령」 제19조 (해당 시) •「건설기술진흥법」(해당 시)	
10	**유해·위험방지계획서 접수 신고필증**	「산업안전보건법」 제48조(해당 시)	
11	**기타 착공신고 시 제출토록 한 안내한 서류**		

도담패시브하우스의 경우는 '세움터'에 착공신고를 했으며, 착공신고서가 접수된 지 하루 만에 처리되었고, 세움터 홈페이지에서 다음 사진 75와 같이 확인할 수 있었다.

사진 75 세움터에 민원 접수한 착공신고 처리결과(세움터 홈페이지에서 캡처)

공사용 임시 전기 설치

공사용 임시 전기는 현장에서 각종 공사시 사용하는 전동공구를 작동시키기 위해 한전에 임시로 전기를 신청하는 것으로 공사가 시작하기 전에만 설치하면 된다.

임시 전기는 개인이 신청할 수 없고, 전기공사업 면허소지 업체를 통해서만 가능하며, 임시 전기를 신청하면 한국전기안전공사의 점검에 합격한 후 한전에서 지급하는 계량기를 임시로 부설하여 전기를 공급받는다.

임시 전기 설치를 위해서는 관할 한전에 필요한 서류(전기사용 신청서, 건축허가서 사본, 보증금, 신분증 등)를 제출하고, 설치비용(시설부담금, 보증금)을 납부해야 한다.

한전에 납부하는 시설부담금은 저압(5kW 이내) 기준으로 가공지역(전봇대에서 계량기로 들어오는 지역)은 250,000원 정도이고, 지중지역(지중에서 계량기로 들어오는 지역)은 460,000원 정도이며, 보증금은 건물 준공 후 환급받는데 1kW당 45,000원이다.

도담패시브하우스의 경우는 계약된 전기업체를 통해 임시 전기 설치를 이행하였으며 전기업체 계약금액에 임시 전기 설치 시설부담금을 포함시켜 계약하였다.

산재·고용보험 가입

건설업자가 아닌 자가 행하는 공사, 즉 건축주 직영공사의 경우에는 건축주가 산재·고용보험을 의무적으로 가입해야 한다.

주거용, 비주거용 구분 없이 연면적 200m²(60.5평)를 초과하는 경우에는 종합건설면허업체만 시공 가능하며(단, 다세대·다가구·다중주택의 경우는 규모에 상관없이 종합건설면허업체만 시공 가능), 연면적 200m² 이내의 단독주택공사는 건축주 직영공사가 가능하기 때문에 직영공사로 할 경우 의무적으로 산재·고용보험 가입해야 하는데, 다음 3가지 방법 중 하나로 가입할 수 있다.

- 4대 사회보험 정보연계센터 www.4insure.or.kr(민원신고/사업자업무/성립신고)
- 고용·산재 토탈서비스 total.kcomwel.or.kr(사업장/민원접수/신고/보험가입신고)
- 가까운 4대 보험기관 방문 또는 우편, 팩스접수

도담패시브하우스의 경우는 필자가 직접 가까운 근로복지공단에 전화통화 후 팩스로 신청하였고, 신청에 필요한 서류는 산재·고용보험 가입신청서, 보험료신고서, 도면개요, 착공허가증, 신분증 등이 있으며, 납부한 보험료는(연면적 55평에 철근 콘크리트 구조) 2,364,150원이었다.

(4) 착공식은 간단하면서 의미 있게!

시공업체도 선정되었고, 건축허가표지판의 설치와 착공신고 완료 및 임시 전기 설치, 산재·고용보험까지 가입하는 등 공사 착공에 필요한 모든 절차와 준비가 끝났다.

이제 본격적으로 공사에 들어가야 하는데, 필자의 경우에는 공사 착공 전에 착공식을 겸해 나름대로 의미를 부여하면서 각오를 다짐하고 싶은 마음이 생겼다.

설계 시작 몇 년 전부터 구상했던 사항들을 설계 진행단계에서 하나하나 도면화하면서 패시브하우스에 대한 기술요소를 꼼꼼히 채워 넣는 데도 1년 가까이 걸렸지만, 이제 이러한 모든 것들을 집약해놓은 설계도가 공사를 통해 모습을 드러내는 시발점을 그냥 지나치기에는 아쉽고, 두고두고 후회할 것 같아서이다.

필자는 미신을 믿진 않지만 종교와는 관계없이 우리 집터를 관장하는 신께 "지금부터 우리집 공사를 시작함을 알리오니 잘 부탁드립니다!"라고 하면서, 그동안 설계했던 설계자에게 고마운 마음을 전달하고 싶었고, 건물의 중요한 골격을 책임진 시공업체와 주요 공종업체에도 건축주로서 공사에 대한 기대와 당부를 하고 싶었다.

그래서 생각한 것이 착공식을 겸해 토신제를 지내기로 했고, 며칠에 걸쳐 건축주의 마음을 담은 축문을 작성한 후, 떡, 과일, 포 및 돼지고기와 막걸리 등을 준비하여 설계자와 시공자 및 가족들이 모인 자리에서 평소 존경하는 분께 축문낭독을 부탁드려 간단하면서 의미 있는 토신제를 올렸다.

토신제는 언급한 바와 같이 미신이라기보다는 건축주의 마음을 주변 관계자들에게 알리는 데에도 의미가 있을 뿐더러, 건축주도 본인이 생각하는 바를 직접 축문에 담아 건축주로서의 책임과 본분을 다하기 위한 다짐을 하는 데에도 바람직하다고 생각한다.

사진 76 도담패시브하우스 토신제 모습

표 23 도담패시브하우스 착공식에 사용된 토신제 축문

토 신 제

[축문]

서기 2017년 3월 00일 오후 0시
충청북도 청주시 흥덕구 가로수로 ○○○○번길 ○○-○에 살고 있는 ○○○은
토지지신에게 삼가 고합니다.

오늘 이 시각
세종특별자치시 도담동 ○○○번지에
대지면적 ○○○m^2, 연면적 ○○○m^2의 새집을 패시브하우스로 짓기 위한
공사를 시작하려 합니다.

이에 주과포병으로써 정성 드려 올리오니
토지지신께서 흠향하시고, 감응감통하시어

건물이 착공되어 준공될 때까지
현장에서 일 하시는 모든 분들에게 안전과 편안함과 여유로움을 주시고
무사히 공사를 끝마칠 수 있도록 보호하고 살펴 주시옵소서!

그리고 이 집이 패시브하우스로서의 기술과 기능이 최적으로 발휘되면서
후대에게 유산으로 물려줄 수 있는
견고하고 안락한 주택으로 지어질 수 있도록
공사에 참여하시는 모든 분들의 혼과 손끝에
지혜와 슬기, 정교한 기능과 기술을 모아 주시옵소서!

또한, 주택이 완공된 이후
이 집에 사는 가족 모두에게 건강과 행복을 주시고
이 집을 바라다보는 외부의 모든 분들에게도
하나의 작품으로서의 아름다움과
정서적인 편안함이 전달될 수 있게 하여 주시옵소서!

더불어
집을 짓도록 설계한 ○○○건축사와
디테일 설계과정에서 전폭적인 지원을 한 독일의 ○○○건축가
그리고 공사를 전담 수행할 ○○○대표께는
우리나라 패시브하우스에 대한 설계·감리·시공을 짊어지고 나아갈
더 많은 기회와 힘을 주시옵소서!

끝으로 저의 집이
단독주택, 특히 패시브하우스를 짓고자 하는 모든 분들에게
희망의 본보기가 되고 실행할 용기를 줄 수 있는
주택이 되게 하여 주시옵소서!

건축주 ○○○
상향

3.2 공사 관리에 관한 사항

다음 사항은 단독주택을 짓고 있거나, 지을 계획이 있는 건축주 분들이 공사단계에서 보다 효율적으로 공사관리가 될 수 있도록 도담패시브하우스에서 약 8개월 동안 공사를 진행하면서 있었던 사항들을 참고하여 정리한 것이다.

(1) 건축주 · 감리자 · 시공자 전용 카페 만들기
(2) 공종별 · 월별 자금지출계획과 자재(외산 포함) 구입계획이 포함된 예정 공정표 작성
(3) 일별 비용 지출이 포함된 공사일지 작성하기
(4) 공사 중 설계변경 요소 최소화하기
(5) 스마트폰을 이용한 공사현황 촬영 및 분석
(6) 공사의 이행 · 보완지시는 반드시 스마트폰의 문자 또는 문서로
(7) 기성금은 반드시 실적 확인 후 적기지급
(8) 공사 현장은 깔끔하게
(9) 시공자 계약위반 시 조치방안

(1) 건축주 · 감리자 · 시공자 전용 카페 만들기

전술한 '2.1 설계착수와 추진방향/건축주 · 설계자 전용 카페 만들기'에서와 같이 설계뿐만 아니라 공사 진행과정에도 건축주 · 감리자 · 시공자 간 의사소통을 위한 전용 카페를 만드는 것이 효율적이다. 물론 소통방법은 서로에게 편리한 방법을 찾으면 되겠지만, 도담패시브하우스의 경우에는 착공과 동시에 건축주, 감리자(건축사, 팀장, 홍도영 건축가), 시공자 전용의 카페를 개설하여 운영에 들어갔다.

카페 운영원칙으로 공사범위와 관련된 자료(도면, 시방서, 계약서, 계약내역서 등)는 카페를 통해 공유하기로 했고, 공사 관련 의견도 카페를 통해서만 제시하도록 하였으며, 결론역시 카페를 통해 도출하기로 하였다.

그러다 보니 모든 시공과정이 투명하게 진행되면서 설계에서 정한 원칙이 흔들리지 않고 진행될 수 있었고, 공사 중 이견이나 공사 진행에 문제가 생겼을 때에도 신속 정확하게 결론내릴 수 있었으며, 외자재 구입을 포함한 전체 공종에 대한 진행 상황까지도 한눈

에 확인할 수 있어 전반적인 공사 진행을 효율적으로 할 수 있었다.

그리고 건축주와 시공자 간 이견이 생겼을 때에도 카페에 올라와 있는 내용들이 주된 증거자료가 되기 때문에 건축주·시공자 서로가 책임과 의무를 다하는 등 신의와 성실에 따라 계약을 이행하는 데도 효과적이었다.

다음 사진 77은 도담패시브하우스 시공 전용 카페 게시판에 올라와 있는 내용의 일부를 캡처한 것이다. 이 사진에서 볼 수 있듯이 모든 공종의 공사 진행 상황을 실시간 전용 카페 게시판에 올림으로써 공사 진행 상황의 파악 및 후속공정에 대한 계획을 차질 없이 진행할 수 있었고, 일부 설계내용에 대한 디테일협의 및 디테일도 작성 등을 신속히 시행·전달할 수 있어 계획공정에 맞는 공사를 진행하는 데 아주 효과적이었다.

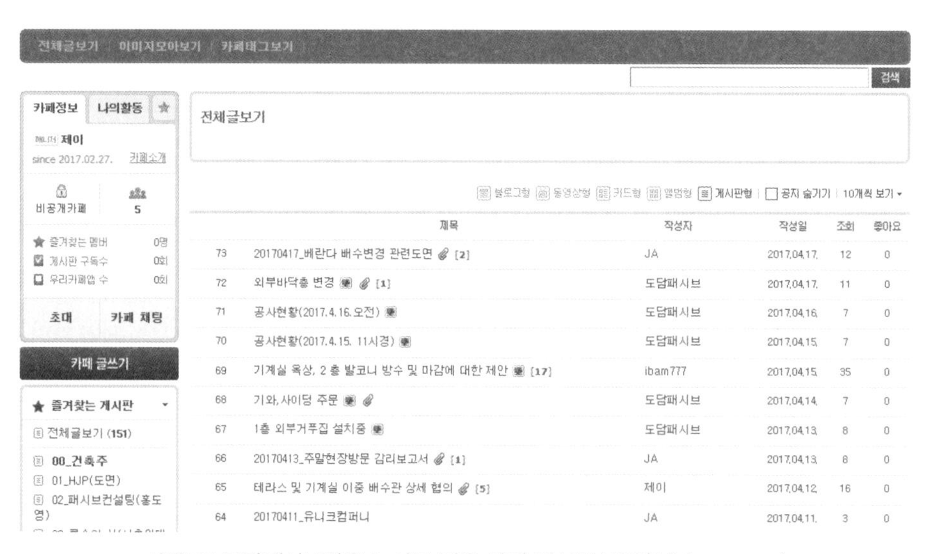

사진 77 도담패시브하우스 시공 전용 카페 게시판 내용(일부 capture)

(2) 공종별·월별 자금지출계획과 자재(외산 포함) 구입계획이 포함된 예정 공정표 작성

어떠한 일을 추진함에 있어 계획을 세워놓고 실행하는 것과 계획 없이 하는 것은 그 결과의 차이가 클 수밖에 없다.

계획을 세운다는 것 자체가 그 일에 대한 특성(내용)이 파악되었다는 것인데, 결국 특성에 맞는 최적의 수단으로 그 일의 목표를 달성할 수 있도록 노력하게 되는 것이며, 종국적으로 계획 없이 노력하는 것보다 정신적·시간적·금전적인 면에서도 유리할 뿐만 아니라, 성과에 대한 질적인 면에서도 우수해질 수밖에 없는 것이다.

그래서 설계를 착수하거나 공사를 시작할 때에는 정해진 기간 내에 해당 프로젝트의 목표를 완수하기 위해 프로젝트별 특성이 고려된 예정 공정표를 작성하는 것이며, 이렇게 작성된 예정 공정표는 용역기간이나 공사기간 내내 그 프로젝트를 완수하기 위한 이정표가 된다.

도담패시브하우스는 공사 착공과 동시에 다음 표 24와 같이 공종별·월별 자금지출계획과 자재(외산 포함) 구입계획이 포함된 전체 공종에 대한 예정 공정표를 필자가 직접 작성하였고, 착공 후에는 공정표상의 계획대로 공종별 업체를 관리하면서 자금을 지출하였다.

예정 공정표 작성 시에는 각각의 공종별로, 해당되는 업체의 공사가능일정까지 파악한 후 상호 연관 공종 간 일정에 맞는 공사가 될 수 있게 계획하였다. 특히 도담패시브하우스에는 외국 수입제품들이 다수 포함되어 있었기 때문에 관련 공종과 맞물려 시공될 수 있게 현장반입일정을 감안한 사전 주문계약이 체결될 수 있도록 고려하는 것이 중요했다.

그래서 수입되는 외산 자재에 대해서는 국내 반입 일수를 감안(계약·주문·제작·검수·수출입통관절차·항공/선박 운반·국내운반·현장 도착 등 모든 일정)하여 계약부터 현장 도착까지의 일정을 역으로 계산한 후 공사일정에 맞게 주문계약을 체결하여 제작에 들어갔으며, 대부분 공사 착공과 동시에 주문계약을 체결해야만 연관 공종 간의 공사일정에 차질이 없었다. 다음 표 24의 예정 공정표는 보는 분들의 이해를 돕기 위해 공사비를 제외한 모든 사항을 계획·집행한 사실 그대로 올려놓은 것이며, 음영 표시는 그때까지 자금이 집행되었거나 공사가 완료된 부분을 필자가 알기 쉽게 체크해놓은 것이다.

표 24 도담패시브하우스 공사 예정표(사례)

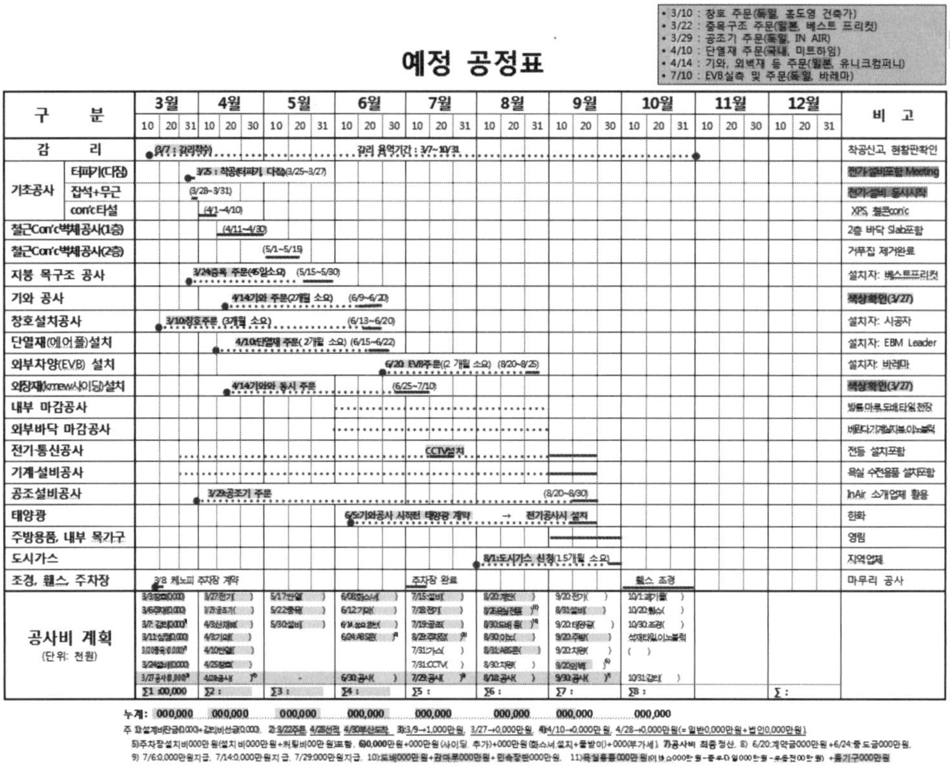

- 3/10 : 창호 주문(독일, 홍도영 건축가)
- 3/22 : 중목구조 주문(일본, 베스트 프리컷)
- 3/29 : 공조기 주문(독일, IN AIR)
- 4/10 : 단열재 주문(국내, 미트하임)
- 4/14 : 기와, 외벽재 등 주문(일본, 유니크컴퍼니)
- 7/10 : EVB실측 및 주문(독일, 바레마)

예정 공정표

구분	3월	4월	5월	6월	7월	8월	9월	10월	11월	12월	비고
	10 20 31	10 20 30	10 20 31	10 20 30	10 20 31	10 20 31	10 20 30	10 20 31	10 20 30	10 20 31	
감리	3/7 : 감리착수			감리 용역기간 : 3/7~10/31							착공신고, 현황판확인
기초공사 터파기(다짐)	3/25 : 착공(터파기, 다짐)(3/25~3/27)										전기·설비포함 Meeting
기초공사 잡석+무근	(3/28~3/31)										전기·설비 동시시작
기초공사 con'c타설		(4/1~4/10)									XPS, 철근con'c
철근Con'c벽체공사(1층)		(4/11~4/30)									2층 바닥 Slab포함
철근Con'c벽체공사(2층)			(5/1~5/15)								거푸집 제거완료
지붕 목구조 공사	3/24중목 주문(45일소요)		(5/15~5/30)								설치자: 베스트프리컷
기와 공사		4/14기와 주문(2개월 소요)		(6/9~6/20)							색상확인(3/27)
창호설치공사	3/10창호주문 (3개월 소요)			(6/13~6/20)							설치자: 시공자
단열재(에어폴)설치		4/10단열재 주문(2개월 소요)		(6/15~6/22)							설치자: EBM Leader
외부차양(EVB) 설치				6/20 EVB주문(2 개월 소요)		(8/20~8/25)					설치자: 바레마
외장재(kmew사이딩)설치		4/14기와와 동시 주문		(6/25~7/10)							색상확인(3/27)
내부 마감공사											방통,마루,도배,타일,천장
외부바닥 마감공사											베란다,기계실지붕,이노블럭
전기·통신공사					CCTV설치						전등 설치포함
기계·설비공사											욕실 수전용품 설치포함
공조설비공사	3/29공조기 주문					(8/20~8/30)					InAir 소개업체 활용
태양광				6/5:기와공사 시작전 태양광 계약 → 전기공사시 설치							한화
주방용품, 내부 목가구											영림
도시가스						8/1:도시가스 신청(1.5개월 소요)					지역업체
조경, 휀스, 주차장	3/8 케노피 주차장 계약				주차장 완료			휀스 조경			마무리 공사
공사비 계획 (단위: 천원)	3/3:창호(0,000) 3/6:주차(0,000) 3/7: 감리(0,000)[1] 3/11:설계(0,000) 3/20중목(0,000)[2] 3/24:설비(0,000) 3/27:공사(0,000)[3]	3/27:전기( ) 3/29:공조기( ) 4/3:산재보( ) 4/3:기와( ) 4/10:단열( ) 4/25:창호( ) 4/28:공사( )[4]	5/17:단열( ) 5/22:중목( ) 5/30:설비( ) -	6/08:화스너( ) 6/12:기와( ) 6/14:[illegible]( ) 6/24:ABS문( )[8] 6/30:공사( )	7/15:설비( ) 7/18:전기( ) 7/19:공조( ) 8/29:주차장( )[5] 7/31:가스( ) 7/31:CCTV( ) 7/29:공사( )[9]	8/20:계단( ) 8/25:욕실전등( )[11] 8/30:도배 등( )[10] 8/30:이노( ) 8/31:ABS문( ) 8/30:치장( ) 8/18:공사( )	9/20:전기( ) 8/31:설비( ) 9/20:태양광( ) 9/20:주방( ) 9/20:치장( ) 9/20:외벽( )[6] 9/30:공사( )[7]	10/1:폐기물( ) 10/20:휀스( ) 10/30:조경( ) 석재타일,이노블럭 ( ) 10/31:감리( )			
	Σ1 :00,000	Σ2 :	Σ3 :	Σ4 :	Σ5 :	Σ6 :	Σ7 :	Σ8 :		Σ :	

누계: 000,000 000,000 000,000 000,000 000,000 000,000 000,000 000,000

주 1):설계비잔금(0,000)+감리비선금(0,000), 2):3/22주문, 4/28선적, 4/30부산도착, 3):3/9→1,000만원, 3/27→0,000만원, 4):4/10→0,000만원, 4/28→0,000만원(= 일반0,000만원+법인0,000만원), 5)주차장설치비000만원(설치비000만원+커팅비00만원)포함, 6)0,000만원+000만원(사이딩 추가)+000만원(화스너설치+물받이)+000(부가세), 7)공사비 최종 정산, 8) 6/20:계약금000만원+6/24:중도금000만원, 9) 7/6:0,000만원지급, 7/14:0,000만원지급, 7/29:000만원지급, 10):도배000만원+강마루000만원+민속장판000만원, 11)욕실용품000만원(이누스000만원-중우D일000만원-유동전00만원) +등기구000만원

필자는 이 공정표를 작성하는 과정에서 모든 공종에 대한 특성 파악은 물론, 연관된 공종별 공사 시 유의사항, 연관된 공사 진행을 위한 사전 통보시점 예측, 전체 공기 단축 방안 모색 등 전체 공사를 체계적이면서 효율적으로 진행하고 관리할 수 있는 방안들을 강구할 수 있었다. 따라서 공사를 앞두고 있는 건축주는 자기 나름의 방식대로 예정 공정표를 작성해놓는 것이 전체 공종에 대한 이해와 자금 지출 및 시공자 관리에 유리함을 알고 있어야 한다.

(3) 일별 비용 지출이 포함된 공사일지 작성하기

예정 공정표에 의한 공정관리와 함께 필자가 신경 쓴 부분은 다음 표 25와 같이 공사기간 내내 일별 비용 지출이 포함된 공사일지를 작성하는 것이었다.

표 25 도담패시브하우스 공사일지 및 비용 지출현황(일부 발췌)

도담 Passivhaus 공사일지 및 비용 지출현황

구 분	개 요	지출금액(원)	비고
2017. 2/06	경계측량신청	1,273,800	
2/08	박현진 건축사, 예비시공사(0 0 0, 0 0 0)) 미팅	-	시공사별 견적의뢰
2/22	홍도영 건축가, 시공사 선정&미팅 ※건축주, 건축사, 홍도영, 시공자(000)간 공사 관련 협의	-	· 공사계획 수립 · 업체선정협의
2/23	지붕재,외벽마감재 공사계약체결 ※ 계약자: 유니크 컴퍼니(000)→₩00,000,000원	-	선 주문 필요
2/27	지붕중목구조 업체(베스트프리컷) Nego	-	
3/03	창호송금(□%→6,203.45€ 독일 창호사)	7,526,000	해외송금
3/06	주차장 케노피 계약금 송금(575만원×□%) ※(주)앳홈건재, 140-011-******(신한은행)	2,875,000	설치비000만원 운반비 20만원 별도
3/07	설계비 잔금 지급(완불)	0,000,000	설계비 완불
3/08	감리비 선금지급(계약금×□%)	00.000,000	HJP ARCHITECTS
3/09	공사 선금지급(000)110-280-******(신한은행)	10,000,000	000회사
3/11	지하수개발비 중도금(계약금×□%) 453031-52-******(농협), 김00)	3,500,000	청솔지하수 수량확인
3/17	지하수개발 중도금 지급(잔금50만원→준공 후 지급)	0,000,000	샘집설치 완료
3/20	규준틀 설치, 경계점 보존처리(현장미팅, 11:00) 건축주, 000대표, 000대표, 000사장, 000사장		
3/22	중목 발주(일본에 주문)		베스트프리컷

위 표와 같이 공사 관련으로 지출된 비용은 하나도 빠트리지 않고, 지출용도·입금 계좌번호·지출금액 등을 일별로 표기하였으며, 비용과는 별개로 일별 공사 진행 상황에 대해서도 세부적으로 기재하였다.

일별 비용 지출현황과 공사 진행 상황의 기록은 건축주 입장에서 공사 관련으로 지출되는 전체비용을 파악하는 데에도 효과적일 뿐만 아니라, 예상하고 있는 전체 공사비 중에서 지금까지 들어간 비용을 기준으로 추가하여 더 들어갈 비용을 쉽게 예측함으로써 자금 지출계획을 세우는 데도 유리하고, 특히 언제 무슨 공사가 이루어졌으며, 공사 중 있었던 특이사항 등은 무엇이었는지 등을 한눈에 파악할 수 있어 향후 공사 관련으로 분쟁이 생겼을 때에도 체계적이면서 효율적으로 대처할 수 있는 근거 자료가 될 수 있다.

따라서 집을 짓는 모든 건축주께 공사기간 내내 일별 비용 지출이 포함된 공사일지 작성을 권하는 바이며, 다만 작성방법은 각자가 편한 방법을 찾으면 될 것이다.

(4) 공사 중 설계변경 요소 최소화하기

공사 중 설계변경 요인은 크게 3가지로 구분할 수 있다.

하나는 설계된 내용이 현장여건과 상이해서 불가피하게 현장에 맞게 설계를 변경하는 경우인데, 예를 들어 땅을 파다 보니 설계 당시에는 예측할 수 없었던 암반 등의 지장물이 나온다든지, 거꾸로 부분적인 연약지반이 존재한다든지, 아니면 공식적인 자료상에 없었던 지하 매설물이 나온다든지 등의 설계범위에서 예측할 수 없었던 돌출 변수가 공사 중 발생했을 경우이다.

물론 주어진 설계업무 범위 내에서 충분히 파악할 수 있었던 사항을 설계에 반영하지 않아 이러한 일이 생겼을 경우에는 해당 설계사는 설계부실에 대한 책임을 면할 수 없겠지만 어찌했던 설계변경은 피할 수 없는 것이다.

다른 하나는 설계는 제대로 되었는데, 발주자(건축주)의 사정에 의해 설계 내용의 일부 또는 전부를 변경하는 경우이다. 예를 들어 설계된 내용과 달리 외부마감재를 변경한다던지, 내부구조를 변경한다던지, 아니면 공사범위에 있는 당초의 인테리어디자인을 변경한다던지 등이다.

마지막 하나는 시공자가 설계변경 요청을 하는 경우인데, 공사 중 설계에 반영되어 있는 일부자재의 조달상 문제로 동등 또는 그 이상의 제품으로 변경이 필요하다던지, 아니면 일부구조나 자재를 시공자 제안으로 설계변경을 요청하는 경우이다.

위의 설계변경 요인을 단독주택을 기준으로 놓고 볼 때 첫 번째의 경우는 단독주택에서는 지하층이 없거나 있어도 지하 1층 정도이고, 규모가 크지 않기 때문에 측량만 정확히 된 상태에서 부지계획고와 건물 바닥고를 제대로 계획했다면 설계 내용과 현장여건이 크게 달라질 것이 없어 설계를 변경할 필요가 없으며,

두 번째의 경우는 '**<u>2.7 공사 착공 준비/공사 시행방법의 결정과 최종 설계도면 등 성과품 취합 및 인쇄</u>**'에서 언급했듯이 건축주는 자기가 주인임을 잊지 말고, 자신이 원하는 집에 대한 개념 정리 및 공종에 대한 공부뿐만 아니라 자금여력과 공사 집행방안 등을

염두에 둔 채, 설계단계에서부터 최종성과품 작성 시까지 적극적인 의견 제시 등 개입을 했을 경우에는 공사 중에 마음이 바뀌어 이리저리 설계내용을 변경할 필요가 없다.

마지막으로 시공자의 설계변경 요청은 일부 자재의 조달상 문제로 하는 설계변경은 어쩔 수 없다 하더라도(이 경우도 설계당시 충분한 시장조사 후 자재를 선정했었다면 이러한 문제가 생기지 않음) 일부 구조나 자재를 대상으로 설계변경을 요청했을 경우에는 위의 두 번째 경우에서와 같이 건축주가 처음부터 끝까지 건축주의 마음을 설계에 담도록 적극적으로 개입했고, 공사에 100% 적용할 상세도면 작성은 물론 모든 사용자재에 대해 규격과 품질이 표기되었다면 시공자의 몇 마디에 이리저리 끌려 다니면서 설계변경을 하지 않을 것이다.

여기서 설계변경을 예민하게 다루는 이유는 모든 시공자가 그러한 것은 아니지만, 단독주택을 짓는 일부 시공자의 경우는 원가에 해당되는 최저비용을 제시하여 공사를 수주해놓고, 이후 공사 중에 설계변경을 유도하면서 공사 중에 등급이 낮은 자재를 사용하는 등 시공자 마음대로 건축주를 최대한 요리해 이익을 챙기려하기 때문이다.

그래서 건축주에 의하건, 시공자의 요청에 의하건 설계변경은 하지 말아야 하며, 하더라도 최소화해야 하는데, 이를 위해서 필요한 것은 설계 시 공사에 100% 적용할 상세도면 작성은 물론 모든 사용자재에 대해 규격과 품질이 표기된 설계도서가 작성되어야 하며, 건축주 역시 처음부터 끝까지 자신의 마음을 설계에 담도록 노력해야 한다.

다만 불가피하게 설계변경이 필요한 때에는 시공자가 납득할 수 있도록 공사비의 증감액(당초공사비－변경공사비)을 정확히 계산해서 정산하여야 하며, 절대로 시공자가 제시하는 공사비를 검토 없이 받아들여서는 안 된다.

여기에서 또 하나 강조하고 싶은 것은 단독주택의 공사비는 전체를 다 합친다 하더라도 큰 공사비가 아니기 때문에(물론 개인인 건축주 입장에서는 나름 경제적으로 부담이 되는 큰 금액에 해당됨) 시공자 측에서 보면 많은 이윤이 남는 공사가 아닌데도, 그야말로 장인정신에 입각해 성심성의껏 공사하시는 분들도 많다는 것을 잊지 말아야 한다. 그러므로 기성금도 적기 지급하여야 하고, 이러한 분들에 대해서는 공사 완료 후에도 "우리집을 잘 지어주셔서 감사합니다!"라는 의미의 건축주 마음을 담은 사례 비용도 전달할 수 있는 여유 있는 마음자세가 필요하다는 것이다.

건축주가 후덕해야 시공자도 정성을 다해 공사할 수 있는 마음이 생기는 것이고, 이것이 인지상정이기 때문이다.

(5) 스마트폰을 이용한 공사현황 촬영 및 분석

인간의 기억력에는 한계가 있어 보고나면 잊어버리게 되어 있고, 특히 공사가 진행 중인 현장에서 진행 중의 상황을 아무리 꼼꼼히 살펴본다 하더라도 육안으로 일일이 시공상의 문제점을 찾아내는 것은 그리 쉬운 일이 아니다.

특히 짧은 시간에 현장을 한 바퀴 둘러보는 정도로는 더욱 찾기가 힘들다. 그래서 필자는 비록 짧은 시간일지라도 틈나는 대로 현장에 가서 새로이 진행된 공사현황을 스마트폰으로 여러 각도에서 촬영한 후 즉시 듀얼 USB에 저장한 후 당일 저녁 퇴근 후 컴퓨터모니터에 띄워놓고 밤늦게까지 차분히 분석을 하였다.

그 결과는 놀라웠는데, 다음 사진 78에서와 같이 현장에서는 발견하지 못했고, 시공자고 모르고 지나칠 수 있는 결정적인 문제점들을 찾아낼 수 있었으며, 이러한 사항들은 다음날 아침 출근시간 전에 현장으로 가 책임자에게 보완지시를 하였다.

또한 가능한 많은 사진을 찍어 저장해놓으면, 향후에 걱정되는 부분이나 보수·보완 등 유지관리를 하는 데 있어서도 육안으로는 확인이 어려운 부분 등을 쉽게 파악할 수 있을 뿐만 아니라, 하자가 발생했을 때에도 그 원인을 쉽게 찾아낼 수 있고 필요시 증거자료로도 활용할 수 있는 등 많은 이점이 있다.

옹벽배근 시 장독대 기초 삽입근(joint bar) 누락

장독대 기초 무근 콘크리트 타설 후 삽입근 배근

1층 바닥콘크리트 타설 후 밤새 내린 비로 바닥 수평 정도 확인 통보

베란다 옹벽 수직철근 누락

베란다 옹벽 철근 배근 후 콘크리트 타설
(ALC블록 사용 부분은 제외)

사진 78 사진으로 확인한 후 수정·보완된 시공상의 미비점들(예)

기와지붕 합각부의 빗물 차단용 부자재 잘못 설치

정상적인 부자재인 빗물 차단 후레싱으로 교체

용마루 끝단 방수 Sealer 누락

용마루 끝단 방수 Sealer 설치

화장실 타일 시공 시 철저한 이물질 청소 및 완벽한 시공 지시(타일시공자 자세 불량으로 교체)

사진 78 사진으로 확인한 후 수정·보완된 시공상의 미비점들(예)(계속)

(6) 공사의 이행 · 보완지시는 반드시 스마트폰의 문자 또는 문서로

계약쌍방 간 의사표시는 일상적인 대화는 관계없지만, 계약과 관련된 통지·신청·청구·요구·회신·승인 등은 문서로 행해야 하며, 구두에 의한 경우에는 문서로 보완되어야 법적 효력이 있다. 따라서 계약상대자에게 계약내용의 이행을 촉구할 때에는 반드시 스마트폰을 이용한 문자 또는 기록이 남는 내용증명 등의 문서로 전달하여야 한다.

과거와 달리 스마트폰은 모든 사람들이 소지하고 있는 필수품이 되었고, 스마트폰으로 문자발송을 했을 때에는 발송 당시의 날짜·시간뿐만 아니라 내용까지 자동 기록되기 때문에 서로가 전달된 내용을 정확히 확인할 수 있음은 물론, 필요할 때에 해당 내용을 쉽게 검색·확인할 수 있어 굳이 번거로운 내용증명까지 발송할 필요가 없어졌다.

물론 쌍방 간에 분쟁이 생긴 상태에서 전달해야 할 의사표시 내용이 많고, 첨부해야 할 서류까지 포함되었을 경우에는 내용증명의 발송이 효율적일 수 있으나, 평온한 상태에서 공사 중의 미비사항에 대해 보완 요청 정도를 내용증명으로까지 발송할 필요는 없다.

내용증명은 통상 쌍방 간에 분쟁이 생겼을 때 분쟁에 대해 이러한 내용의 문서를 발송했다는 사실을 알리고 증명하기 위해 작성하는 것인데, 일정한 내용의 의사를 표시하였음을 증빙하면서 그에 따른 요구를 받아들이지 않을 때 심리적인 압박을 부여하거나 증거를 보전하기 위한 용도로 이용된다. 따라서 일상적인 상황에서 계약 상대자 간 의사표시는 스마트폰을 이용한 문자발송이 서로간의 감정을 자극하지 않으면서 의사전달도 확실히 할 수 있고, 향후에 근거자료로도 활용할 수 있어 효과적이다.

다만, 스마트폰을 이용한 문자로 경미한 사항을 전달할 경우에는 서로가 의미전달이 될 정도로 가볍게 작성해서 발송해도 관계없지만, 나름 중요하다고 판단되거나 향후 책임문제를 거론할 수도 있는 사항들에 대해서는 제목을 단순하게 적지 말고, '계약이행촉구'와 같이 상황을 알 수 있도록 설정하되, 관련 내용에는 내가 주장하는 근거, 즉 나의 권익이 무엇이고, 상대방의 불이행 사실이 무엇인지를 명료하게 기재하여야 한다(후단의 '(9) 시공자 계약위반 시 조치방안' 참조).

어찌되었던 공사의 이행·보완지시는 반드시 스마트폰의 문자(필요시 문서)로 발송하는 것이 의미전달 면에서나, 책임감 있는 계약이행을 위해서도 효율적이며, 혹시 모를 분쟁이 발생했을 경우에도 유력한 증거자료가 될 수 있기 때문에 이를 적극 활용할 필요가 있다. 다만, 건축주는 공사하는 분과 문자를 주고받을 때에는 항상 '수고'와 '감사'라는 단어를 많이 사용하고 정중해야 함을 잊어서는 안 되며, 공사기간 내내 고마운 마음을 갖고, 이를 표현할 줄 알아야 한다.

건축주가 성심성의껏 계약내용을 이행하면서 항상 감사의 마음을 갖고 시공자를 대하는데도 시공자가 엉뚱한 곳에 생각이 있을 경우에는 원칙대로 할 수밖에 없지만, 그때를 위해서라도 공사 중 계약상대자와의 의사소통은 가능한 한 스마트폰을 이용한 문자로 할 필요가 있다.

(7) 기성금은 반드시 실적 확인 후 적기지급

공사에 대한 기성금은 시공자에게 일한 만큼의 대가를 지급하는 것이기 때문에 건축주는 공사의 품질을 위해서라도 기성금은 반드시 제때 지급하여야 한다. 여기서 "제때 지급"이라 함은 해당 공정에 대한 공사가 진행된 정도를 확인한 후 그때를 기준으로 진행된 만큼에 대한 공사비 지급을 말하는 것으로, 시공자의 자금여력에 따라 지급요청 시기가 달라질 수 있으니 이 부분은 어떠한 틀에 얽매이지 말고 공사 진행의 원활을 기하기 위해서라도 시공자가 원하는 대로, 시공자를 편하게 해주는 것이 바람직하다.

다만 '<u>3.1 시공업체 선정과 착공/표 20 건축공사 도급계약 일반조건 제7조(선금)</u>'에서 제시한 바와 같이 시공자에게 공정률과 무관하게 노임지급 및 자재 확보에 우선 사용하라고 지급된 선급금이 있을 경우에는 기성금 지급 시마다 다음 표 26과 같이 이미 지급된 선급금에 대해 기성 부분의 대가비율만큼을 제외한 후 지급해야 함을 명심해야 한다.

이렇게 해야 시공자가 공사비를 떼어먹고 도망가는 것을 방지할 수 있고, 설령 도망갔다 하더라도 건축주의 피해를 최소화할 수 있는 것이다.

표 26 기성금 지급 시 선급금 정산에 따른 기성금 지급액(계약금액 : 200,000천 원의 경우)

구 분	공정률(%) (누계공정률)	기성 부분의 대가[1](천 원)	선금정산액[2] (천 원)	기성금 지급액[3](천 원)	비 고
선급금	-		-	30,000	공정률과 무관
1회 기성	20(20)	40,000	6,000	34,000	
2회 기성	30(50)	60,000	9,000	51,000	
3회 기성	30(80)	60,000	9,000	51,000	
잔금	20(100)	40,000	6,000	34,000	
계	100	200,000	30,000	200,000	

주 1) 계약금액×공정률(%)
2) 선급금×(기성 부분의 대가/계약금액)
3) 1) - 2)

(8) 공사 현장은 깔끔하게

공사현장이 항상 깨끗한 상태로 정리정돈되어 있으면, 공사에 대한 집중도가 높아져 공사의 품질도 높아질 뿐만 아니라, 현장에서 발생할 수 있는 크고 작은 각종 사고의 가능성도 미연에 방지할 수 있고, 작업환경까지 좋아지므로 공사하는 분들의 건강에도 좋다.

대부분 단독주택 공사 시에는 주변에 다른 주택이나 상가가 있기 마련이고, 인근 도로를 통해 차량통행이나 보행자가 다니는 경우가 많기 때문에 이들에 대한 안전도 높아진다.

공사현장의 시공·관리자는 공사현장에서 발생할 수 있는 사고를 미연에 방지해야 할 주의 의무가 있기 때문에 대부분의 공사도급계약서에는 시공자의 책임을 강조하는 별도의 '안전관리 및 재해보상'이라는 조항을 두어 '"을"은 산업재해를 예방하기 위하여 안전시설의 설치 및 보험의 가입 등 적정한 조치를 하여야 한다.'와 '"을"이 수행하는 공사 부분에 대해 공사현장에서 발생한 산업재해의 책임은 "을"에게 있다.'라는 내용의 조문을 포함시키고 있다.

그러나 이와는 별개로 건축주가 신경 써야 할 부분은 현장의 시공·관리자로 하여금 공사현장을 항상 깨끗이 정리정돈하도록 유도하는 것이다.

어질러진 현장을 한번에 정리하는 것은 힘든 일이지만, 공사 시작부터 정리하는 습관을 붙이고, 일일 마무리작업을 현장의 정리정돈으로 끝낸다면 현장을 깨끗이 관리하는 것은 그리 어려운 일이 아니며, 다음날 작업도 기분 좋게 시작할 수 있어 작업능률도 오르게 되어 있다.

도담패시브하우스는 사진 79와 같이 폐기물처리업체로부터 건설폐기물 전용 암롤 박스를 대여해 현장에 놓고 관리하였으며, 비용이 그리 비싸지 않기 때문에 이러한 방법도 고려해볼 필요가 있다.

현장이 항상 깨끗하면 공사하는 시공자나 건축주에 대한 주변의 인식도 좋아질 뿐만 아니라, 이 집을 짓는 시공자에게 공사를 맡기고 싶은 마음도 절로 생길 것이다.

사진 79 건설폐기물 전용 암롤 박스를 이용한 현장 정리정돈

(9) 시공자 계약위반 시 조치방안

단독주택을 짓는 시공자 중에는 회사규모가 작더라도 실력 있고 장인정신에 입각해 성실하게 공사를 마무리하는 시공업체들이 많다.

그러나 개중에는 틈만 있으면 설계변경을 요구하여 공사비의 증액을 꾀하고, 설계에서 정한 자재 혹은 건축주가 생각하고 있는 자재 보다 낮은 등급의 자재를 사용하여 이윤을 챙기는 것은 물론, 이도저도 안될 때는 아예 삼십육계 줄행랑(三十六計走爲上策)치는 것을 당연한 수단으로 여기는 시공자도 있다.

속된 이야기로 이러한 시공자는 "원가에 해당되는 최저비용을 제시하여 공사 수주를 해놓고, 이후 공사 중 설계변경을 얼마만큼 유도하느냐, 그리고 등급이 낮은 자재를 얼마만큼 사용하느냐에 따라 이윤의 폭이 결정된다."라고 말한다.

즉, 시공자 마음대로 건축주를 얼마만큼 요리했느냐에 따라 이익금이 달라진다는 의미인데, 때문에 공사에 100% 적용할 설계를 해야 하고, 설계가 중요한 이유이다.

국가 또는 지방자치단체를 당사자로 하여 계약한 시공자가 계약위반행위를 저질렀을 경우에는 형사처벌과 별개로 행정처벌인 부정당업자 제재, 부실 벌점 및 입찰참가자격 제한 등의 강력한 행정처분을 받기 때문에 시공자 마음대로 계약위반 행위를 할 수 없지만, 단독주택의 경우에는 상대방이 개인(건축주)이기 때문에 시공자가 계약위반 행위를 할 경우, 대부분의 건축주가 민·형사상의 법적대처를 포기하는 경우가 많아 시공자들의 계약위반 행위가 만연하게 되었는지도 모른다.

시공자의 계약위반 행위로 인하여 건축주에게 손해를 발생시킨 경우, 민·형사상으로 대처하기 위해서는 우선 소송을 제기해야 하고, 수사기관과 법원에 나가 진술해야 하는 등 시간적·정신적으로 낭비일 뿐만 아니라 금전적으로도 손해가 발생하기 때문에 분하고 괘씸해도 대부분의 건축주가 그냥 참는 것인데, 이를 알고 있는 시공업체로서는 어쩌면 삼십육계 줄행랑이 제일 좋은 방법이라 여겼는지도 모른다.

그러나 이러한 경우를 대비해 공사에 100% 적용할 설계가 되어 있고, 비장한 마음으로 꼼꼼히 작성된 계약서가 있으며, 공사 중의 의사소통을 최대한 스마트폰을 이용한 문자로 주고받으면서 건축주·감리자·시공자 간 전용 카페를 만들어 이를 통해 의견을 교환하였고, 일별 비용 지출이 포함된 공사일지의 작성과 스마트폰을 통한 공사현황의 촬영·저장 및 공정률만큼 기성금을 지불하는 등 공사 전반의 흐름에 대한 증거 확보와 공사대금의 지급까지 빈틈없이 관리된 상태라면 시공자는 계약 위반할 엄두를 내지 못할 것이다.

설령 이러한 상태에서 시공자가 계약을 위반하여 건축주가 할 수없이 공사계약을 해지한다고 하더라도 그때까지 진행된 공사는 철저히 설계대로 진행·관리되어왔고, 기성금 또한 공정률에 맞추어 지급되었기 때문에 건축주로서는 공기가 좀 지연 되면서 공사 마무리를 위해 시공자를 다시 선정해야 하는 불편이 초래될 수는 있어도, 금전적인 면에서나 공사의 질적인 면에서는 큰 피해가 없는 것이고, 이후부터 시공자를 상대로 민·형사상 책임을 묻는 법적절차를 진행한다고 하더라도 모든 증거자료가 확보되어 있어 마음의 여유를 갖고 대처할 수가 있게 된다.

그래서 '**2.1 설계착수와 추진방향**', '**3.1 시공업체 선정과 착공**', '**3.2 공사 관리에 관한 사항**'에서 언급했듯이 설계가 잘 되어야 하고, 공사도급계약서를 꼼꼼히 작성하여야 하며, 공사 관리를 철저히 해야 하는 것이다.

어찌되었던 건축주는 시공자와의 계약이행을 계약서에 정한대로 신의·성실에 따라 이행하였음에도 시공자가 엉뚱한 곳에 생각이 있을 경우에는 민·형사상의 책임을 묻기 위한 법적 수순을 밟을 수밖에 없다.

시공자가 엉뚱한 생각을 갖고 행동한다는 것은 계약당사자 간의 의사합치에 의해 성립된 계약 내용을 성실히 이행하지 않고, 자기가 생각하고 있는 목적달성을 위해 약속된 계약내용을 위반하여 건축주에게 손해를 끼치는 행위를 말한다.

시공자가 건축주와 상의 없이 현장을 비운 채 며칠씩 방치한다던가, 그러고서 무단으로 공사 진행을 하지 않는 등으로 공사기한을 지체시키거나 또는 설계상 문제가 없는데도 설계변경을 자주 요청한다던가, 현장의 다른 공종업체와 공연한 충돌을 유발시킨다던가, 계약서상 명백한 시공자의 공사범위임에도 자기공사대상이 아니라고 우긴다던가, 자격미달의 인부를 투입하여 공사의 질을 떨어뜨린다던가 등등의 행위가 바로 그것인데, 이 중 어느 것 하나라도 전개되기 시작하면 건축주는 이때부터 시공자를 요주의 대상으로 관리하기 시작해야 한다.

요주의 대상으로 인식한 순간부터 주의할 점은 기성금은 절대 계약서에 기재된 내용 이상으로는(아무리 시공자의 요청이 있다 하더라도) 지급하지 말아야 하며, 건축주로서 계약내용은 더욱 철저히 이행하는 등 시공자에게 빌미를 주어서는 아니 되고, 반면에 시공자에게 "당신은 지금부터 나의 요주의 대상이다."라는 인식은 주지 말아야 한다.

그러면서 감정 상하지 않게 시공자의 문제점을 지적해주면서 시공자가 정상 궤도에 진입할 수 있도록 유도해주는 등 상황변화를 주시할 필요가 있다.

다행히도 시공자가 건축주의 마음이 확고함을 인지하고, 비록 큰 이득이 없는 공사현장이지만 이를 사전에 알고 계약했건, 모르고 계약했건 시공자 본인이 직접 계약서에 날인한 것이기 때문에 책임감으로써 끝까지 공사를 마무리할 수도 있기 때문이다.

그러나 건축주가 이리저리 노력해도 시공자가 "너는 너고, 나는 나다."라고 할 경우에는 하는 수 없이 이때부터 법적으로 민·형사상 책임을 묻기 위한 준비에 들어가야 하는데, 그 첫 번째가 계약을 유지하는 것을 전제로 한 이행촉구이다. 물론 상황에 따라(개별 계약서의 해제에 관한 계약 규정에 채무불이행 시 최고 없이도 계약해지를 할 수 있다는 취지의 규정이 있다면) 건축주는 이행촉구 없이 곧바로 계약의 해지통지를 할 수도 있으나, 시공자에게는 한 번이라도 기회를 더 주는 것이 좋은 방법이다.

'계약이행 촉구'서의 작성은 앞의 '**(6) 공사의 이행·보완지시는 반드시 스마트폰의 문자 또는 문서로**'에서 언급했듯이 이때부터는 향후 책임문제를 거론할 법적절차에 들어가는 준비서류가 되기 때문에 제목을 단순하게 적지 말고, '계약이행통보' 등 상황을 알 수 있게 구체적으로 설정하되, 관련 내용에는 내가 주장하는 근거, 즉 나의 권익이 무엇이고, 상대방의 불이행 사실이 무엇인지를 명료하게 기재하여야 한다.

다음 표 27은 계약이행 촉구 사례인데, 상대방의 불이행사실, 즉 '다음'의 내용에 대해서도 세부적으로 기재하여야 한다.

표 27 계약이행촉구(예)

수신 : ○○○회사(○○○대표)
발신 : 건축주(○○○)
제목 : 계약이행 통보

---

1. 귀사의 무궁한 발전을 기원합니다.
2. 귀사와 계약체결(2019. . .)하여 현재 공사수행 중에 있는 '○○○건축 신축공사'에 있어서 '건축공사 도급계약일반조건' 제○조 제2○항 및 제○○조 각항에 따라 '다음'내용에 대한 공사의 이행을 촉구하니 즉시 공사개시하여 계획공정일 내에 마무리하시기 바랍니다.

-다 음-

(1)
(2)
(3)
(4)
(5)
(6)
(7)

2019.09.05.
건축주 ○○○ 인

계약이행을 촉구했는데도 이를 이행하지 않을 경우에는 다음 단계로 계약을 해지하거나 민·형사상 책임을 묻겠다는 취지의 문구를 넣어 다시 한번 최고서(단, 이때의 최고서에는 불이행 시 해지하겠다는 문구를 넣음)를 발송한다.

이 경우에는 위의 계약이행청구에서와 같이 나의 권익이 무엇이고, 상대방의 불이행 사실이 무엇인지를 명료하게 기재하되, '상당기간'을 정해서 그때까지 계약 의무를 이행하지 않았을 때 따르는 불이익(해지 및 손해배상 등의 법적 조치)을 분명히 명시하는 것이 좋다.

여기서 '상당기간'이란 시공자가 이행을 준비하고 이를 수행하는 데 필요한 기간으로 채무의 내용·성질 기타 객관적 사정을 토대로 결정하고, 최고에서 정한 기간이 상당하지 않을 때에도 최고로서 유효하고, 상당기간이 경과한 후에 효력이 발생한다.

다음 표 28은 시공자에게 보내는 '계약이행최고서'의 예이다.

표 28 계약이행최고(예)

수신 : ○○○회사(○○○대표)
발신 : 건축주(○○○)
제목 : 계약이행 최고

---

1. 귀사의 무궁한 발전을 기원합니다.
2. 귀사와 계약체결(2019. . .)하여 현재 공사수행 중에 있는 '○○○건축 신축공사'에 있어서 귀하는 '다음'과 같은 계약위반을 수시로 행하여왔으며, 그사이 스마트폰의 문자 또는 '계약이행통보' 등으로 수차례에 걸쳐 철저한 계약이행을 요청하여 왔으나, 오히려 2019. . . 부터 2019. . .현재까지는 현장을 무단이탈 채 방치하는 등 계약이행을 하지 않고 있어 부득이 최고합니다.
3. 이러한 상황이 2019. . .까지 지속될 경우에는 2019. . .일자로 '○○○건축 신축공사 도급계약 일반조건' 제○○조 제○항 제○호에 따라 귀하와 체결한 계약을 해지 할 것이며, 공사 중에 있었던 귀하의 행위 전반과 이후 발생되는 모든 문제에 대하여 민·형사상의 책임을 물을 계획임을 알려드리는 바입니다.

- 다 음 -

○ '건축공사 도급계약 일반조건' 제○조 위반
- "을"은 신의에 따라 성실히 계약을 이행할 의무가 있음에도, 수시로 건축주에게 "현장을 철수하겠다.", "여기까지만 공사하고 끝낼 터이니 나머지 공사는 건축주가 알아서 해라."라는 등의 협박성 언어를 구사하여 자기의 목적한 바인 공사비 증액을 꾀하려함은 물론이고 스스로 계약위반행위를 서슴지 않음
- "을"은 건축주를 사술로 기망하여 수회에 걸쳐 공사비의 지원 또는 증액을 받아냄
- "을"은 2019. . .이후부터 현재까지 현장을 비우고 방치한 채 공사를 무단으로 중단하는 등 신의·성실의 원칙을 위반함

○ '건축공사 도급계약 일반조건' 제○조(현장대리인) 제○항 위반
- "을"은 공사기간 내내 공사현장에 상주하여야 할 의무를 위반한 채 수시로 현장을 이탈하여 공사의 품질을 떨어트림
- "을"은 수시로 현장을 이탈하여 공기를 의도적으로 지연시키는 등 건축주를 골탕 먹이는 수단으로 사용

○ '건축공사 도급계약 일반조건' 제○○조(특약사항) 제○항 및 제2○항 위반
- "을"은 자신이 당연 수행해야할 공사범위임에도 수시로 건축주에게 비용전가
- "을"은 자신이 현장대리인 자격으로 공사기간 내내 현장에 상주 하면서 전체공정을 대상으로 공사의 목적에 맞게 시공되는지를 확인, 관리하여야 할 책임자의 위치에 있음에도, 전체공정에 대한 관리 소홀은 물론 심지어 "을" 자신의 인건비까지 추가 비용으로 청구함

2019.09.15.
건축주 ○○○인

이와 같이 '상당기간'을 정해 '계약이행최고'를 하였음에도 시공자가 이에 응하지 않았을 때에는 시공자와 체결한 '○○○건축 신축공사'에 대한 도급계약은 2019.○.○.일자로

해지되기 때문에 건축주는 같은 날 시공자에게 해지되었다는 취지의 의사표시(문자메시지, 이메일, 내용증명 등)를 하고, 잔여공사를 마무리할 새로운 시공자를 선정할 수 있다.

동시에 건축주가 후속적으로 취할 조치는 당초 시공자가 현장에 놓고 간 공구나 장비류 및 건설폐기물 등은 즉시 현장에서 반출하도록 통보하면서 손해가 발생된 부분이 있을 경우에는 민·형사상 법적조치를 취하여야 하는데, 민·형사상의 조치는 건축주가 피해정도를 판단하여 결정할 사항이지만, 만일 법적절차에 들어갈 경우에는 꼼꼼히 작성된 계약서와 그동안 공사 관리를 해오면서 축적해온 각종자료 및 '계약이행촉구서' 등이 중요한 근거서류가 될 것이다(이후에는 변호사와 상의해서 추진).

다만 단독주택 공사의 경우에는 앞에서도 여러 번 언급했듯이 설계가 잘되어 있고, 공사계약서를 꼼꼼히 작성하였으며, 공사 관리를 철저히하였다면 비록 이러한 일이 발생한다고 하더라도 그 피해규모가 크지 않기 때문에 시간적·정신적·금전적으로 손해가 있는 민·형사상의 법적대응까지 하는 것에는 신중을 기해야 한다.

시공자 역시 목전의 이익만을 생각할 것이 아니라, 자신이 계약서에 날인한 순간부터는 본인이 짊어져야 할 운명이고, 책임이기 때문에 비록 어려운 조건이 되었더라도 자기 집을 짓는다는 마음으로 최선을 다하여 공사를 마무리한다면 그 소문은 널리 퍼지게 되고, 더 좋은 일들이 많이 생기게 될 것이다.

한번의 실수를 씻어내는 데는 너무 많은 시간과 노력이 필요하다는 것을 사람들은 간혹 잊고 산다.

3.3 사용승인 신청

새집으로 이사하기 위해서는 건축법령에 따라 사용승인을 받아야 하는데, 사용승인 신청 시 제출하는 서류에는 어떠한 것이 있으며, 신청서에 포함될 내용 중 건축주가 미리미리 챙겨두면 편리한 내용들은 어떠한 것이 있는지 등에 대해 정리하였다.

(1) 사용승인 신청서에 포함되는 서류
(2) 건축주가 챙겨두어야 할 서류

(1) 사용승인신청서에 포함되는 서류

건축주가 「건축법」 제11조·제14조 또는 제20조 제1항에 따라 허가를 받았거나 신고를 한 건축물의 건축공사를 완료한 후 그 건축물을 사용하려면 해당 서류를 첨부하여 허가권자에게 사용승인을 신청하여야 하며, 사용승인신청 근거 법령은 다음과 같다.

- 「건축법」 제22조 제1항
- 「건축법 시행령」 제17조
- 「건축법 시행규칙」 제16조, 제17조, 별지 제17호

사용승인신청은 「건축법 시행규칙」 제16조(사용승인신청)에 따라 별지 제17호 서식의 (임시)사용승인신청서에 감리자가 서명 날인한 후 다음 각 호의 구분에 따른 도서를 첨부하여 허가권자에게 제출해야 하는데, 건축주는 필요한 영수증과 확인증 등을 빠짐없이 챙겨 제출해야 한다.

1) 법 제25조 제1항에 따른 공사감리자를 지정한 경우 : 공사감리완료보고서

2) 법 제11조, 제14조 또는 제16조에 따라 허가·변경허가를 받았거나 신고·변경신고를 한 도서에 변경이 있는 경우 : 설계변경사항이 반영된 최종 공사완료도서

3) 법 제14조 제1항에 따른 신고를 하여 건축한 건축물 : 배치 및 평면이 표시된 현황도면

4) 법 제22조 제4항 각 호에 따른 사용승인·준공검사 또는 등록신청 등을 받거나 하기 위하여 해당 법령에서 제출하도록 의무화하고 있는 신청서 및 첨부서류(해당 사항이 있는 경우로 한정한다)

5) 법 제25조 제11항에 따라 감리비용을 지불하였음을 증명하는 서류(해당 사항이 있는 경우로 한정한다)

6) 법 제48조의3 제1항에 따라 내진능력을 공개하여야 하는 건축물인 경우 : 건축구조기술사가 날인한 근거자료(「건축물의 구조기준 등에 관한 규칙」 제60조의2 제2항) 후단에 해당하는 경우로 한정한다.

사용승인신청을 하면 연면적 2,000m² 이하의 허가대상 건축물(단독주택은 여기에 해당됨)은 업무대행건축사(제3의 건축사)의 사용검사를 받는데, 해당청에서 건축사협회에 업무대행건축사의 지정을 요청하고, 건축사협회에서 선정한 업무대행건축사가 현장을 확인한 후 이상이 없을 경우 사용승인 처리가 되며, 사용승인이 되지 않으면 그 건축물을 사용하거나 사용하게 할 수 없다.

업무대행건축사 제도는 건축물의 사용승인을 위한 현장조사·검사 및 확인업무를 건축주·감리자·시공자 간 위법묵인으로 인한 비리의 연결고리를 차단하기 위해 당해 건축물의 설계자 및 공사 감리자가 아닌 제3의 건축사로 지정하여 업무를 대행하게 하는 제도로써 법과 원칙에 따른 시공이 필요하다.

사용승인신청 시 제출할 서류목록은 허가권자별로 차이가 있을 수 있으나, 도담패시브하우스의 경우 사용승인신청 시 제출된 서류목록은 다음 표 29와 같다.

표 29 사용승인신청 시 제출서류 목록(예)

순서	구분	관련 서류	관련 근거
1	사용승인신청서	1. 사용승인신청서/검사조서 2. 동별개요 3. 층별개요 4. 일반건축물 소유자 현황	「건축법 시행규칙」 제16조
2	사용승인 신청 관련 자료	1. 사용승인 시 제출서류 목록표 - 본 목록에 해당여부와 제출 여부 표기 2. 사용승인 신청 개요(양식 붙임) 3. 건축심의사항 이행현황(양식 붙임) 4. 건축허가 안내사항 이행현황(양식 붙임) 5. 준공사진첩	행복도시 건축고시 제4조 건축허가 조건 및 안내사항
3	감리보고서	1. 감리의견서 2. 감리중간/완료보고서	「건축법」 제25조
4	완성검사필증 (해당 시)	1. 승강기 완성 검사필증 2. 전기사용 전 검사필증 3. 정보통신공사 사용 전 검사필증 4. 소방시설 완공검사 필증 5. 전기안전관리자 선임신고 필증 6. 저수조 청소/소독 필증 7. 배수설비 준공검사 필증 8. 위험물 자가용 주유취급소 설치허가 필증 9. 탱크검사(시험) 필증 10. 방염검사 필증(카펫, 가구, 페브릭, 도배 외) 11. 보일러 검사필증	1. 「승강기시설안전관리법」 제13조 2. 「전기사업법」 제34조 3. 「정보통신공사업법」 제36조 4. 「도시가스업법」 제15조 5. 「소방시설공사업법」 제14조 6. 「전기사업법」 제45조 7. 「세종특별자치시 하수도 사용조례」 제8조 등의 관계 법령에 해당할 경우
5	절수설비 설치완료 보고서 등 관련 서류	1. 절수설비 설치완료보고서 및 증빙자료	「수도법」 제15조 제1항 및 같은 법 시행령 제25조(세종시 상수도과 협의조건)
6	도로 기반시설 원상복구확인서	1. LH의 원상복구확인서(LH 제출 서류 붙임)	LH 협의조건 (해당 시에만 제출)
7	건축물 관리대장	1. 건축물대장 기재신청서 2. 현황도면 등	건축물대장기재 등에 관한 규칙
8	관련 관리카드 (해당 시)	1. 부설 주차장 관리카드(양식 붙임) 2. 조경 관리카드(양식 붙임) 3. 미술작품 관리카드(해당 시만) 4. 공개공지 등 관리대장(양식 붙임)	세종시 주차장조례 건축허가 조건 및 안내사항 행복도시 건축고시 제22조 등에 해당 대상만 제출
9	내화구조 품질 관리 확인서(해당 시)	1. 내화구조(철골내화뿜칠)품질확인서 2. 철골내화뿜칠 체크리스트 3. 내화구조(철골내화도료)품질확인서 4. 철골내화도료 체크리스트	「내화구조의 인정 및 관리기준」 (국토해양부고시 제2010-331호, 2010.5.31)에 해당할 경우

※ 상기 제출서류 중 관계법령 및 허가조건 등에 해당되는 사항이 없는 경우 제출하지 않아도 됨

(2) 건축주가 챙겨두어야 할 서류

사용승인신청서에 첨부되어야 할 관련 서류 중에는 건축주가 직접 챙겨야 할 부분들이 많다.

공사 시 되메우기 전에 찍어 두어야 할 '**오·우수관로 설치 현황**'에 대한 사진부터 공사가 끝나갈 무렵 개별 준공되는 '**도시가스 공급예정확인원**', '**급수공사비 영수증**', '**전기통신공사 사용 전 검사필증**', '**전기 사용 전 점검확인증**' 등과 건축주가 직접 수령하는 **각종 영수증(확인증)** 및 건축주의 확인 서명이 필요한 '**중간감리보고서**', '**건축물대장 기재신청서**' 등과 같은 서류가 그것이다. 또한 '**가스보일러 설치 시공 및 보험가입확인서**', '**폐기물처리 확인서**', '**배수설비준공 적합통지서**'와 같이 개별 시공업체별로 공사 완료 후 시공자 책임하에 해당 서류를 받아올 수 있도록 공사계약 시에 이러한 내용을 미리 제시하는 등의 사전조치가 필요한 공종도 있음을 유념해야 하며, 이들을 종합하여 건축주가 챙겨야 할 서류를 유형별로 구분하면 다음과 같이 크게 세 가지 형태로 분류할 수 있다.

공사 중 사진이 필요한 부분(감리자가 촬영)

• 오 · 우수관로 설치 현황(되메우기 전 촬영)

※ 위 사진 외에 관련 사진을 더 많이 촬영해둘 필요가 있음

• 중간감리보고서(철근 배근 사진 첨부)

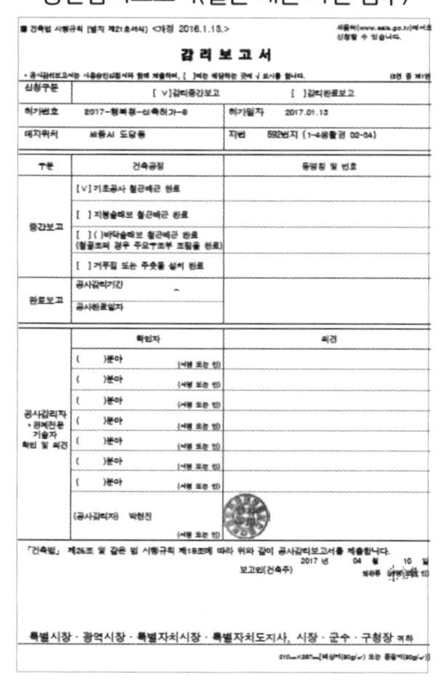

■ 건축법 시행규칙 [별지 제21호서식] <개정 2016.1.13.>

세움터(www.eais.go.kr)에서도 신청할 수 있습니다.

감 리 보 고 서

• 공사감리보고서는 사용승인신청서와 함께 제출하며, [ ]에는 해당하는 곳에 √ 표시를 합니다. (3쪽 중 제1쪽)

신청구분	[V]감리중간보고	[ ]감리완료보고	
허가번호	2017-행복청-신축허가-8	허가일자	2017.01.13
대지위치	세종시 도담동	지번	592번지 (1-4생활권 02-04)

구분	건축공정	동영상 및 번호
중간보고	[V] 기초공사 철근배근 완료	
	[ ] 지붕슬래브 철근배근 완료	
	[ ] ( )바닥슬래브 철근배근 완료 (철골조의 경우 주요구조부 조립을 완료)	
	[ ] 거푸집 또는 주춧돌 설치 완료	
완료보고	공사감리기간 ~	
	공사완료일자	

공사감리자 · 관계전문기술자 확인 및 의견	확인자	의견
	( )분야 (서명 또는 인)	
	( )분야 (서명 또는 인)	
	( )분야 (서명 또는 인)	
	( )분야 (서명 또는 인)	
	( )분야 (서명 또는 인)	
	( )분야 (서명 또는 인)	
	( )분야 (서명 또는 인)	
	(공사감리자) 박현진 (서명 또는 인)	

「건축법」 제25조 및 같은 법 시행규칙 제19조에 따라 위와 같이 공사감리보고서를 제출합니다.

2017 년 04 월 10 일

보고자(건축주) (서명 또는 인)

특별시장 · 광역시장 · 특별자치시장 · 특별자치도지사, 시장 · 군수 · 구청장 귀하

210mm×297mm[백상지(80g/㎡) 또는 중질지(80g/㎡)]

개별 시공자(또는 시행자)로부터 요청하여 받아야 할 서류

• 지적현황측량성과도(측량시행자인 한국국토정보공사에 요청)

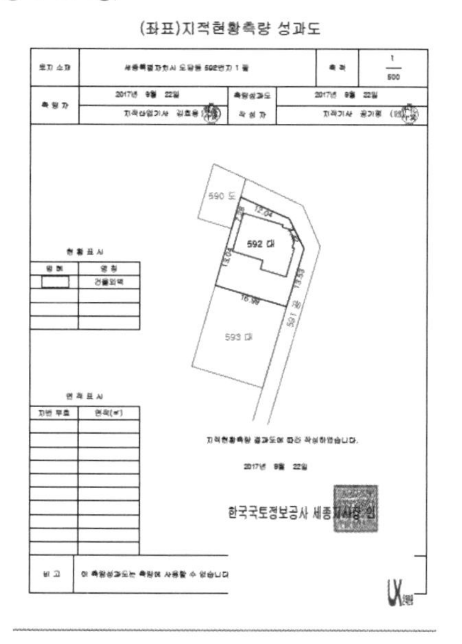

(좌표)지적현황측량 성과도

토지 소재	세종특별자치시 도담동 592번지 1 필		축척	1/500
측 량 자	2017년 9월 22일	측량성과도 작 성 자	2017년 9월 22일	
	지적산업기사 김희용 (인)		지적기사 윤기평 (인)	

현황표시

범례	명칭
	건물외벽

면적표시

지번 부호	면적(㎡)

지적현황측량 결과도에 따라 작성하였습니다.

2017년 9월 22일

한국국토정보공사 세종지사장 인

비 고	이 측량성과도는 측량에 사용할 수 없습니다

• 도시가스공급예정 확인원(도시가스를 연결하는 해당 지역 도시가스공사에 요청)

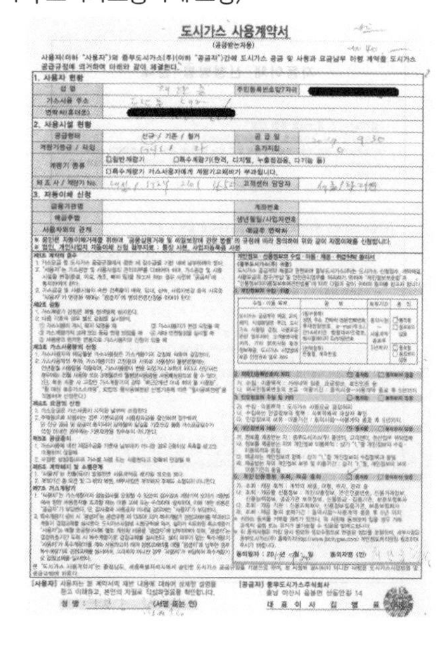

도시가스 사용계약서

(공급받는자용)

사용자(이하 "사용자")와 중부도시가스(주)(이하 "공급자")간에 도시가스 공급 및 사용과 요금납부 이행 계약을 도시가스 공급규정에 의거하여 아래와 같이 체결한다.

1. 사용자 현황

성 명	[illegible]	주민등록번호앞7자리	[illegible]
가스사용 주소	[illegible]		
연락처(휴대폰)	[illegible]		

2. 사용시설 현황

공급형태	신규 / 기존 / 철거	공 급 일	[illegible]
계량기등급 / 타입	[illegible]	초기지침	0
계량기 종류	□일반계량기 □특수계량기(원격, 디지털, 누출점검용, 다기능 등)		
	□특수계량기 가스사용자에게 계량기교체비가 부과됩니다.		
제 조 사 / 계량기 No.	[illegible]	고객센터 담당자	[illegible]

3. 자동이체 신청

금융기관명		계좌번호	
예금주명		생년월일/사업자번호	
사용자와의 관계		예금주 연락처	

※ 본인은 자동이체거래를 위하여 「금융실명거래 및 비밀보장에 관한 법률」의 규정에 따라 동의하며 위와 같이 자동이체를 신청합니다.
※ 법인, 개인사업자 자동이체 신청 첨부자료 : 통장 사본, 사업자등록증 사본

[illegible]

- 급수공사비 영수증(상수도 계량기 설치비용을 납부하는 해당 지자체에 요청)

급수공사비영수증(A)

번호	세종특별자치시 도담동 592번지
5890000-11-2017-00646	납부자 채완종
일금	801,800 원정

구분	금액
계량기대금	₩ 155,300
보호통대금	₩
내동분수전	₩
공사비	₩ 640,500
소계	₩ 795,800
설계수수료	₩ 2,000
자재검사료	₩ 2,000
준공검사료	₩ 2,000
소계	₩ 6,000
시설분담금	₩
계	₩ 801,800

세종특별자치시장

- 정보통신공사 사용전검사필증(통신 시공업체에 책임요청)

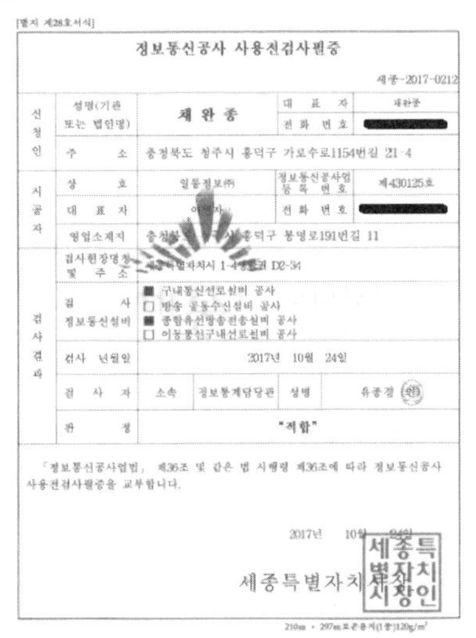
[별지 제28호서식]

정보통신공사 사용전검사필증

세종-2017-0212

신청인	성명(기관 또는 법인명)	채 완 종	대표자	채완종
			전화번호	
	주소	충청북도 청주시 흥덕구 가로수로1154번길 21-4		
시공자	상호	일등정보㈜	정보통신공사업 등록번호	제430125호
	대표자		전화번호	
	영업소재지	충청북도 … 흥덕구 봉명로191번길 11		
검사결과	검사현장명칭 및 주소	세종특별자치시 1-4생활권 D2-34		
	검사 정보통신설비	■ 구내통신선로설비 공사 □ 방송 공동수신설비 공사 ■ 종합유선방송전송설비 공사 □ 이동통신구내선로설비 공사		
	검사 년월일	2017년 10월 24일		
	검사자	소속 정보통계담당관	성명	유종경 (인)
	판정	"적합"		

「정보통신공사업법」 제36조 및 같은 법 시행령 제36조에 따라 정보통신공사 사용전검사필증을 교부합니다.

2017년 10월 24일

세종특별자치시장

210mm × 297mm[보존용지(1종)120g/m²]

- 전기사용전 점검확인증(전기 시공업체에 책임요청)

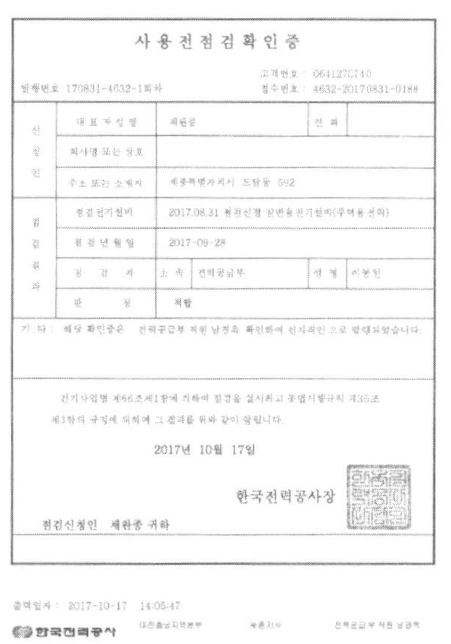
사 용 전 점 검 확 인 증

고객번호 : 0641270140

발행번호 : 170831-4632-1회차 | 접수번호 : 4632-20170831-0188

신청인	대표자성명	채완종	전화	
	회사명 또는 상호			
	주소 또는 소재지	세종특별자치시 도담동 592		
점검결과	점검전기설비	2017.08.31 신청 일반용전기설비(주택용전력)		
	점검년월일	2017-09-28		
	점검자	소속 전력공급부	성명	이봉민
	판정	적합		

기타 : 해당 확인증은 전력공급부 직원 남정욱 확인하여 전자직인으로 발행되었습니다.

전기사업법 제66조제1항에 의하여 점검을 실시하고 동법시행규칙 제35조 제1항의 규정에 의하여 그 결과를 위와 같이 알립니다.

2017년 10월 17일

한국전력공사장

점검신청인 채완종 귀하

출력일시 : 2017-10-17 14:05:47

한국전력공사

- 배수설비 준공적합통지서(설비 시공업체에 책임요청)

행정수도 세종, 가족으로 환영합니다.

세종특별자치시

수신 채완종 귀하

(경유)

제목 배수설비 준공알림(도담서4길 55, 채완종)

1. 귀하께서 제출하신 배수설비 준공검사 신청에 대하여 「하수도법」 제27조, 같은 법 시행규칙 제23조 및 「세종특별자치시 하수도사용조례」 제8조의 규정에 적합하여 아래와 같이 준공처리하였기에 알려 드립니다.

2. 아울러, 같은 조례 제9조의 규정에 따른 배수설비의 개축, 수선 및 유지관리는 설치자가 하여야 하며, 특히 우수관 연결 등 우수가 유입되지 않도록 하시기 바라며, 관리소홀로 인한 누수, 오염발생 또는 공공하수도의 기능장애 등이 발생하지 아니하도록 관리에 철저를 기하여 주시기 바랍니다.

설치자	성명	채완종		
	주소	충북 청주시 흥덕구 가로수로1164번길 21-4, 601호(강서동, 선미빌딩)		
시공자	법인명	다인종합환경(주)		
	주소	세종특별자치시 조치원읍 둘마루6길 2, 108호		
배수설비 현황	설치위치	세종특별자치시 도담서4길 55		
	설치목적	생활오수	관종	PVC
	관경	150mm	연장	15m
	접속방법	하수관접속	배출수량	0.5㎥/일

끝.

세종특별자치시장

• 폐기물처리 확인서(골조시공업체에 책임요청)

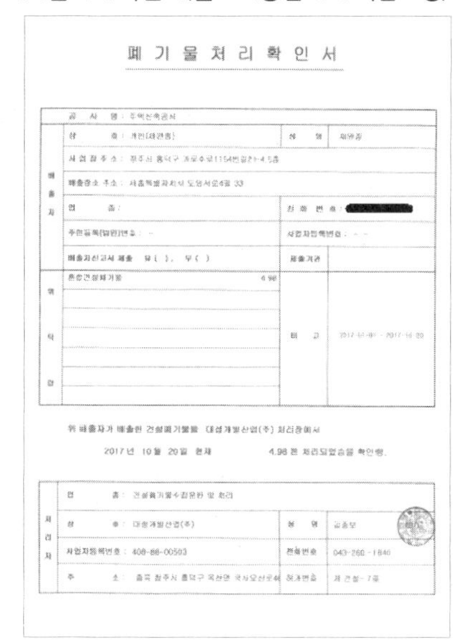

폐 기 물 처 리 확 인 서

	공 사 명 : 주택신축공사		
배출자	상 호 : 개인(채완종)	성 명	채완종
	사업장주소 : 청주시 흥덕구 가로수로1154번길21-4 5층		
	배출장소 주소 : 세종특별자치시 도담서로4길 33		
	업 종 :	전화번호 :	
	주민등록(법인)번호 : -	사업자등록번호 : - -	
	배출자신고서 제출 유( ), 무( )	제출기관	
위탁량	혼합건설폐기물 4.98	비 고	2017-10-?? - 2017-10-20

위 배출자가 배출한 건설폐기물을 대성개발산업(주) 처리장에서

2017년 10월 20일 현재 4.98 톤 처리되었음을 확인함.

처리자	업 종 : 건설폐기물수집운반 및 처리		
	상 호 : 대성개발산업(주)	성 명	김종모
	사업자등록번호 : 408-88-00503	전화번호	043-268-1840
	주 소 : 충북 청주시 흥덕구 옥산면 국사오산로4..	허가번호	제 건설-7호

• 온돌 및 난방설비 설치확인서(설비시공업체에서 발급)

[별지 제2호서식] <신설 2008.7.10>

온돌 및 난방설비 설치확인서

1.일반사항

건축물 개요	소재지				
	용 도		건축면적		난방면적
	건축주			전화번호	
시공자	성 명	김형규		등록번호	
	상 호	상신종합설비		전화번호	
	주 소	세종시 조치원읍 군청로 23			

2.설치현황

보일러	열 원	□ 기름, □ 전기, ☑ 가스 □ 그 밖의 열원( )	방열관	규 격	Ø15
	용 량	30,000kcal		종 류	엑셀
				간 격	200 mm
	제조사	귀뚜라미보일러	온돌방식	☑ 온수온돌, □ 구들온돌	

3.설치내역 확인 사항

구 분		확인 내용	특기사항
보일러 설비	수량 및 안전장치	양호	
	연소 및 배기성능	양호	
	연료계통의 누설 여부	양호	
	자동제어의 성능	양호	
온수 온돌 설비	바닥표면온도 균일 여부	양호	
	단열층 시공상태	양호	
	방수·방습층 설치 여부	양호	
	조립식 온수온돌판 시공상태	해당사항없음	
구들 온돌 설비	환기구멍 또는 환기설비 설치 여부	해당사항없음	
	공기흡입구 설치 여부	해당사항없음	
	고래바닥 경사도상태	해당사항없음	
	아궁이 유도관 경사도상태	해당사항없음	
	굴뚝 내부단면적 적정성	해당사항없음	
그 밖의 사항	부대 배관설비 보온상태	양호	
	쾌적하고 효율적 에너지 관리	양호	

「건축법」 제63조 및 「건축물의 설비기준 등에 관한 규칙」 제4조제2항에 따라 위와 같이 시공되었음을 확인합니다.

2017 년 월 일

시 공 자 : 김 형 규

공사감리자 귀하

구비서류: 시공자 건설업등록증 사본

※ 작성방법

1. "등록번호"란에는 「건설산업기본법」 제41조에 따른 전문업자가 시공하여야 하는 경우에만 기재합니다.
2. 보일러의 "열원"란에는 해당되는 □란에 √표를 하고, 그 밖의 열원인 경우에는 해당 온돌 방식을 기재합니다.
3. "온돌방식"란에는 해당되는 □란에 √표를 합니다.

210mm×297mm[일반용지 60g/㎡(재활용품)]

• 가스보일러 설치시공 및 보험가입 확인서(보일러 설치업체에서 발급)

가스보일러 설치·시공 및 보험가입 확인서

<공공기관 제출용>

No 32684

사용자	1. 성 명	채 완종	2. 전화번호	
	3. 주 소	세종시 도담동 ...		
	4. 건축물소재지			
시공자	5. 명칭 또는 상호	도연산업	6. 시공자등록번호	세종 2006-27-37
	7. 대 표 자	강 선 ...	8. 전화번호	867-9000
	9. 사무소소재지	세종시 조치원읍 ...		
건축물	10. 분 류	단독주택, 공동주택(아파트, 연립, 다세대), 기타		
	11. 규 모	건축면적( ), 난방면적( ), (평형), (세대), (층수 층)		
보일러	12. 제조자명	(주)귀뚜라미	13. 제조번호	
	14. 모 델 명	거꾸로콘덴싱-30D	15. 급배기방식	☑FF, □FE
	16. 사용가스종류	☑LNG □LPG	17. 난방출력/가스소비량	30,000 kcal/h
시공내역	18. 배기통재료	☑STS, □기타( )	19. 배기통	높이: m, 직경: mm
	20. 보일러설치장소	전용보일러실, 기타( )		
	21. 시공년월일	2017 년 9 월 18 일		
시공·확인사항	22. 급기구, 상부 환기구의 적합여부	☑적 합	□부적합	
	23. 연통 등의 막힘 여부	☑없 음	□있 음	
	24. 가스누출 여부	☑없 음	□있 음	
	25. 보일러의 정상작동 여부	☑정 상	□비정상	
	26. 배기가스 적정배기 여부	☑적 합	□부적합	
	27. 사용교육의 실시여부	☑실 시	□미실시	
	28. 연통 기밀확인 여부	☑적 합	□부적합	
	29. 기타 특기사항			

※ 개인 정보 활용·동의(사용자용) □

KGS GC209 2.1.4.2에 따라 위와 같이 확인하고 이를 교부합니다.

2017년 9월 18일 시공자 강 선 ...

보험가입기간 : 2016년 11월 6일 ~ 2017년 11월 6일

단체보험가입기관 : 한국열관리시공협회장

가스사고배상책임보험가입증서	생산물배상책임보험가입증서
동부화재해상보험주식회사 대표이사 사장	동부화재해상보험주식회사 대표이사 사장

하자보수[하자담보책임]이행보증

한 국 열 관 리 시 공 협 회 장

건축주의 확인 또는 건축주가 제공해야 할 서류

- 도로명주소판 부착사진(건축주가 해당 지자체에 취·등록세 납부 시 도로명주소판 발급요청)

- 건축물대장 기재신청서(감리자 작성 → 건축주 서명)

건축물대장기재신청서						처리기간	7 일
대지위치	세종특별자치시 도담동 (1-4생활권 D2-34)		지 번	592		건축물 명칭 번호	도담동 패시브하우스
지 역	제1종전용주거지역 / 지구단위계획구역						
대지면적	317㎡	연면적	182.64㎡	건축물 주구조	철근콘크리트조 (지붕 : 목구조)	착공일자	2017.03.25
건축면적	122.27㎡	용적률산정용 연면적	182.64㎡	건축물 지붕	경사지붕	기타사항	
건폐율	38.57%	용적률	57.62%	주용도	단독주택		
층 수	지하: 층 지상: 2층	부속 건축물	동 ㎡	높 이	8.98 m		

구 분		층별	구 조	용 도	면적(㎡)	비고
건축물현황	건축물	1층	철근콘크리트	단독주택	108.64㎡	
		2층	철근콘크리트	단독주택	74.00㎡	
	부속 건축물					

주차장				승강기	
구분		자주식	기계식	승 용	0 대
옥내	대수	2대	대	비상용	대
	면적	23㎡	㎡	오수정화시설	
옥외	대수	대	대	형식	하수종말처리장 연결
	면적	㎡	㎡	용량	4인용

구 분	성명 / 명칭	면허(등록) 번호
건축주	채완종	
설계자	박현진	19224
공사감리자	-	-
공사시공자 (현장관리인)	직영	

※ 일반건축물대장의 기재를 신청하는 경우에만 작성하십시오

구분	성명(명칭)	주민등록번호 (부동산등기용등록번호)	주 소	소유권지분
소유자 현황	채완종		충북 청주시 흥덕구 가로수로 1154번길 21-4 선인빌딩 5층	100%

※ 집합건축물대장의 기재를 신청하는 경우에는 뒷쪽을 작성하여야 합니다

건축물대장의 기재 및 관리 등에 관한 규칙 제5조제2항의 규정에 의하여 위와 같이 (일반.집합)건축물대장의 기재를 신청합니다.

2017 년 10월 23 일

신청인 성명 또는 명칭 : 채완종 (서명 또는 인)
(주민)등록번호 :
주 소 : 충청북도 청주시 흥덕구 가로수로 1154번길 21-4

특별시장 · 광역시장 · 특별자치도지사 · 시장 · 군수 · 구청장 귀하

구비서류 : 건축물현황도 1부 ※ 이 신청에 의하여 기재된 소유자의 변경은 등기필증 또는 등기부등본에 의해서만 가능합니다.	수수료 없 음

- 절수설비 설치 확인서(건축주 서명 → 감리자 확인)

절수설비 설치 확인서

건축주 성명	채 완 종 (전화)			
건축물 주소	세종특별자치시 도담동 592 (1-4생활권 D2-34)			
건축물설계(감리)사무소	에이치제이피건축사사무소 대표 박현진			
용 도(주택은 세대수)	단독주택 1세대		건축연면적(㎡)	182.64㎡

절수설비 설치 현황

절 수 설 비 용 도		제조회사	모델명(제품명)	수량(개)	적합여부 (KS, 환경마크등)
수도꼭지	샤 워 용	대림바스	B5213	3	-
	샤워 · 욕조용				
	세 면 용	대림바스	DL-L5210	3	-
	세면 · 샤워용				
	주 방 용	대림바스	DL-L5410	1	-
		도비도스	FS 0207	1	-
대변기	로 탱 크 형	대림바스	CC-600	3	-
	세척밸브부착형				
소 변 기					
기 타					

수도법 제15조, 동법시행령 제25조 및 동법시행규칙 제1조의2 규정에 의거 위와 같이 절수설비 및 절수기기를 설치하였음을 확인합니다.

2017년 10월 23일

신청자 채 완 종 (서명 또는 인)

세종특별자치시장 귀하	확인자	박현진

※ 구비서류 : 설치된 절수설비에 대한 환경(마크)표지인증서 1부, 설치현장사진 1부.
※ 확인자는 건축허가인 경우 감리자이고, 신고는 건축주입니다.
※ 절수설비 및 절수기기를 설치하지 않을 때에는 300만원이하의 과태료가 부과됩니다.

상기 서류 이외에도 허가청별로 요청하는 서류가 달라질 수 있으므로, 당해 건축물에 대한 '**건축허가조건 및 안내사항**'에서 제시하고 있는 '**사용승인 신청 시 제출서류 목록**'을 기준으로 감리자와 상의한 후 제출하면 될 것이다.

04

패시브하우스의 유지관리

4
패시브하우스의 유지관리

본 장은 패시브하우스로서 최적의 기능 유지를 위해 관리 및 조절이 필요한 사항을 패시브하우스에서 2년 여 살아오면서 건축주 스스로 파악·체득한 내용을 정리한 것으로, **패시브하우스의 적정 실내온도 유지 메커니즘, 공조설비 관리, 패시브하우스에서의 환기와 냉난방 계획 시 고려할 사항, 시스템 창호와 문의 구성 및 조작, 외부차양 슬랫 조절 및 청소** 등 5개 부문으로 나누어 정리한 것이다.

패시브하우스의 적정 실내온도 유지 메커니즘에서는 도담패시브하우스에 설치된 패시브하우스의 주요 구성요소를 중심으로 여름철과 겨울철 적정 실내온도가 어떻게 유지되고 있는지를 알기 쉽게 설명함으로써 패시브하우스 전반에 대한 이해를 바탕으로 유지관리요소에 쉽게 접근할 수 있게 하였다.

공조설비 관리에서는 공조기의 기능과 사용법, 봄·가을철(Shoulder Seasons, 간절기) 공조기의 계절감지 기능과 여름철 BY-PASS 조절 그리고 공조설비와 관련된 필터 청소 및 교체 등에 대해 도담패시브하우스에 설치된 공조기를 기준으로 예를 들어 설명하였다.

패시브하우스의 환기 및 냉난방 계획에서는 패시브하우스에서도 환기가 필요한지, 환기는 어떻게 하는 것이 효율적인지 그리고 에너지를 절약하면서도 거주자가 느낄 수 있는 열적 쾌적감을 유지하기 위해 냉난방 계획 시 고려할 사항은 무엇인지 등에 대해 기술하였다.

시스템 창호와 문의 구성 및 조작에 있어서는 시스템 창호와 문의 하드웨어는 어떻게 구성되어 있으며, 간섭발생 부위에 따른 미세조정은 어떻게 하는지 그리고 기계·전기적으로 구성되어 있는 현관문의 주요 설비와 조작방법은 어떠한지 등에 대해 사진과 더불어 상세히 설명하였다.

외부차양(EVB) 슬랫 조절 및 청소에서는 계절별 효과적인 슬랫 조절, 슬랫이 오염되었을 경우 청소 방법에 대해 실제 상황을 예로 들어 설명하였다.

다만, 패시브하우스라 해서 동일한 장치가 설치된 것이 아니기 때문에 패시브하우스별 특징과 건축주의 취향에 따라 관리방법에 차이가 있을 수 있다. 도담패시브하우스를 기준으로 정리한 상기의 내용들을 참고하여 패시브하우스에 거주하거나 거주 예정인 분들께 도움이 되었으면 하는 마음에서 세부적인 사항까지 수록한 것임을 밝혀 두며, 필자의 경우도 향후 살아가면서 더 나은 관리방법을 찾기 위해 노력할 것이다.

아무리 잘 지어진 패시브하우스라 하더라도 최상의 쾌적성을 유지하면서 에너지소비량을 최소화시키는 것은 패시브하우스의 핵심요소들을 어떻게 관리하느냐에 달려 있고, 그것은 결국 관리자인 거주자의 몫인 것이다.

따라서 패시브하우스에 거주하는 분들은각자의 패시브하우스별 특징과 거주자의 취향에 따라 최적의 운전모드 설정과 관리방법을 찾아야 하며, 아울러 어떠한 패시브하우스에서도 적용 가능한 세부적인 더 많은 자료와 정보가 공개되어 모든 패시브하우스가 최적으로 관리되었으면 하는 바람이다.

4.1 도담패시브하우스의 적정 실내온도 유지 메커니즘

1. 패시브하우스에서의 적정 실내온도 유지

폭염과 한파가 지속되는 여름과 겨울철, 패시브하우스라고 해서 적정 실내온도를 스스로 유지할 수 있는 것은 아니다.

단열과 기밀이 잘되어 있기 때문에 실내온도가 외부온도의 영향을 받는 시간이 오래 걸릴 뿐이며, 성능 좋은 열교환기가 있다 하더라도 열회수율이 100%가 아니기 때문에 시간이 지남에 따라 서서히 외부온도와 평형을 이루게 되어 있다. 그리고 여름철 밤 시간대에 시원한 외기를 끌어들여(BY-PASS) 내부골조를 축냉시켜놓고, 겨울철 낮 시간대에는 따뜻한 일사에너지를 받아들여 내부골조를 축열해놓았다 하더라도, 폭염과 한파가 지속되는 시기에는 <u>적정 실내온도(여름 : 26~28℃, 겨울 : 20~22℃)</u> 유지를 위한 냉기와 온기를 추가적으로 보충시켜야 한다. 따라서 냉기와 온기를 보충시키기 위해 에어컨 또는 보일러를 조금은 가동해주어야 하는데, 패시브하우스는 이 비용이 일반주택의 10% 정도에 불과한 것이다.

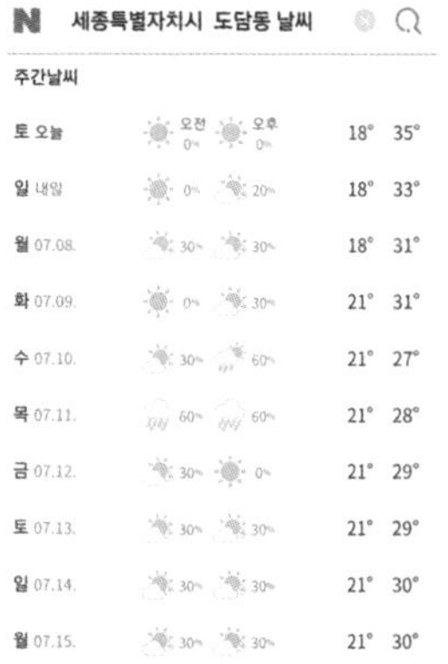

사진 90은 2019.07.06.~2019.07.15. 동안 세종시 도담동의 날씨이다. 여기에는 표시되지 않았지만, 전날 15시경 외부기온은 35.5℃였고, 그 이전 며칠 동안도 낮 최고기온이 35℃에 근접하는 등 무더위가 지속된 상태였다. 대신 밤사이의 온도가 20℃ 내외로 내려와 있어 축냉시키기 좋은 조건을 유지하고 있었다. 이러한 조건에서는 하루에 에어컨을 30분×2회(15시경 30분, 저녁식사 종료 후 간단한 환기 후 30분) 정도만 가동시켜도 실내온도는 꾸준히 27℃ 내외를 유지하고, 밤 시간대에는 공조기가 시원한 외기를 필터링만 한 상태에서 (BY-PASS 기능으로 자동전환) 직접 실내로 유입시켜 내부를 축냉시키는 중이기 때문에, 취침 시 실내 공기질은 에어컨 가동 없이 아주 쾌적한 상태를 유지하고 있다.

사진 90 세종시 도담동의 날씨

2. 여름철 실내온도 유지 메커니즘(외기온도 : 35°C, 실내온도 : 27°C)

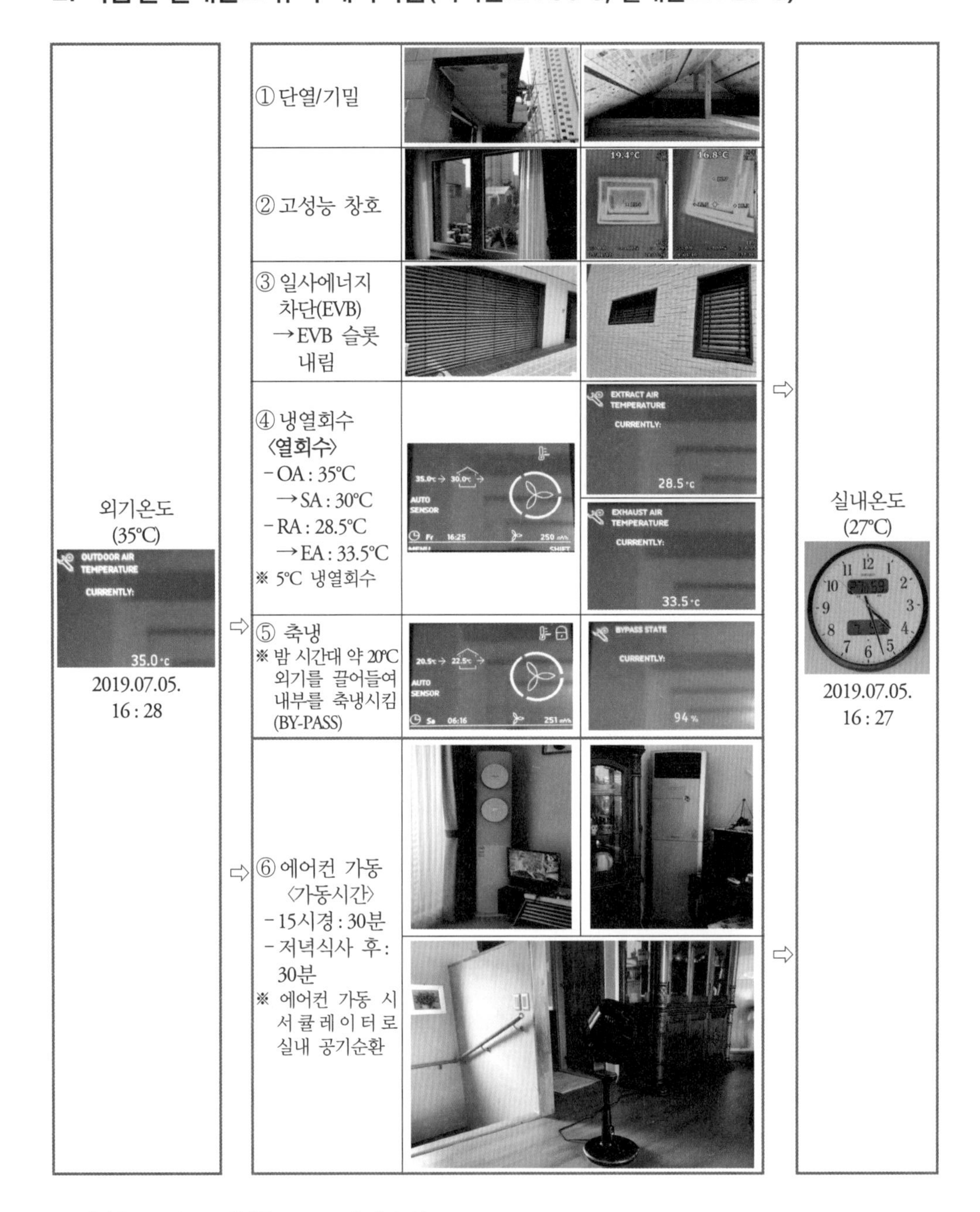

※ 외기온도 35°C ⇨ 실내온도 27°C 유지(-8°C)

- 열 차단(⇆0°C) : ① 단열/기밀과 ② 고성능 창호로 내외부 열 이동 차단 + ③ 외부차양 장치로 일사에너지 유입 차단
- 열회수 및 냉열 추가 : ④ 공조기에 의한 냉열회수(-5°C) + ⑤ 밤 시간대 축냉 + ⑥ 에어컨으로 냉열 추가

3. 겨울철 실내온도 유지 메커니즘(외기온도 : -9.0℃, 실내온도 : 22℃)

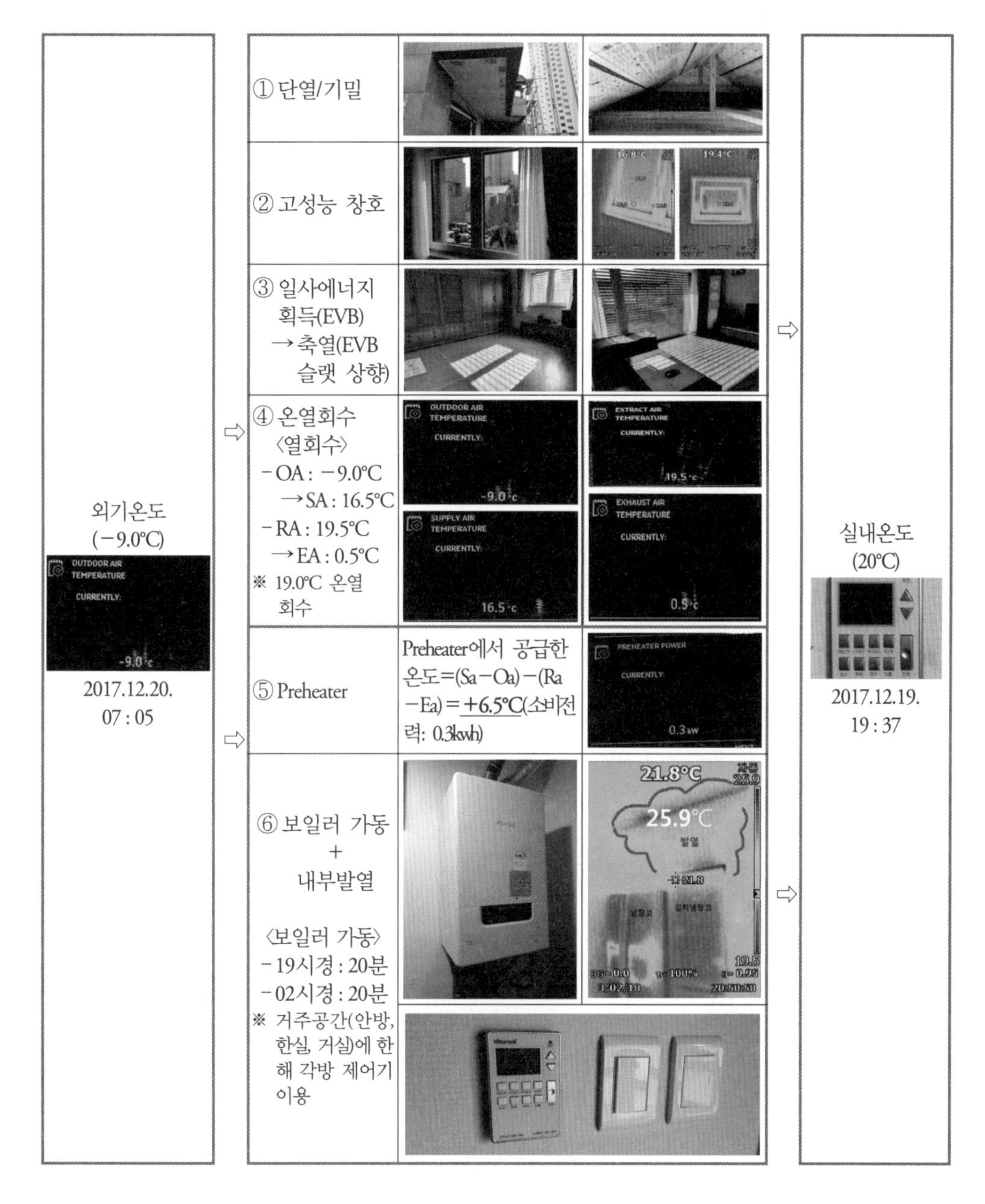

외기온도
(−9.0℃)
OUTDOOR AIR TEMPERATURE
CURRENTLY:
-9.0 °c
2017.12.20.
07 : 05
① 단열/기밀
② 고성능 창호
16.8°C
19.4°C
③ 일사에너지 획득(EVB) → 축열(EVB 슬랫 상향)
④ 온열회수
〈열회수〉
− OA : −9.0℃
→ SA : 16.5℃
− RA : 19.5℃
→ EA : 0.5℃
※ 19.0℃ 온열 회수
OUTDOOR AIR TEMPERATURE
CURRENTLY:
-9.0 °c
EXTRACT AIR TEMPERATURE
CURRENTLY:
19.5 °c
SUPPLY AIR TEMPERATURE
CURRENTLY:
16.5 °c
EXHAUST AIR TEMPERATURE
CURRENTLY:
0.5 °c
⑤ Preheater
Preheater에서 공급한 온도=(Sa−Oa)−(Ra−Ea)=+6.5℃(소비전력: 0.3kwh)
PREHEATER POWER
CURRENTLY:
0.3 kw
⑥ 보일러 가동
+
내부발열
〈보일러 가동〉
− 19시경 : 20분
− 02시경 : 20분
※ 거주공간(안방, 한실, 거실)에 한해 각방 제어기 이용
21.8°C
25.9°C
발열
21.8
냉장고
김치냉장고
19.5
실내온도
(20℃)
2017.12.19.
19 : 37

※ 외기온도 -9.0°C ⇨ 실내온도 20°C 유지(+29°C)

- 열 차단(⇆0°C) : ① 단열과 ② 기밀로 내외부의 열 이동 차단
- 열회수 및 온열 추가 : ③ 외부차양장치로 낮 시간대 일사에너지 획득(축열) + ④ 공조기에 의한 온열 회수(19°C) + ⑤ Preheater에서 보조 열 추가(+6.5°C) + ⑥ 보일러+내부발열(냉장고, 김치냉장고, TV, 사람 등)로 부족한 열 추가

4.2 공조설비 관리

'공조설비 관리'에 있어서는 도담패시브하우스에 설치된 공조기를 기준으로 공조기의 주요 기능과 사용법 및 효과적인 조절방법, 필터 청소와 교체 방법 등에 대해 기술하였으며 다음의 2개 항목으로 정리하였다.

(1) 공조기의 주요 메뉴 항목과 기능 및 사용법
(2) 공조설비와 관련된 필터 청소 및 교체

(1) 공조기의 주요 메뉴 항목과 기능 및 사용법

도담패시브하우스에 설치된 공조기는 독일 Zehnder社의 ComfoAir Q 350모델로 판형 열교환방식이며, 열교환효율은 94%(제작사 제시)이다.

아무리 성능이 우수한 장치라 하더라도 매뉴얼대로 운전하지 않을 경우 기기가 제성능을 발휘할 수 없을 뿐만 아니라, 기능이 손상될 수 있다.

그렇기 때문에 사용자는 장치사용에 대한 '안전지침'은 물론이고, '장치의 구성요소', '메뉴 체계 구성 및 기능', '운전방법', '유지관리에 관한 사항', '고장 시의 대처방법' 등 최소한의 주요 내용에 대한 사용법을 숙지하고, 필요시 활용할 수 있어야 한다.

필자는 공사기간 중 틈틈이 영문으로 되어 있는 공조기의 'USER manual'을 번역해놓았고, 이 과정에서 자연스럽게 사용법을 숙지하게 되었다.

이사 온 이후에는 매일 아침(출근 전), 저녁(퇴근 후)으로 기계실에 들러 현재 외기(OA)와 실내 급기(SA)의 온·습도 상태, 실내에서 뽑아나가는 공기(RA)와 외부로 버려지는 공기(EA)의 온·습도 현황 등을 파악하면서 열교환율을 확인해보기도 하고, 더위가 시작되는 5월부터 여름철에는 BY-PASS 현황, 겨울철에는 Pre-Heater의 가동율 등을 확인하기도 한다.

이에 따라 에어컨과 보일러 가동이 추가로 필요한지, 가동이 필요할 경우 가동시간을 하루에 몇 분 정도로 몇 회하는 것이 효과적일지 등 에어컨과 보일러의 가동여부 및 가동시간 설정을 위한 지표로도 활용하며, 때로는 일부 메뉴 항목에 대해 적정하게 설정을 변경하기도 한다.

다행히도 본 공조기는 프로그램된 스케줄러에 따라 기능이 최적화되는 방향으로 각각의 메뉴 항목에 대해 기본설정(default setting)이 되어 있기 때문에 사용자의 추가 조절 없이 운전을 할 수 있어 가동에 큰 어려움이 없다.

다만 공조기의 보다 더 정교한 운전설정을 위해서는 매뉴얼상의 '안전지침', '장치의 구성요소', '메뉴 체계 구성 및 기능', '운전방법' 등의 주요 내용에 대해 좀 더 세부적으로 파악할 필요가 있는데, 도담패시브하우스에 설치된 공조기(Comfoair Q)의 사용자 매뉴얼(USER manual)상 주요 메뉴 항목과 기능 및 이에 따른 운전방법을 예로 정리하면 다음과 같다(다른 기종도 해당 공조기의 매뉴얼을 파악하여 운전방법을 숙지할 필요가 있음).

'TASK MENU'의 주요 메뉴 항목과 기능

메뉴 항목(Menu item)	기능
AUTO/MANUAL	공기흐름 설정하기 ■ AUTO : Comfo Q는 프로그램된 스케줄러에 따라 자동으로 설정이 변경됨 (**기본설정**) ■ MANUAL : Comfo Q 사용자 입력에 따라 공기흐름이 설정됨 어떤 경우에는 공기흐름의 설정이 자동화된 소프트웨어의 설정에 따라 증가될 수 있음(예 : SENSOR VENTILATION*의 설정)
BOOST	특정 기간 동안 PRESET 3으로 공기흐름 시작하기 ■ TIMER : Comfo Q에 설정하는 동안 PRESET 3으로 공기흐름 설정 ■ OFF : Comfo Q는 정상공기 흐름으로 돌아감(**기본설정**)
VENTILATION	특정 기간 동안 공기흐름 정지하기 ■ BALANCE : Comfo Q의 급·배기팬 모두 시작(**기본설정**) ■ SUPPLY ONLY : Comfo Q에 설정하는 동안 배기팬 정지 ■ EXTRACT ONLY : Comfo Q에 설정하는 동안 급기팬 정지(사용 가능한 경우)
AWAY	특정 기간 동안 최소유량으로 공기흐름 설정하기 ■ UNTIL : Comfo Q에 설정하는 동안 PRESET A로 공기흐름 설정 ■ OFF : Comfo Q는 정상 공기흐름으로 돌아감(기본설정)
TEMPERATURE PROFILE (온도 상태)	열회수량 자동 조절 설정하기 ■ WARM : 일반적인 실내온도보다 높은 것을 선호할 경우 설정 ■ NORMAL : 평균 실내온도를 선호하는 경우 설정(**기본설정**) ■ COOL : 일반적인 실내온도보다 낮은 것을 선호할 경우 설정 실내기온의 온도상태(WARM, NORMAL, COOL) 설정 효과는 주로 비성수기(가을과 봄)에 현저히 눈에 띄게 나타나고 자연에 의해 제한될 것임 설비가 다음 장치 중 한 개 또는 그 이상을 장착했을 경우에는 계절에 따른 영향이 더욱 뚜렷이 덜해질 것임

메뉴 항목(Menu item)	기능
	■ 적극적인 냉각(예 : ComfoCool Q600) ■ 가열 장치(예 : pre-heater and/ or post-heater) ■ 제한된 지중 열교환(예 : ComfoFond-LQ)
BY-PASS	특정기간 동안 BY-PASS 기능에 의한 열회수 조절 설정하기 AUTO : Comfo Q는 열회수 조절을 자동으로 함(**기본설정**) DISABLE : Comfo Q는 열회수 조절을 최대화할 것임 OPEN : Comfo Q는 열회수 조절을 최소화할 것임(외부 공기를 거주공간에 직접 공급할 경우)

* 이 메뉴는 고급모드가 활성화되었을 때에만 나타남

STATUS(읽기 전용) 주요 메뉴 항목과 기능

메뉴 항목(Menu item)	기능
CURRENT ERROR[1]	현재 ERROR 코드 보기
TEMP. AND HUMIDITY	공기흐름에 대한 현재 온도와 습도 보기 ■ EXTRACT AIR TEMP. : RA공기 현재 온도 보기 ■ EXTRACT AIR HUM. : RA공기 현재 습도 레벨 보기 ■ EXHAUST AIR TEMP. : EA공기 현재 온도 보기 ■ EXHAUST AIR HUM. : EA공기 현재 습도 레벨 보기 ■ OUTDOOR AIR TEMP. : OA공기 현재 온도 보기 ■ OUTDOOR AIR HUM. : OA공기 현재 습도 레벨 보기 ■ SUPPLY AIR TEMP. : SA공기 현재 온도 보기 ■ SUPPLY AIR HUM. : SA공기 현재 습도 레벨 보기
BY-PASS STATE	현재의 열회수 상태 보기 ■ BY-PASS 공기 비율 표시
FROST UNBALANCE	성애보호기능에 의해 발생되는 공기흐름 불균형의 현재 상태 보기 ■ 급기공기 감소율(%) 표시
FROST PREHEATER*	성애보호기능에 의해 발생되는 공기흐름 불균형의 현재 상태 보기 ■ preheater 현재 전력량 표시
POSTHEATER*	post-heater의 현재 상태 보기 ■ post-heater 컨트롤 비율(%) 표시
COMFOCOOL*	ComfoCool 600의 현재 상태 보기 ■ 현재 ComfoCool 600 모드와 현재 ComfoCool 600에 공급되는 공기 온도 보기 ■ CONDENSER TEMP : 현재 condenser 온도 보기
SEASON DETECTION (시즌 감지)	현재 시즌 감지 상태 보기 ■ SEASON : 현재의 시즌모드 보기 ■ LIMIT RMOT HEAT : (중앙)난방 시스템이 정상적으로 활성화된 전제하에 RMOT[4] 설정 보기 ■ LIMIT RMOT COOL : (중앙)냉방 시스템이 정상적으로 활성화된 전제하에 RMOT[4] 설정 보기 ■ CURRENT RMOT : 현재 RMOT[4] 보기

메뉴 항목(Menu item)		기능
FANS		팬의 현 상태 보기
	SUPPLY FAN	■ FAN SPEED: 팬의 현재 speed 보기 ■ FAN DUTY: 팬의 현재 기능(역할) 보기 ■ FLOW: 팬의 현재 공기흐름 보기
	EXTRACT FAN	■ FAN SPEED: 팬의 현재 speed 보기 ■ FAN DUTY: 팬의 현재 기능(역할) 보기 ■ FLOW: 팬의 현재 공기흐름 보기
ENERGY		에너지 소비와 절약된 에너지 보기
	POWER CONSUMPTION (전력소비)	■ VENTILATION: 팬의 현재 소비전력 보기 ■ PREHEATER: preheater의 현재 소비전력 보기 ■ YEAR TO DATE: 올해 시작 이후 팬의 에너지 소비 보기 ■ TOTAL: 운전 시작 이후 팬의 총 에너지 소비보기
	TOTAL SAVINGS	■ YEAR TO DATE: 올해 시작 이후 총 에너지 절감효과 보기 ■ TOTAL: 운전 시작 이후 총 에너지 절감효과 보기

FILTERS

메뉴 항목(Menu item)	기능
FILTER STATUS	며칠 이내에 필터를 교체할 필요가 있는지 보기
CHANGE FILTERS	디스플레이 지시에 따라 필터 교체하기

ADVANCED SETTING의 주요 메뉴 항목과 기능

메뉴 항목(Menu item)		기능
SENSOR VENTILATION*		Comfo Q의 내장센서에 따라 공기흐름 자동 설정하기(조절 요함)
	TEMPERATURE PASSIVE*	유리한 조건하에서 패시브적인 냉각과 가열을 극대화하기 위해 자동으로 공기흐름 증가하기(BY-PASS) ■ ON: Comfo Q는 내장센서가 요청하는 경우 AUTO모드와 수동모드에서 공기흐름을 증가시킬 것임 ■ AUTO ONLY: Comfo Q는 내장센서가 요청하는 경우 AUTO모드에서만 공기흐름을 증가시킬 것임 ■ OFF: Comfo Q는 내장센서에 의한 공기흐름의 증가 요청을 무시할 것임(기본 설정)
	TEMPERATURE ACTIVE*	유리한 조건하에서 활성화된 냉각과 가열을 극대화하기 위해 자동으로 공기흐름 증가하기(ComfoCool Q600/pre-heater/post-heater) ■ ON: Comfo Q는 내장센서가 요청하는 경우 AUTO모드와 수동모드에서 공기흐름을 증가시킬 것임 ■ AUTO ONLY: Comfo Q는 내장센서가 요청하는 경우 AUTO모드에서만 공기흐름을 증가시킬 것임

메뉴 항목(Menu item)	기능
	■ OFF : Comfo Q는 내장센서에 의한 공기흐름의 증가요청을 무시할 것임 (기본 설정)
HUMIDITY COMFORT*	유리한 조건하에서 편안한 습도레벨을 유지하기 위해 자동으로 공기흐름 증가(패시브적인 가습과 제습을 극대화함으로써) ■ ON : Comfo Q는 내장센서가 요청하는 경우 AUTO모드와 수동모드에서 공기흐름을 증가시킬 것임 ■ AUTO ONLY : Comfo Q는 내장센서가 요청하는 경우 AUTO모드에서만 공기흐름을 증가시킬 것임(기본설정) ■ OFF : Comfo Q는 내장센서에 의한 공기흐름의 증가요청을 무시할 것임
HUMIDITY PROTECTION*	습기 문제를 피하기 위하여 자동으로 공기흐름 증가 ■ ON : Comfo Q는 내장센서가 요청하는 경우 AUTO모드와 수동모드에서 공기흐름을 증가시킬 것임(기본설정) ■ AUTO ONLY : Comfo Q는 내장센서가 요청하는 경우 AUTO모드에서만 공기흐름을 증가시킬 것임 ■ OFF : Comfo Q는 내장센서에 의한 공기흐름의 증가요청을 무시할 것임 외부 습도레벨이 내부습도 레벨보다 낮고, 내부의 상대습도가 습기 문제를 야기할 수준을 초과할 경우 공기흐름은 증가될 것임

* 이 메뉴는 고급모드가 활성화되었을 때에만 나타남

공조기 메뉴 항목 중 평상시 가동상태 확인을 위해 검색이 필요한 메뉴는 읽기전용 메뉴(STATUS)상의 급·배기 풍량, 온·습도, BY-PASS, 현재의 시즌모드(SEASON) 확인 등의 항목이고, 조절이 필요한 메뉴로는 '작업메뉴(TASK MENU)'상의 일부 메뉴 항목 및 '고급설정(ADVANCED SETTING)' 메뉴 중 '조절 요함(demand control)'으로 되어 있는 'SENSOR VENTILATION'에 대한 항목으로 이를 요약하면 다음과 같다.

공조기 가동현황 확인을 위한 메뉴 항목(읽기전용 메뉴)

공조기의 읽기전용 메뉴(STATUS)에서 급·배기 풍량, 온·습도, BY-PASS 등의 가동상태를 확인해보면 전술한 '2.3 패시브하우스 관련 적용 기술요소/6. 최신 고효율 열회수형 환기장치 설치/패시브하우스와 열회수형 환기장치/표 13 공조기 가동현황(2017.12.20. 07 : 05)'과 같다.

이 외에도 공조기상의 현재 급·배기 풍량(m^3/hr)의 확인과 봄에서 여름으로 그리고 가을에서 겨울로 넘어갈 때의 '현재 시즌 감지상태(SEASON DETECTION)'('부록 III. 봄·가을철 공조기의 계절감지 기능과 여름철 BY-PASS 조절/봄에서 여름으로 넘어가는 시기' 참조) 확인 등이 있다.

급배기 풍량의 확인은 '팬(Fan)의 현 상태보기'에서 급기팬(SUPPLY FAN)과 배기팬(EXTRACT FAN) 각각에 대한 현재 speed(RPM), 가동률(%), 풍량(m^3/hr)에서 확인하면 된다.

시즌 감지상태의 경우 현재 RMOT=실행 중인 평균 외기온도(지난 5일간 평균온도)를 확인해 봄으로써 "조만간 여름철 모드로 전환되겠구나!" 거꾸로 "조만간 겨울철 모드로 전환되겠구나!" 하고 예측할 수 있다. 그리고 이에 맞추어 집 안의 에어컨을 청소해놓기도 하고, 고급설정(ADVANCED SETTING)의 SENSOR VENTILATION에 들어가 BY-PASS가 최대로 활성화될 수 있도록 TEMPERATURE PASSIVE의 기능을 'ON'이나 'AUTO'로 전환하기도 하며, 유리한 조건하에서 활성화된 냉각과 가열을 극대화하기 위해 공기흐름이 자동 증가될 수 있도록 TEMPERATURE ACTIVE의 기능을 'ON'이나 'AUTO'로 전환(ComfoCool이나 pre-heater, post-heater가 설치되어 있는 경우)해놓기도 한다.

필요시 조절을 요하는 메뉴 항목

1) 온도상태(TEMPERATURE PROFILE) 조절

이 메뉴 항목은 작업메뉴(TASK MENU)상에 있는 항목으로 다음의 3개 항목 중 거주자의 취향에 따라 선정하면 된다.

- WARM : 일반적인 실내온도보다 높은 온도를 선호할 경우 설정(24℃)
- NORMAL : 평균 실내온도를 선호하는 경우 설정(기본설정 20℃)
- COOL : 일반적인 실내온도보다 낮은 온도를 선호할 경우 설정(18℃)

다만 공조기가 여름철 모드(20→26℃)와 겨울철 모드(26→20℃)로 전환되는 비성수기(봄, 가을)에 실내온도가 빠르게 올라가거나 내려감으로써 후덥지근해지거나, 서늘해지는 현상인 열적 불쾌감이 발생한다.

이때에는 실내온도를 서서히 올라가게 하거나, 또는 서서히 내려가게 할 필요가 있는데, 이를 위해서는 4월 말~5월 초 쯤 봄철의 경우는 온도상태를 'COOL'로 변경 설정해놓고, 반대로 10월 말 쯤 늦가을의 경우에는 거꾸로 'WARM'으로 변경 설정해놓는 것이 유리하다(물론 정상적인 여름과 겨울철로 접어들었을 때에는 개인별 취향에 따라 3개의 온도상태 중에서 택일하면 됨).

5월 초 쯤, 공조기가 아직 겨울철 모드로 운전되고 있는 시기에 온도상태를 'COOL'로 변경 설정해놓을 경우는 기온이 내려가는 저녁 무렵부터 BY-PASS 모드가 활성화된다.

BY-PASS 기능이 작동되면 밤사이 외부의 시원한 공기가 열교환 없이 직접 실내로 들어오는데, 이를 이용해 밤 동안 실내를 축냉시켜놓았다가 낮 시간의 외기 상승에 대응함으로써 실내온도의 상승을 최대한 억제시키게 되고(동시에 뜨거운 열의 회수를 줄임), 그러면서 실내온도가 서서히 상승되게 유도해줌으로써 거주자가 느끼는 실내온도의 급격한 상승에 따른 열적 불쾌감을 해소할 수 있게 해준다. 가을철에는 반대의 경우로 뜨거운 열을 좀 더 많이 회수하면서 실내온도가 서서히 내려갈 수 있도록 도와준다.

여기서 주의할 점은 다음 '**2) 공조기의 내장센서에 따라 공기흐름 자동 설정하기**'에서 언급하는 바와 같이 고급설정(ADVANCED SETTING) 모드를 활성화시켜야 한다는 점이다.

2) 공조기의 내장센서에 따라 공기흐름 자동 설정하기

이 메뉴 항목은 고급설정(ADVANCED SETTING)의 SENSOR VENTILATION에 있는 메뉴 항목으로 작업메뉴(TASK MENU)에서 설정된 '온도상태(TEMPERATURE PROFILE)'에 맞추어 열회수량을 자동으로 조절하는 기능이다.

즉, TEMPERATURE PROFILE상의 설정조건에 맞추어 열회수량이 효율적으로 이루어질 수 있도록, 고급설정의 SENSOR VENTILATION에 들어가 TEMPERATURE PASSIVE기능과 TEMPERATURE ACTIVE 기능을 재설정하는 것이다.

TEMPERATURE PASSIVE의 기능은 출고 시 'OFF'모드로 기본설정이 되어 있는데, 이를 'ON' 이나 'AUTO'로 전환하면 BY-PASS를 최대로 활성화시킬 수 있다.

TEMPERATURE ACTIVE의 기능도 출고 시 'OFF'모드로 기본설정이 되어 있으며, 이를 'ON'이나 'AUTO'로 전환하면 유리한 조건하에서 활성화된 냉각과 가열을 극대화하기 위해 자동으로 공기흐름을 증가시킬 수 있다(ComfoCool이나 pre-heater, post-heater가 설치되어 있는 경우).

이에 대한 세부적인 내용은 '**부록 III. 봄·가을철 공조기(ComfoAir Q)의 계절감지 기능과 여름철 BY-PASS 조절**'에 세부적으로 기술하였다. 다만 본 내용은 ComfoAir Q를 기준으로 한 내용으로 다른 기종을 사용하는 분들께는 직접적인 도움이 되지 않겠지만, 다른 기종의 경우에도 해당 공조기의 매뉴얼에 따라 최적으로 운전할 필요가 있음을 알리면서 향후에는 더 많은 공조기의 운전방법이 공개되어 모든 패시브하우스가 최상의 쾌적성이 유지되길 바라는 마음에서 수록하였다.

3) 필터 교체

공조기 내에는 F7, G4의 두 개 필터가 설치되어 있는데, 쾌적한 공기질을 확보하고, 오염으로부터 공조기를 보호하기 위해 6개월에 한 번씩 교체하도록 되어 있다.

필터 교체 시기가 되면 공조기 메인 화면에 LED등이 점등되고, '곧 전용필터로 교체하십시오(EXPERT FILTER CHANGE SOON)'라는 메시지가 표시되며, 교체 방법은 디스플레이의 지시에 따르면 된다.

이에 대한 세부적인 내용에 대해서는 후술되는 '**(2) 공조설비와 관련된 필터 청소 및 교체**' 부분에 수록하였다.

(2) 공조설비와 관련된 필터 청소 및 교체

공조기(ComforAir Q) 사용자 매뉴얼(user manual)에서는 밸브, 그릴 청소와 필터 교체

주기를 6개월로 제시하고 있는데, 사용 환경에 따라 차이는 있지만 가능한 한 자주 청소하는 것이 유리하다. 필자는 매주 토요일마다 약 30분씩, 공조기의 전원을 끈 상태에서 **창문을 열어놓고**,[29] 사진 80과 같이 에어콤프레샤(에어건)와 털이개 및 진공청소기를 이용해 실내 대청소를 실시하며, 이때 모든 필터와 배기밸브 및 그릴을 동시에 청소하고 있다.

사진 80 에어콤프레샤, 털이개, 진공청소기를 이용한 실내 청소

공조설비에는 실외공기 유입 라인과 실내 공기 배출 라인에 각각 두 개씩의 필터가 장착되어 있고, 공기를 빨아들이고 배출하는 외부벽면에 각각 1개씩의 그릴이 설치되어 있다.

실외공기 유입 라인에 설치되어 있는 필터 중 1개는 외부 공기를 실내로 공급할 때 외부오염물질(자동차배기가스, 미세먼지, 황사, 꽃가루 등)의 유입을 최소화하기 위해 공조기 내에 설치되어 있는 F7필터인데, 이를 통해 실내주거환경을 항상 쾌적하게 유지해줄

29 도담패시브하우스의 경우 1층에 주방이 있기 때문에 배기(RA)되는 공기량이 2층보다 1층이 많게 계획되어 있어 평상시 공기흐름이 계단실을 통해 2층→1층으로 형성되어 있고, 먼지 역시 위에서 아래로 내려앉는 특성을 고려해서 청소는 2층을 먼저 한 후 1층을 하고 있음. 이때 창문은 내부에 축적된 열 및 습기 손실을 최소화하기 위해 2층 청소 시에는 2층만 열어놓고, 2층 청소가 끝나면 2층 창문은 모두 닫은 채 1층 창문만 열어놓은 상태에서 1층 청소를 마무리함.

뿐만 아니라, 급기 DUCT 내부도 청결하게 해준다.

필터에 쌓인 먼지는 가능한 한 자주 제거해주는 것이 좋고, 제거는 진공청소기를 이용해 필터 내 먼지를 빨아들이면 되나(F7, G4필터의 경우는 에어콤프레샤의 에어건을 이용해 15~20cm 거리에서 불어내는 방법이 효과적임), 필터 청소 시 너무 강하게 빨아들이거나 불어낼 경우 필터가 부분적으로 파손되어 이로 인한 효율 저하가 생길 수 있으니 주의하여야 하며, 필터 교체주기는 6개월이 적절하다.

사진 81에서 보는 바와 같이 6개월간 사용한 F7, G4필터의 경우 외부 공기를 접촉하는 F7필터가 실내 공기를 접하는 G4필터에 비해 오염 정도가 심함을 알 수 있으며, 실내 공기질을 쾌적하게 하면서 공조설비 보호를 위해서 필터 청소는 가능한 한 자주하는 것이 유리하나, 필터 청소 시 필터 손상을 방지하면서 필터에 쌓인 먼지를 효과적으로 제거하는 것이 관건이다.

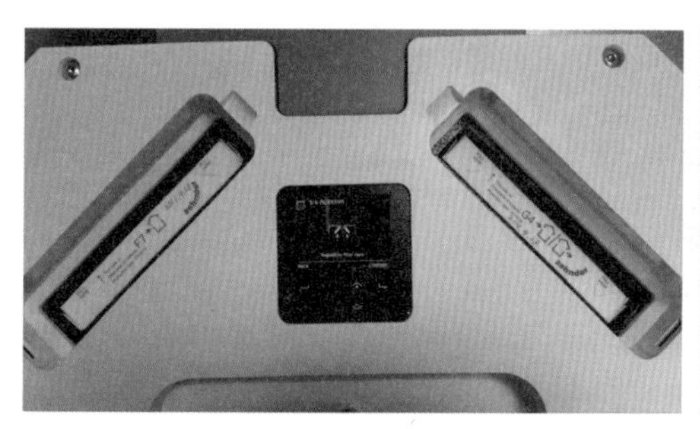

공조기에 설치되어 있는 필터(좌측 F7, 우측 G4)

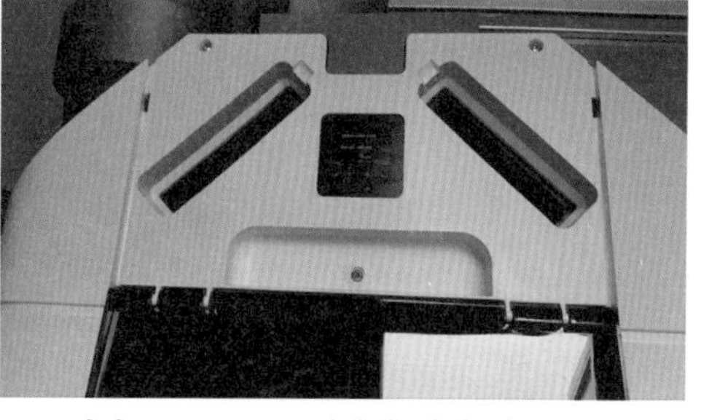

필터(F7, G4)를 교체하기 위해 꺼낸 상태

F7필터(좌측 : 6개월 경과, 우측 : 신규)
→ 오염 정도가 심함

G4필터(좌측 : 6개월 경과, 우측 : 신규)
→ 크게 오염되지 않았음

사진 81 6개월간 사용된 필터와 신규필터(F7/G4)

다음으로 외부 공기 유입부와 실내 공기 배출 라인의 앞부분에 설치된 G2등급의 필터 청소이다.

외부 공기 유입부에 설치되어 있는 G2등급의 필터는 '2.3 패시브하우스 관련 적용 기술요소/6. 최신 고효율 열회수형 환기장치 설치/외부 공기 유입구에 프리필터 설치'에서 언급했듯이 외부 공기 속의 큰 이물질로부터 F7필터를 보호하기 위해 외부 공기 유입구(OA)에 필자가 설치한 프리필터인데, 외부 공기가 F7필터에 도달하기 전에 외부 공기 속에 있는 하루살이, 나방 등의 곤충과 먼지 등의 이물질을 사전 제거하는 필터로, 오염이 빠르게 진행되기 때문에 일주일에 한 번 정도 진공청소기를 이용해 필터에 부착된 먼지와 이물질을 제거하고, 1회/월 교체하는 것이 바람직하다(필터 가격도 저렴하고 보다 나은 공기질 확보를 위해 최근에는 2주에 한 번씩 교체하고 있음).

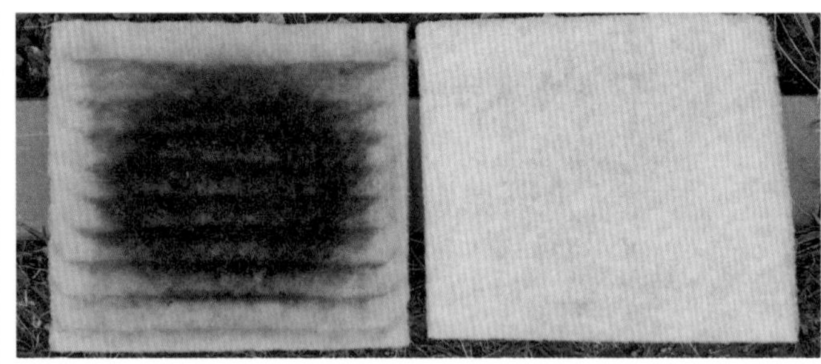

G2 프리필터(좌측 : 1개월 경과, 우측 : 신규)

외부 공기 유입부

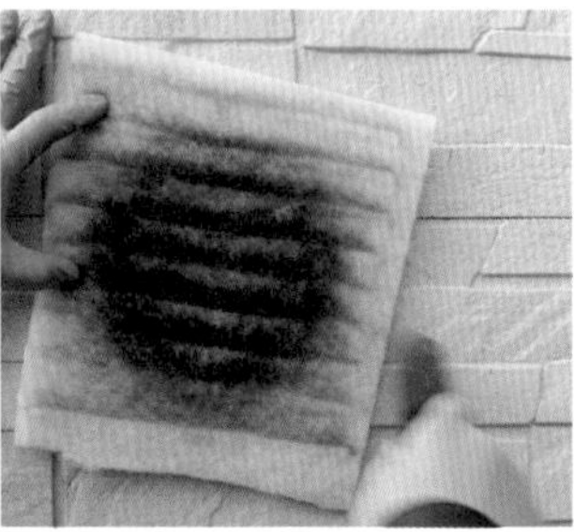

프리필터 청소방법(필터 방향을 돌려가며 진공청소기로 빨아들임)

사진 82 프리필터 오염현황과 청소

실내 공기를 배출하는 실내 배기(RA)밸브에 설치되어 있는 G2~G3등급의 필터는 배기 DUCT를 청결하게 유지해주고, 열교환기를 보호하는 기능을 하기 때문에 가능한 한 자주 진공청소기를 이용해 필터와 밸브에 있는 먼지를 깨끗이 빨아들이는 것이 좋으며, 밸브의 경우 기다란 털 솔을 이용해 틈 사이에 붙은 먼지 등의 이물질을 털어 내거나 물휴지 등으로 닦아주는 것이 좋다. 필터 교체주기는 6개월이 적절하다.

사진 83은 배기밸브와 밸브에 설치되어 있는 필터 청소하는 과정을 나타낸 것인데, 밸브의 틈 사이에도 먼지가 끼어 있기 때문에 매번 물휴지로 닦는 것보다 다음 사진과 같은 기다란 털 솔을 이용해 털어내는 것이 효과적이다.

① 그릴하우징으로부터 밸브를 빼냄

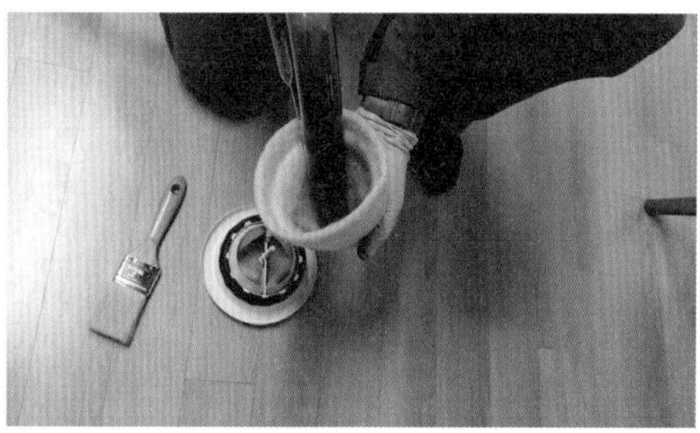

② 청소기를 이용해 필터 내 먼지를 빨아들임

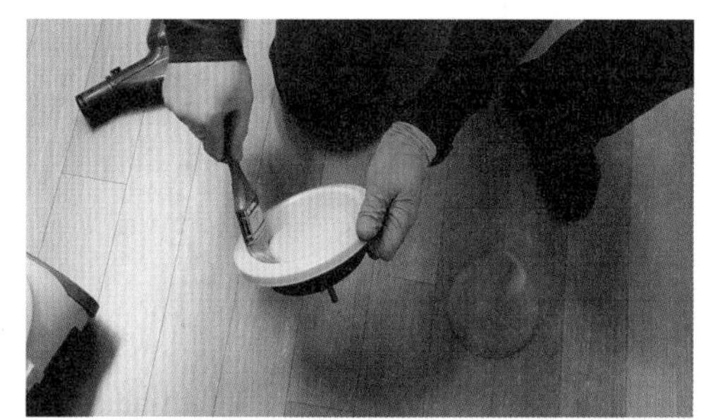

③ 솔을 이용해 밸브 공기유입부에 부착된 먼지 등 이물질을 털어냄

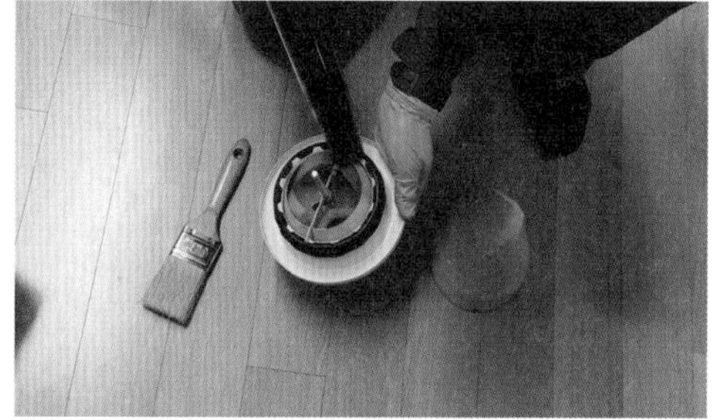

④ 청소기를 이용해 밸브의 먼지를 빨아들임

사진 83 배기밸브와 필터 청소

필터 청소 시 또 하나 중요한 사항은 반드시 공조기 전원공급 케이블을 뽑아 공조기 가동을 정지시킨 후 수행하여야 한다는 점이다. 그 이유는 이 두 개 필터 역시 공조기가

가동되는 상태에서 청소하면, 급·배기 DUCT와 열교환소자에 오염물질이 곧바로 유입되기 때문이다. 그러나 공조기에는 전원을 차단하는 스위치가 없기 때문에 전원플러그를 뽑는 방식으로 공급되는 전원을 차단하여야 하며, 스위치가 없는 이유는 특별한 경우를 제외하고 공조기는 항상 가동되어야 하기 때문이다. 여기서 특별한 경우에 대해서는 공조기의 사용자 매뉴얼 '안전지침' 항목에서 'Comfo Q의 **매뉴얼에 따른 이유** 외에는 Comfo Q의 전원을 끊으시면 안 됩니다. 이것은 습기의 증가를 불러올 수가 있고, 결과적으로 곰팡이 문제를 야기할 수 있습니다.'라고 경고성으로 제시하고 있고, '**매뉴얼에 따른 이유**'로써 재해 발생 시와 공조기 본체에 설치되어 있는 F7/G4필터 교체 시 전원을 차단하도록 되어 있다. **재해 시에는 사용자가 직접 공조기에 공급되는 전원을 콘센트로부터 뽑는 방법 등으로 차단**[30]하여야 하며, F7/G4필터 교체 시에는 매뉴얼의 지시에 따라 교체하면 자동으로 전원이 차단되었다가 교체가 완료되면 다시 전원이 공급된다.

그만큼 패시브하우스에서 실내의 적정 온·습도 유지에 공조기의 역할은 절대적이기 때문에 항상 가동되어야 하는 것이다.

다만, 매뉴얼에 제시되어 있지는 않지만 배기(RA)밸브에 설치되어 있는 G2~G3등급의 필터와 외부 공기 유입구(OA)에 설치되어 있는 프리필터 청소 시에도 위에서 설명한 바와 같이 급·배기 DUCT와 열교환소자에 오염물질이 곧바로 유입되지 않도록 공조기의 가동을 정지시키는 것이 좋다.

이를 고려한 청소 순서를 도담패시브하우스를 기준으로 정리하면 다음과 같다.

ⓐ 공조기의 전원을 차단한다(공조기에 연결된 플러그를 콘센트에서 뽑음).

---

30 도담패시브하우스는 만에 하나 발생할 재난 시(화재)를 대비해 수신기 연동형 광전식 연기 감지기(1층 거실, 안방, 2층 거실에 설치)를 소방용 수신기 및 경종과 공조기 전원 간 연동장치로 구성하여 설치하였음. 수신기 연동형 광전식 연기 감지기에서 화재 시 발생하는 연기를 감지하면 즉시 거실 중앙의 경종이 시끄럽게 울려 대피할 수 있는 시간을 확보해주고, 동시에 공조기 전원을 자동 차단시킴으로써 산소 공급을 중단시켜 자동 소화를 유도하거나 화재 확산을 차단함.

ⓑ 공조기 내에 설치된 G4/F7 필터의 캡을 열고, 두 개 필터를 각각 빼내 진공청소기 또는 에어건을 이용해 먼지를 제거한 후 원위치시킨다.

ⓒ 외부 공기 유입구에 설치된 프리필터 및 그릴을 떼어 청소한 후 원위치시킨다.

ⓓ 기계실 내부를 청소하고(에어건으로 미세먼지를 불어 배출시킨 후 잔여 먼지는 청소기로 빨아들임) 청소가 완료되면, 주거공간 청소가 끝날 때까지 공조기의 전원을 차단한 채 기계실 문을 닫아 먼지유입과 열손실을 방지한다.

ⓔ 주거공간의 모든 창문이 닫혀 있는 상태에서 천장 또는 벽면에 설치된 배기밸브 및 고깔모양의 배기필터를 빼내어 깨끗이 청소한 후 원위치시킨다.

ⓕ 1, 2층 창문을 순차적으로 열어가면서 털이개, 에어건, 진공청소기 등을 이용해 가능한 한 빠른 시간에 1층과 2층의 청소를 실시한다(주거 공간 청소 시 열어놓은 창문들의 바깥쪽 창틀과 유리에 붙어 있는 먼지도 최대한 제거한다. 이를 방치하면 환기 시 실내로 먼지가 유입되는 원인이 된다).

ⓖ 청소가 끝나면 모든 창문을 닫아 기밀상태를 유지한다.

ⓗ 공조기를 가동시킨다(공조기에 연결된 플러그를 콘센트에서 꽂음).

4.3 패시브하우스의 환기 및 냉난방 계획

'패시브하우스의 환기 및 냉난방 계획'에서는 패시브하우스에서도 환기가 필요한지, 환기는 어떻게 하는 것이 효과적인지 그리고 냉난방 계획 시 에너지를 절약하면서 거주자의 열적 쾌적감을 만족시키기 위해 고려할 사항은 무엇인지 등에 대해 다음의 2개 항목으로 정리하였다.

(1) 패시브하우스에서 환기의 필요성
(2) 패시브하우스에서 냉난방 계획 시 고려할 사항

(1) 패시브하우스에서 환기의 필요성

패시브하우스 실내 공기질의 특성

패시브하우스의 실내 공기는 초미세먼지와 이산화탄소 등 오염물질의 농도가 누적되지 않는다.

그 이유는 내부의 오염된 공기(RA)를 밖으로 배출(EA)시키면서 외부 공기(OA)와 열교환을 한 상태에서 두 개의 필터(프리필터→F7필터)를 거쳐 미세먼지까지 제거한 후 열적·공기질적으로 쾌적해진 외부 공기를 24시간 내내 실내로 공급(SA)하기 때문이다. 즉, 일반주택의 경우는 환기를 하지 않은 상태에서 한나절만 경과되어도 실내 공기의 초미세먼지 농도가 100μg/m^{3}을 넘는 등 실내의 미세먼지 농도가 계속 누적·증가되지만, 패시브하우스에서는 초미세먼지 농도가 실내에 누적되지 않는 것이다.

다만 실내 공기가 공조기에 의해 24시간 환기(강제 급·배기)되는 특성상 외부 공기질에 따라 실내 공기질이 실시간 변화(외부 초미세먼지 농도보다 90~50% 제거[31]된 상태로 유입됨)한다.

또한 일반주택의 경우 방문을 닫은 상태에서 두 사람이 2~3시간만 있어도 실내 이산

31 사용된 유입필터의 등급 및 필터 청소주기 또는 교체 후 경과기간에 따라 달라질 수 있으나, 유입필터로 G2등급의 프리필터와 F7필터를 사용하고, 1주일 간격으로 청소하면서 F7필터의 경우 교체주기 6개월 중 5개월이 경과된 상태에서의 제거율임.

화탄소(CO_2) 농도가 2,000ppm을 넘는 등 환기 없이는 CO_2 농도가 계속 증가되지만, 패시브하우스에서는 CO_2 농도가 항상 쾌적하며, 기상 직후의 침실에서 조차 1,000ppm을 넘지 않는다. CO_2는 탄소나 그 화합물이 연소하거나 생물이 호흡 또는 발효할 때 생기는 기체로 환기의 지표로 많이 사용되고 있는데, 인체에 미치는 영향은 다음 표 31과 같다.

표 31 이산화탄소 농도별(ppm 기준) 인체에 미치는 영향

농도(ppm)	영향
~450	일상 속에서의 실외공기
~700	장시간 있어도 건강에 문제가 없음
~1000	건강에 피해는 없지만 불쾌감을 느끼기 시작함
~2000	공기가 탁하게 느껴지고, 졸음을 유발하는 등 컨디션 변화가 생기기 시작함
~3000	어깨 결림이나 두통을 느끼는 사람이 있는 등 건강 피해가 생기기 시작함
~5000	두통, 현기증이 생기고 장시간 있을 경우 건강을 해침
5000~	영구적인 뇌손상과 심각한 경우 사망에 이름

1. 미국의 경우 실내환기조건을 CO_2를 기준으로 2,000ppm을 권장하고 있으나 우리나라와 일본의 경우는 1,000ppm을 기준으로 하고 있음
2. 우리나라 다중이용시설 등의 실내 공기질 관리법에서 실내는 1,000ppm 이하로 유지토록 권장
ASHRAE 미국냉동공조협회(세계 여러나라에서 이 규정을 활용)

출처 : 한국패시브건축협회 기술자료

다음 사진 84는 급·배기 DUCT에 부착되어 있는 4개 필터 모두를 청소한 날을 시작으로 6일간의 실내외 초미세먼지와 CO_2 농도를 측정한 것이다.

실내의 미세먼지는 누적되지 않고 항상 쾌적함을 유지하고 있지만, 필터 청소 후 서서히 제거율이 저하됨을 알 수 있는데, 이 당시의 F7필터가 사용된 지 약 5개월이 경과(교체 1개월 전)되어 노후된 상태였기 때문으로 판단된다.

CO_2 농도는 필터 청소와 관련 없이 항상 쾌적한 상태를 유지하고 있으며, 아침 기상직전의 침실에서도('필터 청소 4일차' 참조) 800ppm 내외로 1,000ppm을 넘지 않고 있음을 확인할 수 있고, 이것이 패시브하우스의 가장 큰 장점 중 하나이다.

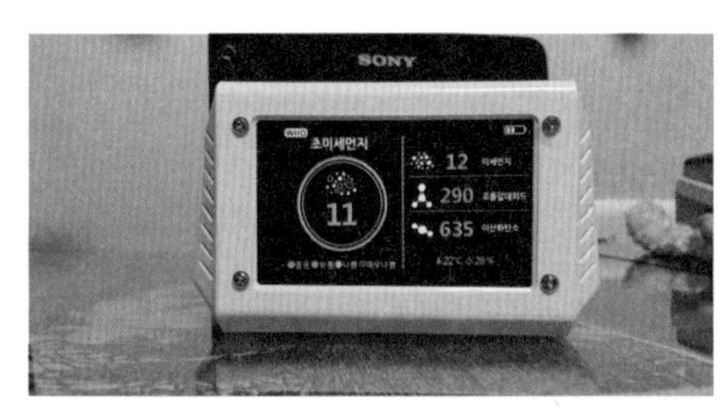

필터 청소 당일 저녁(2019년 3월 9일 18시 40분경)

구분	실내	실외	제거율(%)
초미세먼지($\mu g/m^3$)	11	58	81
이산화탄소(ppm)	635	418	-

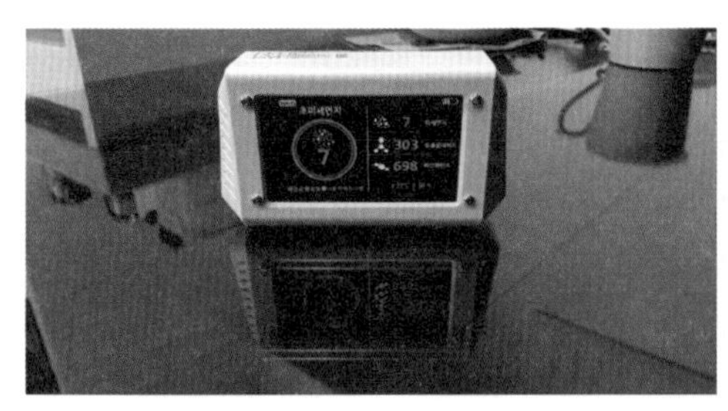

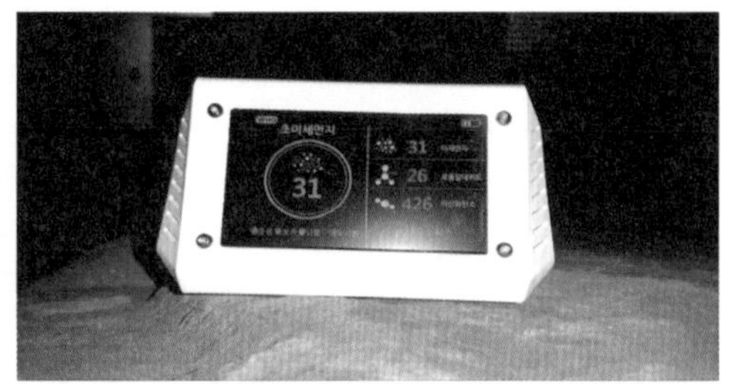

필터 청소 2일차(2019년 3월 10일 19시 전후)

구분	실내	실외	제거율(%)
초미세먼지($\mu g/m^3$)	7	31	77
이산화탄소(ppm)	698	426	-

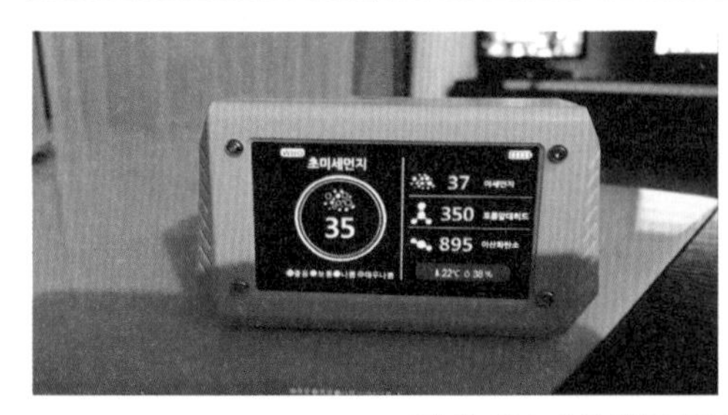

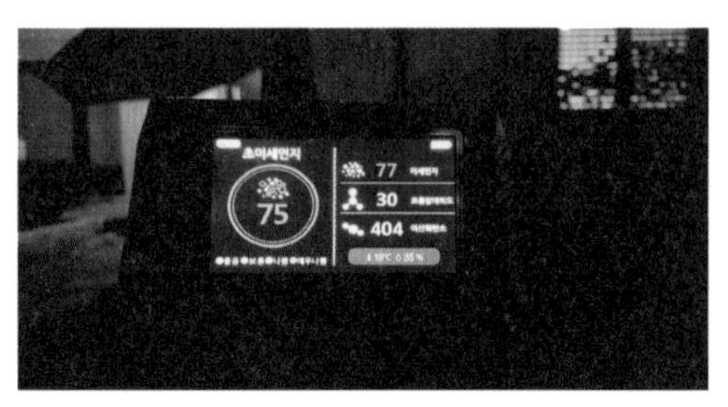

필터 청소 3일차(2019년 3월 19일 19시 50분경)

구분	실내	실외	제거율(%)
초미세먼지($\mu g/m^3$)	35	75	53
이산화탄소(ppm)	895*	404	-

* 저녁식사 준비 직후 주방 CO_2 농도(가스레인지 사용 후)

사진 84 필터 청소 후 6일간의 실내외 초미세먼지와 CO_2 농도(좌 : 실내, 우 : 실외)

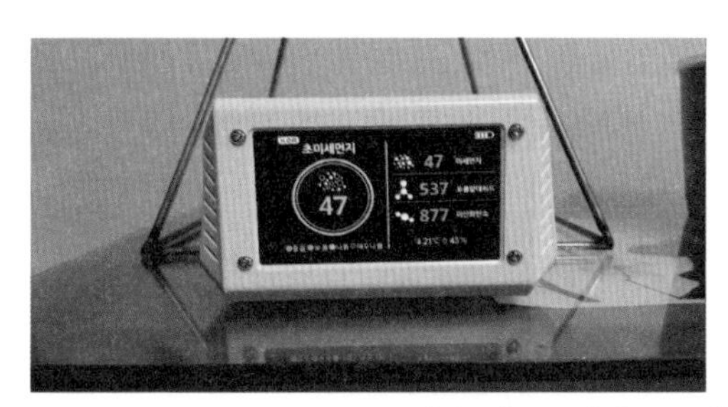

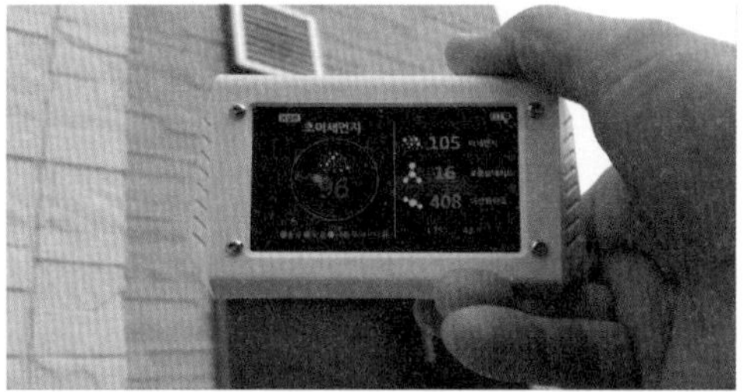

필터 청소 4일차(2019년 3월 27일 6시 30분경)

구분	실내	실외	제거율(%)
초미세먼지(㎍/m³)	47	96	51
이산화탄소(ppm)	877*	408	-

* 아침 기상 직후 안방 CO_2 농도

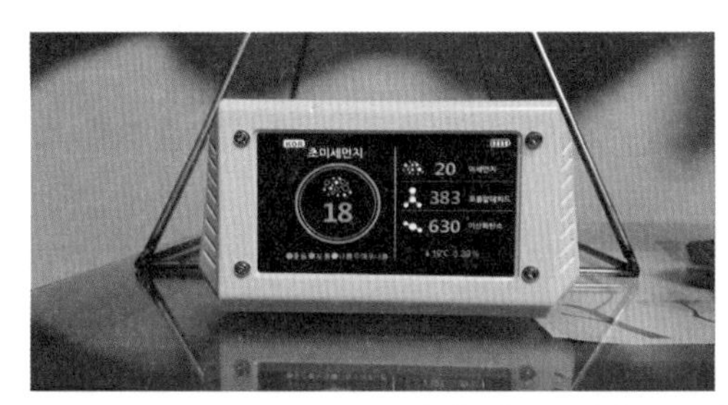

필터 청소 6일차(2019년 3월 29일 22시 10분경)

구분	실내	실외	제거율(%)
초미세먼지(㎍/m³)	18	52	65
이산화탄소(ppm)	630	479	-

사진 84 필터 청소 후 6일간의 실내외 초미세먼지와 CO_2 농도(좌 : 실내, 우 : 실외)(계속)

패시브하우스에서 환기의 필요성 및 효율적인 환기방법

앞에서 설명한 바와 같이 패시브하우스에서의 실내 공기는 초미세먼지와 CO_2 등 오염물질의 농도가 누적되지 않고 항상 쾌적한 상태를 유지하고 있다.

그러나 패시브하우스에서도 실내 공기질 관리에 신경 써야 할 부분이 있는데, 바로 가스레인지를 사용할 경우와 양념을 이용해 요리할 경우이다.

집 안에서 가스레인지를 사용해 요리할 경우 연소 과정에서 CO_2가 발생되고, 음식을 굽거나 튀길 경우에는 초미세먼지뿐만 아니라 발암물질인 포름알데히드와 이산화질소 등 다양한 오염물질이 발생한다.

물론 요리가 진행되는 동안 주방 후드와 가까운 창문을 Tilt로 열어놓고 배기팬을 틀어놓으면 냄새를 포함한 포름알데히드와 이산화질소 등 오염물질과 CO_2가 실내 전체 공간으로 확산되지 않은 채 좀 더 빠르게 외부로 배출되기는 하지만, 식사 중의 요리된 음식에서도 냄새 등 오염물질이 배출되기 때문에 이를 배출시키기 위해 식사 시간 내내 창문을 열어놓을 경우 열손실 때문에 그럴 수가 없다.

24시간 환기되는 공조기가 있고, 시간당 0.5회 정도 공기가 교체되기 때문에 일반주택과는 달리 두 시간만 지나면 쾌적한 상태로 회복[32]되겠지만, 바람길만 확보된 상태라면 약 5~10분의 환기만으로도 오염된 공기를 충분히 내보낼 수 있는데, 1~2시간 동안을 기다리는 것은 아무래도 비효율적인 일이다. 다음 사진 85는 환기 없이 부침개 반죽을 하고, 부침개가 끝난 후 5분 동안 실내 전체를 환기하기까지 실내 공기질의 변화를 측정한 것이다. 사진에서 확인할 수 있듯이 부침개 반죽 과정에서도 실내의 포름알데히드 농도가 높아지고 있고, 가스레인지를 켜놓고 부침개를 부치기 시작하면서 주방의 창문을 틸트로 반쯤 열어놓은 상태로 후드팬을 가동[33]시키고 있어도 CO_2와 포름알데히드 및 초미세먼지 농도가 서서히 증가됨을 알 수 있다. 그리고 요리가 끝난 후 실내 전체의 창문을 열어 바람길을 확보한 상태에서 5분간 환기시켰을 때 초미세먼지(8μg/m^3), 포름알데히드(173μg/m^3), CO_2 농도(504ppm)가 거의 정상으로 회복되었음을 알 수 있다.

---

32 패시브하우스에서의 환기횟수가 통상 0.5회/hr인 점을 고려할 때 이론적으로 약 2시간 정도면 실내 공간용적 전체의 공기가 새로운 공기로 교체될 수 있음.

33 패시브하우스에서 후드팬 가동 시 창문을 조금이라도 열어놓지 않으면 실내에 부압(負壓)이 생기기 때문에 반드시 가장 가까운 창문을 조금이라도 열어놓아야 부압도 안 생길뿐더러 요리과정에서 발생되는 열과 습기 및 냄새를 신속히 배출할 수 있음. 그러나 이 방법의 경우는 실내의 열손실이 일부 발생되는 것을 감수해야 하며, 간단한 요리 시에는 후드팬 가동 없이 요리를 하고, 식사를 마치면 실내 전체 창문을 열어 5~10분간 환기하는 것이 효율적임.

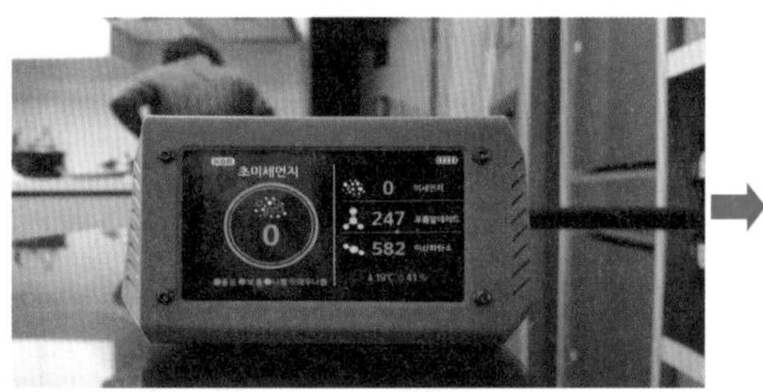

부침개 반죽과 동시 주방의 공기질(2019.4.10. 17 : 36)
- CO_2 농도(582ppm)는 정상
- 부침개 반죽과정에서 포름알데히드 농도가 평소보다 높아짐(247$\mu g/m^3$)
- 초미세먼지 농도는 아주 쾌적(0$\mu g/m^3$)한 상태임

- 부침개 시작과 동시 주방창을 틸트로 반쯤 열어놓고 후드팬 가동

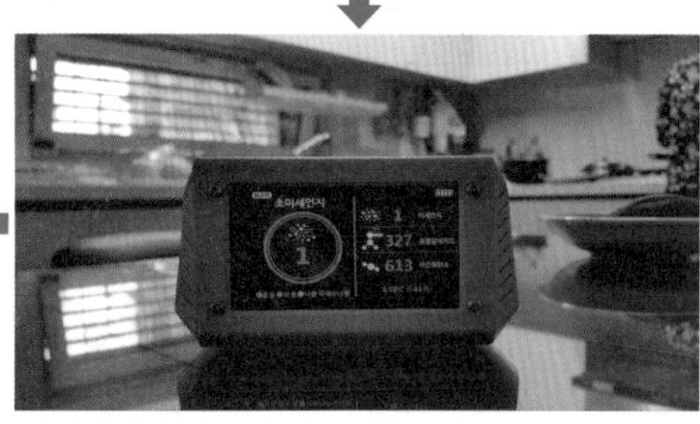

부침개 시작/후드팬 가동 3분 경과(2019.4.10. 17 : 39)
- CO_2 농도(613ppm)가 서서히 증가함
- 포름알데히드 농도(327$\mu g/m^3$)가 서서히 증가함

부침개 종료 직후 주방 공기질(2019.4.10. 18 : 33)
- 포름알데히드 농도(670$\mu g/m^3$)가 많이 높아짐
- 초미세 먼지농도(25$\mu g/m^3$)도 많이 증가함

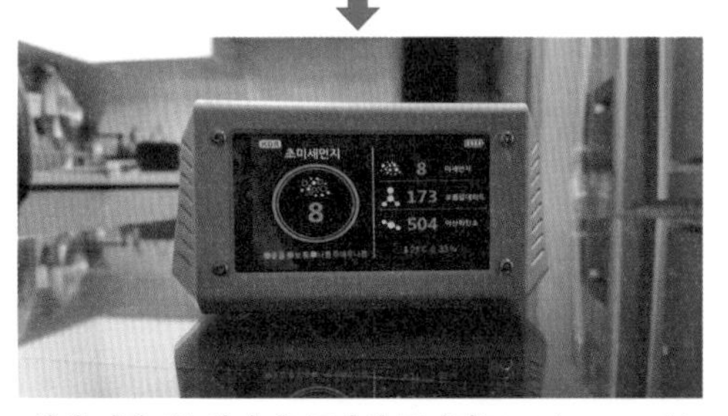

실내 전체 5분 환기 후 주방의 공기질(2019.4.10. 18 : 42)
- 초미세먼지(8$\mu g/m^3$), 포름알데히드(173$\mu g/m^3$), CO_2 농도(504ppm)가 거의 정상으로 회복됨

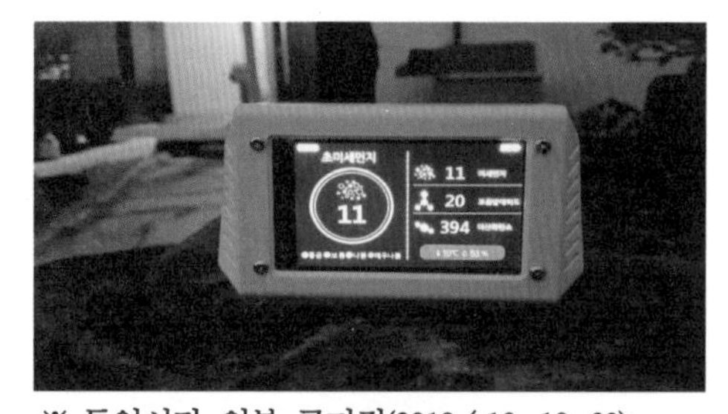

※ 동일시간 외부 공기질(2019.4.10. 19 : 22)
- **초미세먼지(11$\mu g/m^3$), 포름알데히드(20$\mu g m^3$), CO_2 농도(394ppm)가 쾌적한 상태임**

사진 85 패시브하우스에서 요리 후 환기의 필요성(환기 전후 실내 공기질 변화)

다음 사진 86은 두 번의 식사(저녁과 아침) 직후 환기되지 않은 상태와 이후 3~5분간 실내 전체를 환기시킨 후로 나누어 주방의 공기질을 측정한 것이다.

환기 전에는 포름알데히드(500$\mu g/m^3$, 270$\mu g/m^3$)와 CO_2(961ppm, 662ppm) 농도가 많이 높아져 있는데, 실내 창문을 열어 바람길을 확보한 상태에서 3~5분간 환기시켰을 때 포름알데히드(123$\mu g/m^3$, 90$\mu g/m^3$), CO_2(519ppm, 513ppm) 농도가 정상으로 회복되었음을 알 수 있다.

저녁식사 직후 주방 공기질(2019.4.9. 19 : 07)

초미세먼지($\mu g/m^3$)	3
미세먼지($\mu g/m^3$)	3
포름알데히드($\mu g/m^3$)	500
CO_2(ppm)	961

5분 환기 후 주방의 공기질(2019.4.9. 19 : 12)

초미세먼지($\mu g/m^3$)	5
미세먼지($\mu g/m^3$)	6
포름알데히드($\mu g/m^3$)	123
CO_2(ppm)	519

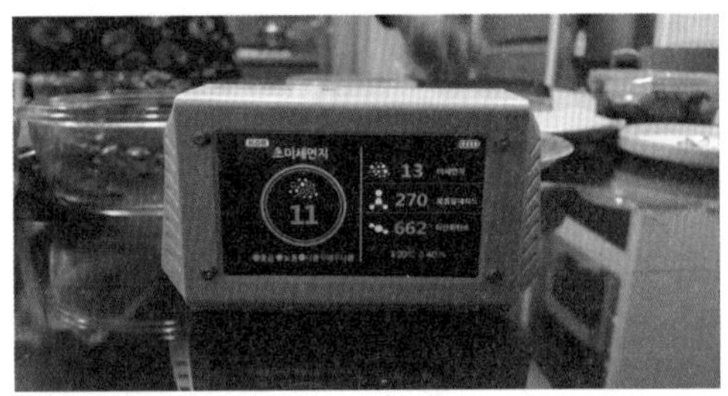

아침식사 직후 주방의 공기질(2019.4.10. 07 : 04)

초미세먼지($\mu g/m^3$)	11
미세먼지($\mu g/m^3$)	13
포름알데히드($\mu g/m^3$)	270
CO_2(ppm)	662

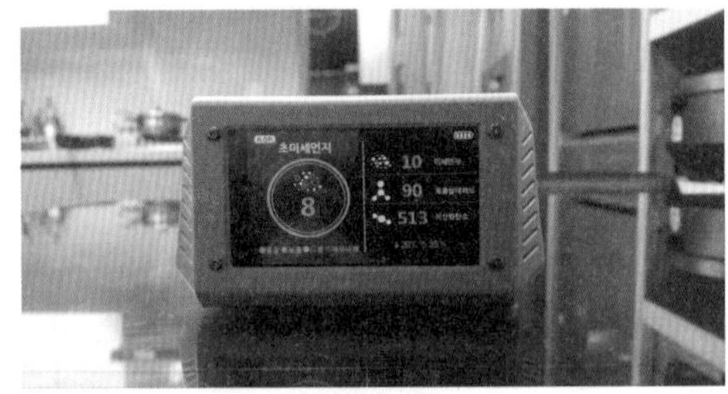

3분 환기 후 주방 공기질(2019.4.10. 07 : 07)

초미세먼지($\mu g/m^3$)	8
미세먼지($\mu g/m^3$)	10
포름알데히드($\mu g/m^3$)	90
CO_2(ppm)	513

사진 89 두 번의 식사(저녁, 아침) 직후와 환기 후 실내 공기질 변화

따라서 패시브하우스에서도 요리 시 발생하는 CO_2(가스레인지를 사용할 경우)와 요리 과정(또는 이미 만들어진 음식)에서 발생하는 초미세먼지, 포름알데히드 및 이산화질소

등의 오염물질을 신속히 배출시키기 위해서는 식사를 마친 후 5분 내외에 걸쳐 실내 전체의 창문을 열고 바람길을 확보한 상태에서 환기하는 것이 좋다.

필자의 경우는 식사 후 환기 여부를 판단하거나, 환기 중의 환기 정도(외부의 바람세기에 따라 환기시간이 3~10분 정도로 달라짐)를 확인하기 위해 휴대용 실내 공기질 측정기를 구입하여 효율적으로 사용하고 있다.

식사 후 환기 여부 판단은 식사를 마친 후 공기질 측정기상의 CO_2와 포름알데히드 농도의 두 개 항목 중 어느 하나라도 필자가 나름대로 정해놓은 농도 이상(CO_2> 700ppm, 포름알데히드> 200$\mu g/m^3$)이면 환기를 하며, 그렇지 않을 경우에는 굳이 환기를 하지 않는다.

환기 중에는 CO_2 농도 하나만을 기준으로 550ppm 이하로 내려오면 창문을 닫는데, 외부에 바람기가 있을 때에는 환기시작 3분 만에 실내 CO_2 농도가 500ppm 내외로 내려오며 이때에는 포름알데히드 농도와 관계 없이 창문을 닫는다. 참고로 '봄에서 여름으로 넘어가는 시기(간절기)'에는 실내온도 상승속도를 최대한 지연시켜야 한다.

이 시기에는 사진 87에서와 같이 낮 최고기온이 30℃를 넘나들면서 새벽 최저기온이 20℃ 이하인 경우의 날이 많은데, 이때 미세먼지만 쾌적하다면 아침 식사 전후 약 30분 동안 모든 창문을 열어 환기를 겸하면서 적극적인 내부 축냉을 유도할 필요가 있다.

이렇게 하면 실내온도가 약 2~3℃ 낮아져 23℃ 내외가 되는데, 낮 시간대에도 시원하면서 쾌적한 상태를 유지할 수 있다.

동시에 '4.2 공조설비 관리/부록 III. 봄·가을철 공조기의 계절감지 기능과 여름철 BY-PASS 조절'에서 언급했듯이 TEMPERATURE PROFILE에서 실내온도상태를 'COOL'로 변경 설정하고, 고급 설정(ADVANCED SETTINGS)의 여름철 모드(COOLING

N 도담동 날씨

주간날씨

	오전	오후	최저	최고
수 오늘	0%	0%	10°	28°
목 내일	10%	20%	10°	27°
금 05.31.	20%	30%	14°	26°
토 06.01.	0%	0%	13°	27°
일 06.02.	0%	0%	14°	28°
월 06.03.	0%	0%	14°	29°
화 06.04.	0%	0%	15°	30°
수 06.05.	0%	30%	16°	30°
목 06.06.	30%	30%	16°	28°

사진 87 간절기 외부기온

SEASON)에서 'cooling-limit'를 20℃에서 23~25℃로 상향조정하여 공조기가 여름철 모드로 전환되는 시점을 늦추도록 유도함으로써 실내온도가 26℃로 상승하는 것을 억제(여름철 모드로 변경되면 실내온도를 26℃로 유지하려고 함)하는 것이 효과적이다.

(2) 패시브하우스에서 냉난방 계획 시 고려할 사항

패시브하우스는 단열·기밀이 잘 되어 있고, 열교환기가 부착된 환기장치가 있어, 24시간 외부의 신선한 공기로 교체되면서 버려지는 에너지를 철저하게 회수하기 때문에 계절에 따라 실내 적정 온·습도가 자동 유지될 것이라고 생각하는 것은 오산이다.

특히 2018년 1월과 같이 겨울철 최저기온이 영하 20℃에 가까운 혹한기가 지속되고, 7~8월 여름철에는 한낮에 **폭염주의보**[34]와 **폭염경보**[35]가 연일 발령되면서 낮 최고기온이 40℃를 넘나드는 기간의 연속과 새벽 시간대의 최저기온이 **열대야**[36]를 넘어 30℃를 왔다 갔다 하는 초열대야까지 지속되는 상황에서 공조시스템만 믿고 있어서는 더더욱 안 될 일이다.

물론 맹추위와 폭염이 지속되는 한겨울과 한여름에도 일반주택과는 비교가 안 될 정도로 보온(保溫)·보냉(保冷)이 잘 되어 있는데다가, 열(냉기, 온기)을 회수하는 공조기까지 있기 때문에 덜 춥고, 덜 더운 것은 분명하지만, 패시브하우스의 급·배기원리를 이해하지 못하고, 공조기의 열회수 기능을 최대화시키지 못했을 경우 거주자가 느끼는 열적 불쾌감이 존재하게 되어 있다.

필자의 경우 겨울을 위한 난방시스템은 효율적으로 계획한 덕분에 이사 온 첫해 겨울을 따뜻하면서도 쾌적하게 보낼 수 있었으나, 혹독한 폭염이 지속된 2018년 여름에는 에어컨 설치계획을 잘못 세우는 바람에 여름 중반 즈음에 고생을 했다.

---

34 일 최고기온이 33℃ 이상인 상태가 2일 이상 지속될 것으로 예상될 때.

35 일 최고기온이 35℃ 이상인 상태가 2일 이상 지속될 것으로 예상될 때.

36 밤 최저기온이 25℃ 이상인 상태.

해결방안은 단순한데 이를 위해서는 설계 단계부터 패시브하우스의 환기와 공조시스템에는 다음과 같은 특징이 있음을 고려한 냉난방 계획의 수립이 필요하다.

① 실내 환기회수가 통상 0.5회/h 내외로 계획된다.

→ 즉 1시간에 실내 체적의 50% 정도가 환기(급기, 배기)되기 때문에 실내 공기 전체를 새로운 공기로 교체하는 데 약 2시간이 소요된다.

② 공조기의 열교환과정에서 급기(SA)·배기(RA)되는 공기는 서로 섞이지 않지만, 배기공기와 급기공기가 분리된 채 열교환기를 통과하면서 배기에 포함되어 있는 열(온기 혹은 냉기)을 회수하여 급기밸브를 통해 방이나 거실로 공급된다.

→ 회수된 열이 급기에 의해 재공급된다고 하더라도 이론적으로 방 전체의 온도가 균일하게 섞이기 위해서는 2시간이 필요하다.

그렇기 때문에 2층집의 경우 2층에만 에어컨을 설치해서 공기의 온도차에 의한 밀도류와 공조기의 급·배기 시스템을 이용해 아래층까지 시원하게 하는 것은 에어컨 가동시간을 필요 이상 늘려야 하므로 비효율적이다.

③ 급기 공간(방, 거실)과 배기 공간(부엌, 화장실, 욕실 등)간 온·습도 차이는 크다.

→ 배기 공간인 부엌에는 냉장고, 김치냉장고, 전기밥솥, 가스레인지, 싱크대 등 열과 습기를 발생시키는 주방제품이 다수 배치되어 있고, 다용도실, 욕실, 화장실 또한 온·습도가 높은 공간이기 때문에 방 등의 급기 공간에 비해서 온·습도가 높다.

따라서 온·습도가 높은 여름철은 주방 가스레인지를 10분만 켜놓아도, 배기 공간인 주방 내의 온도가 급격히 올라가 30°C를 초과한다. 이때 공조기 내장센서에서 측정된 배기온도가 30~31℃가 되는데, 공조기는 자체 센서로 측정한 배기온도인 30~31℃를 실내 전체 온도로 판단하여 외기가 29℃일 경우 시원한 급기 공간(26~28℃)에 외부 공기(29℃)를 BY-PASS로 불어넣어 데우는 현상이 초래되는 것이다(세부 내용은 후술되는 '**주방의 배기 밸브는 냉장고, 김치냉장고 등의 상부에서 최소 50cm 이상 이격 설치**' 참조).

따라서 패시브하우스의 공조시스템에 대한 이러한 특성을 고려하여 계절별 적정 실내 온도를 유지할 수 있는 다음과 같은 냉난방 계획의 수립이 필요하다.

보일러 설치 시 방별 온도를 선별 조절할 수 있는 '각방 제어기' 설치

난방배관은 실내 급·배기 공간 전체에 설치하되, 방별 온도를 필요에 따라 선별 조절할 수 있는 '각방 제어기'를 설치하여 필요한 방에 필요한 시간만큼 난방될 수 있도록 각방 제어기를 '예약기능'으로 설정해 운전하는 것이 효과적이다.

겨울철 '각방 제어기'를 '실내온도' 기능으로 설정해놓고 일률적으로 20℃에 맞추어놓으면, 20℃ 아래로 떨어지는 방이 생겼을 경우 보일러가 가동되면서 그 방에 한해 온수가 공급되어 20℃를 회복하게 된다.

사실상 실내 전체 공간을 균일하게 20℃로 유지할 수 있는 효율적인 방법이나, 이는 공기난방이 아닌 바닥난방이기 때문에 에너지 절약 면에서 비효율적이다. 즉, 각방 제어기의 온도센서에서 실내온도를 측정한 후 감지된 온도값이 20℃보다 낮아질 때 보일러가 가동되어 열에너지가 바닥난방 배관을 통해 해당 방에 공급되는데, 이때 해당 방의 공기가 가열되어 제어기의 온도센서에 감지되는 20℃가 되기 위해서는 공기난방에 비해 반응시간(response time)이 길어지고, 이 때문에 불필요한 보일러가 가동되어 에너지가 낭비되는 것이다.

따라서 겨울철 난방에너지를 최소화하면서 쾌적한 거주공간을 유지하기 위해서는 여러 개의 방 중에서도 거주자가 가장 많이 체류하는 일부 공간(침실, 거실, 주방 등)에 한해 사진 88의 좌측(거실)과 같이 각방 제어기를 '예약기능'으로 설정해놓고, 타이머로 1회 20

분씩 하루 2회(초저녁과 새벽시간) 정도만(외부기온이 낮지 않을 경우에는 1회만 가동) 가동시키는 것이다.

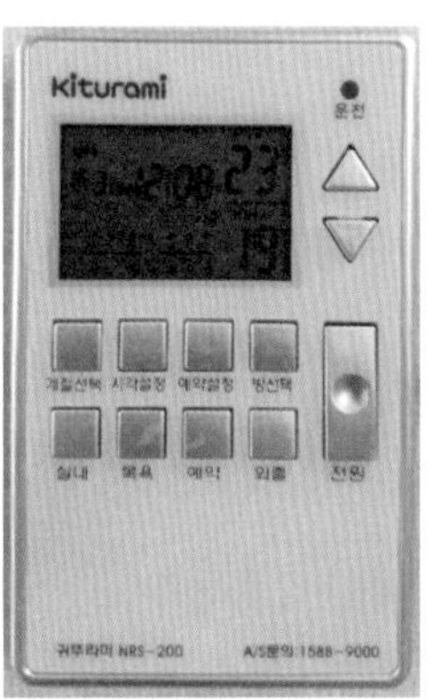

사진 88 예약기능(좌)/실내온도(우)

이렇게만 해도 해당되는 방의 방바닥 온도를 23~25℃를 유지할 수 있어 발바닥이 느끼는 열적 쾌적감을 만족시킬 수 있고, 실내 전체를 20~23℃ 정도로 유지하는 데 무리가 없게 된다. 물론 양말을 신거나, 실내화를 사용할 경우에는 가동횟수를 최소화하여 에너지비용을 좀 더 줄일 수도 있다.

여름철 냉방을 위한 에어컨은 층별로 최소 1대씩 설치

여름철 냉방을 위한 에어컨은 층별로 1대씩, 층별 중심위치(주로 1, 2층 거실)에 설치하고, 에어 서큘레이터를 이용해 냉기를 순환시키는 것이 효율적이다.

순간의 선택이 10년을 좌우한다고, 10년까지는 아니지만, 이 부분에서 필자가 설계 시 잘못 판단하여 이사 온 첫해 여름 중반에 고생을 했다.

필자는 2층에만 에어컨을 설치하면 공기의 온도차에 의한 밀도류와 성능 좋은 공조기의 급·배기 시스템을 이용해 아래층까지 시원해질 것으로 판단했다.

그러나 위에서 언급했듯이 공조기에서 회수된 냉기가 급기(SA)에 의해 재공급된다고 하더라도 방 전체 온도가 균일해지기 위해서는 2시간 이상이 필요하다.

그렇기 때문에 거실 등 급기구역에 틀어놓은 에어컨의 시원한 공기를 20~30분의 짧은 시간 내에 열교환되는 공조기의 힘만으로 같은 층에 있는 주방 등 배기구역까지 시원하게 하는 것은 불가능한 일이고, 특히 2층에 있는 에어컨으로 아래층까지 시원하게 한다는 것은 더더욱 비효율적인 일이다.

물론 실내 공기 전체가 교체될 수 있는 2시간 이상 에어컨을 연속적으로 틀어놓으면 실내 전체가 균일하게 시원해지겠지만, 결론적으로 패시브하우스에서 실내 어느 한곳에서만 2시간 이상씩 에어컨을 틀어놓고 공조기를 이용해 실내 전체를 골고루 시원하게 한다는 것은 잘못된 계획임이 틀림없다.

따라서 공조기가 가동되는 패시브하우스에서 여름철 적정온도 유지를 위해서는 설계단계부터 반드시 층별로 에어컨을 설치할 수 있도록 층별 적정 위치에 전기콘센트와 배관슬리브(실외기 연결용) 설치계획을 반영해야 한다.

필자의 경우 폭염이 중간 정도 진행되었을 때까지 사진 89와 같이 선풍기 두 대를 이용해 중앙계단의 상부와 하부에 하나씩 틀어놓고, 하루 2시간 정도(=30분/회×4회/일) 가동되고 있는 2층의 에어컨 냉기를 아래층으로 끌어 썼는데, 더위가 심하지 않았을 때에는 나름대로 효과가 있었다. 하지만 7월 중순을 넘어서며 폭염주의보와 폭염경보가 연일 발령되면서 낮 최고기온이 40℃를 넘나드는 기간이 연속되었고, 엎친 데 덮친 격으로 새벽녘 최저기온이 30℃를 왔다 갔다 하는 초열대야까지 지속되는 상황에서는 대책이 없었다.

드디어 에어컨이 없는 1층 내부온도가 점점 올라가 29℃를 넘나들었고, 패시브하우스에서 느닷없는 에어컨과의 전쟁이 시작된 것이다.

결국 할 수 없이 1층 거실에 별도의 에어컨을 설치하기로 하고, 실외기 설치를 위한 벽체 천공작업에 들어갔는데, 여기서 대형 사고가 터졌다.

사진 89 2층 거실에 설치된 에어컨과 계단에 배치했던 Relay용 선풍기

도담패시브하우스는 외부벽체를 철근 콘크리트로 계획하였는데, 콘크리트벽 속에는 사진 90과 같이 **각종 전선과 제어·통신용 케이블**[37]이 복잡하게 얽혀 있고, 벽체외부에는 외부마감재인 사이딩을 고정시키는 아연도금 각파이프가 열교 차단 화스너에 의해 단열재를 뚫고 바둑판처럼 콘크리트 벽체에 고정되어 있다.

사진 90 거실벽 코너 부위에 집중 매입된 각종 케이블 및 외벽 각파이프 설치 현황

37 각종 전선(콘센트·스위치·전등·에어컨·EVB용)과 통신 케이블(CCTV·인터넷·전화·TV·비디오폰·보일러 각방 제어기·공조기제어기·현관문 개폐기·화재경보 전원 차단용) 및 태양광 관련 전기·통신 케이블 등.

사정이 이렇다 보니 필요한 슬리브를 미리 벽체 속에 매입해놓지 않고, 다 지어진 상태에서 새롭게 벽체를 천공한다는 것은 위험천만한 일이 아닐 수 없었다.

어찌되었든 1층에 에어컨(입형)을 추가로 설치할 수밖에 없었고, 그러면 에어컨과 실외기를 설치할 부분에 맞추어 벽을 뚫을 수밖에 없는데, 다행히도 공사 시 촬영해놓은 사진 중 벽을 뚫을 위치에 벽 속 케이블 위치를 파악할 수 있는 사진이 여러 장 있었다.

이를 바탕으로 벽체마감 미장두께, 바닥의 난방층 및 온돌마루 두께 등을 계산해서 벽 속에 있는 전기선을 피할 수 있는 위치에 천공위치(∅60)를 표기해주면서 이곳을 뚫으라고 에어컨 설치기사에게 큰소리쳤는데, 막상 천공작업을 하던 중 약 10cm 깊이에서 '펑'소리가 나면서 모든 전기가 나가버리는 것이 아닌가!

설치기사는 기사대로 놀라서 투덜대고, 더 심각한 것은 집 안의 전기가 모두 나가버린 것인데, 천공된 내부를 들여다보았더니 사진 91과 같이 벽 속에 있는 전선의 위치가 당초 계산으로 추정했던 위치보다 약 2cm 정도 천공된 위치 쪽으로 들어와 있었고, 하필이면 끊어진 전선이 한전에서 인입된 메인 전선이었다.

끊어진 한전 인입선을 교체하기 전까지는 전기를 사용할 방법이 없었다. 바깥 날씨는 40℃를 향해 이글거리고 있는데, 2층의 에어컨은 물론 선풍기조차 가동할 수 없었고, 심지어 공조기까지 멈추어버린 상태이다 보니, 아무리 단열과 기밀이 잘되어 있는 패시브하우스라 하더라도 내부온도가 서서히 올라갈 터인데 정말로 대형사고가 아닐 수 없었다.

사진 91 코너벽 천공작업과 10cm 천공 깊이에서 나타난 한전 인입선

다행히도 전기공사를 수행했던 업체대표가 사무실에 있었고, 전화통화 후 1시간이 채 안되어 현장에 도착해 한전 인입선을 교체하였으나, 에어컨 설치기사는 예약된 다음 장소로 이미 철수해버린 상태였다.

결국 에어컨은 다음날로 미루어 설치했으나, 그 무더위에 일어났던 일련의 사고는 패시브하우스에서 소홀하기 쉬운 냉방계획의 소중함을 확인시켜준 값진 경험이었다.

이렇게 해서 1, 2층에 에어컨이 갖추어진 2019년 여름철(이사 온 후 2년차)에는 가장 무더운 기간을 기준으로 낮 시간에 한해 1, 2층 에어컨을 동시에 30분/회씩 2~4회/일(10시경, 13시경, 16시경, 18시경) 가동하면서 사진 92와 같이 에어 서큘레이터를 이용해 냉기를 순환시키는 것만으로도 무더위를 걱정 없이 넘길 수 있었다.

물론 시스템 에어컨을 설치해 냉기를 공급하는 것도 좋은 방법이지만, 필자의 경우 기존에 사용하던 입형 에어컨의 성능(제습능력과 에너지 절감 능력 포함)이 좋아 이전해서 설치하게 되었고, 1층까지 입형으로 가동해본 결과 나름 괜찮은 방법을 택하였다고 생각한다.

사진 92 에어컨 가동 시 서큘레이터로 실내 전 공간 냉기 순환

여름 장마철 고온다습한 시기에는 에어컨과 제습기를 동시 가동

장마철 외부온도가 35°C를 넘나들면서 습도까지 90%선을 오르내릴 때에는 패시브하우스에서도 공조기와 에어컨만으로 실내습도를 쾌적하게 유지할 수 없다. 특히 에어컨으로 장마철 습도를 60% 내외로 조절하기 위해서는 설정온도를 거주자가 춥게 느끼는 20°C 이하로 내려야 하기 때문에 비효율적이고 비경제적이 된다. 따라서 고온다습한 여름장마철에는 에어컨과 제습기를 동시에 가동함으로써 단시간에 많은 양의 습기를 제거하면서 적정 실내온도를 유지하여 실내 공기질을 쾌적하게 하는 것이 효과적이다. 단 제습기에서는 더운 공기가 배출되기 때문에 제습기의 공기 배출구를 에어컨 방향으로 돌려 놓고 가동하는 것이 좋다.

사진 93 에어컨과 제습기 동시 가동

주방의 배기밸브는 냉장고, 김치냉장고 등의 상부에서 최소 50cm 이상 이격 설치

급기 공간(방, 거실)과 배기 공간(부엌, 화장실, 욕실 등) 간에는 온·습도 차이가 생기기 때문에 주방의 배기밸브 위치를 냉장고, 김치냉장고, 가스레인지 상부 등 온·습도의 영향을 받는 위치에서 최소 50cm 이상 이격 설치하는 것이 바람직하다.

배기 공간인 부엌에는 냉장고, 김치냉장고, 전기밥솥, 가스레인지, 싱크대 등 열과 습기를 발생시키는 주방제품이 다수 배치되어 있고, 욕실과 화장실 또한 온·습도가 높은 공간이기 때문에 방 등의 급기 공간에 비해서 온·습도가 높다.

이 경우 대기 중 온도와 습도가 낮은 겨울·초봄·가을철에는 오히려 배기되는 공기 속의 높은 온도를 90% 이상(습도는 60% 이상) 회수하여 방이나 거실로 급기하기 때문에 추운날씨에도 불구하고 실내 전체의 온도가 자연스럽게 20℃ 내외를 유지하면서 적정 습도까지 유지할 수 있어 추가 난방에너지원(바닥난방이나 프리히터에 의한 예열 등)과 가습기 도움 없이 적정 온·습도를 유지하는 데 도움이 된다.

그러나 여름철 주방은 냉장고와 김치냉장고 등에서 외부로 배출되는 열에너지 때문에 상시 온도가 높고, 요리할 때 가스레인지를 10분만 켜놓아도 주방의 천장 부근 온도가 32~33℃까지 급격히 상승하여 공조기 내장센서에서 측정된 **배기온도가 30~31℃**[38]가 되는데, 이때 거실 등 급기 공간에는 에어컨 가동으로 27℃ 내외를 유지하고 있지만, 공조기는 자체 센서로 측정한 배기온도인 30~31℃를 실내 전체 온도로 판단하여 열회수 또는 BY-PASS를 선택하게 된다.

즉, 외기온도가 배기온도(30~31℃)보다 높을 경우에는 실내 공기에 있는 냉기를 회수하는 열교환이 이루어지겠지만, 외기온도가 배기온도(30~31℃)보다 낮은 28~29℃일 경우에는 바깥온도가 더 시원하다고 판단하여 외기(28~29℃)를 열교환 없이 BY-PASS로 직접 끌어들이게 되는데, 문제는 이때 시원한 급기 공간(27℃ 내외)에 더운 외부 공기(28~29℃)를 불어넣어 데우는 현상을 초래한다는 것이다.

그래서 중요한 것이 실내 전체 온도를 가능한 한 균일하게 유지해야 하며, 그렇게 함으로써 공조기가 평균 실내온도에 맞는 최적의 열교환 또는 BY-PASS를 할 수 있고, 거주자도 쾌적함을 느낀다.

다음 사진 94는 겨울철, 냉장고와 김치냉장고 윗부분에 설치된 배기밸브 주변 온도를 열화상카메라를 이용해 촬영한 것이다. 실내온도는 평균 21℃ 내외를 유지하고 있지만, 냉장고와 김치냉장고 뒷면을 따라 올라온 배기밸브 주변 온도는 27℃(26.3℃, 26.8℃)에

---

38 도담패시브하우스의 경우 전체 배기량 중 주방에서의 배기량이 약 30%, 3개 화장실 배기량이 약 40%를 차지함으로써 **전체 배기량의 약 70%가 온·습도가 높은 곳**에서 배기되고 있어 이들의 온·습도값이 전체 배기의 온·습도값에 직접적인 영향을 미치고 있고, 공조기는 이 평균값을 실내 전체의 온·습도로 판단함.

가까움을 확인할 수 있다.

여름철에는 이 부분의 온도가 35℃를 상회하게 되는데, 공조기는 이러한 것들의 영향으로 실내온도를 잘못 판단하여 열회수 또는 BY-PASS를 선택하는 것이다.

따라서 주방에 설치되는 배기밸브 위치는 냉장고, 김치냉장고, 가스레인지 상부 등 온·습도의 영향을 받는 위치에서 최소 50cm 이상 이격 설치하는 것이 바람직하다.

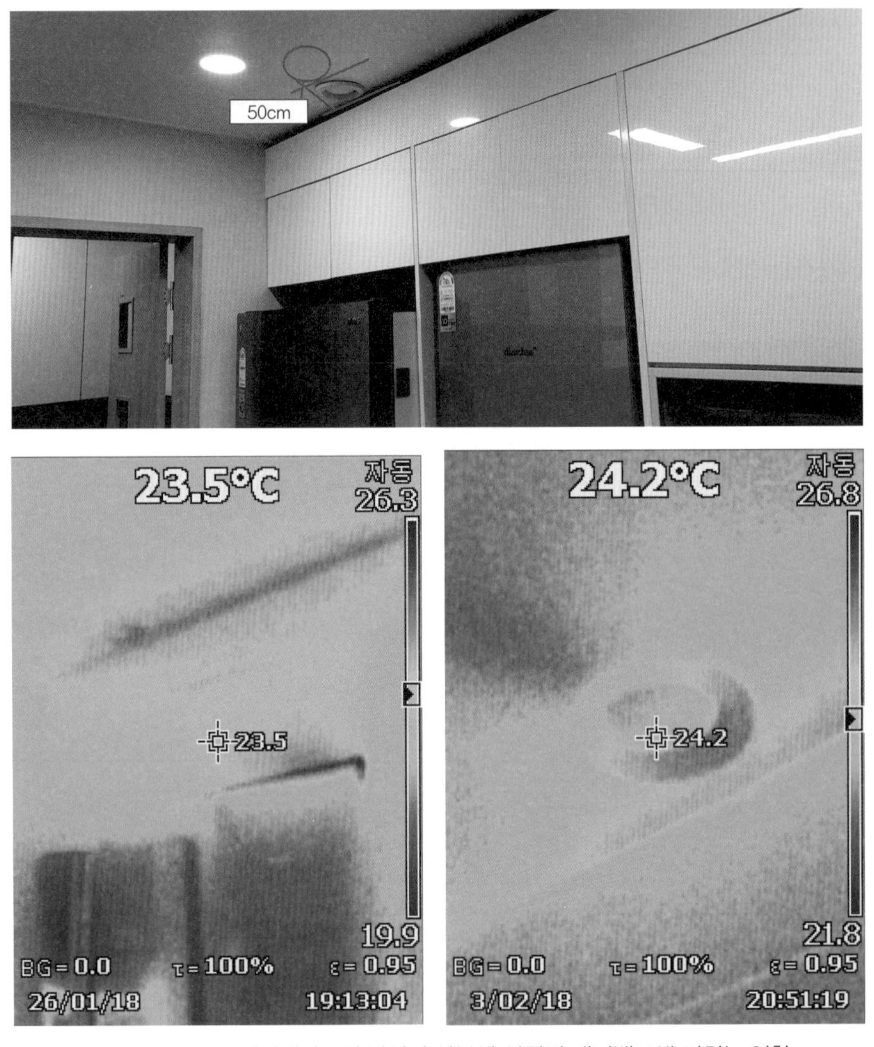

사진 94 냉장고, 김치냉장고의 발열이 상부에 설치된 배기밸브에 미치는 영향

4.4 시스템 창호와 문의 구성 및 조작

패시브하우스에 사용되는 시스템 창호와 문은 단열과 기밀이 우수하다는 기능적인 면에서의 중요성뿐만 아니라, 제 기능이 발휘될 수 있도록 관리하는 것 또한 중요하다.
이를 위해서는 시스템 창호와 문의 하드웨어는 어떻게 구성되어 있으며, 간섭발생 부위에 따른 미세조정은 어떻게 하는지, 기계·전기적으로 연결되어 있는 현관문의 주요 설비와 조작방식은 어떠한지 등 다음 사항에 대해 파악하고 관리할 수 있어야 한다.

(1) 시스템 창호의 하드웨어 구성과 미세조정
(2) 현관문의 주요 구성요소와 조작

(1) 시스템 창호의 하드웨어 구성과 미세조정

패시브하우스에서 시스템 창호를 선택하는 이유는 패시브하우스의 주된 요구조건인 기밀과 단열 성능이 우수하기 때문인데, 기밀과 단열 성능이 우수해지다 보니 부수적으로 차음과 수밀 및 내풍압에 대한 성능까지 우수하게 되었다.

이러한 패시브하우스의 요구조건인 기밀과 단열 성능을 유지하기 위해 창호 제작사마다 고유의 하드웨어를 적용하면서 복합 개폐 방식으로 하드웨어가 제 기능을 발휘할 수 있도록 하고 있다.

제작사별 개폐 방식에는 약간의 차이가 있을 수 있으나, 도담패시브하우스에 설치된 창호를 기준으로 개폐 방식의 예를 들면 사진 95와 같다.

손잡이 아랫방향 잠금(기밀) 손잡이 옆 방향 열림(Turn) 손잡이 윗 방향 열림(Tilt)

사진 95 시스템 창호의 개폐 방식

창호 개폐 시 주의할 점은 손잡이를 정확히 90° 또는 180° 돌린 상태에서 열고 닫아야 한다는 점이다. 손잡이를 돌리면서 또는 임의의 각도에서 문을 열고, 닫을 경우에는 캠과 스트라이커가 부딪치는 등 하드웨어 구성요소 간의 간섭으로 시스템 창호의 기능을 유지하는 하드웨어에 손상을 입힐 수 있다.

그리고 창문을 열고 닫을 때에는 힌지 등 창호 전반에 무리가 가지 않도록 가능한 한 양손을 사용하되, 한 손은 손잡이를 잡고 다른 한 손으로는 창문을 잡아 부드럽게 밀거나 당겨주는 느낌으로 조용히 열고 닫아야 한다.

또 하나 창호 관리에서 소홀하기 쉬운 부분이 있는데, 하드웨어에 있는 움직이는 부속 사이에 주기적으로 윤활제를 주입하는 일이다.

창호 하드웨어에는 다음 사진 96과 같이 1년에 한 번씩 오일(oil)을 주입하라는 표기가 있는데, 손잡이를 움직여보면서 하드웨어상에 움직이는 부품을 대상으로 오일을 주입하면 되며, 오일은 인터넷에서 쉽게 구입할 수 있는 창호 전용 오일을 사용하면 된다. 이렇게 해야 하드웨어 구성 부품의 마모도 줄어들고, 작동도 부드러워지면서 하드웨어가 제 기능을 발휘할 수 있다.

하드웨어상의 오일 주입 표기와 주입 위치(움직이는 위치 모두 주입)

침투성 액체 그리이스

사진 96 창호 하드웨어의 오일 주입과 침투성 액체 그리이스

창호의 하드웨어는 사진 97에서와 같이 창호 프레임 중간부를 4면으로 띠처럼 둘러싸

고 있는 부분인데, 창호의 미세조정을 위해서는 해당 창호에 적용된 하드웨어의 특징을 파악해야 한다.

국내에 들어와 있는 창호의 하드웨어는 각각의 브랜드마다 약간씩 다른 특징이 있으나 어느 한 방식에 대해 파악하고 있으면 다른 방식의 하드웨어에 대해서도 유추하여 파악하기가 쉽다.

창호가 작동하는 원리는 손잡이 조작 하나로 4면의 코너드라이브에 연결된 기어의 톱니가 움직이며, 결국 크게 하나의 톱니바퀴가 움직이듯 사면에 붙은 모든 하드웨어가 유기적으로 움직이고, 이때 전체 캠이 동시에 움직이게 된다. 손잡이를 돌리면 이 캠이 좌우로 움직여서 앞의 스트라이크와 맞물리며 캠과 스트라이크 수가 많아질수록 기밀이 우수해진다.

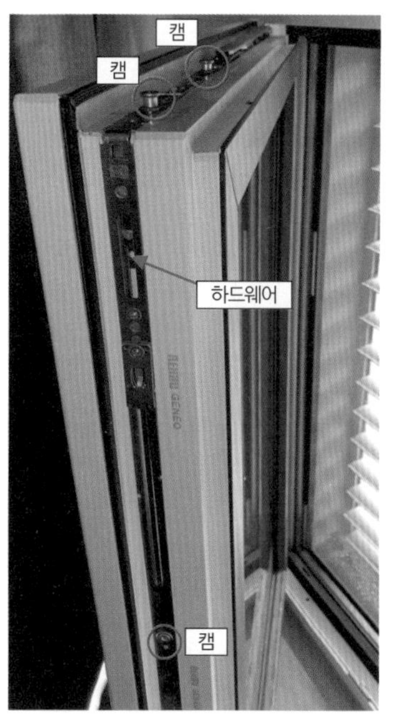

사진 97 창호의 하드웨어

이와 같은 방식으로 Tilt, Turn 및 잠금이 된다. 여기서 맞물리는 위치가 제대로 조정되어 있지 않으면 동작감이 좋지 않거나 기밀에 문제가 생길 수도 있는데, 하드웨어 중 어느 하나만 문제가 있어도 개폐에 문제가 생긴다.

창호에 사용되는 하드웨어는 사진 98과 같이 손잡이, 힌지, 스테이 암, 롤러, 캠, 스트라이커, 래치, 멀티락 등 부품들이 다양하게 사용된다.

손잡이는 창호의 작동에 중요한 기능을 제공하는 동시에 창호를 세련되게 만들고 힌지, 스테이 암, 롤러 등은 겉에서는 보이지 않지만 창호의 작동에 핵심적인 기능을 발휘하는 중요한 부품들이다. 힌지나 스테이 암, 롤러 등이 올바르게 작동되지 않을 경우에는 창호가 처지는 등의 문제가 발생할 수 있으며, 결국엔 창호의 수명을 단축시킨다.

창호 개폐 시에는 손잡이 작동이 너무 쉽게 되지는 않는지, 아니면 너무 버겁게 되는지, 작은 힘만으로도 창호가 부드럽게 열리는지, 열고 닫을 때 4면 중 어느 한 부분에서 간섭이 발생되는 부분은 없는지, 문틀과 열리는 문짝의 위아래 간격이 동일한지 등을 항상 신경 써야 한다. 혹시 의심스러운 부분이 있을 경우에는 창문을 닫은 채 해당 부위에 손가락 끝이나 얼굴 부위를 가까이 가져가보던가, 라이터를 켜서 바람이 새는지를 확인해 보아야 한다.

추운 날씨에서는 문제가 있는 부분을 더 쉽게 찾을 수 있는데, 이 경우에는 어느 부분을 어떻게 조정할 것인지를 머릿속으로 정교하게 계산한 후 오후 2~3시경의 가장 따뜻한 시간대를 이용해 짧은 시간에 미세조정을 끝내는 것이 유리하다.

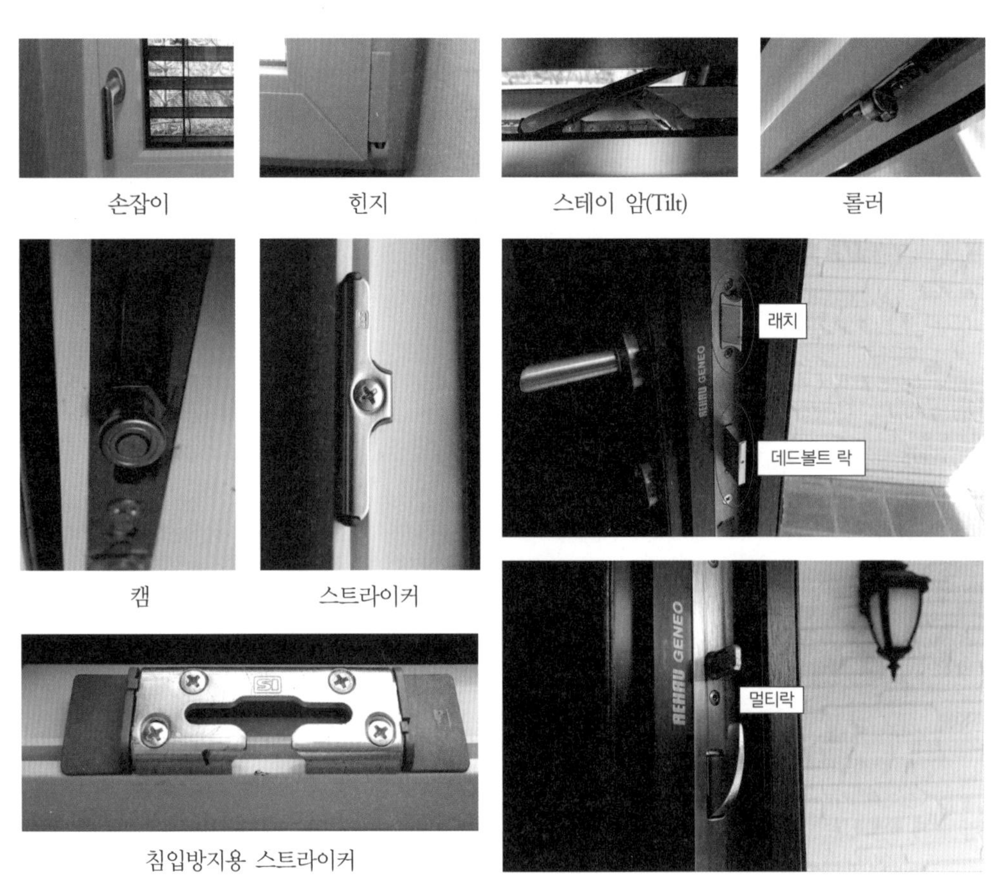

사진 98 창호 하드웨어를 구성하고 있는 주요 부품

창호 미세조정을 위한 공구로는 사진 99와 같이 육각렌치, 별렌치 및 스페너 등이 있다. 이들 공구는 공구상가나 인터넷쇼핑몰에서 저렴하게 구입할 수 있는데, 창호 브랜드별로 규격에 맞는 해당 기구를 구입해서 활용하면 된다.

육각렌치

별렌치

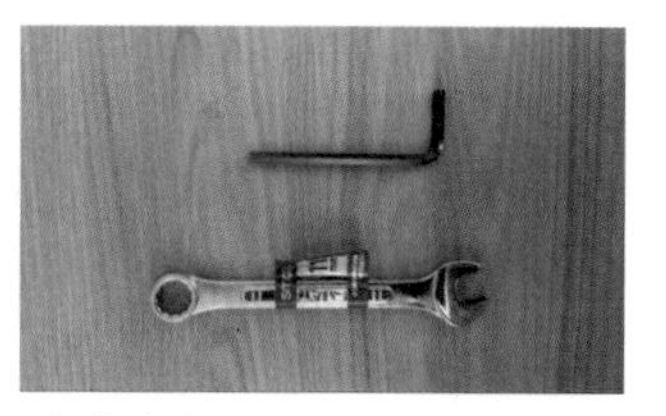
육각렌치(4mm), 스페너 11mm

사진 99 창호 미세조정에 사용되는 공구

다음은 창호에 간섭이 생겼을 때 미세조정하는 방법을 도담패시브하우스에 설치된 창호를 기준으로 T/T(Tilt & Turn)창과 T/O(Tilt Only)창의 개폐방식별로 구분하여 설명한 것이다.

T/T(Tilt & Turn)창의 미세조정

T/T창에 간섭현상이 발생했을 경우 간섭 발생 위치별 조정방법은 다음 사진 100에서와 같이 미세조정 '1~4'까지의 부품을 조정해서 간섭되는 위치에 따라 크게 3가지 방법으로 해결할 수 있다.

첫 번째 방법은 높이조정(hight adjustment)으로 창을 들어 올리거나 내리는 것(미세조정 '2')이고, 두 번째는 횡방향 조정(side adjustment)으로 힌지 쪽을 기준으로 창을 밀거나 당기는 방법(미세조정 '1' 또는 '3')이며, 세 번째는 기밀조정(compression adjustment)으로 위의 두 가지 방법을 다했는데도 기밀에 문제가 있을 경우인데, 이때에는 해당 부위의 캠을 필요한 방향으로 조금씩 돌려서 조정하는 방법(미세조정 '4')이다.

간섭부위별 세부적인 조정방법은 다음 표 32와 같다.

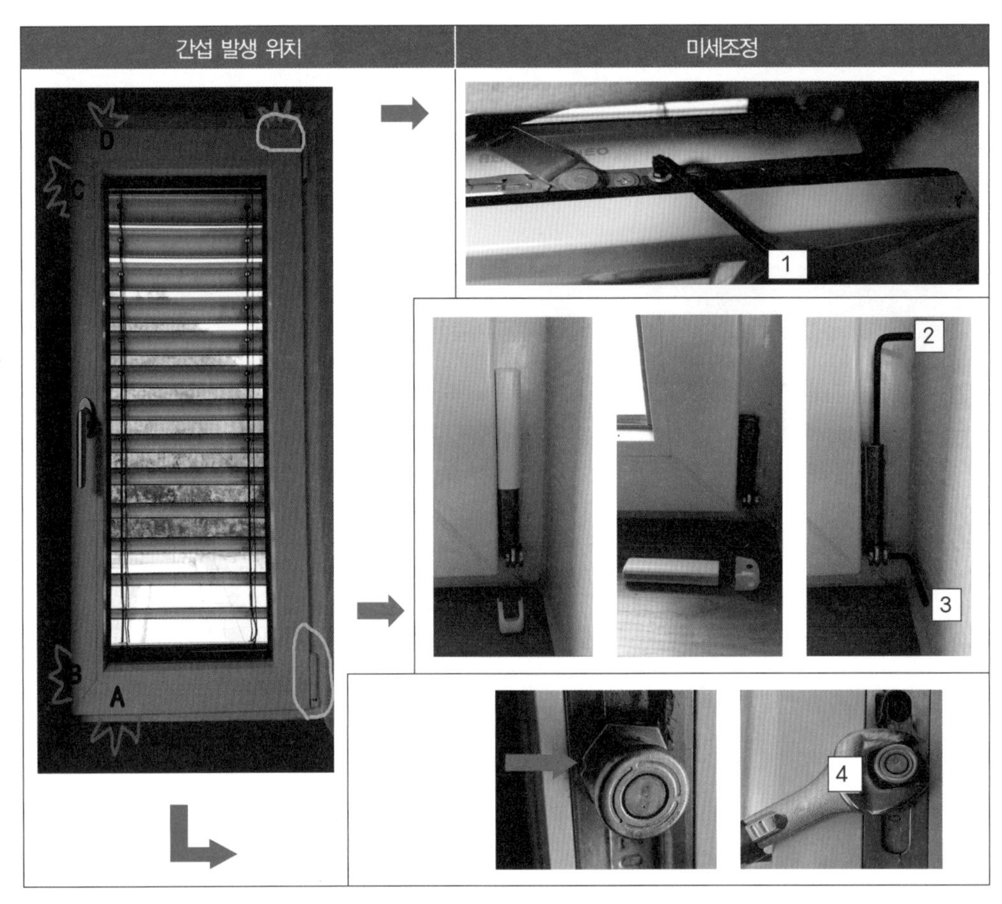

사진 100 T/T창의 간섭위치별 조정방법

표 32 시스템 창호(Tilt & Turn)의 간섭부위별 세부 조정방법

구분		세부 조정방법
높이 조정 (hight adjustment)	A	A만 간섭될 경우 미세조정 '2'로 창을 들어 올림
	D, E	D 또는 E, 혹은 둘 다 간섭될 경우 미세조정 '2'로 창을 내림
횡방향 조정 (side adjustment)	A, C	A 또는 C, 혹은 둘 다 간섭될 경우 미세조정 '1'로 창을 힌지 쪽으로 당김 (그래도 안 될 경우 미세조정 '3'으로 창을 힌지 반대쪽으로 밀어냄)
	B, D	B 또는 D, 혹은 둘 다 간섭될 경우 미세조정 '1'로 창을 힌지 반대쪽으로 밀어냄(그래도 안 될 경우 미세조정 '3'으로 창을 힌지 쪽으로 당김)
	A	A만 간섭이 생겼지만 미세조정 '2'로 안 될 경우에는 미세조정 '1'로 창을 힌지 쪽으로 당김
	D	D만 간섭이 생겼지만 미세조정 '2'로 안 될 경우에는 미세조정 '1'로 창을 힌지 반대쪽으로 밀어냄
기밀 조정 (compression adjustment)	A~E	기밀이 문제가 되는 위치에서 미세조정 '4'로 가장 근접위치에 있는 캠을 실내 쪽으로 이동시킴(규격에 맞는 스패너나 육각렌치를 이용해 캠이 움직이는 방향을 탐색하고, 필요한 방향으로 조금씩 돌려 조정함)

T/O(Tilt Only)창의 미세조정

틸트(Tilt)창에서 간섭이 생겼을 경우에는 우선적으로 창호 상단에서 틸트 기능을 유지시키는 스테이 암을 풀어 창을 내린 후 각각의 힌지 안쪽에 있는 조절 부분에 육각렌치를 이용해서 조정해야 한다. 이때 조심해야 할 사항은 삼중창의 경우 무게가 무겁기 때문에 절대로 혼자 하지 말고, 창문을 받쳐줄 수 있는 사람이 있어야 한다는 점이다.

스테이 암의 해체는 창을 틸트로 열어놓은 상태에서 다음 사진 101과 같이 스테이암에 있는 손잡이를 돌려 고정된 힌지에서 분리(①→②→③)하면 되는데, 스테이 암이 해체됨과 동시에 창문이 열리면서 젖혀지기 때문에 이를 제대로 받혀주지 않으면 무거운 삼중유리 창문이 힌지에 매달린 상태로 뒤로 넘어지면서 유리나 힌지가 파손되거나 심할 경우에는 창호 프레임까지 손상을 입을 수 있으니 각별히 주의하여야 한다.

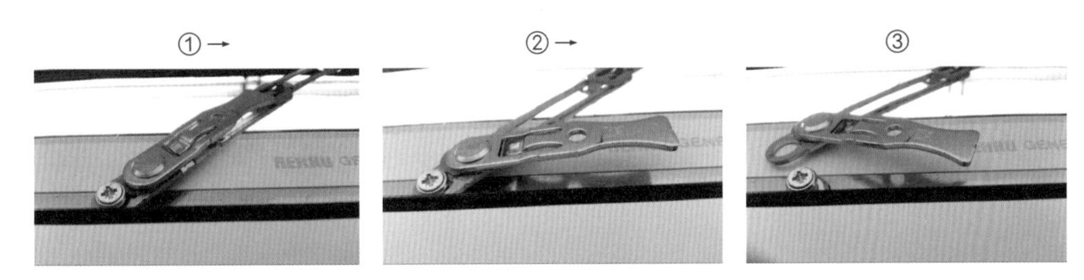

사진 101 T/O창에서 스테이 암 해체방법

스테이 암을 해체한 후에는 간섭 발생 부위에 따라 사진 102에서와 같이 캠과 힌지만을 이용해 조정하면 된다. 사진에서와 같이 T/O창에서는 간섭되는 위치에 따라 크게 두 가지 방법으로 조정할 수 있다.

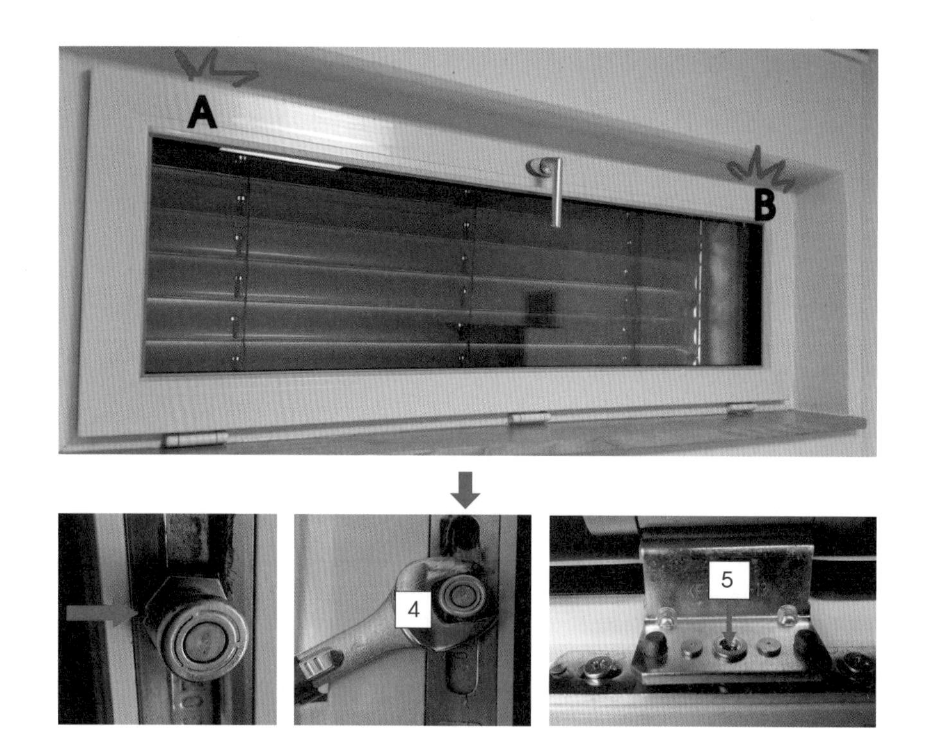

사진 102 T/O창의 간섭위치별 조정방법

첫 번째 방법은 높이조정(hight adjustment)으로 힌지를 이용해 창을 들어 올리거나 내리는 것(미세조정 '5')이고, 두 번째는 기밀조정(compression adjustment)으로 높이를 조정했는데도 기밀에 문제가 있을 경우 해당 부위의 캠을 필요한 방향으로 조금씩 돌려서 조정하는 방법(미세조정 '4')으로, 간섭부위별 세부 조정방법을 보면 다음 표 33과 같다.

표 33 시스템 창호(Tilt Only)의 간섭부위별 세부 조정방법

구분		세부 조정방법
높이 조정 (hight adjustment)	A	A만 간섭될 경우 미세조정 '5'로 좌측 힌지를 내림
	B	B만 간섭될 경우 우측 힌지를 내림
	A, B	A, B 또는 중간 부분이 간섭될 경우 좌우 또는 중간힌지를 적당하게 내림
기밀 조정 (compression adjustment)	A, B	기밀이 문제가 되는 위치에서 가장 근접위치에 있는 캠을 실내 쪽으로 이동시킴(규격에 맞는 스페너나 육각렌치를 이용해 캠이 움직이는 방향을 탐색하고, 필요한 방향으로 조금씩 돌려 조정함)

창호 조정 시 주의할 점은 너무 과도하게 조정할 경우 반대방향에 간섭이 생길 수 있다는 점이다. 따라서 조금씩 조정해나가는 상태에서 조심조심 문을 열고 닫으면서 다른 곳에 지장 없이 문제가 해결되고 있는지를 확인하면서 진행해야 한다.

(2) 현관문의 주요 구성요소와 조작

현관문의 구성설비

독일에서 수입한 패시브하우스 전용 현관문에는 5개의 중요한 기능[39]이 부착되어 있다. 물론 현관문을 제작하는 제작사에 따라 또는 같은 제작사라 하더라도 어떠한 구성부품을 사용하느냐에 따라 현관문을 작동하는 구성요소에 대한 각각의 기능과 조작방법이 상이 할 수 있다.

도담패시브하우스에 설치된 패시브하우스 전용 현관문은 외부기온이 영하 15°C의 맹추위가 지속되는 혹한기에서도 실내 측 표면온도가 사진 103과 같이 약 18°C 이상[40]을 유지할 정도로 열관류율(원자재의 열관류율 : 0.47W/m^{2}k)과 기밀성능 면에서 220mm 단열재로 둘러싸인 벽체 내부온도와 비슷할 정도의 단열효과를 나타낸다.

현관문 자체가 이렇게 우수한 성능을 발휘할 수 있는 데에는 현관문이 갖고 있는 열관류율의 우수성뿐만 아니라, 높은 기밀성을 유지할 수 있

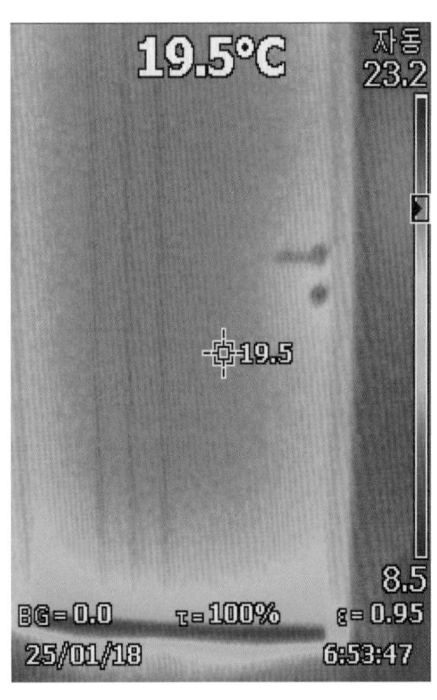

사진 103 혹한기 현관문 내부온도(2018.1.25. 06 : 53, 외기온도 영하 15°C)

39 ① 조정기능(높이조정=hight adjustment, 횡방향 조정=side adjustment, 기밀조정=compression adjustment)이 있는 힌지, ② 기밀유지 및 완벽한 방범이 가능한 전기·기계적인 잠금기능, ③ 다양한 잠금으로 전환할 수 있는 메뉴 LED 버튼기능, ④ 문이 잠겼을 때 multi-point lock을 잠김 위치에서 움직이지 않도록 하는 자석센서(magnetic sensor)와 자석(magnet)기능, ⑤ 외부 잠금 해제장치(스마트폰 앱 등)와 연결기능.

40 하부문틀(청색) 측정온도인 8.5°C는 기밀상의 문제가 아닌, 문틀 재질상의 문제임.

는 힌지와 전기·기계적 작동장치(electro-mechanical system)가 상호 복합작용을 하고 있기 때문으로 판단된다.

전기·기계적 잠금장치는 보안성능 면에서도 매우 중요한 기능이 있는데, 이를 전기적으로 연결하는 방법은 물론이고, 제어하는 메뉴 LED 버튼 및 자석센서(magnetic sensor)에 대한 부분과 기밀유지를 위한 힌지의 조절방법에 대해서 독일창호를 전문으로 설치하는 일부 업체조차도 이를 정확히 이해하지 못한 상태에서 단순히 설치만 해준다는 데 문제가 있다.

그러다 보니 기밀과 단열면에서 아주 우수한 성능과 다양한 첨단 기능을 갖고 있는 독일산 현관문이 혹한기에 열이 새는 현상이 발생하는가 하면 잠금장치가 전기·기계적으로 작동하지 못한 채 기밀과 방범에도 취약한 상태로 방치되고, 스마트폰 앱으로 쉽게 열 수 있는데도 힘들게 열쇠만으로 여닫는 문제를 갖는 것이다.

비전문가인 건축주는 이러한 내용을 전혀 모르고, 독일식 현관문이 원래 그런 것으로만 여긴 채 생활하고 있으니 어처구니없는 일이 아닐 수 없다.

필자 역시 이사 와서 두 달 동안을 열쇠만으로 열고 닫는 생활을 하였고, 그러면서 '열쇠가 부러지면 어떻게 하지?', '열쇠를 잃어버리거나 집 안에 두고 나오면 어떻게 들어가지?' 하는 걱정 아닌 걱정을 하며 지냈다.

그러다가 세종시 외부기온이 영하 15℃를 넘나드는 맹추위가 지속되었던 2018년 1월 중순, 열화상카메라를 이용한 열교·기밀상태를 점검하던 중 문과 문틀이 만나는 상부코너에서 침기현상이 발생하는 것을 확인하였고, 그 원인을 찾는 과정에서 현관문의 힌지가 특수하게 생겼다는 점과 현관문 좌우 측면에 붙어 있는 전기·기계적인 장치와 자석의 기능을 모른 채 사용하고 있었고, 이들이 복합적으로 제 기능을 발휘하지 못하고 있었다는 사실을 파악하게 되었다.

도담패시브하우스에 설치된 현관문은 사진 104와 같이 문과 문틀(frame)을 연결하는 4개의 힌지가 있고, 힌지 중간 부근의 문과 문틀에 전기·기계적인 잠금장치를 연결하는

clamps(pin jack)가 있으며, 문 손잡이 부근 프레임에는 multi-point lock, Latch, dead bolt lock 등의 잠금장치와 자석센서, 상태표시등(LED)이 있으면서 자석센서와 동일 위치의 문틀에 자석이 매입되어 있다.

그런데 이러한 부분들이 매뉴얼대로 설치되어 있지 않다 보니 열이 새어나가고 있었고, 힘들게 열쇠로만 여닫는 생활을 하면서 방범에 취약한 상태로 노출되어 있었다.

이후에 매뉴얼 원본을 입수해서 조정 작업을 마무리하였으며, 그중에서 중요한 부분인 '힌지조정방법', '전기·기계적 작동장치(electro-mechanical system) 연결방법', '다양한 잠금 기능으로 전환할 수 있는 메뉴 LED 버튼'의 3개 분야를 정리하면 다음과 같다.

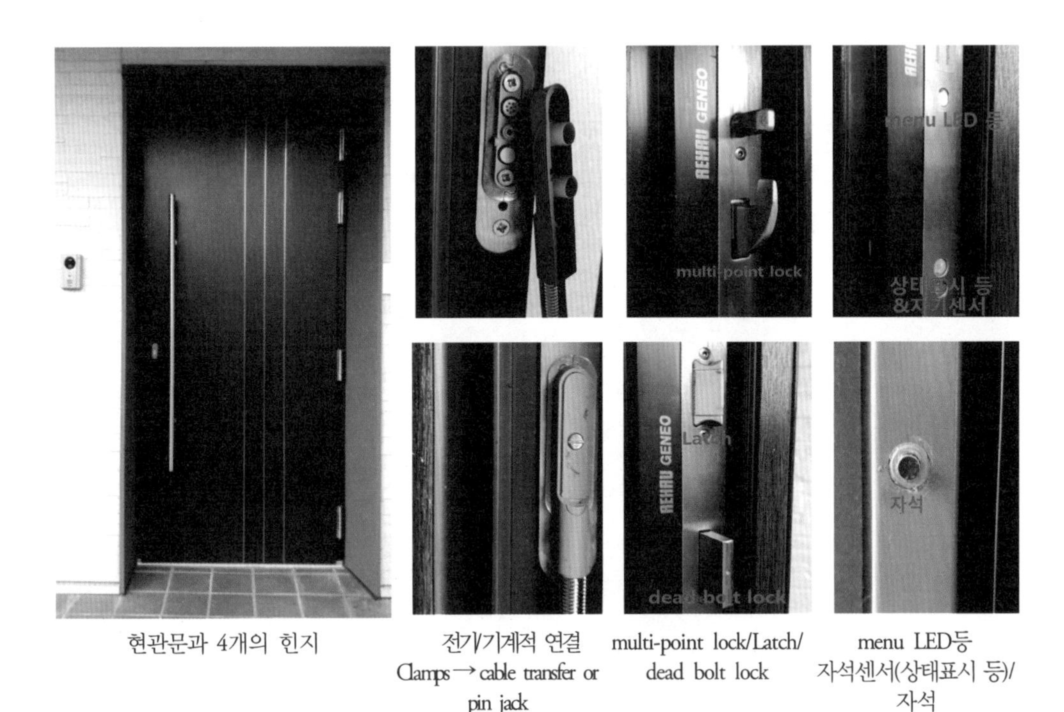

현관문과 4개의 힌지 | 전기/기계적 연결 Clamps → cable transfer or pin jack | multi-point lock/Latch/ dead bolt lock | menu LED등 자석센서(상태표시 등)/ 자석

사진 104 도담패시브하우스 현관문의 주요 구성부품

힌지조정방법

현관문의 힌지는 <u>3가지 조정기능</u>(높이조정=hight adjustment, 횡방향 조정=side adjustment, 기밀조정=compression adjustment)이 있다.

3가지 조정이 제대로 되었을 경우에 한해 기밀에 문제가 발생되지 않으며, 자석센서가 자석(프레임에 고정되어 있음)을 감지할 수 있는 허용범위 내에 들어올 수 있어 multi-point lock을 정상적으로 작동시킬 수 있다.

현관문 힌지의 조정에는 육각렌치와 별렌치(높이조정 : 육각렌치, 기밀/횡방향 조정 : 별렌치)가 필요하며, 조정방법을 쉽게 알 수 있도록 필자는 사진 105와 같이 힌지에 유성펜으로 조정방법을 표기해놓고 필요시 즉시 조정하고 있다.

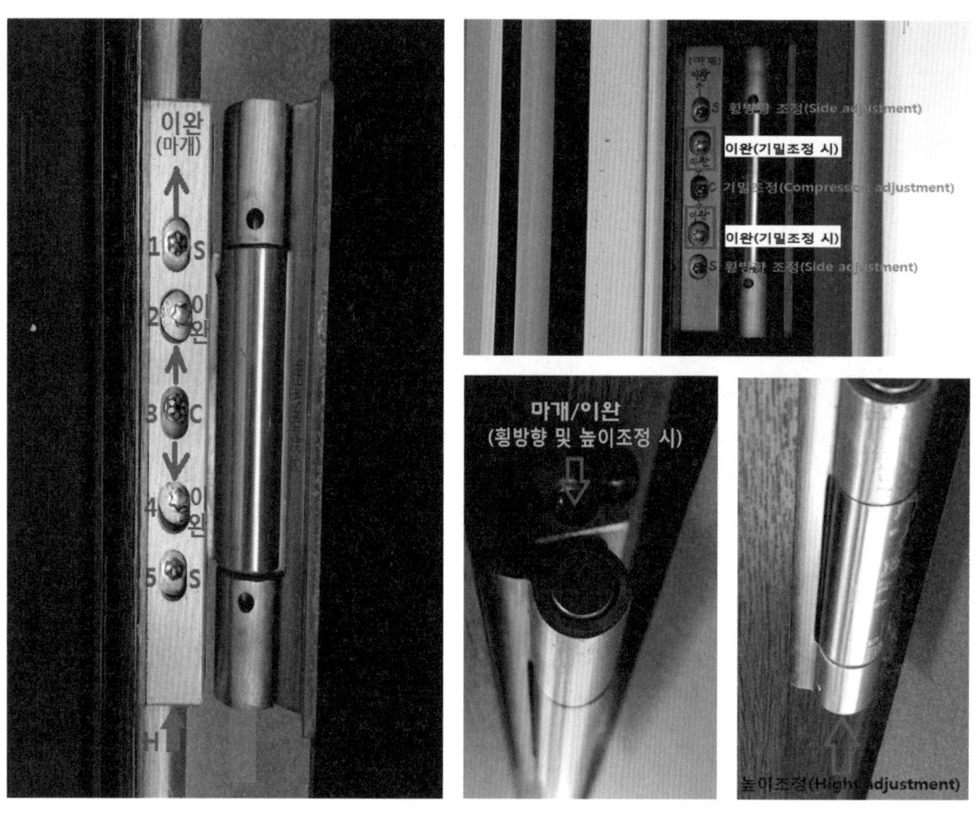

사진 105 현관문 힌지 조정방법 표기(예)

앞의 사진에서 'C'는 기밀조정, 'S'는 횡방향 조정, 'H'는 높이조정을 의미하고 문을 닫은 상태에서 힌지 뒷면 상부의 마개를 빼낸 후 별렌치를 이용해 이완시키면 횡방향과 높이조정을 할 수 있으며, 힌지 아래 부분에서는 높이를 조정할 수 있다. 이 내용을 좀 더 세부적으로 설명하면 그림 76과 같고 제작사별 힌지구조와 조정방법에 차이가 있을 수 있음을 감안해야 한다.

높이조정(hight adjustment)

1. 힌지 상하부 마개를 빼냄
2. 고정나사를 반시계방향으로 돌려 이완시킴
3. 하부 나사를 돌려 높이를 조정함(시계방향 : 내림, 반시계방향 : 올림)
4. 고정나사를 시계방향으로 돌려 고정시킴
5. 상하부 마개를 끼움

※ 높이 조정에는 육각렌치 사용

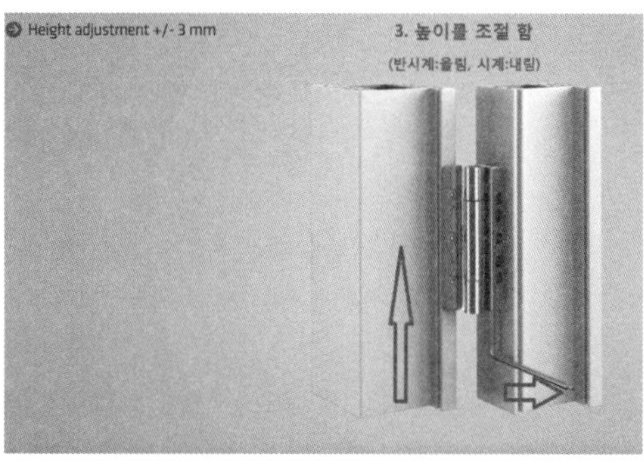

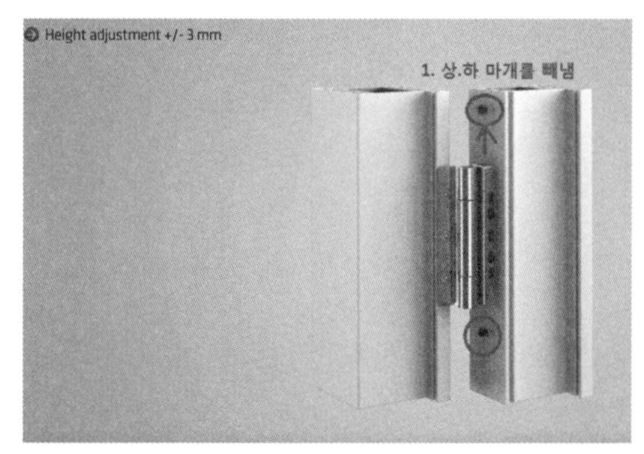

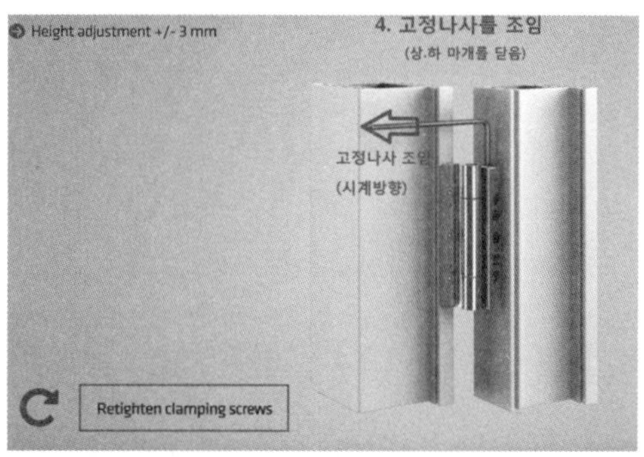

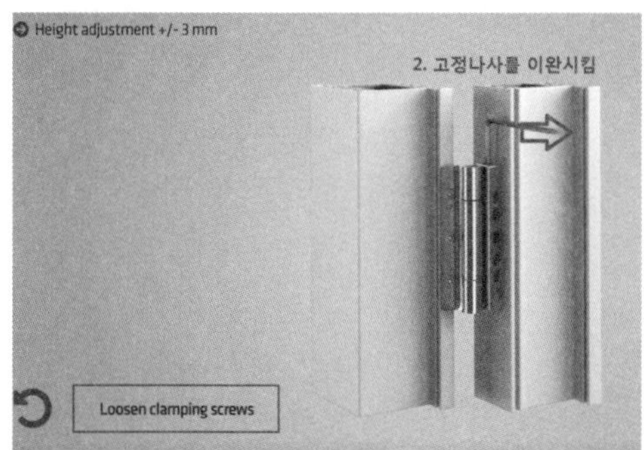

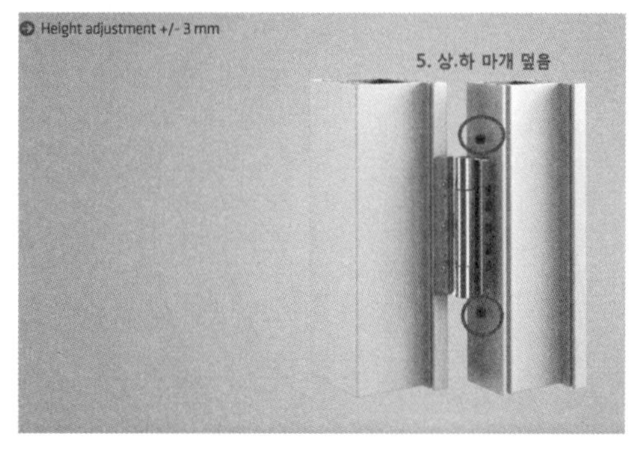

그림 76 현관문 힌지의 조정방법

기밀 조정(compression adjustment)

1. 고정나사(2, 4번 나사)를 반시계방향으로 돌려 이완시킴
2. 3번 나사(중앙)를 돌려 기밀을 조정함(시계방향 : 벌어짐, 반시계방향 : 조여짐)
3. 고정나사를 시계방향으로 돌려 고정시킴

※ 조정에는 별렌치 사용

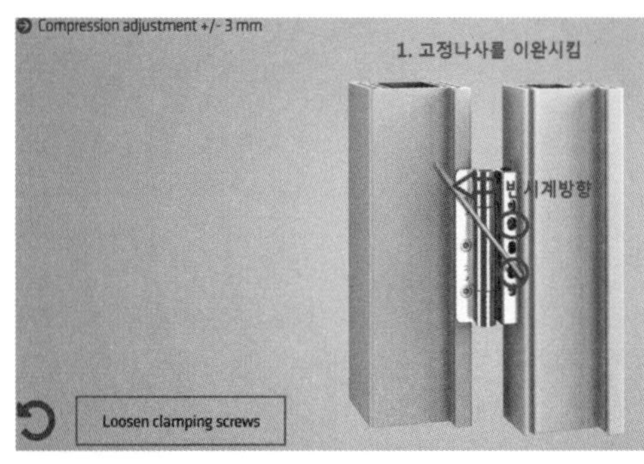

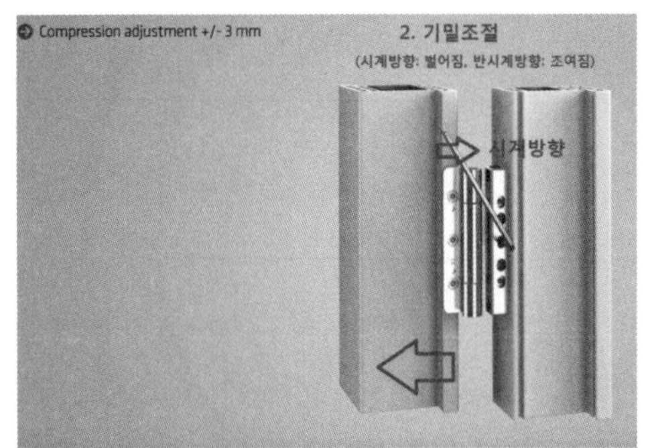

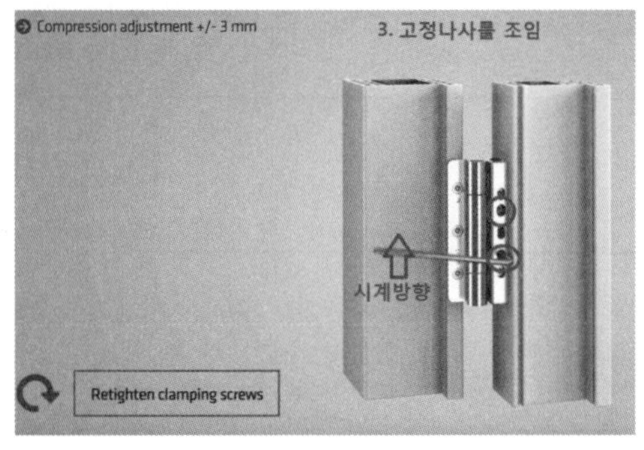

횡방향 조정(side adjustment)

1. 힌지 상하부의 마개를 빼냄
2. 고정나사를 반시계방향으로 돌려 이완시킴
3. 1, 5번 나사를 돌려 횡방향 조정을 함(이 경우 1번과 5번을 동일한 양으로 돌려야 함)
4. 고정나사를 시계방향으로 돌려 고정시킴
5. 상하부 마개를 끼움

※ 조정에는 육각렌치와 별렌치 사용

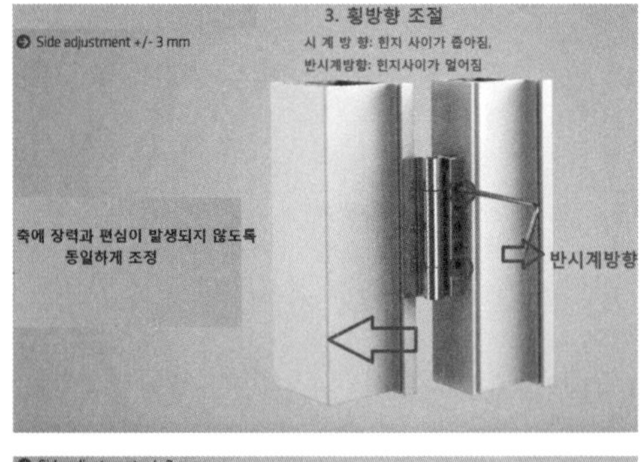

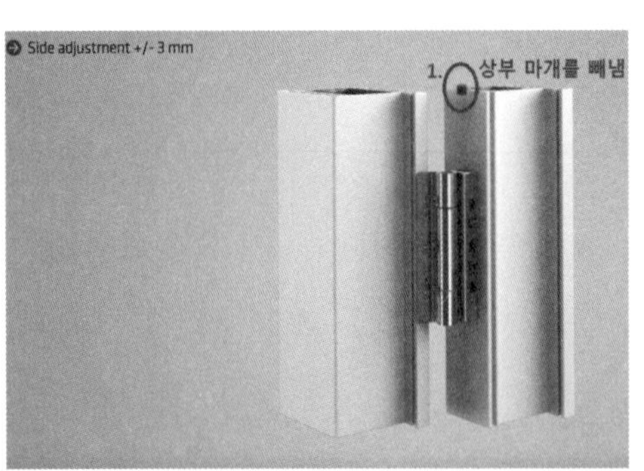

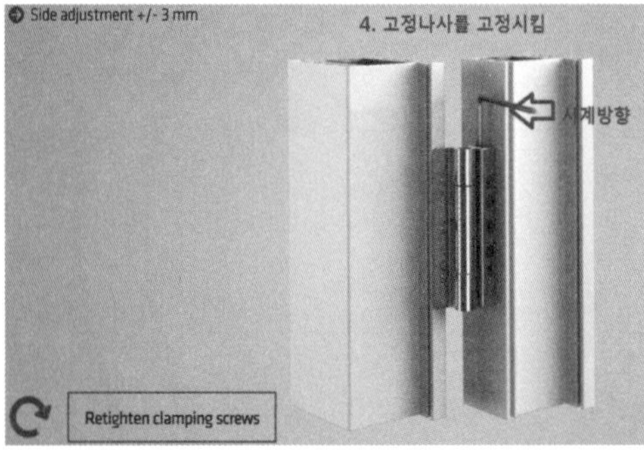

그림 76 현관문 힌지의 조정방법(계속)

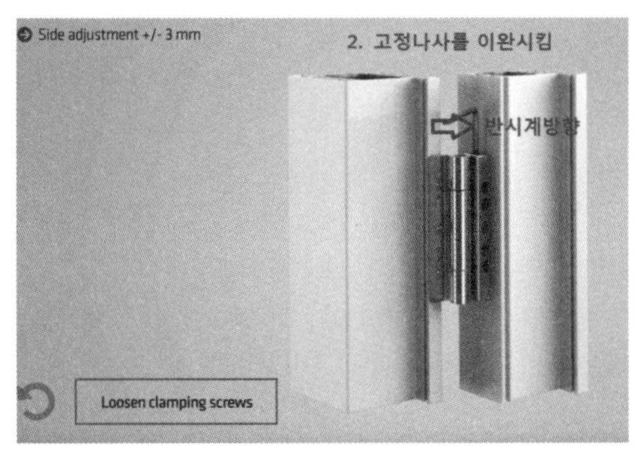

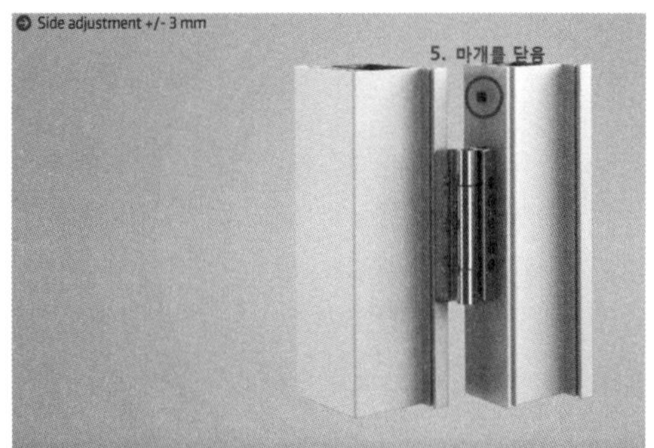

그림 76 현관문 힌지의 조정방법(계속)

전기·기계적 작동장치(electro-mechanical system) 연결방법

도담패시브하우스 현관문에 설치되어 있는 전기·기계적인 작동장치는 독일 KFV社의 'GENIUS lock type A'으로 문의 내부구조는 그림 77과 같다.

이 그림에서와 같이 힌지 쪽 문틀(frame)에 Power Supply(adaptor)가 내장되어 있고, 이곳에서 115~230V(AC)의 외부전원을 연결하는 케이블이 밖으로 나와 있다.

외부전원 연결 케이블에 전원을 공급하면 24V의 직류(DC)가 생산되어 문 속의 내장모터로 인입되고, 문을 닫았을 때 문에 있는 자석센서(magnetic sensor)가 문틀의 자석(magnet)을 감지하면서 모든 도어락(door lock)을 구동시킨다.

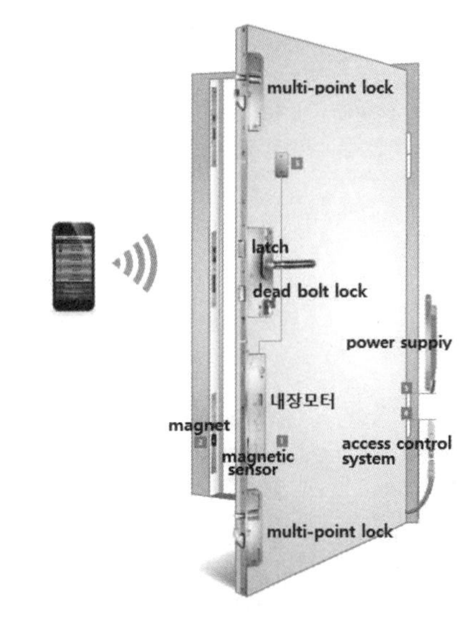

그림 77 도담패시브하우스 현관문 내부구조

내장모터에는 외부 잠금 해제장치와 연결할 수 있는 UTP 케이블이 별도 나와 있는데, UTP 케이블을 통해 외부의 잠금 해제장치에서 7.0V(DC) 이상의 직류전원을 공급(> 1sec)하면 잠금(lock)을 해제시켜 문이 열리며, 직류전원이 차단(< 4V)될 때 자동으로 잠금을 작동시킴으로써 문을 잠근 상태로 유지한다. 즉, 외부전원이 공급되고, 문이 닫혀 있는 상태에서는 잠금 상태가 유지되는데, 이때 자석 센서(magnetic sensor)와 자석이 multi-point lock을 잠김 위치에서 움직이지 않도록 고정하는 역할을 함으로써 완벽한 기밀(氣密)과 방범 및 보안을 유지할 수 있게 해준다.

문틀 속의 Power Supply(adaptor)에서 생산되는 24V의 직류전원과 외부의 잠금 해제장치에서 연결되는 직류(> 7V)신호는 cable transfer(연결 clamps 혹은 pinjack)에 의해 문 속에 있는 구동모터(내장모터)로 전달되는데, 이를 위한 외부전원(115~230V(AC)) 및 외부의 잠금 해제장치의 연결방법은 사진 106과 같다.

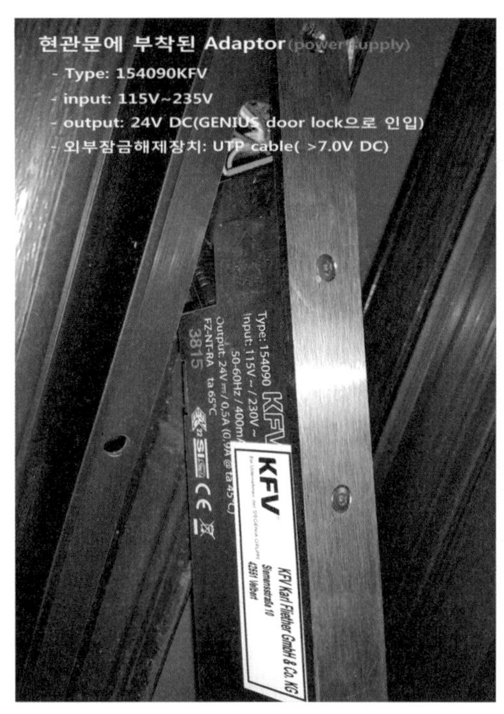

문틀 속에 내장되어 있는 어댑터(power supply)

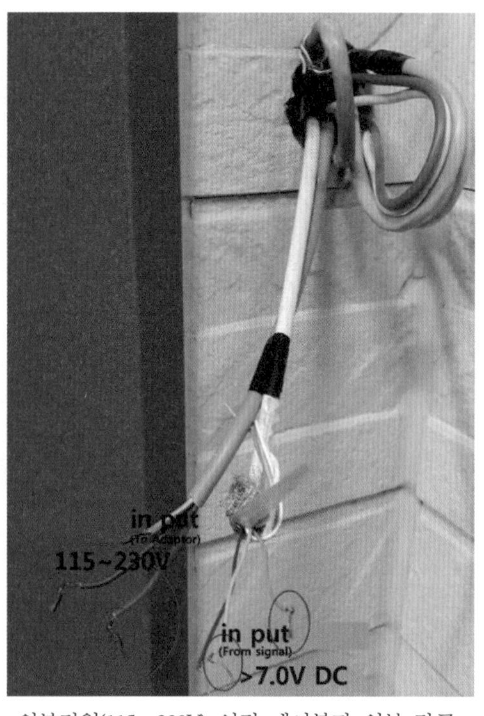

외부전원(115~230V) 연결 케이블과 외부 잠금 해제장치와 연결되는 UTP 케이블

사진 106 현관문 속의 Adaptor와 외부전원/잠금해제 장치의 연결방법

다양한 잠금 기능으로 전환할 수 있는 메뉴 LED 버튼

현관문 측면(손잡이 부분)에는 사진 107과 같이 잠금 기능을 다양하게 설정할 수 있는 'menu LED등(燈)'과 전기·기계적 작동상태의 정상 여부를 확인할 수 있는 '상태표시등(燈)'이 부착되어 있다.

상태표시등은 자기센서의 기능도 겸하는데, 문을 닫았을 때 프레임 측면의 자석을 감지하여 모든 잠금(lock)을 잠금 위치로 작동시키며, 특히 multi-point lock을 잠김 위치에서 움직이지 않도록 고정하는 역할을 한다.

현관문 측면의 'menu LED등'과 '상태표시등'　　프레임 측면에 매입되어 있는 자석

사진 107 현관문 측면의 'menu LED등'과 '상태표시등' 및 프레임 측면의 자석

'menu LED등'은 3가지 sequence로 누름(three holding times : 8sec, 3sec, 1sec)으로써 다른 기능으로 들어갈 수 있고, '상태표시등'은 전기·기계적인 잠금 상태의 이상 여부를 표시해주는 기능을 한다.

프레임 측면에 매입되어 있는 자석은 문을 닫았을 때 자기센서가 자석을 감지하여 모든 Lock을 잠금 위치로 작동시키고, multi-point lock을 잠김 위치에서 움직이지 않도록 고정하는 역할을 하는데, 힌지 조정불량으로 도어와 프레임 사이의 간격이 너무 커 자석과 자기센서가 허용공차범위(3.5mm±1.5mm)를 벗어나거나, 자석높이가 허용범위(±3mm) 밖일 경우에는 자기센서가 자석을 감지하지 못하여 multi-point lock이 잠금 위치로 이동하지 못하게 된다.

menu LED등은 크게 5개의 기능을 갖고 있는데, 실생활에 필요한 2개의 주요 기능 및 작동방법을 요약하면 다음 표 34와 같다.

표 34 현관문 menu LED등의 주요 기능(도담패시브하우스 현관문 사례)

구분	기능	작동방법(요약)
Day mode, Night mode	• Day mode : - day mode에서는 latch기능만 사용되며, 문을 닫았을 때 방범이 가능할 정도로 완벽하게 잠기지 않음 - 낮 동안 빈번히 사용할 때 편리함 • Night mode : - night mode에서는 문을 닫았을 때 multi-point lock을 포함한 모든 lock이 자동으로 잠김 - 밤에 취침 시 등 방범 및 보안이 필요할 때 사용함	menu LED등을 한 번씩 누를 때마다 Day/Night mode로 각각 전환된다. • Day mode : LED등 흰색 • Night mode : LED등 청색
버저(buzzer) 볼륨 설정	• buzzer는 opening process 시 또는 오작동 시 음향으로 알려줌 • opening process 시 소리크기는 0~100%까지 25% 간격으로 5단계로 적용할 수 있고, 오작동 시 소리크기는 미리 설정되어 있음	menu LED등을 8초간 누름→menu LED등이 자홍색으로 바뀜→menu LED등을 3초간 누름→buzzer volume 조정검색(1초씩 누를 때마다 100%에서 25%씩 감소됨) • 100% : 자홍색, 흰색 교대점멸 • 75% : 자홍색, 검정색 점멸 • 50% : 자홍색, 오렌지색 점멸 • 25% : 자홍색, 적색 점멸 • 0% : 자홍색, 청록색 점멸 → 원하는 소리크기에서 3초간 눌러 저장함(공장 출고 시 기본값 50%)

4.5 외부차양(EVB) 슬랫 조절 및 청소

여름철 패시브하우스에서 외부차양의 중요성은 **'2.3 패시브하우스 관련 적용 기술요소/5. 외부차양(EVB) 설치'**에서 언급한 바와 같고, 이러한 외부차양이 제 기능을 발휘하려면 다음 사항에 대한 관리도 필요하다.

(1) 외부차양(EVB) 슬랫 조절
(2) 외부차양(EVB) 청소

(1) 외부차양 슬랫 조절

여름/겨울철 슬랫 조절

여름철 태양에너지의 70%가 창문을 통해 실내로 유입되며, 창문을 통해 들어온 햇볕(일사에너지, 단파)은 장파로 바뀌어 밖으로 나가지 못하고 돌고 돌아 내부를 온실처럼 뜨끈뜨끈하게 데우는데, 그래서 패시브하우스에서는 단열과 기밀 외에도 에너지절약을 위해 외부차양장치(EVB)를 필수로 설치함으로써 여름철에는 창문을 통해 유입되는 태양열을 근본적으로 차단하고, 겨울철에는 보다 많은 일사에너지를 실내로 유입시켜 냉난방 부하를 크게 절약할 수 있게 하고 있다.

슬랫의 각도를 어느 정도로 유지시키는 것이 좋은지에 대해서는 겨울철에는 사진 108

사진 108 겨울철 슬랫 조절(태양의 고도에 맞춤)

과 같이 낮 동안에 최대한으로 일사에너지를 실내로 유입시켜 축열시킴으로써 밤사이의 난방에너지를 최소화하기 위해 슬랫의 각도를 태양의 고도에 맞추어놓던가, 아니면 외부 차양 전체를 올려놓아 실내를 밝은 상태로 유지하는 데 큰 이견이 없다.

그러나 여름철에 실내가 좀 어두워지는 답답함을 피하기 위해 햇볕만 차단하여 그늘만 만들면 된다는 생각으로 슬랫의 각도를 45° 내외로 유지하는 것은 생각해봐야 한다.

이 경우 다음 사진 109와 같이 햇볕은 차단되지만 지면(아스팔트, 콘크리트, 타일, 흙 등)을 통해 들어오는 복사열과 확산광에 의한 에너지가 상당하기 때문이다.

슬랫 각도를 45°로 유지시켜 그늘만 만든 상태(베란다 타일에 의한 확산광과 복사열이 상당함)

석재타일에 의한 확산광이 실내 벽면에 비춰진 상태(벽면 온도가 올라감)
슬랫의 각도를 45°로 유지했을 경우

사진 109 여름철 슬랫의 각도를 45°로 유지했을 경우와 수직으로 했을 경우

슬랫 각도를 수직으로 유지시켜 일사에너지 전면 차단(베란다 타일의 확산광 복사열이 차단됨)

석재타일에 의한 확산광이 차단됨
슬랫의 각도를 수직으로 유지했을 경우

사진 109 여름철 슬랫의 각도를 45°로 유지했을 경우와 수직으로 했을 경우(계속)

따라서 여름철 낮 동안에는 일사에너지를 전면 차단하여 냉방에너지를 최소화할 수 있도록 외부차양 슬랫 각도를 수직방향으로 완전히 내려놓는 것이 유리하다. 다만, 에어컨을 좀 더 가동하더라도 실내가 밝은 것을 원할 경우에는 개인 취향에 따라 적절하게 슬랫 각도를 조절하면 될 것이다.

밤 시간대 슬랫 조절

밤에는 심리적인 안정(방범 및 프라이버시 보호)을 위해 계절에 관계없이 슬랫의 각도를 사진 110과 같이 수직방향으로 내려놓는 것이 유리하다. 특히 겨울철 밤에 슬랫의 각도를 수직방향으로 내려놓을 경우에는 차가운 바람을 차단하는 효과도 있다.

사진 110 야간에 슬랫의 각도를 수직방향으로 내려놓은 상태

환기 시/간절기 슬랫 조절

환기할 때와 일사에너지의 영향을 받지 않는 계절(간절기)에도 사진 111과 같이 외부 차양을 내려놓은 상태에서 슬랫 각도만 수평 또는 적정 각도로 조정함으로써 블라인드를 올리고 내리는 데 필요한 에너지의 낭비를 방지하면서, 전동모터를 포함한 슬랫의 구성부품을 보호하는 것이 유리하다(단 슬랫에 바람으로 인한 영향을 줄 정도의 태풍이 왔을 경우에는 수평으로 놓거나, 올려놓아야 안전함).

환기 시 블라인드를 올리지 않고 슬랫의 각도만 수평으로 유지한 채 바람길만 확보해줌

간절기 블라인드를 올리지 않고 슬랫을 적정 각도로 유지시킴

사진 111 환기 시와 간절기 슬랫 조절

(2) 외부차양 청소

슬랫에 쌓인 먼지는 사진 112와 같이 수도호스를 연결(길이가 긴 호스가 필요함)한 조경용 분사노즐을 이용해 세척하면 쉽게 깨끗해지는데, 이때 창틀과 유리, 방충망도 함께 청소하는 것이 좋다. 다만, 세척 시 커버패널 속의 전동모터를 포함한 배선 등 전기적인 연결부위에 물이 튀지 않게 조심해야 한다. 청소는 의외로 쉽기 때문에 외부차양이 오염되었다고 판단되었을 경우 맑은 날을 이용해 외부차양 조절리모컨을 소지한 채 슬랫을 앞뒤로 뒤집으면서, 또 올려가면서 유리와 방충망까지 세척하면 된다.

① 옥외 수전에 조경용 분사노즐 연결

② 슬랫을 순방향으로 놓고 세척

③ 슬랫을 역방향으로 뒤집어 세척

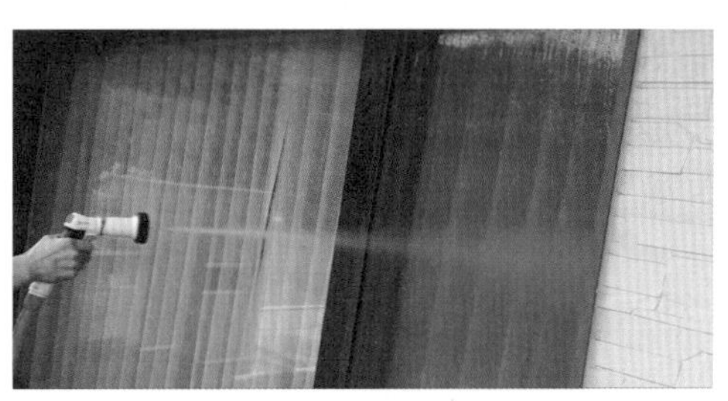

④ 슬랫을 올린 후 방충망 세척

⑤ 방충망 올린 후 유리 세척

⑥ 블라인드 내림(원위치)

사진 112 조경용 분사노즐을 이용한 슬랫 청소순서와 방법

부 록

부 록

I. 열전도율, 열관류율, 열저항

외단열과 내단열을 이해하기 위해서는 열전도율, 열관류율, 열저항의 세 가지 용어에 대한 이해가 필요한데, 이들에 대해 건축 물리적으로 설명하면 다음과 같다.[1]

열전도율이란?

두께가 1m인 재료의 열전달 특성으로 단위는 W/mK 혹은 kcal/mh℃로 표현되며, 여기서 K값 K=℃로 이해할 때 W/mK=W/m℃이고, 서술되는 모든 열량 단위는 와트(W)이다(1W/mK=0.86kcal/mh℃).

두께가 1m보다 줄거나 늘면 열전도율을 두께로 나누어주는데, 그 결과가 열관류율로

1 본문의 내용들은 한국패시브건축협회의 기술자료 내용을 바탕으로 정리한 것임.

표현되며, 열전도율은 단위두께에 대한 열적 특성이기 때문에 모든 재료의 두께가 모두 1m라면 열전도율로만으로 표현이 가능하다.

즉, **열전도율(W/mK)/두께(m) = 열관류율(W/m²K)**이 되고, 숫자가 작을수록 성능은 높다.

성능이 높다는 것은 열이 잘 전달되지 않는다는 의미이고, 열이 잘 전달되지 않다 보니 열을 잘 빼앗기지 않기 때문에 처음의 온도를 더 오래 갖고 있게 된다.

열관류율(U값)이란?

특정 두께를 가진 재료의 열전도 특성이며 U값이라고 표현하고, 단위는 W/m²K이며, 계산방법은 위에서 이야기한 대로 열전도율/두께(m)인데, 주의할 점은 두께의 단위로 미터를 사용한다는 것이다.

이를 단위로 표현하여 약분하면 다음과 같다.

Ⓐ ⓑ ⓒ ⓓ

$$\frac{\frac{W}{mk}}{m} = \frac{\frac{W}{mk}\times(mk)}{m\times(mk)} = \frac{\frac{W}{\not{mk}}\times(\not{mk})}{m\times(mk)} = \frac{W}{m^2k}$$

ⓐ 열전도율 나누기 두께이므로 W/mK÷m이다.

ⓑ 분수의 아래위에 모두 mk를 곱하면

ⓒ 분수가 약분되면서 계산이 쉬워진다.

ⓓ 단위는 결국 W/m²k으로 나타난다.

또는 $\frac{\frac{W}{m\cdot k}}{m} = \frac{\frac{W}{m\cdot k}}{\frac{m}{1}} = \frac{1\times W}{m\cdot k\times m} = \frac{W}{m^2\cdot k}$ 이다.

예를 들어 비드법 1호 두께 10cm인 단열재의 열관류율은 0.034W/mk÷0.1m=0.34W/m^2k가 되며, 열관류율도 숫자가 작을수록 성능이 높은 것이다.

복합재료에 대한 열관류율을 계산하기 위해서는 열저항을 알아야 하고, 벽체에서의 열관류율은 표 I-1의 실내외 표면열전달저항을 고려해야 한다.

열저항(R값)이란?

열저항은 1÷열관류율로 열관류율의 역수이기 때문에 계산은 두께÷열전도율하면 되고, 단위는 m^2K/W이며 R값이라고도 하는데, 이 값은 열관류율을 역산한 것이어서 숫자가 클수록 성능이 높다.

즉, 저항하는 힘이 셀수록 뚫고 지나가기가 어렵기 때문에 열저항 값이 클수록 열의 이동이 어려운 것이며, 처음의 온도를 더 오래 갖고 있음을 의미한다.

복합재료의 열관류율은 각각 재료의 열관류율을 합산하면 안 되고, 열저항의 합계를 구한 후에 역수를 취해야 한다.

$$\frac{\text{두께(m)}}{\text{열전도율}} = \text{열저항}$$

콘크리트 20cm(1.73W/mK)에 비드법 1호 단열재 10cm(0.034W/mK)로 이루어진 벽의 열관류율을 계산하면 다음과 같다.

ⓐ 콘크리트의 열저항=0.2/1.73=0.116

ⓑ 단열재의 열저항=0.1/0.034=2.94

ⓒ 열저항의 합계=0.116+2.94=3.056m^2K/W

ⓓ 전체 열관류율=1/3.056=0.327W/m^2K인 것이다.

패시브주택의 외벽 계산 예

PHI에서 요구하는 패시브주택의 외벽 열관류율은 0.15W/m^{2}K 이하로 되어 있다.

그럼 이 열관류율을 단지 단열재만으로 달성하려면 비드법 1호 단열재 기준으로 두께가 얼마가 되어야 할까?

열전도율÷두께=열관류율이므로, '열전도율÷열관류율=두께'가 된다.

열전도율(W/mK)/열관류율(W/m^{2}K)=두께(m)

그러므로 외벽의 열관류율이 0.15W/m^{2}K이 되기 위해서는 0.034÷0.15=0.226로 비드법 1호 단열재 226mm를 설치해야 열관류율을 만족시킬 수 있다.

단열재를 제외한 콘크리트 등 재료의 열전도율은 높기 때문에 전체 벽체의 열관류율 성능에 큰 도움이 되지 않으므로 계획 설계단계에서 열관류율을 약산할 때는 단열재만으로 계산하는 것이 빠른 방법이다.

표면열전달저항이란?

벽체에서 열이 전달되는 순서를 그림으로 표현하면 표면열전달저항을 이해하기 쉬운데 겨울을 기준으로 한 벽체의 열전달 순서는 그림 I-1과 같다.

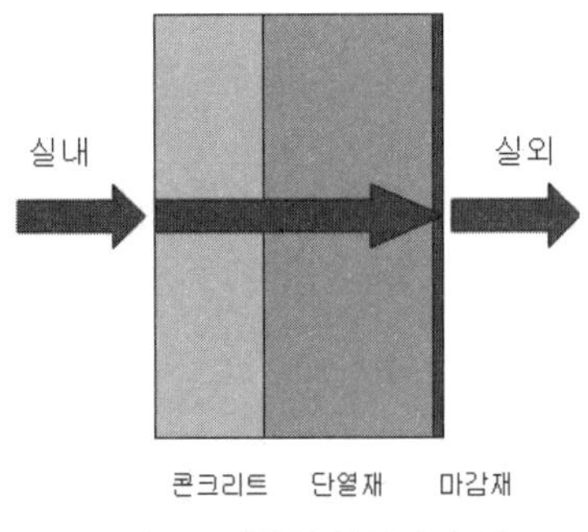

그림 I-1 벽체의 열전달 순서

즉, 실내의 열은 (1) 벽을 뚫고 들어가서 (2) 벽을 통과해서 (3) 벽을 다시 뚫고 나가야 하는데, 여기서 1과 3에서 저항이 생긴다.

1번이 실내표면열전달저항이고, 3번이 외표면열전달저항인데, 벽체 구성의 처음과 끝에서 열을 전달하려는 힘에 대한 저항력이 생기는 것이다.

물체 표면에 가까이 있는 공기는 열저항 요소로 작용하기 때문이다.

이 표면열전달저항의 수치에 대해서는 "건축물의 에너지절약 설계기준"[시행 2014. 9. 1.] [국토교통부고시 제2014-520호, 2014. 9. 1., 일부개정]에 나와 있으며, 벽체 전체의 열관류율을 계산할 때에는 이 실내외표면열전달저항을 반드시 입력해야 한다.

"건축물의 에너지절약 설계기준 [별표 5] 열관류율 계산 시 적용되는 실내 및 실외측 표면 열전달저항" 중 외벽에 대한 내용은 다음 표 I-1과 같다.

표 I-1 열관류율 계산 시 적용되는 실내 및 실외 측 표면 열전달저항

열전달저항 건물 부위	실내표면열전달저항 Ri [단위 : $m^2 \cdot K/W$] (괄호안은 $m^2 \cdot h \cdot °C/kcal$)	실외표면열전달저항 Ro[단위 : $m^2 \cdot K/W$] (괄호 안은 $m^2 \cdot h \cdot °C/kcal$)	
		외기에 간접 면하는 경우	외기에 직접 면하는 경우
거실의 외벽 (측벽 및 창, 문 포함)	0.11(0.13)	0.11 (0.13)	0.043 (0.050)
최하층에 있는 거실 바닥	0.086(0.10)	0.15 (0.17)	0.043 (0.050)
최상층에 있는 거실의 반자 또는 지붕	0.086(0.10)	0.086 (0.10)	0.043 (0.050)
공동주택의 층간 바닥	0.086(0.10)	-	-

출처 : '건축물의 에너지절약 설계기준 [별표 5]

이 표를 보면 벽을 뚫고 들어갈 때의 저항보다 뚫고 나올 때의 저항이 절반 이하인데, 즉 열이 벽을 뚫고 들어가는 것보다 벽에서 빠져나오는 것이 훨씬 쉽다는 것을 알 수 있다.

여기서, 상기 '열저항(R값)'에 표 I-1의 '표면열전달저항값'을 포함시켜 전체 열관류율을 계산해보면 다음과 같고, 전체 열관류율이 약간 낮아졌음을 알 수 있다.

실내표면열전달저항 : $0.11m^2K/W$

ⓐ 콘크리트의 열저항=0.2/1.73=0.116

ⓑ 단열재의 열저항=0.1/0.034=2.94

외표면열전달저항 : $0.043m^2K/W$

ⓒ 열저항의 합계=0.11+0.116+2.94+0.043=$3.209m^2K/W$

ⓓ 전체 열관류율=1/3.209=$0.312W/m^2K$

다음 표 I-2는 단열재에 대한 열전도율이다.

표 I-2 단열재 열전도율

재료		열전도율 (W/mk, at 20°C)	밀도 (kg/m^3)	투습저항계수(μ) (최소/최대)	열용량 (J/kg/k)	근거
압출법보온판	특호	0.027 이하	35			KS
	1호	0.028 이하	30			KS
	2호	0.029 이하	25			KS
	3호	0.031 이하	20			KS
	-	0.035	33	80/200	-	DIN
비드법보온판 1종	1호	0.036 이하	30			KS
	2호	0.037 이하	25			KS
	3호	0.040 이하	20			KS
	4호	0.043 이하	15			KS
	-	0.035	30	20/100	1500	DIN
비드법보온판 2종	1호	0.031 이하	30			KS
	2호	0.032 이하	25			KS
	3호	0.033 이하	20			KS
	4호	0.034 이하	15			KS
	-	0.032	17	20/50	1500	DIN
경질우레탄폼보온판 1종	1호	0.024 이하	45			KS
	2호	0.024 이하	35			KS
	3호	0.026 이하	25			KS

표 I-2 단열재 열전도율(계속)

재료		열전도율 (W/mk, at 20℃)	밀도 (kg/m³)	투습저항계수(μ) (최소/최대)	열용량 (J/kg/k)	근거
경질우레탄폼보온판 2종	1호	0.023 이하	45			KS
	2호	0.023 이하	35			KS
	3호	0.028 이하	25			KS
미네랄울(암면)	펠트	0.038 이하	40~70			KS
	1호	0.037 이하	71-100			KS
	2호	0.036 이하	101~160			KS
	3호	0.038 이하	161~300			KS
	미네랄울	0.036	20	1	850	DIN
	락울	0.036	100	1/2	900	DIN
미네랄보드	-	0.045	115	3	1300	DIN
글라스울	64K	0.035 이하	64			KS
	48K	0.036 이하	48			KS
	32K	0.037 이하	32			KS
	24K	0.038 이하	24			KS
	20K	0.04	20	1/2	830	DIN
무기섬유(암면)뿜칠재	습식, 반습식	0.042 이하	-			KS
페놀폼		0.022	40	35	1000	DIN
종이단열재(셀룰로즈)		0.04	60	1/2	1600	DIN
발포유리단열재	판형	0.04	120	불투과	840	DIN
점토코팅발포유리	자갈형	0.09	300	5/10	1000	DIN
에어로겔		0.021	90	2/3	-	DIN
진공단열재		0.007	205	불투과	900	DIN
양모		0.037	28~35	1	1630	DIN
스트로베일(갈대)		0.06	100	2	2100	DIN
삼베단열재		0.04	36	1/2	1600	DIN
퍼라이트		0.05	90	5	1000	DIN
규산칼슘보드		0.06	220	3/6	-	DIN
코르크		0.05	160	5/10	1800	DIN
목섬유단열재(연질)		0.04	55	5	2100	DIN
목섬유단열재(경질)		0.045	160	3/5	2100	DIN

※ 상기 열전도율 값은 일반적으로 알려진 수치이며, 각 재료의 정확한 열전도율은 각 제품공급사의 시험성적서를 확인할 것

다음 표 I-3은 기타재료에 대한 열전도율이다.

표 I-3 기타재료 열전도율

재료		열전도율 (W/mk, at 20°C)	밀도 (kg/m^3)	투습저항계수(μ) (최소/최대)	열용량 (J/kg/k)	근거
금속계	동	370	8900			KS
	청동(75Cu, 25Sn)	25	8600			KS
	황동(70Cu, 30Zn)	110	8500			KS
	알루미늄/합금	200	2700			KS
	알루미늄호일	160	2700	불투과	896	DIN
	강재	53	7800	불투과	470	KS
	납	34	11400			KS
	아연도금철판	44	7860			KS
	스테인레스강	15	7400			KS
	스테인레스강 V2A	15	7900	불투과	470	DIN
몰탈/콘크리트	시멘트몰탈(1:3)	1.4	2000	15/35	-	KS
	경석고	1.2	2100	15/35	1000	DIN
	석고	0.35	1000	10	1090	DIN
	콘크리트(1:2:4)	1.6	2200			KS
	경량콘크리트	1.3	1800	70/150	1000	DIN
	콘크리트(DIN)	2.0	2400	80/130	950	DIN
	철근 콘크리트(1%)	2.3	2300	80/130	880	DIN
	철근 콘크리트(2%)	2.5	2400	80/130	880	DIN
	KS F4099에 의한 현장타설용 기포콘크리트 0.4폼	0.13	300~400			KS
	KS F4099에 의한 현장타설용 기포콘크리트 0.5폼	0.16	401~500			KS
	KS F4099에 의한 현장타설용 기포 콘크리트 0.6폼	0.19	501~700			KS
	아스팔트테라죠	0.7	2350	44000	920	DIN
	수평몰탈(방통몰탈)	1.4	2000	15/35	1000	DIN
	석회석고몰탈	0.7	1400	10	1100	DIN
	석회몰탈	0.87	1400	10	1000	DIN

표 I-3 기타재료 열전도율(계속)

재료		열전도율 (W/mk, at 20℃)	밀도 (kg/m³)	투습저항계수(μ) (최소/최대)	열용량 (J/kg/k)	근거
몰탈/콘크리트	석회시멘트몰탈	1.0	1800	15/35	1000	DIN
	합성수지몰탈	0.7	1200	50/200	1000	DIN
	실리콘수지몰탈	0.7	1800	20/70	1000	DIN
	황토몰탈	0.8	1700	5/10	1000	DIN
벽돌/타일	시멘트벽돌	0.6	1700			KS
	내화벽돌	0.99	1700~2000			KS
	붉은벽돌	0.96	2000	50/100	1000	DIN
	타일	1.3	-			KS
	콘크리트블록(경량)	0.70 (현장조건 : 1.1)	870			KS
	콘크리트블록(중량)	1.00 (현장조건 : 1.25)	1500			KS
	시멘트블록	0.35	650	5/10	900	DIN
	점토벽돌 700	0.21	700	5/10	1200	DIN
	점토벽돌 1200	0.47	1200	5/10	1200	DIN
	점토벽돌 1500	0.66	1500	5/10	1200	DIN
	점토벽돌 1800	0.91	1800	5/10	1200	DIN
	자기질타일	1.80	-			-
	세라믹타일	1.2	2000	150/300	840	DIN
	짚점토벽돌(700)	0.21	700	5/10	1200	DIN
	짚점토벽돌(1200)	0.47	1200	5/10	1200	DIN
	짚점토벽돌(1800)	0.91	1800	5/10	1200	DIN
	ALC 350	0.09	350	5/10	1000	DIN
	ALC 400	0.1	400	5/10	1000	DIN
	ALC 500	0.12	500	5/10	1000	DIN
석재	대리석	2.8	2600			KS
	화강석	3.3	2700			KS
	화강석(DIN)	2.8	2600	1000	790	DIN
	천연슬레이트	1.5	2300			KS
	현무암	3.5	2850	4000	1000	DIN
	석회사암(1200)	0.56	1200	5/10	1000	DIN
	석회사암(1400)	0.7	1400	5/10	1000	DIN
	석회사암(1600)	0.79	1600	15/25	1000	DIN
	석회사암(1800)	0.99	1800	15/25	1000	DIN
	석회사암(2000)	1.1	2000	15/25	1000	DIN

표 I-3 기타재료 열전도율(계속)

재료		열전도율 (W/mk, at 20°C)	밀도 (kg/m³)	투습저항계수(μ) (최소/최대)	열용량 (J/kg/k)	근거
석재	석회사암(2200)	1.3	2200	15/25	1000	DIN
	석회암	1.4	2000	40	1000	DIN
	사암	2.3	2600	30	710	DIN
	슬레이트석	2.2	2400	800	760	DIN
판재	파티클보드	0.15	400~700			KS
	석고보드(KS)	0.18	700~800			KS
	석고보드(DIN)	0.21	790	8	1000	DIN
	섬유강화석고보드	0.32	1150	13	1100	DIN
	목섬유보드(목모보드)	0.09	460	2/5	2100	DIN
	규산칼슘보드	0.06	220	3/6	0	DIN
	점토보드(채움형)	0.073	670	7	1400	link[1]
	점토보드(유공형)	0.33	1170	4/6	1120	link[2]
	MDF(경량)	0.09	500	11	1700	DIN
	MDF(보통)	0.13	750	50	1700	DIN
	OSB(외부용)	0.13	650	200/300	1700	DIN
	합판마루	0.13	500	30/80	1600	DIN
	칩보드(Chipboard)	0.14	650	15/50	1800	DIN
	방수석고보드	0.24	700~800			ETC
	합판	0.15	400~650			ETC
	텍스	0.20	-			ETC
목재	목재(경량)	0.14	400			KS
	목재(보통량)	0.17	500			KS
	목재(중량)	0.19	600			KS
	너도밤나무	0.16	720	50/200	2100	DIN
	더글라스 전나무	0.12	530	20/50	1600	DIN
	낙엽송	0.13	460	20/50	1600	DIN
	오크	0.18	690	50/200	2400	DIN
	소나무	0.13	520	20/50	1600	DIN
	가문비나무	0.13	450	20/50	1600	DIN
바닥재	플라스틱계	0.19	1500			KS
	아스팔트계	0.33	1800			KS
방습재료	PE 필름	0.21	700			KS
	PE 필름(DIN)	0.4	930	100000	1800	DIN
	PP 필름	0.22	910	10000	1700	DIN

표 I-3 기타재료 열전도율(계속)

재료		열전도율 (W/mk, at 20°C)	밀도 (kg/m³)	투습저항계수(μ) (최소/최대)	열용량 (J/kg/k)	근거
방습재료	아스팔트펠트(17kg)	0.11	688			KS
	아스팔트펠트(22kg)	0.14	762			KS
	아스팔트펠트(26kg)	0.22	671			KS
	아스팔트루핑(17kg)	0.19	870			KS
	아스팔트루핑(22kg)	0.27	920			KS
	아스팔트루핑(30kg)	0.34	979			KS
	아스팔트시트	0.17	1050	10000/80000	1000	DIN
벽지	비닐계	0.27	-			KS
	종이계	0.17	700			KS
복합재	알루미늄복합패널	0.50	-			ETC
기타	유리	0.76	2500	불투과	840	DIN
	자갈	2.0	2200	50	1000	DIN
	기와	0.75	933	5/10	840	DIN

※ • KS : 에너지절약설계기준
• DIN : 독일자료
• ETC : 기타도서 참조
• KS 이외의 수치는 우리나라 에너지성능지표(EPI)의 열관류율 산정에 인정되지 않음
• 상기 열전도율 일반적인 값이며, 각 재료별 열전도율은 제품공급사의 시험성적서를 확인할 것

벽체의 온도구배

온도구배는 다음 그림 I-2와 같이 외부기온과 실내기온이 정해질 경우 벽체 내부의 온도 변화를 계산하는 것이며, 온도구배로 판단할 수 있는 것이 많기 때문에 온도구배를 계산할 줄 알면서 습도에 따른 결로점을 찾는 것은 중요한 사항이다.

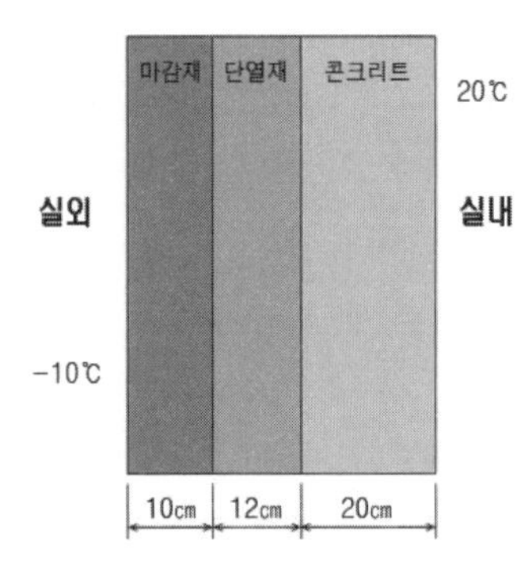

그림 I-2 실내외 온도와 벽체구성

온도구배 계산의 프로세스는 다음과 같다.

i) 총 열저항 계산

각 재료의 열전도율은 다음과 같다.

마감재 : 0.55W/mk

단열재 : 0.036W/mk

콘크리트 : 2.4W/mk

열저항의 계산은 다음 표 I-4와 같다.

표 I-4 열저항 계산결과

구분	열저항 (m^2k/W)
실외측 표면열전달저항	0.043
마감재 열저항	0.1/0.55=0.18
단열재 열저항	0.12/0.036=3.33
콘크리트 열저항	0.2/2.4=0.083
실내측 표면열전달저항	0.11
열저항의 합	3.746

ii) 온도변화 계산

재료층 단위면적당 열류량(Ri)＝실내외온도차/열저항＝30/3.746＝8.0W/m^2

온도변화＝Ri×각 재료별 열저항

이에 따른 각 재료별 연결부위에 대한 온도변화는 다음 표 I-5와 같다.

표 I-5 각 재료별 연결부위의 온도

구분	Ri×열저항	온도변화 ℃	실외측부터의 온도변화 ℃
실외측 표면열전달저항	8×0.043	0.344	-9.656
마감재	8×0.18	1.44	-8.216
단열재	8×3.33	26.64	+18.424
콘크리트	8×0.083	0.664	+19.088
실내측 표면열전달저항	8×0.11	0.88	+20

위 표의 각 재료별 연결부위에 대한 온도변화를 벽체구성과 조합하여 나타내면 아래 그림 I-3과 같으며, 단열재의 내부 쪽 표면온도가 약 19℃(19.088℃)임을 알 수 있고, 이것이 온도구배이다.

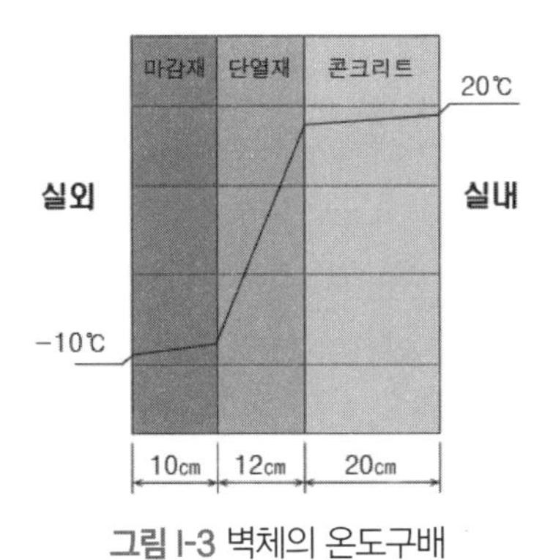

그림 I-3 벽체의 온도구배

실내 측 표면온도 추정

이 내용은 외기 조건과 실내표면열전달저항에 따라 실내 측 표면온도를 추정하는 내용이다. 이는 Therm 등 시뮬레이션 프로그램에 의존하지 않고, 계산기로 손쉽게 표면온도를 추정할 수 있기 때문에 여러모로 유용하게 사용될 수 있을 것이다.

특히, 패시브하우스에서 외벽의 열관류율 기준인 0.15W/m³K를 추론한 배경이 되는 내용이기도 하다.

실내 측 표면온도의 산출

표면온도를 추정하는 식은 다음과 같다.

$$\Theta si = \Theta i - U * Rsi * (\Theta i - \Theta e)$$

여기서

Θsi : 실내 측 표면온도(℃)

Θi : 실내 공기온도(℃)

U : 열관류율($W/m^2 \cdot K$)

Rsi : 실내표면열전달저항($m^2 \cdot K/W$)

Θe : 외기온도(℃)

만약, 외기가 −5℃이고, 실내온도가 20℃, 벽체의 열관류율이 $0.27W/m^2 \cdot K$이고, 실내 측 표면열전달저항은 앞의 표 I-1에 의해 $0.11m^2 \cdot K/W$이라고 한다면, 실내 측 표면온도는 다음과 같이 계산될 수 있다.

$$20℃ - 0.27W/m^2 \cdot K \times 0.11m^2 \cdot K/W \times \{20℃ - (-5℃)\} ≒ 19.26℃$$

실내 공기층에 의한 단열 효과

위에서 계산된 실내 측 표면온도로 볼 때는 매우 우수한 벽체온도로써 온도로 인한 하자는 상상하기 어려운 온도이다.

그러나 이 벽체에 커튼이 쳐지거나, 붙박이장이 들어갈 경우는 이야기가 달라진다.

이사를 가려고 장을 들어내면 그 뒤에 곰팡이가 피어 있는 이유는 실내 측 표면열전달 저항이 달라지기 때문으로 표면열전달저항이 생기는 이유는 다음 그림 I-4와 같이 표면 근처의 미세한 공기층은 잘 유동하지 않고 표면에 정지된 상태로 존재하는데, 이 고정된 공기층이 이른바 단열재와 같이 열저항 역할을 하기 때문이다.

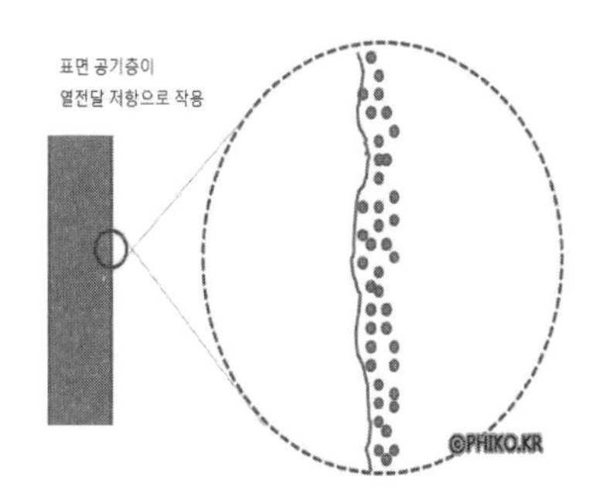

그림 I-4 표면공기층이 열전달 저항으로 작용

외기와 직접 접한 벽체의 실내 측 표면 공기층의 열저항을 우리나라는 0.11m²·K/W 한가지로만 추정하고 있는데, 이 숫자는 다음 그림 I-5와 같은 상황을 대변하지 못하고 있다.

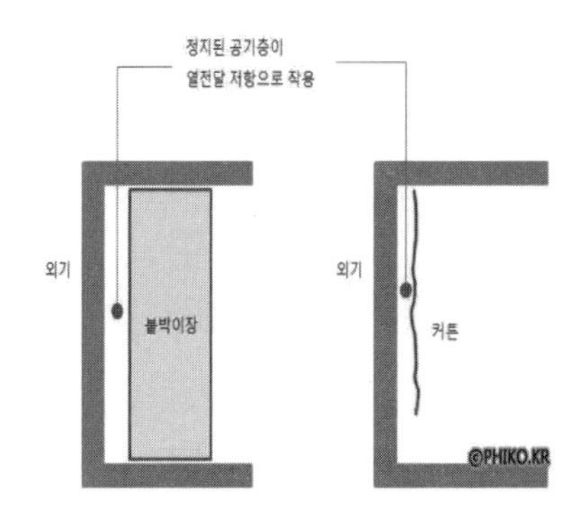

그림 I-5 정지된 공기층이 열전달 저항으로 작용

즉, 벽면에 커튼이 처지거나, 붙박이장이 들어가면 유동하지 못하는 공기층이 두꺼워지면서, 이 두꺼운 공기층이 매우 강한 열저항 역할을 하게 되는데, 이는 내부에 단열재가 붙은 것과 마찬가지가 되어 이 단열성 때문에 그림 I-6의 원리와 같이 실내 측 표면온도가 낮게 떨어지는 데에 문제가 있다.

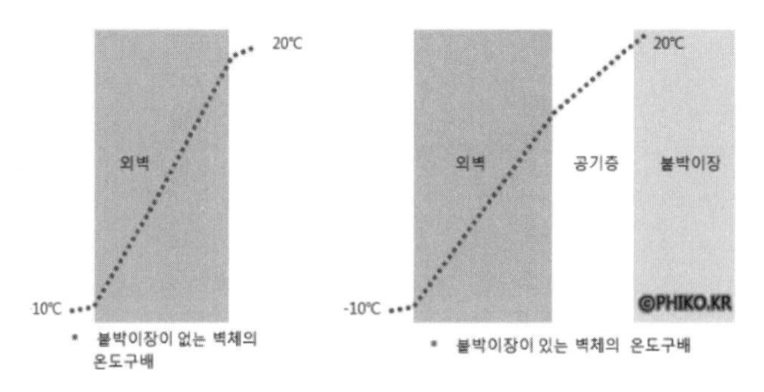

그림 I-6 표면열전달저항에 의한 벽체의 온도변화

이런 현상을 고려하여 독일은 각각의 상황에 따라 표면열전달저항을 다르게 설정하고 있는데, DIN 4106에 따른 실내 측 표면열전달저항은 다음과 같다.

- 커튼이 있는 경우 : 0.25m^2 · K/W

- 일반 장이 있는 경우 : $0.5m^2 \cdot K/W$
- 붙박이장이 있는 경우 : $1.0m^2 \cdot K/W$

위에서 계산한 표면온도를 독일의 규정에 따라 붙박이장이 있다고 가정하여 실내 측 표면열전달저항을 0.11에서 1.0으로 변경했을 경우에 대한 계산결과는 다음과 같다.

$$20-0.27W/m^2 \cdot K \times 1.0m^2 \cdot K/W \times \{20℃-(-5℃)\} \fallingdotseq 13.25℃$$

앞의 계산 결과보다 표면온도가 6℃가 더 떨어지는 것을 알 수 있고, 기하학적인 열교가 발생되는 모서리의 온도는 당연히 더 떨어질 것이다.

이런 이유로 장 뒤에 곰팡이가 생성되기 때문에, 이른바 공동주택에서는 외기와 면한 벽체 쪽에 붙박이장을 만들지 않는다.

다음 그림 I-7은 공동주택의 평면구조로써 외기와 접한 벽에 붙박이장이 설치되어 있지 않는 것을 볼 수 있다.

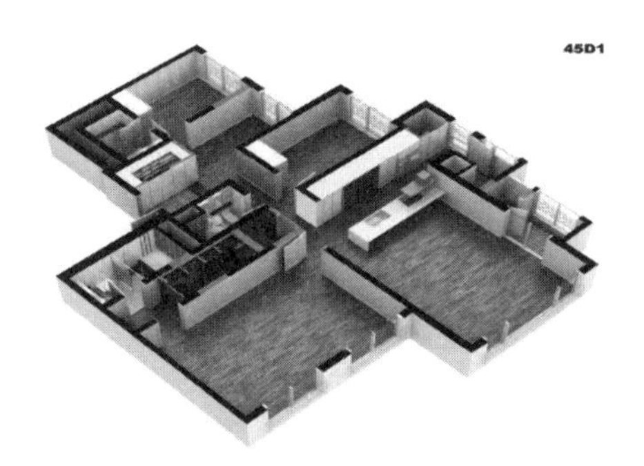

그림 I-7 공동주택의 평면도(외기와 접한 면에 붙박이장 설치가 안 되어 있음)

패시브하우스 외벽 열관류율 0.15W/m^2·K 조건의 근거

패시브하우스의 외벽 열관류율 0.15W/m^2·K는 중부 유럽기후를 기준으로 외기와 접한 벽에 붙박이장을 설치하여도 하자로 이어지지 않는 최소한의 열적 조건이다.

붙박이장이 있다는 가정하에 실내 측 표면 열전달저항을 1.0m^2·K/W로 하여 다음의 3가지 경우, 즉 2013년 8월까지의 중부지방 외벽 법적 열관류율인 0.36W/m^2·K으로 구성된 벽으로 할 때와 2013년 9월부터의 중부지방 외벽 법적 열관류율인 0.27W/m^2·K을 기준으로 할 때 그리고 패시브하우스의 외벽 열관류율 기준인 0.15W/m^2·K로 할 때의 모서리 온도를 나타내면 다음 그림 I-8~I-10과 같다.

2013년 8월까지의 중부지방 외벽 법적 열관류율인 0.36W/m^2·K으로 할 경우에는 다음 그림 I-8과 같이 기하학적 열교가 발생하는 모서리 부분이 **곰팡이 생성온도**[2]로 떨어진다.

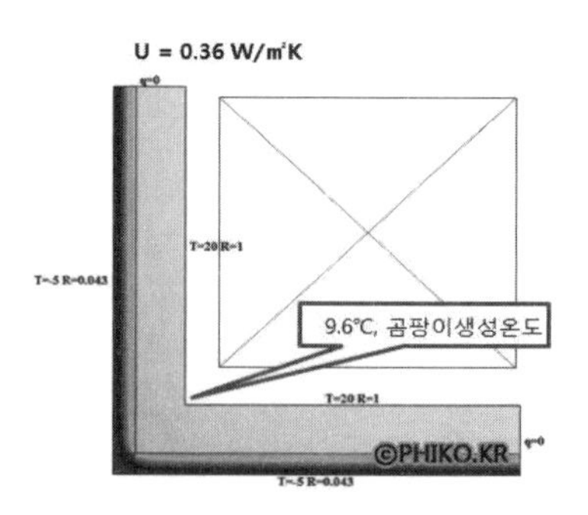

그림 I-8 외벽 열관류율 0.36W/m^2·K으로 할 경우

2013년 9월부터의 중부지방 외벽 법적 열관류율인 0.27W/m^2·K으로 구성한 벽 역시

---

2 결로 발생 및 곰팡이 생성온도는 '한국패시브건축협회/자료실/기술자료/02. 패시브건축의 기초'에 홍도영 건축가가 올려놓은 '2-06. 결로 및 곰팡이 발생 검토 프로그램'에 잘 나와 있음.
실내온도와 상대습도가 주어졌을 때 결로가 시작되는 노점온도와 곰팡이 발생이 시작되는 곰팡이 생성온도를 알아내고, 반대로 주어진 건축의 상태(열관류율)와 실내의 조건(커텐, 가구, 붙박이장) 등을 고려할 경우 결로와 곰팡이 발생이 시작되는 상대습도를 계산할 수 있는 엑셀 파일인데, 실내온도가 20°C이고 상대습도가 50%일 때 노점온도(상대습도 100%)는 9.3°C이며, 곰팡이 발생은 그 이전(상대습도 80%)인 12.6°C에서 생성됨을 알 수 있음(결로가 시작되는 노점온도는 습공기선도를 이용해서도 확인할 수 있음).

다음 그림 I-9와 같이 모서리 온도는 곰팡이 생성온도이다.

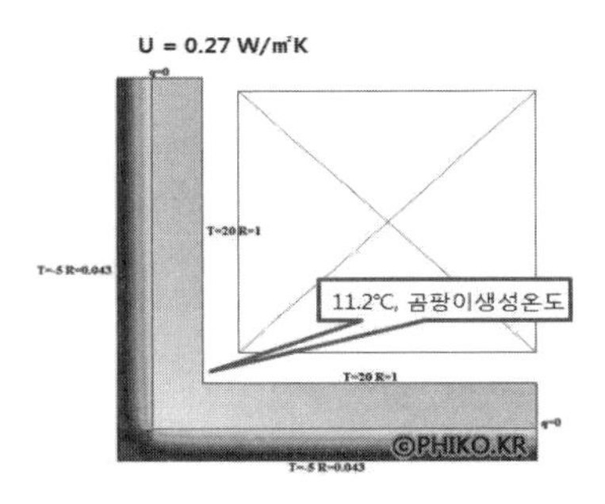

그림 I-9 외벽 열관류율 0.27 W/m^2·K으로 할 경우

패시브하우스 외벽 열관류율 기준인 0.15W/m^2·K으로 구성한 벽으로 모서리의 온도는 그림 I-10과 같이 곰팡이 생성온도를 벗어난다.

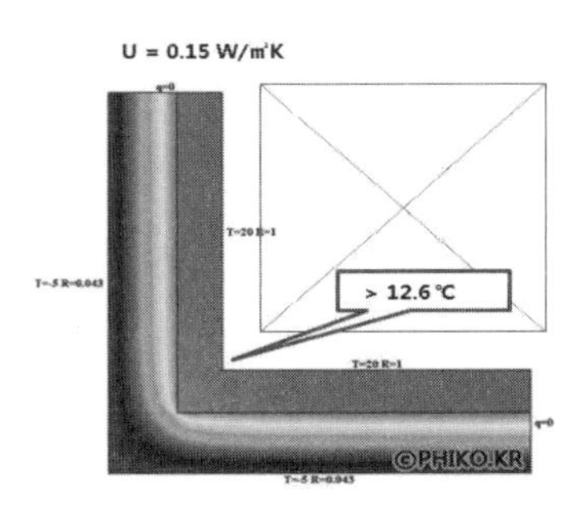

그림 I-10 외벽 열관류율 0.15W/m^2·K으로 할 경우

위에서와 같이 패시브하우스의 외벽 열관류율 0.15W/m^2·K는 외기와 접한 벽에 붙박이장을 설치하여도 하자로 이어지지 않는 최소한의 열적 조건인 것이다.

다만, 열관류율을 충족시켰다 하더라도 외부로 투습이 불가능하고 내부는 실크 벽지 등으로 투습이 원활하지 못한 경우에는 위험요소가 증가하기 때문에 투습 정도에 따라 구조체를 별도 제습해야 하는 상황이 발생하는데, 그래서 설계 시 외벽레이어의 구성이 중요한 이유이다.

외단열의 필요성

습기로 인한 실내벽면의 곰팡이 발생정도는 단열을 어떠한 방식으로, 어느 정도로 했느냐와 직결된 사항으로 기본적인 이론에 대해서는 위의 '열전도율', '열관류율', '열저항' 및 '실내 측 표면온도 추정과 패시브하우스 외벽 열관류율(0.15W/m^3·K) 근거'에서 언급하였으며, 언급된 내용 모두 외단열을 기준으로 설명한 것이다.

그러면 단열 있어서 내단열보다 외단열이 중요한지에 대한 이해가 필요한데, 이 부분에 대해서는 내단열과 외단열로 구분하여 건축 물리적으로 쉽게 설명한 **'패시브하우스 설계 & 시공 디테일, 홍도영'**의 일부 내용을 발췌해서 정리하면 다음과 같다.

신축건물의 경우 내단열은 임시 사용되는 건물을 제외하고는 그리 효과적이지 못한 단열방식이다.

여름철 외부의 열기를 막거나 화재의 경우나 열교적인 면에서 다른 단열 시스템에 비해 취약점을 가지고 있고, 결로현상과 그에 따른 곰팡이의 발생확률이 높으며, 구조체 내의 습기가 내부로 증발하는 데 더 많은 시간이 소요될 뿐만 아니라, 방습지로 인해 증발이 아주 불가능할 수도 있다.

다음 그림 I-11은 단열재 두께가 0~12cm인 내단열로 했을 경우의 에너지 소비량과 외단열로 단열재 두께를 12cm로 했을 경우에 대한 에너지 소비량을 나타낸 것이다.

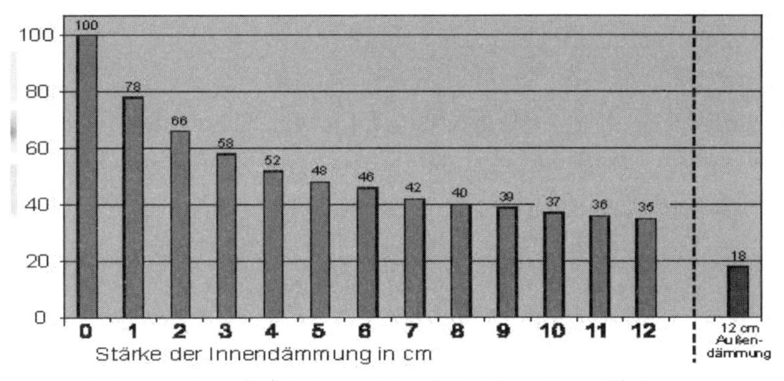

출처 : Technische Universitaet Darmstadt, Fachgebiet Werkstoffe im Bauwesen, Prof. Dr.-Ing. Harald Garrecht

그림 I-11 내단열과 외단열(12cm)의 단열재 두께별 에너지 소비량

위의 그래프를 보면 동일한 두께(12cm)의 단열재라 하더라도 내단열이(35)이 외단열보다(18) 에너지 소비가 두 배 가까이 큰 것을 확인할 수 있다.

또한 내단열은 단열재 뒷부분의 온도저하로 인한 결로의 위험과 온도저하에 따른 상대습도의 증가로 곰팡이 발생의 위험이 증가되며, 특히 내단열로 시공된 외벽 쪽에 가구를 배치할 경우 그 위험성은 더 커진다고 볼 수 있다.

다음 그림 I-12는 외단열(좌)과 내단열(우)의 표면온도 변화를 나타낸 것이다.

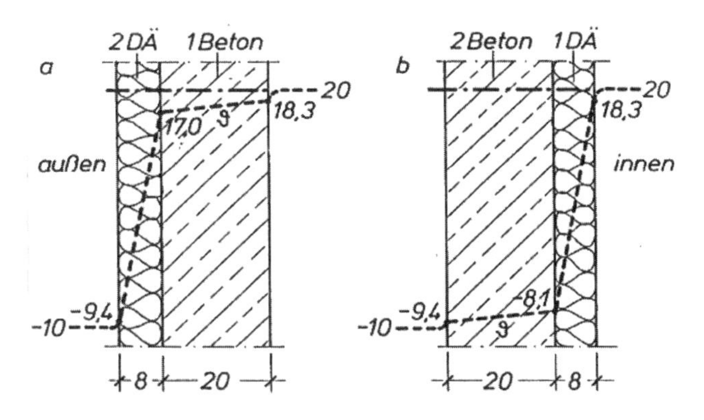

출처 : Technische Universitaet Darmstadt, Fachgebiet Werkstoffe im Bauwesen, Prof. Dr.-Ing. Harald Garrecht

그림 I-12 외단열(좌측)과 내단열(우측)의 표면온도 변화

다음 그림 I-13은 각각의 단열 시스템에 대한 부위별 포화 수증기압[3]을 표시한 것으로 그림에서와 같이 내단열(우)의 경우는 외단열(좌)에 비해 표면온도와 관계해서 상대적으로 포화 수증기압이 낮은 것을 볼 수 있다.

포화 수증기압이 낮음으로써 콘크리트 벽면과 단열재 사이에는 결로가 발생할 수밖에 없으며, 그 이전(상대습도 80%)에 곰팡이 생성이 시작되기 때문에 내단열의 경우 단열재 안쪽 면에는 곰팡이 서식의 천국이 될 수밖에 없다.

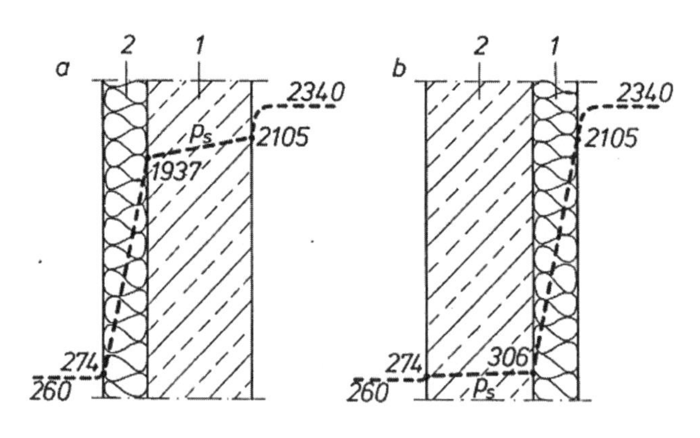

출처 : Technische Universitaet Darmstadt, Fachgebiet Werkstoffe im Bauwesen, Prof. Dr.-Ing. Harald Garrecht

그림 I-13 외단열(좌측)과 내단열(우측)의 포화 수증기압 변화

앞의 그림이 보여주는 바와 같이 외단열이 좋은 것을 알면서도, 현장에서는 공기 단축과 건축주의 경제적 이유 또는 노출콘크리트와 같이 외부 입면을 보호한다는 명분으로 내단열을 선택하는 경우가 많다.

그래서 내단열로 단순히 시공하는 것은 위험하기 때문에 계획 단계부터 정확한 시스템을 선택하여 습기 차단을 위한 디테일을 고려해야 한다.

그중에서도 증기 형태의 습기와 대류를 통한 습기의 이동, 더불어 외부로부터의 습기

---

3 어떤 온도에서 공기 중에 수증기가 최대로 포함되어 있을 때의 수증기압력으로 온도에 비례함.

유입 즉, 빗물이 바닥에 튀어 건물로 유입되거나, 나아가 바닥으로부터 올라오는 습기에 대해 충분히 고려해야 한다.

특히, 과거에 습기 발산이 많지 않았던 사무실이나 창고, 기타 용도로 사용되다가 거주용으로 용도 변경할 경우에는 온도차로 인한 습기가 많이 발생되는데, 이로 인한 곰팡이의 발생과 표면의 백화현상, 결빙, 부식 등의 위험이 높아지지 않도록 각별히 유의해야 한다.

이러한 위험요소를 줄이기 위해 독일은 DIN 4108에서 최소한의 단열기준을 요구하고 있고, 우리나라 역시 지역별로 최소한의 단열두께와 각 부위별 적용기준조항이 있지만, 이는 최소한의 법적 요구조건일 뿐이지, 이 기준을 준수한다 하더라도 실제 건물에서는 많은 문제를 야기할 수가 있기 때문에 좀 더 여유 있게 시공하는 것이 하자로 인한 피해를 줄일 수 있는 방법이다.

독일에서는 내부온도가 20°C 상대습도가 겨울 평균 50%일 경우 창문을 제외한 일반 외벽의 표면온도가 12.6°C 이하로 내려가면 안 되며, 이것이 최소단열 기준의 근거가 된다.

Ⅱ. 법제처 법령해석(건축물의 설계 및 공사감리 계약 체결 시 건축사의 보험증서 또는 공제증서 제출 의무의 범위)

질의제목 : 민원인 - 건축물의 설계 및 공사감리 계약 체결 시 건축사의 보험증서 또는 공제증서 제출 의무의 범위(「건축사법 시행령」 제21조 제2항 등 관련)
관련 문서 : 법제처 법령해석총괄과 - 1006(2017. 3. 30.)

1. 질의요지

「건축사법」 제19조의3 제1항에서는 건축사의 건전한 육성과 설계 및 공사감리의 품질을 보장하기 위하여 국가(제1호), 지방자치단체(제2호), 「공공기관의 운영에 관한 법률」에 따른 공공기관(제3호) 등은 건축사의 업무에 대하여 적절한 대가를 지급하도록 노력하여야 한다고 규정하고 있고, 같은 법 제20조 제3항에서는 건축사가 업무를 수행할 때 건축주에게 입힌 손해에 대한 손해배상책임을 보장하기 위하여 보험 또는 공제에 가입하여야 하며(전단), 그 경우 같은 법 제19조의3 제1항 각 호의 어느 하나에 해당하는 자는 보험 또는 공제 가입에 따른 비용을 용역비용에 계상하여야 한다(후단)고 규정하고 있고, 같은 법 시행령 제21조 제2항에서는 건축사가 건축물의 설계 및 공사감리 계약을 체결할 때에는 보험증서 또는 공제증서를 건축주에게 제출하여야 한다고 규정하고 있는바, 「건축사법」 제19조의3 제1항 각 호의 어느 하나에 해당하지 않는 건축주가 건축사와 설계 또는 공사감리 계약을 체결하면서 보험 또는 공제 가입에 따른 비용을 용역비용에 포함하지 않은 경우에도 건축사는 그 계약을 체결할 때 같은 법 시행령 제21조 제2항에 따라 보험증서 또는 공제증서를 건축주에게 제출해야 하는지?

※ 질의배경

민원인은 보험가입비에 대한 비용계상의무가 규정되어 있지 않은 민간공사의 경우에도 건축사가 보험에 강제가입하고, 그 증서를 건축주에게 제출해야 하는지 국토교통부에 질의하였고, 국토교통부가 제출해야 한다고 답변하자 법제처에 법령해석을 요청함

2. 회답

「건축사법」 제19조의3 제1항 각 호의 어느 하나에 해당하지 않는 건축주가 건축사와 설계 또는 공사감리 계약을 체결하면서 보험 또는 공제 가입에 따른 비용을 용역비용에 포함하지 않은 경우에도 건축사는 그 계약을 체결할 때 같은 법 시행령 제21조 제2항에 따라 보험증서 또는 공제증서를 건축주에게 제출해야 합니다.

3. 이유

「건축사법」 제19조 제1항에서는 건축사가 건축물의 설계와 공사감리에 관한 업무를 수행한다고 규정하고 있고, 같은 조 제2항에서는 건축사가 같은 조 제1항의 업무 외에 건축물의 조사 또는 감정(鑑定)에 관한 사항(제1호) 등에 관한 업무를 수행할 수 있다고 규정하고 있으며, 같은 법 제19조의3 제1항에서는 건축사의 건전한 육성과 설계 및 공사감리의 품질을 보장하기 위하여 국가(제1호), 지방자치단체(제2호), 「공공기관의 운영에 관한 법률」에 따른 공공기관(제3호) 또는 그 밖에 대통령령으로 정하는 기관 또는 단체(제4호)는 건축사의 업무에 대하여 적절한 대가를 지급하도록 노력하여야 한다고 규정하고 있습니다.

그리고 「건축사법」 제20조 제2항에서는 건축사가 업무를 수행할 때 고의 또는 과실로 건축주에게 재산상의 손해를 입힌 경우에는 손해를 배상할 책임이 있다고 규정하고 있고, 같은 조 제3항에서는 건축사가 그 손해배상책임을 보장하기 위하여 보험 또는 공제에 가

입하여야 하며(전단), 그 경우 같은 법 제19조의3 제1항 각 호의 어느 하나에 해당하는 자는 보험 또는 공제 가입에 따른 비용을 용역비용에 계상하여야 한다(후단)고 규정하고 있고, 같은 법 시행령 제21조 제2항에서는 건축사가 건축물의 설계 및 공사감리 계약을 체결할 때에는 보험증서 또는 공제증서를 건축주에게 제출하여야 한다고 규정하고 있는바, 이 사안은 「건축사법」 제19조의3 제1항 각 호의 어느 하나에 해당하지 않는 건축주가 건축사와 설계 또는 공사감리 계약을 체결하면서 보험 또는 공제 가입에 따른 비용을 용역비용에 포함하지 않은 경우에도 건축사는 그 계약을 체결할 때 같은 법 시행령 제21조 제2항에 따라 보험증서 또는 공제증서를 건축주에게 제출해야 하는지에 관한 것이라 하겠습니다.

먼저, 법률의 문언 자체가 비교적 명확한 개념으로 구성되어 있다면 원칙적으로 더 이상 다른 해석방법은 활용할 필요가 없거나 제한될 수밖에 없는바(대법원 2009. 4. 23. 선고 2006다81035 판결 참조), 「건축사법 시행령」 제21조 제2항에서는 건축사가 건축물의 설계 및 공사감리 계약을 체결할 때에는 보험증서 또는 공제증서를 건축주에게 제출하여야 한다고 규정하면서 보험증서 등을 제출하지 않아도 되는 경우 등 그 적용을 제한하거나 배제하는 규정을 두고 있지 않으므로 건축주가 「건축사법」 제19조의3 제1항 각 호의 어느 하나에 해당하는지 여부 및 설계 또는 공사감리 계약 체결 시 보험 또는 공제 가입비를 용역비용에 포함하였는지 여부와 상관없이 건축사는 건축물의 설계 및 공사감리 계약을 체결할 때에는 보험증서 또는 공제증서를 건축주에게 제출하여야 할 것입니다.

그리고 「건축사법」 제20조 제3항 전단에서는 건축사에 대한 건축주의 신뢰도를 높이기 위하여 건축사에 대한 손해배상보험 또는 공제의 가입 의무를 규정하고 있으므로, 건축주가 국가, 지방자치단체 및 공공기관 등이 아닌 경우에도 건축사는 공사 또는 설계감리 계약의 이행과 관련하여 손해배상책임을 보장하기 위한 보험 또는 공제에 가입할 의무가 있다고 할 것이고, 「건축사법 시행령」 제21조 제2항은 「건축사법」 제20조 제3항 전단에 따른 건축사의 손해배상보험 또는 공제 가입 의무규정의 하위규정으로서, 설계·감리

계약 시 건축사로 하여금 건축주에게 보험(공제)증서를 교부하게 하는 방법으로 건축사의 손해배상책임을 증명하도록 하여 소비자인 건축주의 권익 보호에 기여하기 위한 규정인 반면(2011. 1. 17. 공포되어 2011. 1. 24. 시행된 대통령령 제22628호 「건축사법 시행령」 일부개정령안 조문별 개정이유서 참조), 「건축사법」 제20조 제3항 후단은 건축사에 대한 손해배상보험 또는 공제의 의무가입제도를 도입하면서 제도의 안정적 정착을 위해 국가, 지방자치단체 및 공공기관 등이 발주하는 사업에 대해서는 발주자가 보험 등의 가입에 따르는 비용을 용역비에 계상하도록 한 규정이라는 점(2009. 3. 17. 국회제출, 의안번호 제1804191호, 건축사법 일부개정법률안 국회 상임위원회 심사보고서 참조)에 비추어볼 때, 「건축사법 시행령」 제21조 제2항과 「건축사법」 제20조 제3항 후단은 서로 입법 목적을 달리하는 별개의 규정으로서, 「건축사법 시행령」 제21조 제2항에 따른 건축사의 건축주에 대한 보험증서 등의 제출의무 규정이 「건축사법」 제20조 제3항 후단에 따라 보험 등 가입비를 용역비용에 계상할 것을 전제로 한 것으로 볼 수는 없다고 할 것이므로 건축사는 설계 및 공사감리 계약을 체결할 때 보험 등 가입비를 용역비용에 포함하지 않았다고 하더라도 그 계약을 체결할 때 보험증서 또는 공제증서를 건축주에게 제출하여야 할 것입니다.

따라서 「건축사법」 제19조의3 제1항 각 호의 어느 하나에 해당하지 않는 건축주가 건축사와 설계 또는 공사감리 계약을 체결하면서 보험 또는 공제 가입에 따른 비용을 용역비용에 포함하지 않은 경우에도 건축사는 그 계약을 체결할 때 같은 법 시행령 제21조 제2항에 따라 보험증서 또는 공제증서를 건축주에게 제출해야 할 것입니다.

III. 봄·가을철 공조기의 계절감지 기능과 여름철 BY-PASS 조절

① 봄에서 여름으로 넘어가는 시기

→ 작업메뉴(TESK MENU)/TEMPERATURE PROFILE에서 'COOL'로 기능을 변경설정하여 뜨거운 열의 회수를 감소시킴으로써 실내온도를 서서히 올라가게 유지함('4.2 공조설비 관리/(1) 공조기의 주요메뉴 항목과 기능 및 사용법/ 2) 온도상태(TEMPERATURE PROFILE) 조절' 참조)

→ 고급설정(ADVANCED SETTINGS)/계절감지(SEASON DETECTION)/여름철모드(COOLING SEASON)/COOLING LIMOT RMOT에서 'cooling-limit'를 20°C에서 23~25°C로 상향조정하여 여름철 모드로의 전환을 늦춤으로써 실내가 후끈해지는 열적 불쾌감을 해소함

→ 고급설정(ADVANCED SETTINGS)/SENSOR VENTILATION에서 'TEMPERATURE PASSIVE'를 'OFF'모드에서 'ON' 또는 'AUTO ONLY'로 변경설정함으로써 유리한 조건하에서 패시브적인 냉각을 극대화하기 위한 BY-PASS 기능을 활성화시킴

→ Comfocool(Q600모델)이 설치되어 있는 경우에는 고급설정(ADVANCED SETTINGS)/SENSOR VENTILATION에서 'TEMPERATURE ACTIVE'를 'OFF'모드에서 'ON' 또는 'AUTO ONLY'로 변경설정 함으로써 유리한 조건하에서 활성화된 냉각을 극대화하기 위한 공기흐름을 자동으로 증가시킴

② 가을에서 겨울로 넘어가는 시기

→ 작업메뉴(TESK MENU)/TEMPERATURE PROFILE에서 'WARM'으로 기능을 변경설정함으로써 열회수량을 증가시켜 실내온도를 24°C 내외로 따뜻하게 유지함

→ pre-heater/post-heater가 설치되어 있는 경우에는 고급설정(ADVANCED SETTINGS)/SENSOR VENTILATION에서 'TEMPERATURE ACTIVE'를 'OFF'모드에서 'ON' 또는 'AUTO ONLY'로 변경설정 함으로써 유리한 조건하에서 활성화된 가열을 극대화하기 위한 공기흐름을 자동으로 증가시킴

봄에서 여름으로 넘어가는 시기

공조기에는 계절감지(SEASON DETECTION) 기능이 내장되어 있다(MENU < ADVANCED SETTINGS < SEASON DETECTION).

공조기 자체의 내장센서로 측정한 **지난 5일간 평균 외기온도(RMOT)**가 **11°C**(heating-limit) **이하**이면 **겨울철 모드**로 전환되고, **20°C**(cooling-limit) **이상**이면 여름철 모드로 전환되는 것이다.

heating-limit와 **cooling-limit**의 기준온도인 **11°C**[4]와 **20°C**[5]는 공조기의 계절전환 기준온도가 됨과 동시에 열회수, 중앙냉난방장치(Comfocool 또는 pre-heater/post-heater)의 가동 또는

BY-PASS 정도를 조절하는 **한계온도**의 기능도 갖고 있는데, 필요시 기준온도값을 변경 설정할 수 있다(단, cooling-limit에서 20℃ 미만의 변경은 불가).

계절감지 기능에 따라 **지난 5일간 평균 외기온도(RMOT)**가 heating-limit(11℃) 이하로 내려가면 겨울철 모드로 전환되면서 실내온도를 20℃(설정된 Temperature Profile에서 WARM : 24℃, NORMAL : 20℃, COOL : 18℃)로 유지하게 되며, 이때 외기온도가 너무 낮아 공조기에 성애가 생길 수 있거나, 실내로 공급되는 공기(SA)온도가 낮아질 우려가 있을 때에는 **중앙난방장치**(pre-heater/post-heater)가 가동되어 성애를 방지하거나 부족한 열을 일부 보충한다.

계절감지 기능에 따라 **지난 5일간 평균 외기온도(RMOT)**가 20℃(cooling-limit) 이상이면 여름철 모드로 전환되면서 실내온도를 26℃로 유지하게 되고, 이때 외부온도가 실내온도보다 올라갈 경우에는 차가운 열을 회수함과 동시에 부족한 냉기에 대해서는 자동으로 ComfoCool(옵션으로 설치되어 있을 경우)이 작동되며(ComfoCool로는 한계가 있으므로 필요시 거주자가 직접 실내의 에어컨을 추가로 작동시켜 내부온도를 26~28℃를 유지해야 함), 외부온도가 실내온도보다 내려가는 밤 시간대에는 외부의 시원한 공기를 최대한 실내로 끌어들여 축냉하는 BY-PASS기능이 활성화된다.

BY-PASS는 문자 그대로 우회한다는 의미인데, 외부 공기의 일부 또는 전량이 열교환(뜨거운 열 또는 차가운 열)을 거치지 않고, 필터링(Filtering)만 된 상태에서 곧바로 실내로 유입되는 현상을 말한다.

BY-PASS 기능이 가장 왕성하게 이루어지는 시기는 주로 여름철 새벽 시간대이지만, 봄철에 공조기가 아직 겨울철 모드로 작동되고 있을 때에도 한낮 최고기온이 30℃ 가까이 올라가는 날에는 저녁부터 새벽 시간대에 시원한 공기를 일부 실내로 들여보내 축냉시킴

---

4 이 온도 이하에서 중앙 heating system(pre-heater, post-heater)이 정상으로 작동함.

5 이 온도 이상에서 중앙 cooling system(ComfoCool)이 정상으로 작동함.

으로써 낮 시간대 내부온도가 올라가는 것을 완충해주며, 늦가을, 공조기가 아직 여름철 모드로 작동되고 있어 실내온도를 26℃로 유지하려고 노력하고 있는 상태에서 밤 시간대 최저기온이 0℃ 가까이 떨어지는 날의 경우에도 실내온도가 낮아지는 것을 방지하기 위해 외기온도가 올라가는 낮 시간대에 BY-PASS기능이 활성화되어 내부온도가 내려가는 것을 방지해준다. 즉, 외부기온이 실내온도보다 내려가는 밤 시간대(늦가을 철에는 외부기온이 실내온도보다 올라가는 낮 시간대)에 집중적으로 외부의 차가운 공기(늦가을 철에는 외부의 뜨거운 공기)를 끌어들여 실내를 냉각(혹은 데움)시키는 축냉(축열) 작업을 하게 되는 것이다.

이와 같이 BY-PASS는 실내의 쾌적한 온도유지와 에너지 절감차원에서 필요한 기능이고, 특히 한여름의 밤 시간대에 이루어지는 BY-PASS는 에너지 절약(경제성)면에서 아주 효과적인 기능이다.

그러나 이러한 착한 기능을 갖고 있는 BY-PASS 모드도, 스스로 쾌적한 온·습도를 유지하고 있는 봄·가을철(Shoulder Seasons) 중 겨울 → •봄 → 여름 → 가을 → •겨울로 넘어가는 **초봄**·**초겨울**에 각각 20여 일 동안 오히려 열적 불쾌감을 유발시킨다는 점인데, 즉 **초봄**과 **초겨울**에 갑작스럽게 발생한 이상고온(또는 이상저온) 현상이 5일 이상 지속되면서 계절모드가 변경되어 발생하는 열적 불쾌감이다.

이러한 현상은 거주자가 느끼지 못하고 지나갈 수도 있지만, 그렇지 않을 경우에는 이를 조절하여 해결할 수가 있다. 예를 들어 추운겨울을 벗어나 각종 꽃들이 만개하는 봄철, 공조기가 아직 겨울철 모드(**지난 5일간 평균 외기온도**가 **19.9℃**까지는 **겨울철 모드상태임**)인 상태에서 실내온도 20℃ 유지를 목표로 작동하고 있는데, 갑작스런 온난화 현상에 의한 외기상승으로 **지난 5일간 평균 외기온도가 20.5℃**가 되었다가, 다시 **예년 기온**인 **일평균 17℃**로 돌아왔을 경우 공조기는 저장된 프로그램에 따라 순간적으로 **여름철 모드(지난 5일간 평균 외기온도 > 20℃)로 전환**되면서 **실내온도를 26℃로 유지**하려고 노력한다.

이 경우 불과 며칠 사이에 실내온도가 5℃가량 상승하여 26℃ 정도가 되는데, 이때 거주자가 느끼는 열적 불쾌감이 커진다.

여름철에 느끼는 실내온도 26℃와 겨울과 봄이 혼재되어 있는 간절기에 느끼는 실내온도 26℃는 **쾌적함 자체가 다를 수밖에 없는데,**[6] 이런 고온 현상이 며칠간 지속되다가 다시 예년 평균기온으로 돌아왔는데도(예 : 낮 최고기온이 25℃, 최저기온이 10℃, 일평균기온 17℃) 공조기는 여름철 모드인 실내온도 26℃ 유지를 위해 프로그램된 스케줄에 따라 낮에는 BY-PASS로 외부 공기를 최대한으로 끌어들여 실내를 데워놓고, 밤에는 오히려 뜨거운 열을 회수하는 열교환을 수행한다(초겨울에는 거꾸로 현상 발생).

이러한 상태에서는 창문을 열어 외부의 신선한 공기로 아무리 자연 환기를 시킨다 하더라도 외부에서 꽃가루 등의 먼지만 들어올 뿐, 문만 닫으면 공조기가 또다시 실내온도 26℃ 유지를 위해 BY-PASS와 열교환을 수행하기 때문에 실내온도를 낮추는 것은 허사가 된다.

이를 공조기 스스로가 해결하게 하기 위해서는 공조기의 계절감지 기능이 겨울철 모드로 되돌아가 실내온도를 20℃ 정도로 유지되도록 해야 하는데, 한번 여름철 모드로 전환된 계절감지기능이 다시 겨울철 모드로 전환되기 위해서는 공조기 내장센서로 감지한 **지난 5일간 평균 외기온도**가 **11℃ 이하**로 낮아져야 하나, 봄에서 여름으로 진행되는 간절기에 이러한 현상은 사실상 불가능하다.

따라서 이에 대한 대처방안으로 두 개의 설정변경 방법이 있는데, 그중 하나는 공조기의 계절감지 기능 중 여름철 모드로 전환되는 cooling-limit(20℃)를 상향으로 조정(20→23℃ 또는 24℃ 또는 25℃)함으로써 공조기가 여름철 모드로 전환되는 시점을 늦추어 공조기를 겨울철 모드로 좀 더 작동하게 함으로써 실내평균온도를 서서히 상승시키도록 유도하는 것이다. 즉, 다음 사진 III-1과 같이 한낮에는 최고기온이 31℃까지 올라가 더운 여름과 같지만 저녁 무렵에는 외기온도가 20℃ 정도로 낮아지기 때문에 공조기는 겨울철

---

6 봄철 외부 낮 기온 20℃는 쾌적함을 느끼게 하는 반면, 실내온도 26℃는 후덥지근함을 느끼게 함.

모드인 실내온도 20°C를 맞추기 위해 외기 전량(100%)을 BY-PASS로 끌어들이고 있고, 덕분에 실내온도는 쾌적함을 유지할 수 있다.

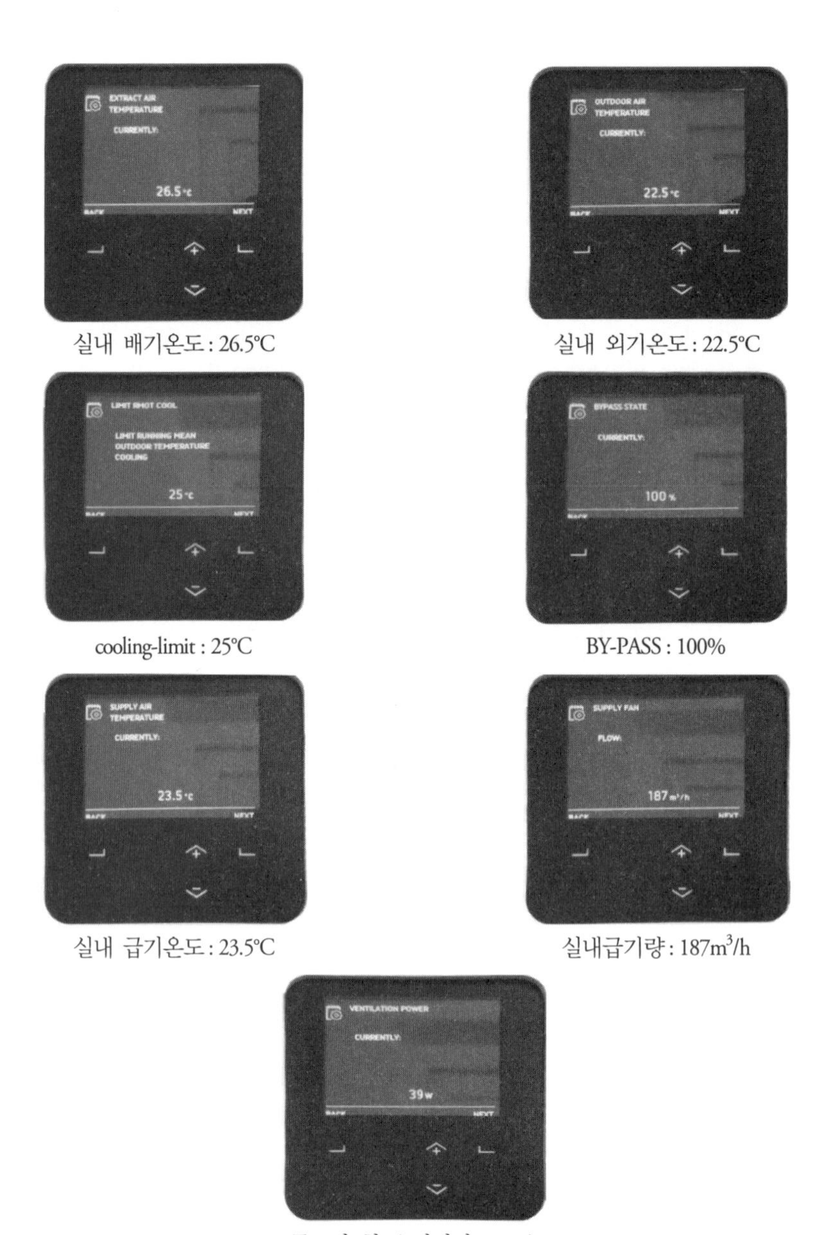

실내 배기온도 : 26.5°C

실내 외기온도 : 22.5°C

cooling-limit : 25°C

BY-PASS : 100%

실내 급기온도 : 23.5°C

실내급기량 : 187m^3/h

공조기 현 소비전력 : 39Wh

사진 III-1 cooling-limit를 25°C로 조정한 상태에서 공조기 가동 상황(2018.6.4. 21 : 41)

‘COOLING LIMIT RMOT’ 온도가 23℃(24℃ or 25℃)로 상향조정된 상태에서 일 최고 기온이 30℃를 초과하는 날들이 지속되는 5월 말부터는 신체가 자연스럽게 여름철모드로 적응되기 때문에 어느 순간 **지난 5일간 평균 외기온도**가 ‘COOLING LIMIT’온도(23℃ 또는 24℃ 또는 25℃)를 초과하여 공조기가 여름철 모드로 전환되면서 실내온도가 26℃로 상승하더라도 후덥지근한 열적불쾌감은 사라지게 된다.

또 다른 방안으로는 인위적으로 공조기의 전원을 껐다 킴으로써 공조기의 계절감지기능을 겨울철 모드로 변경시키는 방안으로 첫째 방안과 혼용 가능한 방법이다.

공조기의 전원을 껐다 키면 공조기는 그 순간부터 지난 5일간의 평균외기온도를 계산해서 그 기준에 맞는 계절모드로 운전하는데, 켰을 때의 온도가 설정된 cooling-limit(20℃ 또는 23℃)보다 낮을 경우에는 겨울철 모드로 작동하며, 그 효과는 다음 사진 III-2와 같다.

- 2018.06.02. 19 : 00 – 외부 기온이 내려가는(20℃ 내외) 저녁 무렵 공조기를 껐다 켬(전원플러그를 뽑았다 꽂음)으로써 계절감지온도를 재산정(하향으로 설정)하게 함
- 2018.06.03. 07 : 00 – 밤사이 재산정된 계절감지온도 18℃

- 2018.06.03. 07 : 07 – 며칠간의 일시적인 이상고온으로 공조기가 여름철 모드로 작동되어 실내온도(26.8℃)가 높아진 상태 → 밤사이 재산정된 계절감지온도가 18℃이기 때문에 공조기는 겨울철 모드로 운전되어 아래와 같이 실내온도를 20℃로 유지하기 위해 노력함

외기온도 19.0℃
(2018.06.03. 07 : 10)

BY-PASS 92%
(2018.06.03. 07 : 10)

급기(Sa)온도 21.0℃
(2018.06.03. 07 : 10)

공조기가 겨울철 모드로 되돌아가 실내온도를 20℃ 내외로 맞추기 위해 시원한 외부 공기(Oa : 19℃)를 직접 끌어들여(BY-PASS : 92%) 실내로 공급(Sa : 21℃)하고 있음

사진 III-2 간절기 인위적인 공조기 계절모드 변경과 효과

따라서 일시적인 이상고온의 영향으로 공조기가 여름철 모드로 변경된 이후 외부기온이 평상시 기온(지난 5일간 평균 외기온도 : 20℃↓)으로 회복되었을 경우 공조기를 겨울철 모드로 되돌려 운전시키기 위해서는, 기온이 낮아지는 저녁 무렵에 공조기의 전원을 껐다 켜는 것이 효과적인데, 다만 공조기를 껐다, 키면 기본모드('BASIC')로 운전되기 때문에 유리한 조건하에서 패시브적인 냉각을 극대화하기 위한 BY-PASS 기능을 활성화시키기 위해 메인화면에서 'SHIFT'를 눌러 고급모드('ADVANCED')로 전환해주어야 한다.

여름철 모드로 변경되기 전, 봄철의 간절기에 추가적으로 고려할 사항은 외부차양(EVB) 장치를 이용해 햇빛에 의한 일사에너지의 실내 유입을 최대한 억제시키고, 동시에 밤 시간대의 시원한 공기를 끌어들여 내부 축냉을 증가시키는 BY-PASS 기능을 활성화시켜야 하는 점이다.

그럼으로써 낮 시간대에 냉방장치(에어컨 또는 ComfoCool)를 가동하지 않거나 또는 가동하더라도 가동시간을 최소화할 수 있어 에너지절약을 유도할 수 있다.

이를 위해서는 공조기 '고급설정(ADVANCED SETTING)' 메뉴에서 '조절요함(demand control)'으로 되어 있는 'SENSOR VENTILATION'에 대한 메뉴 항목 중 'TEMPERATURE PASSIVE'를 'OFF'모드에서 'ON' 또는 'AUTO ONLY'로 변경설정함으로써 유리한 조건하에서 패시브적인 냉각을 극대화하기 위한 BY-PASS 기능을 활성화시키면 된다.

또한 Comfocool(Q600모델)이 설치되어 있는 경우에는 고급설정(ADVANCED SETTINGS)/SENSOR VENTILATION에서 'TEMPERATURE ACTIVE'를 'OFF'모드에서 'ON' 또는 'AUTO ONLY'를 변경설정함으로써 유리한 조건하에서 활성화된 냉각을 극대화하기 위한 공기흐름을 자동으로 증가시키는 것이 도움이 된다.

가을에서 겨울로 넘어가는 시기

가을에서 겨울로 넘어가는 초겨울에는 낮 최고기온이 15~20℃ 정도가 되고, 새벽시간대 최저기온이 0℃를 왔다 갔다 하는 등 제법 쌀쌀하면서 일교차가 커지는 시기로 감기에 취약한 시기가 된다.

이 시기에는 공조기가 자체의 내장센서로 측정한 지난 5일간 평균 외기온도(RMOT)가 11℃(heating-limit) 이하가 되어 겨울철 모드로 전환되기 때문에 여름철 모드로 변경되는 시기와는 반대로 실내온도를 가급적 따뜻하게 유지시키기 위한 축열과 열(온열) 회수가 필요하다.

이를 위해서는 낮 시간 동안 외부차양 장치(EVB)를 들어 올리던지, 아니면 EVB의 슬롯 각도를 조절하여 햇빛에 의한 일사에너지의 실내 유입을 최대한 증가시킴으로써 낮 동안 실내온도를 24~25℃로 올려놓아야 하며, 동시에 공조기의 작업메뉴(TESK MENU)/ TEMPERATURE PROFILE에서 'WARM'으로 기능을 변경·설정하여 열회수량을 증가시켜서 밤 시간대 실내온도를 24℃ 내외로 따뜻하게 유지시켜야 한다.

물론 겨울철로 접어들었을 경우에는 TEMPERATURE PROFILE을 'NORMAL'로 변경하여 실내온도를 20℃ 정도로 유지하는 것이 좋고, 이때 공조기 자체에서 회수한 열만으로 실내온도 유지가 부족할 경우에는 '4.3 패시브하우스의 환기 및 냉난방 계획'에서 언급했듯이 '각방 제어기'를 이용해 거주자가 가장 많이 체류하는 일부 공간(침실, 거실, 주방 등)에 한해 타이머에 의해 1회 20분씩 하루에 2회 정도만 보일러를 가동시킴으로써 발바닥이 느끼는 열적 쾌적감을 만족시키면서 부족한 열을 보충하면 된다.

참고로 공조기에 설치되어 Pre-heater는 외기온도가 너무 낮아 공조기에 성애가 생길 우려가 있거나, 실내로 공급되는 공기(SA)온도가 낮아지는 것을 방지하기 위해 가동되지만 성애제거가 주목적이기 때문에 Pre-heater로써 실내온도까지 높이는 것은 무리이므로 적정 실내온도(20℃ 내외) 유지를 위해서는 보일러의 추가가동이 필요하다.

에필로그

필자는 어린 시절을 어렵게 살았다.

중학교 졸업하던 해에 아버지께서 불의의 사고로 돌아가셨다.

어린 나이에 가장이 되었고, 동생들을 책임지게 되었다. 공부에 여념이 없어야 할 고등학교시절 주말에는 생계를 위해 훍쟁이(흙을 갈아 없는 쟁기)를 둘러메고 소를 몰아 산비탈 밭을 갈았으며, 지게질을 수없이 하였고, 틈틈이 똥장군을 짊어지고 시골집 수거식 화장실을 청소해야 했다.

대전으로 고등학교를 다닌 3년 동안은 자취나 하숙할 돈이 없어 매일 부강역(지금은 세종시 부강면)에서 대전역까지 기차로 통학했고, 심지어 예비고사(지금의 수능) 보는 날조차도 기차를 타고 택시를 이용해 수험장으로 갔다.

대학은 가정형편상 학비가 저렴하면서 집에서 통학이 가능한 국립 충북대학교에 들어갔고, 사회에 나와 빨리 돈을 벌어야 했다.

다행히도 실무경력 7년부터 응시자격이 주어지는 기술사 시험에 7년이 넘자마자 응시해 합격했으며, 이후 업무를 수행하면서 관련 분야에 대한 이론과 실무뿐만 아니라 법과 제도를 판단하고 분석하는 데도 소홀하지 않았다.

이러한 부분은 필자가 환경기초시설에 대한 설계·감리·운영관리를 다루는 250여 명의 기술 인력과 조직을 책임질 수 있었던 자양분이 되어 주었고 이번 책의 집필과정에서 패시브하우스를 짓는 데 필요한 기술적인 요소뿐만 아니라 효율적인 유지관리방안과 일반 건축주에게 필요한 법적·기술적·제도적인 부분까지 꼼꼼히 정리할 수 있는 토대가 되었다.

필자는 위에서 언급한 바와 같이 어린 시절 힘들었던 삶 때문인지 모든 것을 앞장서 책임지는 성격이 되었는데, 내 집을 지을 때도 몇 년 살다 이사 갈 집이 아닌, 튼튼하면서 후대에 물려줄 만한 품격 있는 집을 짓고 싶었으며, 동시에 겨울에는 따뜻하고, 여름에는 시원하면서 공기는 쾌적하고, 유지비가 적게 드는 집을 짓고 싶었다.

결국 1~2년의 자료조사 끝에 '제로에너지 건축'의 기본인 패시브하우스로 짓기로 결심했으며, 패시브하우스를 설계하는 일련의 과정(사전준비과정 포함)을 플랜트 설계전문가로서 또는 건축주로 관여하면서 설계에 적용되는 기술요소 하나하나가 기술적 근거를 바탕으로 한 '과학'이라는 점을 알게 되었다.

그리고 패시브하우스 설계에 들어가는 기술적 요소 상당수는 패시브하우스뿐만 아니라 일반 단독주택 설계에도 적용하는 것이 바람직하다는 생각이 들었다.

여기에 30년 이상 플랜트 설계를 해온 필자의 경험을 접목시킨 기술적인 요소와 유지관리 부분을 추가하고, 설계계약서 작성 시 주의할 사항, 시공자 계약위반 시 조치방안 등 법적·제도적 부분까지 포함할 경우 패시브하우스뿐만 아니라 일반 단독주택을 짓는 건축주에게도 필요한 자료가 되어, 이 분야를 다른 부분에서 보완할 수 있으리라는 판단을 하였다.

책을 집필하면서 어떤 내용을 어디까지 수록할지를 놓고 고민했지만, 향후 여타의 패시브하우스에서 더 많은 자료와 사례가 공개되는 동기부여가 되고, 모든 패시브하우스가 최적으로 설치·관리되기를 바라는 마음에서 도담패시브하우스에 적용된 여러 기술적인 요소를 포함한 창호, 문 및 열회수형 환기장치 등 주요 설비에 대한 세부적인 설치·관리 방법을 가능한 한 빠짐없이 수록하였다.

집을 제대로 짓기 위해서는 건축주가 많이 알아야 하며, 잘 지어진 패시브하우스라 하더라도 쾌적성을 유지하면서 에너지소비를 최소화하는 것 역시 건축주(관리자)의 몫이다.

책 속에 있는 자료와 사례 및 법적·기술적 근거로써 이 책을 읽는 독자분들이 자기가 원하는 집을 지으면서 10년 늙지 않는 기회가 제공되길 바라며, 패시브하우스에 관심 있는 분들한테는 패시브하우스를 이해하고 짓는 데 도움이 되면서 효율적으로 관리하여 최소의 에너지로 최상의 쾌적성을 유지하길 바란다.

책이 완성되기까지는 많은 분들의 도움이 있었다. 원고를 다듬는 데에 세세한 부분까지 도움을 주신 한국패시브건축협회의 최정만 회장님께 깊은 감사를 드리며, 바쁘신 와중에도 시간을 내어 좋은 의견을 주신 독일의 홍도영 건축가님과 HJP Architects의 박현진 소장님, 패시브제로에너지건축연구소의 박성중 부소장님께 감사의 말씀을 올린다.

그리고 공사에 참여하신 전문공종별 시공업체 대표님들을 비롯해서 모든 기술자분들께도 감사드리며, 특히 공사 마무리 단계에 개인적으로 큰 도움을 주신 박춘호 님과 이철용 목수님께는 이 자리를 빌려 깊은 감사의 말씀을 드린다.

또한 필자의 원고가 좋은 책으로 엮어질 수 있도록 전폭적인 지원을 해주신 '도서출판 씨아이알'의 김성배 대표님과 박영지 편집장님을 비롯해 책의 완성도를 높이기 위해 실무자로서 필자의 의중을 반영하면서 여러 번에 걸쳐 원고를 다듬는 데 고생한 최장미 대리님, 김민영 과장님께도 깊은 감사의 말씀을 드린다.

아울러 250여 명 환경사업본부 임직원들의 기반을 다져주신 전 직장 ㈜건양기술공사의 이구병 회장님과 임직원들을 소중히 생각하심은 물론, 책 쓰는 것에도 마음속 지원을 해주고 계신 현 직장 ㈜홍익기술단의 성낙전 사장님께 깊은 감사의 말씀을 드린다. 특히 본부장으로서의 직책을 내려놓은 지 1년이 지났음에도 임직원들과 호흡을 잘 맞추어가고 있는 회사의 정종권 전무와 김의환 상무, 김영일 상무, 그리고 지금까지 믿고 따라준 임직원들한테도 고마운 마음을 전한다.

마지막으로 서울대 법대 재학시절은 물론 현재 변호사로서 바쁜 생활 속에도 아빠가 요청하는 법률 내용 검토는 언제나 최우선으로 지원해준 딸과 구강외과·피부과·산부인과 전문의로서 집과 병원에서 눈코 뜰 새 없이 바쁘지만 틈틈이 세종 집에 들러 아빠가 쓰는 책에 관심을 가져준 사위·아들·며느리, 연로하시어 귀가 어두우신 데에도 2층에서 책 쓰는 시간만큼은 1층 거실 TV를 크게 틀지 않으셨던 어머니, 책 쓰는 1년 동안 항상 즐거움을 선물해준 갓 돌 지난 사랑하는 손자 채도원, 그리고 교직생활을 접어둔 채 자식들을 잘 키워주고, 패시브하우스에 살면서 패시브하우스를 효율적으로 관리·모니터링하면서 우리 집 생활패턴에 맞는 최적의 운전조건을 설정할 수 있게 도와준 아내가 있었기에 책의 내용을 더욱 촘촘하게 엮을 수 있었다. 이에 대한 고마움을 책에 담아 가족 모두에게 전한다.

저자 소개

채 완 종(蔡完鍾)

건설공학 특성화 대학인 충북대학교 공과대학 토목공학과를 1983년 졸업했고, 1984년부터 현재까지 약 35년간 우리나라 하·폐수처리장에 대한 설계(감리 및 운영관리 포함)를 전문으로 수행한 플랜트 설계 전문가이다.

1992년 기술사(상하수도)를 합격했으며, ㈜해강(舊 삼화기술단) 이사를 거쳐, ㈜건양기술공사 환경사업본부장, ㈜홍익기술단 환경사업본부장으로서 설계·감리·운영관리를 총괄 지휘하면서 250여 명에 달하는 내부의 임직원을 대상으로 관련 분야에 대한 기술 전수와 법과 제도 및 보고서 작성에 대한 교육에 전념해온 정통 엔지니어이다.

제로 에너지 건축의 기본 **패시브하우스 짓기**

초판발행 2020년 8월 28일
초판 2쇄 2021년 10월 20일

지 은 이 채완종
펴 낸 이 김성배
펴 낸 곳 도서출판 씨아이알

책임편집 박영지, 최장미
디 자 인 송성용, 김민영
제작책임 김문갑

등록번호 제2-3285호
등 록 일 2001년 3월 19일
주 소 (04626) 서울특별시 중구 필동로8길 43(예장동 1-151)
전화번호 02-2275-8603(대표)
팩스번호 02-2265-9394
홈페이지 www.circom.co.kr

I S B N **979-11-5610-868-9 (93540)**
정 가 **25,000원**